LES

PLANTES BULBEUSES

LES

PLANTES BULBEUSES

TUBERCULEUSES ET RHIZOMATEUSES

ORNEMENTALES

DE SERRE ET DE PLEINE TERRE

Par D. GUIHÉNEUF

Professeur d'Arboriculture

Ancien multiplicateur en chef de la Société Royale d'Horticulture de Londres.

AVEC 227 FIGURES DANS LE TEXTE

PARIS

OCTAVE DOIN, ÉDITEUR

8, PLACE DE L'ODÉON, 8

1895

A MON AMI

WILLIAM ROBINSON ESQ.

FONDATEUR ET ÉDITEUR DU JOURNAL *THE GARDEN*

JE DÉDIE CE VOLUME

En reconnaissance de ses importantes et nombreuses publications, qui ont si largement contribué aux progrès de l'horticulture et à l'extension de la culture des Plantes bulbeuses.

Puissent ces quelques lignes lui rappeler nos « morning rambles » *dans les cultures horticoles des environs de Londres.*

D. GUIHÉNEUF.

PRÉFACE

Les ouvrages spéciaux parus jusqu'à ce jour sur les Plantes Bulbeuses ne contiennent presque exclusivement que celles appartenant aux familles des *Amaryllidées*, *Iridées* et *Liliacées* ; les autres familles sont cependant aussi riches en plantes ornementales ; les *Anémones*, *Begonia*, *Caladium*, *Dahlia*, *Renoncules*, etc., sont des genres prépondérants dans les jardins ; c'est pourquoi j'ai cru devoir réunir, dans ce volume, toutes les plantes bulbeuses, tuberculeuses et rhizomateuses ornementales de serre et de pleine terre, puisque la littérature horticole ne possédait absolument rien de semblable.

La tâche a été longue et difficile, par suite du manque de renseignements, et j'ai été obligé pour les obtenir de recourir à une quantité de monographies, françaises, anglaises, allemandes, hollandaises et américaines.

Les genres *Iris*, *Lilium*, *Narcissus* et *Tulipa*, etc., depuis quelques années, se sont enrichis de nombreuses et superbes nouveautés et, pour condenser un sujet aussi vaste dans un cadre aussi restreint, j'ai dû faire des descriptions très succinctes, trop brèves parfois pour l'élégance du style; je demande à ce sujet toute l'indulgence du lecteur, ainsi que pour les erreurs, fautes, omissions et pour les termes plus ou moins corrects employés, qui sont cependant usités journellement dans la pratique de l'horticulture.

La première partie est consacrée aux Cultures générales, elle contient les procédés pratiques et les plus usités. Dans la deuxième partie se trouvent toutes les plantes classées par ordre alphabétique; les noms latins et leurs synonymes, les noms vulgaires, le pays d'origine, la date à laquelle les plantes ont été introduites dans les cultures, la description de la plante, les époques de floraison normale et forcée; enfin la culture et la multiplication pratiques ont été l'objet de toute mon attention.

L'ouvrage se termine par des listes de plantes grimpantes, aquatiques, et à forcer, ainsi que par un calendrier des époques de floraison pour les mois d'Octobre à Avril.

Plus de 200 figures représentent les principaux genres des plantes décrites.

C'est un ouvrage technique au point de vue de la nomenclature, mais tout à fait pratique en ce qui concerne la description, les époques de floraison, la culture et la multiplication.

Les lecteurs qui voudraient de plus amples renseignements peuvent encore consulter avec fruit les ouvrages suivants :

CORREVON. *Les Orchidées rustiques.*

NICHOLSON. *Dictionnaire ou Encyclopédie pratique d'horticulture.*

THE GARDEN. Excellent journal anglais d'horticulture.

VILMORIN-ANDRIEUX. *Les Fleurs de pleine terre*, très bel ouvrage qui devrait être entre les mains de toute personne s'occupant de jardinage.

J'adresse mes plus sincères remerciements à MM. CORREVON, DAMMANN, FORGEOT et KRELAGE, qui ont gracieusement mis à notre disposition un certain nombre des beaux clichés qui ornent ce volume ; sans oublier l'éditeur, M. O. DOIN, qui a mis tant de zèle à en faire une édition digne du public.

Les oignons à fleurs étant devenus à la mode, ce volume devient indispensable aux Marchands Grainiers, Horticulteurs, Amateurs, Jardiniers de château, et à toute personne s'occupant d'horticulture; il stimulera les principes d'émulation en contribuant à répandre le goût des plantes bulbeuses, ce qui est mon but.

D. Guihéneuf.

Paris, le 15 mars 1895.

LES

PLANTES BULBEUSES

TUBERCULEUSES ET RHIZOMATEUSES

ORNEMENTALES

DE SERRE ET DE PLEINE TERRE

Cultures et soins généraux

Les indications données dans ce chapitre sont sommaires, la grande majorité des plantes s'en accommoderont très bien ; cependant il y en a un certain nombre qui ont besoin d'un sol, d'une culture et de soins spéciaux, que l'on trouvera détaillés, après chaque genre, espèce ou variété.

La culture des ognons à fleurs, trop longtemps délaissée, a fait de rapides progrès en France depuis quelques années; c'est en Angleterre qu'elle a acquis toute son intensité; c'est une furie, c'est la mode, et ce n'est que justice; car ce sont des plantes généreuses, d'une culture facile, produisant à profusion des fleurs éclatantes, souvent odorantes, à des époques où nos serres et jardins en sont presque dépourvus. Le climat et le sol de la France se prêtent admirablement à la culture de ces précieuses plantes, et prochainement, elles seront aussi populaires, sinon plus répandues que chez nos voisins.

Distribution géographique

Toutes les régions du globe possèdent des plantes bulbeuses ; la connaissance de leur distribution géographique est non seulement intéressante, mais elle est de toute nécessité pour leur donner la culture et les soins qu'elles réclament ; cette science si familière aux botanistes est peu ou point connue de beaucoup d'horticulteurs, ce qui cause souvent des pertes de temps et des déceptions fâcheuses. Généralement les plantes d'une région réclament une culture analogue ; il est donc facile, quand on les reçoit, de leur donner de suite et à peu près le traitement qui leur plaît. C'est à cause de cette ignorance que l'*Hydrangea Hortensis* ou *Hortensia*, importé de la Chine en 1740, qui résiste à nos hivers les plus rigoureux, a été cultivé pendant plusieurs années en serre chaude. Le *Caladium esculentum*, envoyé de la Nouvelle-Zélande en 1739, a été tenu en serre chaude pendant près d'un siècle, et depuis quelques années seulement, on en fait une des plus belles plantes de pleine terre pendant l'été. L'*Exogonium purga* ou *Jalap*, de l'Amérique centrale, a été cultivé en serre chaude lors de son introduction en 1838, tandis que c'est une plante grimpante tout à fait rustique.

Les trois ordres naturels qui contiennent le plus de plantes bulbeuses sont :

Les *Iridées*, environ 60 *genres* et 700 *espèces ;*

Les *Amaryllidées*, environ 70 *genres* et 700 *espèces ;*

Les *Liliacées*, environ 200 *genres* et 2400 *espèces ;*

ce qui donne un total de 330 *genres* et près de 4000 *espèces*, dont le tiers environ est indigène au Cap (Afrique australe) et connu sous le nom de plantes du Cap, qui toutes ont besoin d'un culture analogue.

Les plantes bulbeuses d'Europe sont très variées, tous les genres à peu près y sont représentés; ce sont des plantes rustiques, d'une culture facile (excepté les plantes alpines), qui se plaisent dans toute bonne terre de nos jardins. Les Narcisses sont très nombreux dans l'Europe méridionale.

L'Asie se divise en deux régions: 1° l'Asie Mineure, qui nous fournit une quantité de petites plantes bulbeuses à floraison printanière, d'une culture très facile et tout à fait rustiques; 2° le Japon, la Chine et et l'Himalaya, qui nous envoient surtout les Lis. Les plantes du Japon ne sont pas difficiles, elles sont à peu près rustiques, et toute bonne terre leur convient, tandis que les plantes de la Chine et de l'Himalaya sont très capricieuses et souvent se montrent rebelles aux soins les plus assidus.

L'Australie et la Nouvelle-Zélande sont pauvres en plantes bulbeuses; les quelques espèces connues jusqu'à ce jour sont très belles, elles sont d'une culture facile ou très difficile.

L'Amérique du sud contient des plantes tropicales et tempérées; ainsi le Chili possède beaucoup de petites plantes en partie rustiques et peu difficiles sur la culture; le Brésil et les provinces tropicales sont la patrie des Aroïdées, qui sont le plus bel ornement de nos serres chaudes.

La flore de l'Amérique du Nord est des plus variées, toutes les plantes du Canada, des États-Unis et de la Californie sont d'un port et ont une constitution toute particulière; elles sont rustiques, les feuilles généralement verticillées, les racines bulbeuses rhizomateuses ou stolonifères; toutes ont besoin d'une terre fraîche spongieuse, beaucoup d'humidité (non stagnante) et de l'ombre.

Les plantes africaines ont les caractères du sol et du climat, c'est-à-dire la sécheresse; toutes ont une végétation très courte et un repos qui varie de deux à six mois; dans le Nord se trouvent les *Narcisses*, les *Cyclamens*; sous l'équateur quelques *Aroïdées*, *Methonica* et sans doute beaucoup d'autres belles espèces, cachées dans les immenses territoires inexplorés. Mais c'est au Cap (le paradis des plantes bulbeuses) que la flore est la plus riche; 12 à 1500 espèces y croissent spontanément, toutes ont le même aspect, toutes réclament la même culture: elles ne sont pas rustiques, sous le climat de Paris, elles ont besoin de l'abri des châssis; cependant elles peuvent passer l'hiver en pleine terre légère, à bonne exposition avec une couche de sable de 2 centimètres et une couverture de feuilles ou mieux de mousse, de 10 à 15 cent. C'est plus l'humidité que le froid qui les fait souffrir.

Les plantes tropicales devront toujours être mises en serre chaude dès leur arrivée et être expérimentées, dès que le stock sera assez important.

Choix du sol

Les ognons à fleurs, griffes et tubercules, préfèrent généralement un sol *profond*, *riche*, *léger*, *sableux*, *chaud* et *très perméable à l'eau; siliceux argileux* de préférence ou encore mieux *granitique*, quand c'est possible : c'est dans ce dernier qu'on obtient les plus beaux résultats et le moins de déceptions: éviter les sols calcaires, ils ne conviennent nullement; les insuccès dans cette culture sont dus très souvent à la mauvaise nature ou au manque de préparation du sol et souvent à l'humidité stagnante.

Si le terrain est froid, lourd et humide, il faut absolument y établir un bon drainage, et le défoncer à 40 centimètres de profondeur au moins, en y mélangeant un quart, un tiers et même la moitié de sable fin de rivière.

Engrais

Il n'y a pas de plantes qui aiment davantage l'engrais que les ognons à fleurs : le fumier de vache gras, bien décomposé, est le meilleur et bien préférable aux fumiers chauds et frais, et, pour être certain de ne pas se tromper, on doit en mettre un peu plus qu'il n'en faut; encore cette fumure doit-elle être appliquée six mois au moins avant la plantation, ce qui n'empêche pas d'y faire entre temps une culture de plantes sarclées.

Les Hollandais, qui obtiennent de si beaux résultats aux environs de Haarlem, font leurs plantations, dans du sable pur, mais ils n'hésitent pas à y enfouir chaque année une couche de fumier de 10 centimètres d'épaisseur.

Les autres engrais, naturels, chimiques, ou composés, employés judicieusement, peuvent rendre d'excellents services, mais il faut en user avec beaucoup de précautions; jusqu'à présent, ils ne sont pas d'un emploi fréquent dans ces sortes de cultures.

Exposition

Choisir un endroit chaud, exposé au sud, à l'ouest ou au sud-ouest, et bien abrité des vents du nord, de l'est ou du nord-est, qui sévissent si fréquemment pendant l'hiver et le printemps et qui causent des torts irréparables à ces cultures. Si ces abris n'existent pas naturellement, il faut les faire artificiellement en établissant des haies ou brise-vent, avec des planches, des paillassons, des roseaux ou des plantation d'arbres verts, d'une élévation de 1 m. 50 au moins au-dessus du sol ; mais il faut absolument et par tous les moyens possibles soustraire ces plantes aux effets terribles de ces vents dévastateurs.

Châssis

L'emplacement des châssis doit être à une exposition chaude, abritée des vents nord et nord-est, le sol des chassis étant factice, on le composera comme suit :

Terre légère, 2 parties ; terreau, 1 partie; fumier de vache bien décomposé, 1 partie ; terre de bruyère, 1 partie, sable fin, 1 partie.

Les bulbes mis sous châssis, étant presque rustiques, ne devront pas être chauffés, mais seulement protégés contre les grands froids par des feuilles sèches autour des coffres, mais pas de fumier chaud ; couvrir les verres avec des paillassons pendant les fortes gelées et aérer chaque fois que la température le permet : cet aérage a pour but d'enlever l'humidité plutôt que de donner de la chaleur.

Les plantes cultivées sous châssis peuvent supporter nos hivers dans le sud et dans l'ouest de la France; elles supporteraient aussi les froids de Paris avec une épaisse couverture de feuilles sèches, ou de mousse; mais il est plus prudent de les tenir sous verre, soit pour conserver leur feuillage soit pour entretenir leur végétation : tels sont les *Ixias* et une quantité de plantes du Cap et d'Australie auxquelles on applique la culture des *Ixias*.

La mousse naturelle est un puissant auxillaire pour cette culture, on ne l'emploie pas assez. Une couche de 10 à 15 cent. d'épaisseur tiendra le sol à l'abri des gelées même très fortes. Toutes les plantes bulbeuses de châssis froids passeront nos hivers les plus rigoureux en pleine terre traitées de la façon suivante : planter à bonne exposition, en terre légère, très saine, à 8-10 cent. de profondeur, couvrir d'une couche de sable de 2 cent., puis un lit de mousse de 10 à 15 cent. garnie de branches de sapin ou autre pour garantir la mousse contre le vent; dès que les froids sont passés, enlever la mousse qui peut servir plusieurs fois; elle est précieuse pour garnir et entourer le pied des plantes isolées, pour couvrir les bordures de terre de bruyère et garnir les semis pendant l'été : aucune couverture ne conserve mieux la fraîcheur et l'humidité pendant la sécheresse. La mousse doit être fortement battue avant de l'employer.

Plantes en pot

Le mélange suivant conviendra à presque toutes les plantes bulbeuses cultivées en serre.

Terre légère, 2 *parties; terreau*, 1 *partie; terre de bruyère*, 1 *partie; sable fin*, 1 *partie :* le tout additionné d'une petite quantité d'engrais naturel desséché ou en poudre ; bien mélanger, mettre en tas, brasser tous les mois et ne s'en servir que six mois ou un an après, ne passer au crible qu'au moment de l'employer.

J'ai connu en Angleterre des amateurs célèbres et qui obtenaient de véritables succès en remplaçant la terre de leurs composts par le mélange suivant :

Curage de fossés, 1 *partie ; Pelées de gazon*, 1 *partie*.

Bien mélanger, brasser tous les 3 mois et n'employer que 2 ans après.

C'est dans un mélange semblable que j'ai vu des *cyclamen persicum* à très grandes fleurs, mesurant 60 centimètres de diamètre, avec 300 fleurs épanouies ensemble.

Ces mélanges et composts, quand ils sont préparés, doivent être tenus à l'abri, afin de pouvoir s'en servir en bonne condition et en tous temps.

Il ne faut pas employer une deuxième fois la poterie qui a déjà servi, sans qu'elle soit soigneusement lavée, brossée et rendue propre, comme si elle était neuve.

Plantation. — Culture

Le succès dépend de la qualité des bulbes : c'est pourquoi, il faut s'adresser à un fournisseur sérieux et ne pas hésiter à payer un prix raisonnable pour avoir des ognons de premier choix. En outre, pour obtenir un bon résultat, les ognons à fleurs doivent développer le plus de racines et de feuilles, et absorber le plus de nourriture possible avant la floraison ; la plantation a donc lieu bien souvent trop tard ; en effet, si on plante des bulbes le 1er septembre et d'autres semblables le 1er novembre, on verra qu'à cette dernière époque les premiers auront déjà développé une quantité de racines longues de plusieurs centimètres et absorbé une quantité de nourriture, et la floraison sera bien supérieure à celle des derniers plantés en novembre.

Si les ognons à fleurs peuvent rester exposés à l'air pendant un laps de temps entre l'arrachage et la plantation, c'est au détriment de leur constitution, et malgré leur bonne qualité, si la plantation est faite trop tardivement, le résultat sera toujours mauvais.

Le terrain étant préparé, tracer des rayons à distance voulue et de profondeur nécessaire (5 à 10 centimètres) ; placer à la main et avec précaution les bulbes au fond des rayons à distance suffisante, niveler le terrain avec un râteau, en faisant un bourrelet ou ados de terre de 2 à 3 centimètres de hauteur autour du carré, couvrir la plantation d'une couche de sable fin d'un centimètre d'épaisseur si c'est à l'automne, ou d'une couche de terreau si c'est au printemps. Le sable empêche la terre de battre et de durcir sous l'action de la pluie et de se fendre pendant et après les gelées ; le terreau pendant l'été empêche la terre de se dessécher et favorise l'absorption des arrosages, le bourrelet autour des carrés est destiné à retenir l'eau et à l'empêcher de s'écouler dans les allées.

La plantation sous châssis se fait dans les mêmes conditions.

Les bulbes mis en serre réclament absolument 2-3 centimètres de *tessons* (morceaux de pots cassés); au fond de chaque pot, mettre un peu de terre par-dessus, puis le ou les bulbes, et remplir le pot en tassant modérément ou fortement si la terre est bien sèche;

suivant l'espèce, on plante de un à dix bulbes dans chaque pot. Les plantations d'automne en pleine terre n'ont pas besoin d'arrosage, la fraîcheur du sol étant suffisante à cette époque.

Sous châssis, un léger arrosage au moment de la plantation sera suffisant jusqu'à l'entrée en végétation des bulbes.

Les pots seront arrosés copieusement à la plantation et ne recevront pas d'autre humidité avant que les plantes soient bien en végétation ; cette précaution est essentielle pour une bonne réussite, excepté pour quelques plantes qui ont besoin d'une humidité constante.

Au printemps, les soins à donner aux plantations d'automne en pleine terre consistent à biner légèrement le sol, pour y faire pénétrer plus facilement la chaleur solaire; à tuteurer les tiges des plantes au fur et à mesure qu'elles se développent ; à couvrir ces plantes avec des toiles ou autres abris, élevés de 1 mètre à 1 m. 50, afin de garantir les fleurs des ardeurs du soleil et de la pluie, pour les Jacinthes surtout.

Châssis. — Dès que les gelées ne sont plus à craindre, enlever les panneaux et traiter les plantes comme celles de pleine terre.

Les plantations du printemps se font comme celles d'automne, avec cette différence que bon nombre de plantes délicates, aimant beaucoup la fraîcheur, ont besoin que le sol soit garni de mousse, de tannée, d'écorce de sarrasin, de balles d'avoine ou de déchets de chanvre, afin d'entrenir constamment le sol humide, ce qui serait impossible avec du sable ou même du terreau.

Quand la chaleur est modérée, il est meilleur

d'arroser le matin et le soir pendant les grandes sécheresses.

Dès que la végétation des plantes se ralentit en pleine terre, sous châssis ou en pots, il faut cesser graduellement d'abord, puis complètement les arrosages, sous peine de remettre les bulbes en végétation, ce qui leur causerait un grand préjudice; les plantes en pots seront placées sous les tablettes de la serre, les pots couchés sur le côté, afin d'éviter toute humidité.

Pendant la végétation, une fois par semaine, une addition en petite quantité d'engrais liquide ou en poudre, ou de guano, à l'eau des arrosages, produira un excellent effet en activant singulièrement la végétation.

Ces plantations réclament les mêmes abris contre le soleil pour les plantes délicates, *Lis*, *Bégonias*, etc. : mais ce sont surtout les arrosages qu'il ne faut pas négliger. Beaucoup de personnes arrosent légèrement chaque jour, imbibant la surface du sol seulement sans aller jusqu'aux racines inférieures des plantes; c'est un mauvais procédé, car le lendemain, à dix heures du matin, le soleil a absorbé toute l'humidité, et les plantes n'en ont pas profité. Il est préférable de n'arroser que deux fois par semaine, mais copieusement, de façon à mouiller la terre de 10 à 15 centimètres de profondeur et atteindre toutes les racines inférieures.

Les principes de culture indiqués ci-dessus, ne sont pas absolus, c'est au cultivateur, à l'amateur, à les modifier suivant les exigences imprévues, très souvent causées, par le sol, l'atmosphère et la température. Il y a encore beaucoup à apprendre sur la culture de ces plantes et ce n'est qu'après une pratique de longues années qu'on arrivera à des résultats presque certains.

Serre chaude et tempérée

Les plantes bulbeuses de serre chaude et tempérée, cultivées en pots, doivent faire leur période de repos dans leur terre et dans leurs pots, qui seront placés au sec absolu et à la chaleur, sur les tablettes supérieures de la serre si possible; ne jamais placer ces pots trop près de tuyaux de chauffage, sinon la terre se dessécherait complètement, ce qui pourrait nuire ou même faire périr les bulbes. Le changement de terre ne se fera qu'à l'époque du rempotage, pour les remettre en végétation. Ces conditions sont de rigueur pour obtenir un bon résultat et sous peine de perdre un certain nombre de bulbes.

Culture forcée

Le forçage des plantes bulbeuses, pour l'ornementation des serres, des appartements, et pour la fleur coupée, a pris depuis quelques années une extension considérable; c'est une culture toute spéciale, que l'on trouvera décrite à la suite de chaque genre.

Arrachage

Pour l'arrachage, il faut que la végétation soit arrêtée, que les feuilles et les tiges soient sèches et choisir un beau temps; si la terre est trop sèche ou trop dure, l'arroser profondément; le lendemain elle sera comme de la cendre, et l'arrachage se fera bien plus facilement, sans crainte d'endommager ou de détériorer les bulbes ; placer chaque variété avec soin et séparément dans des paniers ou autres récipients afin d'éviter les mélanges, nettoyer, enlever la terre adhérente, éplucher les feuilles mortes des bulbes, tels que Jacinthes, Tulipes, Narcisses, Crocus, Ail, etc. ; les porter à l'ombre dans un endroit aéré et sec et ne jamais les laisser exposés en plein soleil ; quelques jours après les éplucher à nouveau, en enlevant les racines qui sont sèches et encore adhérentes, et en coupant avec un outil bien tranchant le collet du bulbe ; cette dernière opération s'applique aux Jacinthes.

Les pattes et griffes seront mises dans des cribles et lavées à grande eau aussitôt arrachées, pour les débarrasser de la terre adhérente ; ensuite les faire sécher à l'ombre sur des claies, dans un lieu sec : cette opération est indispensable pour les Anémones et Renoncules.

Si au printemps la maturité des Jacinthes, Anémones, Renoncules, etc., se faisait trop attendre et retardait la plantation des plantes molles destinées à garnir les massifs ou corbeilles pendant l'été, on pourrait procéder à l'arrachage une quinzaine de jours avant la maturité complète. Ce procédé est pratique pour l'ornementation des jardins, mais préjudiciable aux bulbes ; il faudrait alors opérer et traiter les bulbes et griffes comme il est dit plus haut ; beaucoup de personnes, dans ce cas, les remettent en terre pour achever la dessiccation disent-elles, c'est un tort ; l'humidité du sol les fait moisir d'abord et pourrir ensuite.

Les *Dahlias* et *Cannas* s'arrachent en octobre-novembre. Après avoir coupé les tiges à 10 centimètres du sol, il suffit de secouer fortement les touffes pour les débarrasser de la terre qui les entoure et de les porter dans un lieu pas trop sec, mais à l'abri de la gelée, après avoir procédé à l'étiquetage, qui se fait en fixant les étiquettes à un tubercule de la souche et non à la tige, qui souvent pourrit ou disparaît.

Les *Glaïeuls*, *Trigidias*, *Bégonias*, *Gloxinias*, s'arrachent aussi en septembre-octobre-novembre; il suffit de couper les tiges, le nettoyage se fait ensuite au fur et à mesure de la dessiccation des bulbes.

Conservation

Le local choisi pour la conservation des ognons à fleurs doit avoir les conditions suivantes : être aéré, posséder au moins deux fenêtres afin de pouvoir établir un courant d'air en cas d'humidité surabondante, être ni chaud ni froid, mais à l'abri de la gelée; être ni trop sec, ce qui fait dessécher les bulbes, ni trop humide, ce qui les fait moisir, pourrir ou entrer en végétation trop vite, et enfin être à l'abri des rats, souris et mulots, qui ne manqueraient pas de causer de grands ravages dans les collections; ne jamais entasser les bulbes en trop grande quantité ou en couches trop épaisses, afin que l'air pénètre bien partout; préférer aux boîtes ou caisses les paniers et claies, pour la même raison.

Les espèces qui ont besoin d'une sécheresse absolue, tels que Anémones, Renoncules, seront placées sur les étagères supérieures, et les bulbes qui ont besoin d'être conservés dans le sable (*Amaryllis*, *Gloxinia*, etc.) seront placés à la partie inférieure.

Les *Dahlias*, *Cannas*, etc., seront hivernés dans un endroit à l'abri de la gelée, dans une cave, un cellier, ou sous les tablettes d'une orangerie.

Ces espèces tiennent beaucoup de place et n'ont besoin d'aucuns soins pendant l'hiver.

Beaucoup de plantes bulbeuses peuvent passer l'hiver dehors à Paris avec quelques précautions, — tels sont : *Amaryllis vittata*, *Anémones*, *Renoncules*, *Irias*, *Brodiæa* et une grande partie des bulbes du Cap. Il suffit qu'elles soient plantées à bonne exposition en terrain sec; une couche de sable de 1 ou 2 centimètres appliquée en octobre et une couverture de feuilles sèches de 15 centimètres en novembre seront suffisants pour les préserver de la gelée.

Les plantes grimpantes au pied des murs telles que *Bousingaultia Baselloides*, *Clematis coccinea*, résisteront bien, l'hiver, protégées comme je viens de l'indiquer.

Bien se garder d'employer du fumier chaud et frais en couverture, il produit une chaleur humide très préjudiciable aux bulbes.

Enfin, il sera prudent, pendant les grands froids, de couvrir les bassins pour empêcher la congélation de l'eau, qui fatigue beaucoup les plantes d'eau, même rustiques.

Les plantes cultivées en pots en serre se conservent très bien dans la terre et dans leurs pots : il suffit lorsque la végétation est arrêtée, de cesser les arrosages, de placer les pots renversés sur le côté, sous une tablette au sec. Voyez *Serre chaude*.

Les plantes sous châssis seront protégées avec la plus grande facilité en remplissant et en entourant le châssis de feuilles sèches.

Il faut bien remarquer que toutes les plantes bulbeuses ont besoin d'un repos plus ou moins long, pendant lequel toute végétation cesse complètement en apparence; il faut donc faire tout son possible pour ne pas contrarier ce repos, en cessant les arrosages, progressivement d'abord, et tout à fait ensuite, en faisant reposer la plante ou le bulbe dans un lieu et dans les conditions atmosphériques qui lui conviennent et en le remettant en végétation, en temps opportun, par un rempotage, des arrosages gradués, etc.

Il est de toute nécessité de bien observer ces indications pour obtenir les plantes dans toute leur beauté.

Les moyens de conservation indiqués sont pour des années à température ordinaire; ils devront être modifiés, pendant les grandes chaleurs et les grands froids; ainsi, aujourd'hui 7 février 95, la température est à 22° au-dessous de zéro, dans la banlieue de Paris : il est certain que beaucoup de plantes, qui résistent à nos hivers sans abris, seront perdues si elles n'ont pas été spécialement protégées.

Multiplication

La multiplication des plantes bulbeuses est difficultueuse, intéressante, compliquée, lente et capricieuse. Cependant les principales espèces se multiplient avec la plus grande facilité.

Les bulbes se multiplient au moyen des petits bulbes ou caïeux qui se développent autour de l'ognon mère et qui se récoltent à l'arrachage, ces caïeux se replantent de suite dans un terrain préparé exprès, en rayons peu profonds; on les plante par grosseur, les plus gros les premiers et les plus espacés; chaque année les replanter de la sorte jusqu'à la floraison qui a lieu deux, trois ou quatre ans après suivant la force et la grosseur.

Ce procédé s'applique à un très grand nombre de plantes bulbeuses, aux *Jacinthes* ordinaires, *Narcisses*, *Tulipes*, *Amaryllis*, *Allium*, etc. ; mais les Jacinthes d'élite, cultivées en Hollande, produisent peu ou très peu de ces caïeux. Aussi les horticulteurs. pressés d'augmenter leur stock, principalement pour les nouveautés, fendent avec une lame de couteau le plateau de l'ognon en 4, 5, 6, 7 et même 8 parties : chaque morceau est planté avec les écailles qui y adhèrent et produit des bulbes de force à fleurir 3 ou 4 ans après. Voyez *Jacinthe*.

D'autres bulbes ont la faculté de se reproduire par les écailles, les *Lilium* par exemple : pour cela prendre les écailles, munies de leur base, les planter assez dru au fond d'un rayon à 4-5 centimètres de profondeur ; l'année suivante chaque écaille aura formé un petit bulbe de la grosseur d'un pois ou d'une noisette, et qui fleurira 3 ou 4 ans plus tard. Le *Lilium candidum* est le plus docile à cette multiplication.

Les *Glaïeuls* et les *Crocus* ont un mode spécial de reproduction : le bulbe planté fournit le feuillage et la floraison, et meurt en reproduisant de 2 à 6 autres bulbes semblables au défunt et qui servent dès la même année à la plantation.

Certaines espèces produisent à l'aisselle des feuilles (*Lilium*, *Dioscorea*) ou sur l'ombelle (*Allium*) des bulbilles, qui produisent avec la plus grande facilité des jeunes bulbes, si on les sème comme des graines.

La griffe de Renoncule fleurit et meurt, mais laisse un paquet de 5-6 griffes de même force pour la remplacer.

Les pattes (*Anémones*) se multiplient par la mutilation; pour cela, 3 ou 4 jours après l'arrachage, quand elles sont devenues molles, on les casse en plusieurs parties, on laisse sécher les plaies, ou on les garnit de poussière de charbon de bois, et on les traite comme des pattes adultes.

Les tubercules sont aussi très variables dans leur mode de reproduction. Certains peuvent se multiplier à l'infini, chaque petit morceau planté, soit en pleine terre, soit en terrine, produisant une plante de la même année (*Boussingaultia Baselloides*, *Dioscorea Batatas*). D'autres sont plus capricieux et restent en terre pendant 2, 3 et 4 ans avant de se mettre en végétation (*Apios tuberosa*).

Les bulbes, tubercules ou rhizomes fasciculés (*Cannas*, *Dahlia*) se multiplient par division, soit avant la végétation, ce qui est incertain, des divisions pouvant être dépourvues d'yeux latents, soit après les avoir mis en végétation sur couche sous châssis en divisant la souche en autant de parties qu'il y a de bourgeons développés ; ce dernier procédé est le plus sûr et le plus employé. Chaque division est immédiatement plantée à demeure, comme une plante établie.

Boutures. — Les plantes bulbeuses *Monocotylédonées* (*Liliacées*, *Amaryllidées*) ne peuvent se multiplier de bouture; par contre les *Dycotylédonées* (*Dahlias*, *Salvia patens*) s'y prêtent avec la plus grande facilité. A cet effet, mettre les bulbes ou tubercules sur couche chaude en janvier-février ; dès que les bourgeons sont suffisamment développés, les couper au-dessus des deux yeux de la base et les bouturer sous cloche, comme des plantes molles ; les sommets de ces boutures seront coupés à nouveau, quand ils se seront allongés suffisamment pour fournir de nouvelles boutures. Les souches fourniront continuellement de nouveaux bourgeons qui permettront de les multiplier en grande quantité. Ces multiplications fournissent des sujets à planter en pleine terre en mai, de beaucoup préférables aux souches, qui forment des touffes trop compactes.

Des boutures de tige peuvent se faire pendant tout l'été ; il se forme de suite de petits tubercules qui sont d'excellentes plantes pour la plantation du printemps suivant. Ce procédé convient bien et est très employé pour les Dahlias.

Boutures de feuilles, employées surtout pour les Bégonias. A cet effet, choisir des feuilles bien développées et bien mûres ; les détacher de la plante, les étaler horizontalement sur une terrine remplie de terre fine et légère, recouverte d'une couche de sable ; fixer ces feuilles au sol au moyen de tessons ou de petits crochets, en les incisant à l'intersection des nervures, tenir le tout toujours humide et sous cloche ; bientôt il se développe une quantité de petits bourgeons, qui s'enracinent, émettent de petites feuilles et forment des plantes.

Ces boutures de tiges et de feuilles se font de préférence au printemps et pendant l'été ; à l'automne les bulbes n'auraient pas le temps de s'aoûter pour pouvoir se conserver pendant l'hiver.

Semis

Le semis des plantes bulbeuses se fait :

1° *Pour multiplier les plantes*,

2° *Pour obtenir des variétés nouvelles*.

Dans le premier cas, il s'adresse aux horticulteurs

et aux cultivateurs ; dans le second cas aux amateurs et chercheurs, qui ont le temps, la patience d'attendre les résultats. En effet, si des plantes de semis montrent leurs fleurs au bout de une ou deux années, d'autres se font attendre pendant cinq, six et même sept ans (*Amaryllidées*). Je vais donc diviser les semis en trois catégories :

1° *Semis en pleine terre.*

2° *Semis sous châssis,*

3° *Semis en terrine en serre.*

Le semis en pleine terre comprend les plantes rustiques *Jacinthes*, *Tulipes*, *Narcisses*, *Chinodoxa*, *Scilla*, *Allium*, *Anémones*, *Renoncule*. La meilleure époque pour faire ces semis est aussitôt la maturité des graines ; il n'y a aucun avantage à attendre le printemps, car la germination est bien plus lente et plus capricieuse, et souvent la floraison est retardée d'une année ; choisir un terrain bien préparé et très léger, à bonne exposition ; niveler, faire un bourrelet de 2 centimètres autour ; semer les graines à la volée, les couvrir d'un mélange de sable et de terreau de 1/2 à 1 centimètre d'épaisseur, suivant la grosseur des graines.

Garnir les semis avec de la mousse hachée des feuilles de fougères, ou autre matériel analogue, afin d'empêcher l'évaporation et entretenir une humidité constante qui sera assurée par des arrosages répétés pendant la végétation, et nuls pendant le repos.

Certaines graines germeront au bout de 15 à 20 jours, d'autres au bout d'un ou deux mois, d'autres enfin au printemps. Souvent on attend deux ans avant d'arracher ces semis pour les replanter, la première année les bulbes sont si petits qu'il s'en perdrait une grande quantité. L'arrachage ne doit se faire qu'après la dessiccation des feuilles, ces jeunes bulbes doivent ensuite être replantés chaque année, jusqu'à leur floraison. Dès que les jeunes plantes sortent de terre, il faut enlever la mousse qui couvre le sol et ombrer avec des toiles si le soleil est encore à craindre.

Lorsque, après une sécheresse, il pleut par un temps doux, ne pas manquer le soir de saupoudrer ces semis avec de la chaux vive en poudre, afin de détruire les *limaces* et les *escargots*, qui ne manquent pas de faire des ravages terribles dans ces jeunes semis. Les courtilières y font aussi de grands dégâts en creusant des galeries souterraines qui font périr bon nombre de plantes.

Semis sous châssis : se fait avec les mêmes soins que le semis en pleine terre, on y sème les graines de plantes demi-rustiques, qui craignent le froid et qui ne supporteraient pas nos hivers sans abris (*Ixias*, *Amaryllis*, *plantes du Cap*, *d'Australie*, etc.). Beaucoup de plantes semées sous châssis peuvent se repiquer aussi sous châssis dès quelles ont deux ou trois feuilles, principalement les dycotylédonées. Cette opération les favorise beaucoup, leur permet de conserver leur feuillage pendant l'hiver, et hâte singulièrement l'époque de floraison.

Ces semis se font sous châssis froid, on n'emploie des couches tièdes ou chaudes que pour les semis de printemps et pour des plantes ayant besoin de chaleur.

Il est prudent de blanchir les verres avec du lait de chaux pour atténuer les rayons solaires, qui en peu d'instants détruiraient le semis en cas d'oubli d'ombrer.

Lorsque les semis ont atteint une certaine force, enlever les panneaux et ne les replacer qu'à l'approche de l'hiver ou en cas de pluie pendant le repos des bulbes.

Ce semis se fait indistinctement en pleine terre ou en terrine, dans le châssis en terre légère et bien drainée.

Semis en serre en terrines.

Préparer le mélange suivant : *terre légère*, *terreau de feuilles*, *terre de bruyère*, *sable* par quarts, le tout finement tamisé, garnir le fond des terrines d'une couche de tessons recouverts d'une mince épaisseur de détritus de terre de bruyère, remplir la terrine avec le mélange ci-dessus, tasser, niveler et semer. Si les graines sont grosses (*Cannas*, *Dahlias*), recouvrir d'une couche de sable de 1 centimètre d'épaisseur ; si elles sont de grosseur moyenne, recouvrir très peu, et si elles sont très fines (*Begonia*) les fixer au sol en appuyant avec le fond d'un verre, et ne pas les couvrir. — Placer sur la terrine un verre qu'il faudra essuyer chaque matin, et arroser par absorption en plongeant la terrine dans un récipient plein d'eau, assez souvent pour entretenir une humidité constante, — ne jamais arroser directement sur le semis.

Presque tous les semis qui se font en serres peuvent s'effectuer sous châssis et sur couches maintenues à une température suffisante.

A part les *Liliacées*, qui prendront leur période de repos, toutes les autres plantes (à peu d'exceptions), seront tenues en végétation continue ; c'est pourquoi dès qu'elles auront 2 ou 3 feuilles, il faut les repiquer plus espacées dans d'autres terrines. Ces repiquages se renouvelleront successivement à mesure que les plantes prendront plus de développement; traités ainsi, les *Dahlias*, *Cannas*, *Salvias*, *Begonias hybrida* et *semperflorens*, *Gloxinias*, *Daturas*, semés en février, fleuriront l'été et l'automne suivants; les *Cyclamens* semés en septembre, un an après; les *Freesias* semés en août, au printemps suivant.

Il arrive souvent, par suite de trop d'humidité et de manque d'air, qu'un champignon filamenteux se développe et détruit en 2 ou 3 jours une grande partie des semis. Dès qu'on s'en aperçoit, il faut se hâter de placer les terrines près du verre et de les saupoudrer avec de la poussière de charbon de bois, additionnée d'un peu de soufre et repiquer ensuite.

Les semis faits en serre pendant l'été ont besoin d'être aérés le plus possible.

Depuis quelques années, des semeurs émérites et infatigables, doués d'une persévérance digne d'éloge et d'une patience à toute épreuve, ont singulièrement amélioré nos principaux genres de plantes bulbeuses; ils ont obtenu et obtiennent chaque jour des variétés d'élite, vraiment remarquables, et de grande valeur comme fleur et comme feuillage; tels sont les *Amaryllis*, *Anémones*, *Bégonias tubéreux* et *semperflorens*, *Caladium*, *Cannas*, *Gloxinias*, *Dahlias*, *Iris* et *Narcisses*.

Il reste beaucoup à faire, il existe encore bien des genres, des espèces, qui croisés, hybridés judicieusement avec d'autres à fleurs, feuillage ou rusticité différents, produiraient des nouveautés remarquables et possédant des qualités héritées des parents qui en feraient des plantes de grande valeur. Espérons que la liste continuera de s'allonger rapidement.

Étiquetage

Il faut absolument étiqueter les plantes bulbeuses, parce que, pendant leur période de repos, les tiges et les feuilles disparaissent et ne laissent aucun indice : le jardinier en labourant les arrache, les coupe, les détruit ou les change de place avec la bêche et cela malgré lui.

On emploie ordinairement des étiquettes plates ou des bois peints, qui ont l'inconvénient de pourrir assez vite et de disparaître ; il est préférable d'employer des tiges de fil de fer galvanisé, de la grosseur d'un petit crayon ; enfoncer ces tiges de 30 centimètres et les courber en crosse au sommet.

Sur une étiquette en zinc, longue de 6 centimètres et large de 4, percée sur un côté de la longueur, on écrit avec une encre spéciale le nom de la plante, et on introduit la crosse de la tige dans le trou de l'étiquette. Ce genre d'étiquette n'est pas onéreux et dure indéfiniment, cette encre ayant la propriété de rester intacte.

Les semis et cultures qui précèdent doivent être entretenus dans une grande propreté, ce qui s'obtient par des sarclages et binages répétés.

DESCRIPTION
CULTURE ET MULTIPLICATION

DES PLANTES BULBEUSES

TUBERCULEUSES ET RHIZOMATEUSES

ORNEMENTALES

de Serre et de Pleine Terre

CLASSÉES PAR ORDRE ALPHABÉTIQUE

Toutes les plantes décrites dans cet ouvrage sont vivaces et à tiges annuelles, ou peuvent être cultivées comme telles.

ABOBRA. *Ndn. Cucurbitacées.*

A. **viridiflora**. *Ndn. Bryone de l'Urugay, Amérique méridionale.* 1862. — Plante encore peu répandue.

Racine tuberculeuse, napiforme, longue, blanche, charnue ; tiges traînantes où grimpantes de 6-8 mètres, très vigoureuses ; feuilles divisées, très élégantes ; pendant l'été, de juin jusqu'aux gelées, fleurs dioïques, verdâtres, de peu d'effet, à odeur de prune reine-Claude, produisant des fruits d'abord verts, puis rouge carmin à la maturité, d'un très bel effet.

Culture : convient pour la garniture des berceaux, treillages, etc. ; planter un pied mâle et un pied femelle l'un près de l'autre, pour obtenir des fruits, préfère un bon terrain et une bonne exposition, ne craint pas nos hivers.

Multiplication : de graines semées au printemps qui fleurissent la deuxième année, et de boutures de tiges, mises en place au printemps suivant, ces boutures permettent de planter les sexes à volonté.

ACERANTUS diphyllus. — V. *Epimedium diphyllum*.

ACERAS. *R. Brow. Orchidées.*

A. anthropophora. *Orchidée terrestre. Orchis homme pendu. Indigène.* Souche composée de deux tubercules, entiers, ovales; tige de 20-30 centimètres, terminée en juin par un épi de fleurs vert jaunâtre bordé de rouge, à odeur désagréable; le labelle représente un homme pendu par la tête; pleine terre.

Culture. — V. *Orchidées*, planter à l'automne.

ACHIMENES. *P. Brown. Gesnériacées.*

Il existe une certaine confusion au sujet de la classification de ce genre, dans lequel il faut comprendre les *Acisanthera*, *Biglandularia*, *Centroselenia*, *Cheiranthera*, *Eucodonia*, *Guthnickia*, *Dolichoderia*, *Episcia*, *Grilla*, *Kollikeria*, *Locheria*, *Mandirola*, *Scheeria*, *Trevirania*.

Jolies plantes de serre chaude ou tempérée; très ornementales pour les garnitures; racines en rhizomes écailleux, imbriqués en chatons; tiges herbacées, velues, hautes de 30 à 50 cent., un peu charnues; feuilles opposées ou verticillées; fleurs axillaires, solitaires ou fasciculées. Les espèces principales sont :

A. agyrostigma. *Hook. Kollicheria agyrostigma, Nouvelle-Grenade*, 1845, fl. blanc rosé en juillet; de pleine terre, peu ornemental, intéressant par sa rusticité.

A. **atrosanguinea**, *Lindl.*, *Guatemala*, 1848. — Haut. 45 cent., en juillet-août, fl. carmin à tube long de 4 centimètres.

A. **candida**, *Lindl.*, *Guatemala*, 1848. — Haut. 45 cent. En juin, fl. blanches.

A. **coccinea**. *Pers. Columnea erecta*, *Cyrilla pulchella*,

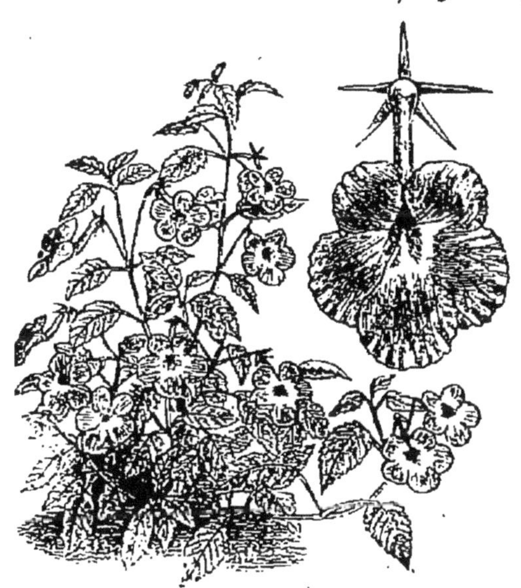

Fig. 1. — Achimenes.

Trevirana coccinea, *Jamaïque*, 1778. — Haut. 30 cent., en août, fl. écarlates.

A. **cupreata**. *Hook. Episcia cupreata*, *Nouvelle-Grenade*, 1845. — Haut. 30 cent., en juillet, fl. écarlates.

A. **Ghiesbreghtii**. *Lindl. A. heterophylla*, *A. ignescens*, *Trevirana heterophylla*, *Mexico*, 1842. — Haut. 30 cent., en juin, fl. écarlate pourpre.

A. **gloxiniæflora**, *Mexico*, 1845. — Haut. 30 cent., en juin, fl. blanches à limbe pointillé de pourpre.

A. **grandiflora**, *D. c.*, *Mexico*, 1842. — Haut. 40 cent., en octobre, fl. rouge cramoisi, axillaires, très grandes. Serre tempérée.

A. heterophylla. — V. *A. Ghiesbreghtii.*

A. hirsuta. *D. c. Lockeria hirsuta*, *Guatemala*, 1848. — Haut. 70 cent., en septembre, fl. rose à œil jaune.

A. ignescens. — V. *A. Ghiesbreghtii.*

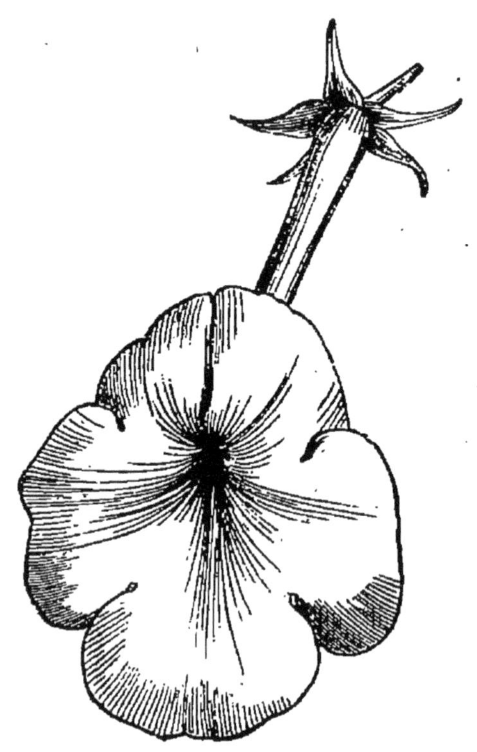

Fig. 2. — Achimenes longiflora.

A. Kleei, *Guatemala*, 1848. — Haut. 20 cent., en août, fl. lilas, jaunâtre à la gorge.

A. longiflora, *D. c. Guatemala*, 1841. — Haut. 30 cent., en août, fl. violettes ; feuilles verticillées par 3 ou 4. Serre tempérée.

A. multiflora, *Hook. Brésil*, 1842. — Haut. 30 cent., en août-octobre, fl. lilas, feuilles opposées ou verticillées.

A. ocella, *Hook. Isoloma ocella*, *Panama*, 1845. — Haut. 40 cent., en juillet, fl. rouges.

A. patens, *Benth. Mexico*, 1846. — Haut. 30 cent., en juin, fl. violettes.

A. pedunculata, *Benth.*, *Guatemala*, 1840. — Haut. 60 centimètres, en juin, fl. écarlate, œil jaune.

A. picta. *Benth. Isoloma picta*, *Mexico*, 1844. — Haut. 30 cent., en juin, fl. rouge jaune.

A. rosea, *Lindl. Guatemala*, 1841. — Haut. 45 cent., en juin, fl. roses ; feuilles velues, souvent verticillées.

A. tubiflora, *Gloxinia tubiflora*, *Dolichoderio tubiflora*, *Amérique du Sud*, 1845. — En juin-juillet, fl. blanc pur, tube de la corolle long de 8-12 cent., élargi et courbé au sommet.

A. viscida. *Acisanthera atrosanguinea*, *Cheirantera atrosanguinea*. *Amérique du Sud*, 1850. Haut. — 30 cent., en juin, fl. rouges et blanches.

Les variétés horticoles sont très nombreuses et très belles, leur nombre augmente chaque année ; on trouve dans les fleurs les coloris suivants : bleu, pourpre, carmin, écarlate, orange, jaune, rose et blanc. Pour la nomenclature, consulter les catalogues spéciaux.

Culture : en février-mars, dépoter les rhizomes, les planter 5 à 6 par pots, ou mettre les plantes en végétation dans la serre chaude et ne les dépoter que lorsque les jeunes pousses ont atteint 3 ou 4 centimètres ; alors les mettre 5-6 par pot bien drainé dans un mélange de terre de bruyère grossièrement concassé, de terreau de feuilles, de terreau de fumier et de sable, par quarts ; placer en serre chaude près du jour et arroser copieusement, le moins possible sur les feuilles ; pincer l'extrémité des tiges qui s'emportent, tuteurer les tiges et aérer le plus possible afin d'éviter la grise qui attaque très souvent cette plante ; la culture en terrine est aussi très avantageuse ; pendant l'été ces plantes se plaisent très bien dans la serre tempérée, et dans les appartements ; tenir constamment à l'ombre.

Lorsque les tiges sont desséchées, cesser tout arrosage, placer les pots renversés dans un endroit sec et tempéré jusqu'à la mise en végétation.

Multiplication très facile, par boutures de tige, boutures de feuilles, par les bulbilles qui se produisent à l'aisselle des feuilles, par les rhizomes ou même par écailles de ces rhizomes, enfin par graines : toutes ces multiplications se font au printemps de préférence.

ACHLYS. *D. c. Berbéridées.*

A. triphylla. *D. c. Leontice triphylla, Smith, Amérique du Nord,* 1827. — Racine tuberculeuse ; tige de 80 cent. à 1 m. 20 ; en mai, fleurs blanches ; les feuilles sèches sont odorantes, pleine terre.

ACIS autumnalis. — V. *Leucojum autumnale.*
A. roseus. — V. *Leucojum roseum.*
A. tricophyllus. — V. *Leucojum tricophyllum.*

ACISANTHERA atrosanguinea. — V. *Achimenes viscida.*

ACONIT d'hiver. — V. *Eranthys hyemalis.*
A. casque. — V. *Aconitum Napellus.*

ACONITUM. — *Tourn.* **Aconit.** *Renonculacées.*

A. Napellus, Lin. Aconit Napel, Aconit casque, Capuce de moine, Capuchon de moine, Casque de Jupiter, Char de Vénus, Fleur de masque, Fleur en casque, Madriette, Thora, Tore, Tue-loup. Indigène. Racine tuberculeuse, irrégulière napiforme, noire ; feuilles vert luisant, incisées; tiges de 1 à 1 m. 50, terminées par des épis longs et serrés de fleurs d'un bleu magnifi-

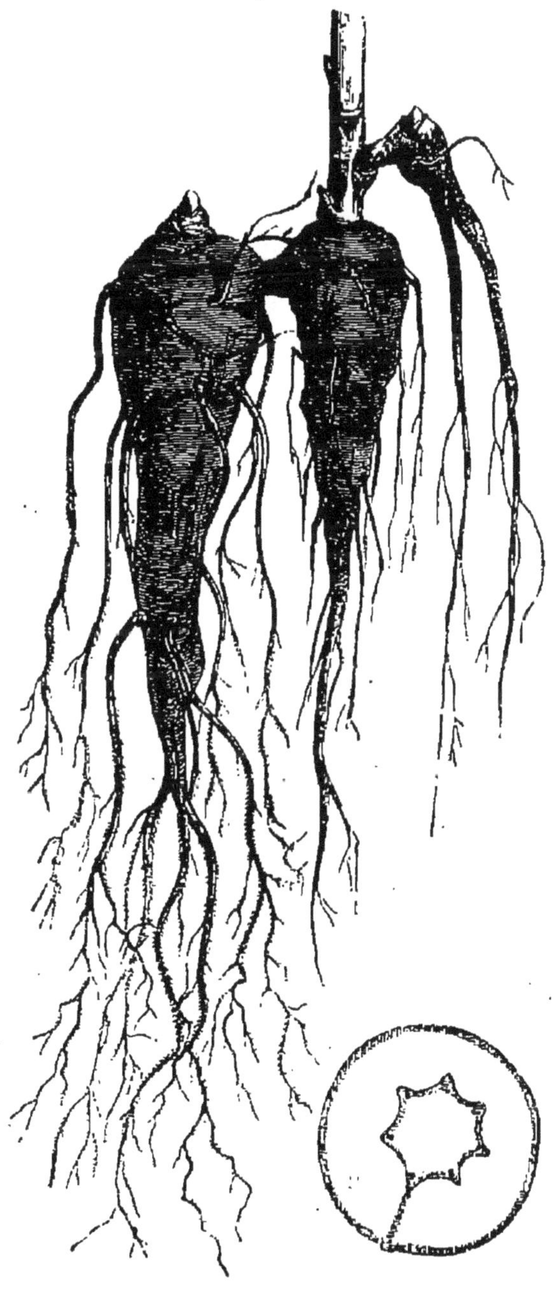

Fig. 3. — Aconitum Napellus (racine).

que en forme de casque ; floraison en mai-juillet.

Magnifique plante, très rustique formant des belles touffes, d'un grand effet pour la décoration des jardins.

Culture. — Planter en terre profonde riche et fraî-

Fig. 4. — Aconitum Napellus. (Fleurs et feuilles.)

che à 1 mètre de distance, à l'ombre de préférence ; un sol calcaire lui plaît beaucoup.

Multiplication en octobre-novembre par séparation des tubercules qui se conservent plusieurs mois, arrachés et enfouis dans le sable, et par graines semées aussitôt mûres ou au printemps suivant, la germination en est assez capricieuse.

A. album. *Hort. Levant*, 1752. Haut. 1 m. 50; en juillet-août, fleurs blanches, belle espèce, rare.

A. anthora, *Lin. Alpes.* Tubercules noirs, tiges de 60 centimètres; en juillet-août, épis de fleurs jaune pâle.

On rencontre parfois dans les cultures, les espèces tuberculeuses suivantes: *A. hebegynum*, *A. autumnale*, *A. japonicum*, *A. lycoctonum;* toutes s'accommodent de la même culture. Il existe en outre beaucoup de jolies espèces à racines tuberculeuses, dignes d'être admises dans les cultures horticoles.

ACORE vrai.— V. *Acorus calamus.*

ACORUS. *Lin.* **Acore.** *Aroïdées.*

A. adulterus. — V. *Iris pseudo-acorus.*

A. aromaticus. — V. *A. calamus.*

A. calamus. *Lin. A. aromaticus, Gilib. A. odoratus, Lamk. Acore vrai. Galanga des marais. Roseau aromatique. R. odorant. Indes. Naturalisé en Europe.*

Rhizome rampant; feuilles ensiformes, longues de 1 mètre; hampe de 80 centimètres, portant, en mai-juin, un chaton de fleurs jaune verdâtre, auxquelles succède une baie, rouge à la maturité.

Culture. — Planter en février-mars, en terre tourbeuse, dans l'eau peu profonde, ou sur le bord des étangs ou bassins.

Multiplication facile par division des rhizomes qui sont très odorants.

A. gramineus. *Ait. A. à feuilles de graminée. Chine* 1796. Espèce à feuilles étroites, linéaires, *culture* du précédent.

A. gramineus variegatus, variété à feuilles panachées de blanc.

A. Japonicus variegatus, variété à feuilles rubanées de blanc jaunâtre.

Ces deux dernières variétés demandent la terre de

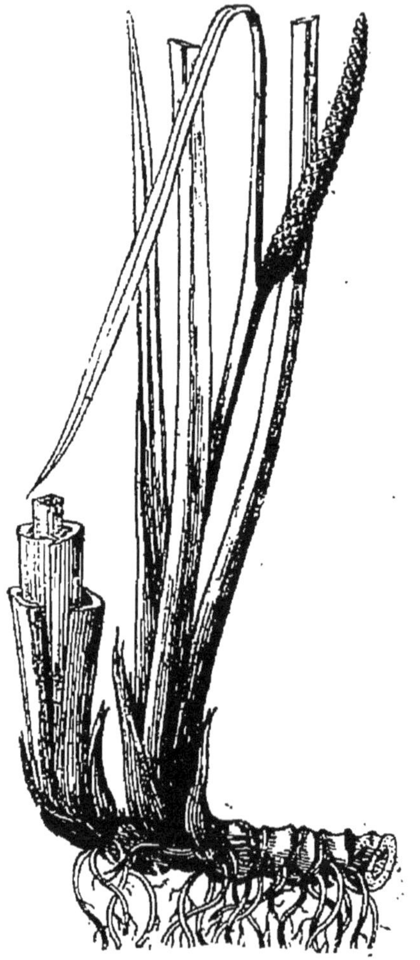

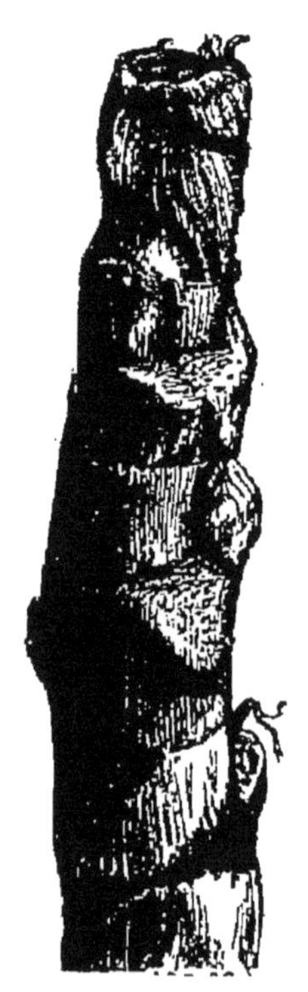

Fig. 5. — Acorus, calamus. Fig. 6. — Rhizome.

bruyère tourbeuse, on peut les cultiver en pots ou en bordure en serre ; cultivées en pleine terre, elles craignent les grands froids.

Multiplication par division des rhizomes.

A. odoratus. — V. *A. calamus.*

ADAM et ÈVE. — V. *Aplectrum hyemale.*

ADAMSIA scilloides. — V. *Puschkinia scilloides.*

ADONIDE de printemps. — V. *Adonis vernalis.*

ADONIS. *Lin.* **Adonide,** *Renonculacées.*

A. pyrenaica, ressemble le suivant, fleurit un peu plutôt et est plus vigoureux.

A. vernalis. *Lin. Adonide de printemps. Grand œil de*

Fig. 7. — Adonis vernalis.

bœuf. Œil du diable. Alpes. Cévennes, 1629.

Racines noirâtres; feuilles finement découpées, élégantes; tiges de 30 centimètres; en mars-avril, fleurs solitaires, jaune pâle à l'extérieur, jaune vif à l'intérieur, grandes, s'ouvrant au soleil.

Culture. — Plante à rocaille, réclame une terre de bruyère sableuse, légère, bien drainée, n'aime pas la transplantation, culture assez difficile.

Multiplication en octobre par éclats ou divisions des touffes et par graines, ce qui demande beaucoup de soins et de patience, les jeunes plantes ne fleurissant que plusieurs années après. Jolie plante rare.

Une variété à fleur blanche existe dans les cultures.

AGAPANTHE bleue. — V. *Agapanthus umbellatus.*
A. en ombelle. — V. *Agapanthus umbellatus*
A. naine. — V. *Agapanthus minor.*

AGAPANTHUS. *L'Herit.*, **Agapanthe**, *Liliacées.*

A. minor. *Lodd. Agapanthe naine.* — Diffère de l'A. umbellatus par ses dimensions plus petites, fleur bleue.

A. umbellatus. *L. Herit. Crinum africanum, Lin., Maulhia linearis, Thumb., Agapanthe bleue, A. en ombelle, Fleur d'amour, Lis d'Afrique, Tubéreuse bleue. Cap*, 1692. Racines tuberculeuses, charnues; feuilles radicales, rubanées, planes, d'un beau vert; hampe nue dressée, haut. 80 centimètres à 1 mètre, terminée par une ombelle de 50 à 150 fleurs pédonculées, inodores, d'un beau bleu. La floraison a lieu en avril-mai en serre, en juillet-août en pleine terre. Belle et bonne plante, pas assez cultivée.

A. umbellatus albus, variété à fleurs blanc verdâtre.

A. umbellatus flore pleno, variété à fleurs doubles, les fleurs se conservent plus longtemps que celles à fleurs simples.

A. umbellatus fol. albo-vittatis, feuilles rubanées de blanc, on peut dire, feuilles blanches rubanées de vert, très jolies.

A. umbellatus fol. aureo vittatis, feuilles rubanées de jaune.

A. umbellatus maximus, variété plus grande dans toutes ses parties que l'*A. umbellatus.*

Culture. Planter en pots spacieux, en bonne terre très riche, beaucoup d'eau pendant l'été, hiverner en serre froide près du jour en arrosant très peu; l'été on peut enterrer les pots ou planter en pleine terre dans les massifs ou gazons. Ces belles plantes résistent en pleine terre, pendant l'hiver, plantées à exposition chaude ; cependant il est toujours prudent de les abriter rapport au feuillage qui est persistant.

Un excellent procédé est de les planter en pleine terre au printemps, en massif, en groupe ou en bordure ; à l'automme, les arracher avec leur motte et les hiverner sous châssis en les plantant très serrées (sans pots); au printemps les remettre en pleine terre: par ce moyen les plantes sont plus vigoureuses, la floraison plus abondante, et on évite la perte des pots qui sont brisés très souvent par l'accroissement des racines.

Multiplication par la séparation des souches et des caïeux à l'automne et au printemps, et par graines qui ne fleurissent que 5-6 ans après le semis.

AGRAPHIS campanulatus. — V. *Scilla campanulata.*

A. cernua. — V. *Scilla cernua.*

A. patula. — V. *Scilla patula.*

A. nutans. — V. *Scilla nutans.*

AIAULT.
Aïaut. } — V. *Narcissus pseudo-Narcissus.*

AIL. — V. *Allium.*

A. à bouquets. — V. *Allium album.*

A. bleu. — V. *Allium azureum.*

A. des bois.
A. des ours. } — V. *Allium ursinum.*

A. doré.
A. jaune. } — V. *Allium Moly.*

A. noir. — V. *Allium nigrum.*

A. odorant. — V. *Allium fragrans.*

AJAX DOUBLE. — }— V. *Narcissus pseudo-*
A. grandiflora fl. pl. } *Narcissus flore pleno.*

A. pseudo-narcissus. — V. *Narcissus pseudo-narcissus.*

A. minor. — V. *Narcissus nanus.*

ALAIA susiana. — V. *Iris Susiana.*

ALBUCA. *Lin. Liliacées.*

Petites plantes bulbeuses, presque toutes originaires du Cap, ayant de l'analogie avec les Ornithogales; s'élèvent de 30 à 80 centimètres, produisent en mai-juin des grappes pendantes de fleurs blanches, jaunes ou verdâtres. *Culture* des Ixias, excepté les variétés de l'Afrique tropicale qui sont de serre chaude. *Multiplication* par caïeux ou par écaille des bulbes. Les principales espèces sont :

A. aurea, *Jacques. Cap.* 1818. — Fleur jaune et verte.
A. canaliculata, *Cap.* — Jaune pur, très odorante.
A. fastigiata, *Dryand Cap,* 1820. — Blanc et vert.
A. filifolia, *Urginea filifolia. Cap,* 1774. — jaune et vert.
A. Nelsoni, *N. E. Br. Cap.* — Blanc pur, très odorante.

ALETRIS capensis. — V. *Welthemia capensis.*

ALISMA *Lin. Alismacées.*

A. Plantago *Lin. Etoile d'eau, Flûte d'eau, Pain de crapaud, Pain de grenouilles, Plantain aquatique, Plantain d'eau. Indigène.* — Souche bulbiforme; feuilles toutes radicales à longs pétioles, dressées, lancéolés, cordiformes; tige rameuse, droite, haut. 80 cent. à 1 mètre, garnie de rameaux verticillés portant en été une quantité de petites fleurs blanches ou blanc rosé

A. lanceolata *Rch. Indigène.* — Variété à feuilles lancéolées, en juin-août fleur blanc pur.

Culture. — Plantes aquatiques, propres à orner les bassins, étangs, en eau peu profonde, pleine terre. Planter à l'automne ou au printemps, dans la vase.

Multiplication très facile par division des souches et par graines semées en terrines tenues très humides.

ALLIUM *Lin.* **Ail.** *Liliacées.*

Genre très nombreux, répandu en Europe, en Asie et en Amérique ; cependant peu d'espèces méritent d'être cultivées.

A. album. *Savi*, *A. lacteum Smith*, *A. candidissimum Corr*, *A. liliiflorum*, *Ail blanc*, *A. à bouquet*, *Ave*, *Avès*, *Avè Maria*, *Cédillon. France méridionale*, *Italie*, *Grèce*, *Barbarie*, 1803. — Bulbe petit, rond, blanc, muni au sommet d'une pointe acérée ; feuilles rubanées, engainantes, d'un vert luisant, longues de 10 à 20 centimètres ; hampe anguleuse, nue, haute de 30 à 40 centimètres, terminées en avril-mai par une ombelle plane de nombreuses fleurs blanches, à odeur douce, *pétales aigus.*

Cultivé en grande quantité depuis quelques années pour la fleur coupée ; les fleurs mises en bouquet, le pied dans l'eau, se conservent très fraîches pendant 10 à 12 jours et n'exhalent nullement l'odeur caractéristique de l'ail. Plante rustique et d'un bel effet.

Culture très facile ; en septembre-octobre planter les bulbes en terre riche et profonde, à 5 centimètres de distance et 5 centimètres de profondeur ; arracher quand les tiges sont sèches ou laisser pendant 3 ou 4 ans à la même place.

Multiplication très facile, par les bulbes et par graines qui germent très promptement.

A. album. Var. **Neapolitanum.** *A. Neapolitanum. Indigène.* — Semblable au précédent, mais plus vigoureux; tige plus anguleuse; fleurs plus amples, *pétales obtus*, ombelles plus fournies.

Culture, *emplois* et *multiplication* du précédent.

A. angulosum. *Lin.* — *Sibérie*, 1739.

Feuilles planes; tiges triangulaires, hautes de 40 centimètres; en juillet fleurs violet pâle, pleine terre.

A. azureum, *Ledeb. A. cæruleum, Pall. A. cærulescens. Don, Ail azuré, Ail bleu. Sibérie*, 1830. — Bulbe ovale; feuilles triangulaires, de 20 à 30 centimètres; hampe cylindrique haute de 30 à 50 centimètres; en juin-juillet, fleurs bleu ciel avec une ligne médiane plus foncée; belle plante, toujours rare et recherchée.

Culture : Planter en octobre à bonne exposition à 15 centimètres de distance, arracher les bulbes tous les trois ou quatre ans.

Multiplication par les petits bulbes et par graines semées aussitôt récoltées.

A. candidissimum. — V. *Allium album.*

A. cærulescens. — V. *Allium azureum.*

A. cæruleum. — V. *Allium azureum.*

A. fragrans *Vent. Nothoscordum fragrans, Ail odorant. Indes occidentales*, 1822. — Bulbes gros; feuilles longues linéaires enroulées; hampe ronde de 60 centimètres; en mai-juin, fleurs odorantes blanches en ombelle de 10 à 30.

A. globosum. *Dc. Caucase*, 1821. — Feuilles filiformes; tige ronde; ombelle globuleuse; en juillet, fleurs purpurines.

A. kansuense *Regel. Turkestan. Nord de la Chine*, 1890. Tige de 20-30 centimètres; ombelle de 20-40 fleurs d'un beau bleu, floraison en mai-juin ; pleine terre.

A. **lacteum**. — V. *Allium album*.

A. **liliiflorum**. — V. *Allium album*.

A. **Moly**. *Lin*. *Ail doré*, *Ail jaune*. *Europe méridionale*. Bulbe rond, blanc ; feuilles 2-3 ; ovales lancéolées érigées ; tige de 20 à 30 centimètres, portant en

Fig. 8. — Allium Moly.

mai-juin une ou deux ombelles de fleurs jaune vif à l'intérieur et jaune verdâtre à l'extérieur.

Culture et *multiplication* de l'*A. azureum*.

A. **neapolitanum**. — V. *Allium album*. *Var*.

A. **nigrum**, *Lin*. *Ail noir*. *Europe méridionale*, *Nord de l'Afrique*. — Bulbe gros, ovoïde ; feuilles larges, épaisses, lancéolées, acuminées ; hampe de 75-80 cent. ; terminée en mai par une grande ombelle de fleurs blanches, rosées, ou violettes.

Culture et *multiplication* de l'*A. Album*.

A. **nutans**. *Sibérie*, 1785. — Feuilles planes, glauques; hampe plate, bi-angulaire, de 50 centimètres; en juillet fleurs rose pâle.

A. rubellum. *Sibérie*, 1825. — Feuilles linéaires, engainantes; tige 40 centimètres; ombelle globuleuse; fleur rouge lie de vin.

A. senescens. *Sibérie* 1596. — Port de l'*A. nutans*, feuilles vertes.

A. spharocephalum. *Indigène*. — Feuilles filiformes; tiges rondes, glauques, de 40 centimètres; en juillet, fleurs violet pourpre, agglomérées, en ombelle.

A. triquetrum. *Linn. Indigène*. Feuilles vertes, linéaires, triangulaires; hampe de 30-40 centimètres terminée en avril-mai par une ombelle de fleurs blanches, campanulées; cultivé pour la fleur coupée.

A. ursinum *Lin. Ail des bois, Ail des ours. Indigène*. Bulbe blanc, allongé; feuilles ovales, lancéolées, d'un beau vert; hampe de 30 à 40 centimètres; ombelle serrée de fleurs blanches à odeur douce; fleurit en avril-mai. Plante rustique réussissant à toutes les expositions, préférant l'ombre et les lieux humides.

J'ai rencontré dans la Loire-Inférieure, au pied de rochers granitiques, une magnifique touffe de cette plante en fleur, mesurant 1 mètre de diamètre, dont les bulbes étaient à 1 m. 30 de profondeur.

ALOCASIA rœzeli. — V. *Caladium marmoratum*.

ALPINIA. *Lin. Zingibéracées*.

Plantes à rhizomes tubéreux, originaires des contrées tropicales; tiges de 1 à 3 mètres, terminées par de longues grappes de coloris divers; par leur beau feuillage ces plantes font l'ornement des serres chaudes; elles se multiplient par la division des rhizomes; il existe un grand nombre d'espèces.

A. spiralis. V. *Costus Spiralis*.

ALSTRŒMERIA *Lin.* **Alstrœmère** *Amaryllidées.*

Bonnes plantes, très ornementales, pas assez répandues; toutes sont originaires de l'Amérique centrale, du Chili, Pérou, Mexique. L'hybridation de certaines espèces a produit un grand nombre de belles variétés, ce qui a causé une certaine confusion dans la nomenclature de ce beau genre. Toutes ont à peu près la même forme et le même mode de végétation. Racines fibreuses, fasciculées, charnues, très fragiles; feuilles épaisses, alternes, sessiles, lancéolées; tiges feuillées où écailleuses, dressées, pleines, terminées par une rosette de feuilles d'où sortent plusieurs fleurs, rouge, jaune, orange, écarlate, cramoisi, panaché, blanc pur, selon les espèces ou variétés. La floraison a lieu de juin en septembre; la hauteur des plantes varie de 30 centimètres à 1 m. 30.

A. aurantiaca. *Don. A. aurea, A. concolor. Alstrœmère orangé. Chili,* 1831. — Variable de port et dans la couleur de fleurs. Feuillage lancéolé, vert clair, sessile; hampe feuillée; de 60 cent. à 1 m. 20, terminée par un verticille de feuilles d'où sortent 10-15 fleurs pédonculées, panachées, jaune orange ponctué de pourpre; floraison de juin en août; doit être un hybride du Versicolor.

A. aurea. — V. *A. aurantiaca.*

A. Banksiana. — V. *A. psittacina.*

A. brasiliensis. *A. du Brésil.* — Feuilles oblongues, lancéolées; tige feuillée de 1 mètre, en juillet-août, fleurs rouge amarante, ponctué, panaché d'acajou et de pourpre; espèce un peu délicate. Serre froide ou châssis, ne supporte pas la pleine terre.

A. Caldisi. — V. *Bomarea Caldisi.*

A. concolor. — V. *A. aurantiaca.*

A. edulis. — V. *Bomarea edulis.*

A. hæmantha. *Ruiz o Pav. Chili* 1830. — Feuilles lancéolées, les supérieures linéaires frangées, glauques, velues; hampe de 30 à 60 centimètres; de juillet en octobre, fleurs rouge orange, ou rouge cramoisi plus ou moins ponctué.

A. Hookeriana. *Rœm. et Schult. A. Simsii, Sweet. Chili*, 1828. — Feuilles sessiles, linéaires; tiges dressées, faibles; en juillet-août fleurs rose pâle à pointes vertes; divisions supérieures, blanchâtres; les inférieures et extérieures, rayées et maculées de pourpre.

A. ligtu. *Lin. Chili* 1776. — Feuilles lancéolées, ondulées; hampe de 30 à 60 centimètres; en mars-avril, fleurs larges, à divisions externes rouge pourpre ou lilas; les internes, blanches, panachées jaune; rustique; cultiver en serre ou sous châssis rapport à la floraison, qui serait détruite par les gelées tardives; a produit beaucoup de variétés.

A. oculata. — V. *Bomarea salsila.*

A. Pelegrina. *Lin. Pérou*, 1750. — Feuilles charnues, tordues, lancéolées, sessiles; tiges feuillées, de 30 à 60 cent., terminées par 6-8 fleurs blanchâtres, ponctuées de pourpre; floraison en juin-juillet.

A. Pelegrina alba, variété à fleurs blanches; ces variétés ont besoin d'abri pendant l'hiver.

A. pulchella. — V. *A. psittacina.*

A. psittacina. *A. Banksiana. A. pulchella. Alstrœmere perroquet. Lis des Incas. Brésil*, 1829. — Feuilles tordues, vert clair, hampes droites, de 60 cent. à 1 mètre; de août en octobre, ombelles de fleurs pourpres, à divisions pourpres à la base, verdâtres au sommet, ponctuées de pourpre. — Pleine terre.

A. salsila. — V. *Bomarea edulis.*

A. versicolor. *Alstrœmere du Chili. Pérou,* 1831. — Feuilles épaisses, alternes, sessiles, contournées, tiges de 50 cent. à 1 mètre; fleurs pourpre, blanc verdâtre à l'extrémité des pétales, pointillée de jaune et rayée de rose, la floraison a lieu en juillet-août, pleine terre. Cette espèce a produit un grand nombre de belles variétés cultivées dans les jardins.

Pour les espèces et variétés, consulter les catalogues spéciaux.

Culture. Toutes les variétés supportent la pleine terre excepté un petit nombre qui sont de serre chaude ou tempérée; en octobre-novembre, ou février-mars, planter les racines à 30 cent. de distance et à 10 ou 15 cent. de profondeur, à exposition chaude et abritée, en terre bien drainée, riche, légère et très sableuse ; — couvrir de feuilles sèches pendant l'hiver et arroser copieusement pendant l'été. On peut laisser les racines en place et ne les relever que tous les trois quatre ans, avec précaution, car elles sont très fragiles ; une couverture pendant l'hiver les empêche de souffrir. La culture en pots donne de bons résultats, cependant les racines et la plante ne s'y prêtent pas beaucoup.

Multiplication : 1° par graines, semées en terre légère ou de bruyère, en octobre sous châssis, ou au printemps en pleine terre à l'ombre ; laisser les semis en place pendant 3 ou 4 ans, pour atteindre leur floraison, garantir pendant l'hiver; 2° par la séparation des racines en laissant un œil à chaque division.

ALSTRŒMERE du Chili. — V. *A. versicolor.*
A. perroquet. — V. *A. psittacina.*

AMARYLLIS. *Lin. Amaryllidées.*

Les botanistes modernes ont démembré ce genre et en ont formé les suivants : *Ammocharis, Brunswigia, Buphane, Crinum, Griffinia, Hessea, Hippeastrum, Lycoris, Nerine, Sprekelia, Sternbergia, Vallota, Zephyranthes.* — Je n'ai pas suivi ces changements dans ce volume.

A. à bandes. — V. *Amaryllis vittata.*
A. à coiffe. — V. *Amaryllis calyptrata.*
A. à feuilles courbes. — V. *Amaryllis curviflora.*
A. à feuilles ondulées. — V. *Amaryllis undulata.*
A. à fleur en croix. — V. *Amaryllis formosissima.*
A. agréable. — V. *Amaryllis blanda.*
A. alata. — V. *Amaryllis purpurea.*

A. Atamasco *Lin. Cooperia Atamasco, K. Zeyphyranthes Atamasco, Herb. Amaryllis de Virginie, Toonam. Virginie, Caroline, Pensylvanie.* 1629. — Bulbe petit, ovale, noirâtre ; feuilles linéaires, se développant avec les fleurs ; hampe de 30 centimètres terminée en juin-juillet par une fleur blanc rosé d'abord, blanche ensuite. Très jolie plante, pas assez répandue.

Culture facile en bonne terre légère, à bonne exposition, garantir des grands froids, planter en avril en bordure de préférence, à 10 centimètres de distance. Cultivé en pots et en serre, il fleurit pendant l'hiver.

Multiplication, au printemps tous les 3 ou 4 ans par division des bulbes qui se produisent à profusion.

A. aulica *Ker. Hippeastrum aulicum, Herb. Amaryllis brillant. Brésil* **1816.** — Bulbe gris ; 2 fleurs penchées, rouge foncé au sommet, verdâtre à la base, longues de 13-14 cent. fleurit de janvier à juin.

Culture. — Châssis, serre, et pleine terre abritée.

A. aurea *L. Herit.* — V. *Lycoris aurea.*

A. aurea. — *R. Pav. A. peruviana, Herb. Pyrolirion aureum, Herb. P. tubiflorum, Rœm. Amaryllis doré. Pérou*, 1833. — Bulbe arrondi; feuilles ensiformes, planes, longues de 25 centimètres; hampe de 30 centimètres terminée en avril-mai par une belle fleur jaune d'or, longue de 10 à 12 centimètres.

Culture. — Serre tempérée ou châssis, terre légère sableuse.

Multiplication.—Facile par la division des bulbilles.

A. australasica. — V. *Crinum flaccidum.*

A. Belladona. *Lin. Belladona purpurescens, Swet. Callicore rosea, Lin. Coburgia Belladona, Herb. Belladone d'automne. Amaryllis Belladone. Cap*, 1712. — Bulbe très gros, piriforme, à tuniques brunes, laineuses; feuilles planes d'un beau vert ne se développant qu'après la floraison; hampe nue, de 1 mètre, portant en septembre-octobre une ombelle de 8 à 12 belles fleurs odorantes d'un beau rose, ayant la forme des fleurs du lis blanc. Admirable plante, d'un grand effet et pas assez répandue, fleur à couper de grande valeur.

Culture. — Planter les bulbes en mai-juin dès que les feuilles sont sèches, en terrain riche, profond, sableux et sec à bonne exposition; après la floraison, en été, dès que la végétation a cessé, garnir le sol d'une couche de bon fumier, comme engrais. Garantir les bulbes de la pluie par des abris, car plus la saison de repos sera sèche et longue, plus la floraison sera belle. Pleine terre.

Multiplication. — En mai-juin par la division des bulbes que l'on replante de suite en place et par les caïeux qui seront plantés en pépinière; et par graines, qui ne fleurissent que 6-8 ans après le semis. Pour avoir de belles touffes, il ne faut arracher les bulbes que tous les 4-5 ans.

A. belladona latifolia. — V. *Amaryllis blanda.*

Fig. 9. — Amaryllis Belladona rosea perfecta (Dammann et Cie).

A. belladona rosea perfecta.— Divisions de la fleur blanches à la base, se fondant en rose strié, plante très florifère.

A. belladona, speciosa purpurea. *Hort.*—Belle couleur pourpre, fond du périanthe jaunâtre à l'intérieur.

Culture et *Multiplication* de l'*A. Belladona.*

A. blanda, *Ker. Amaryllis Belladona latifolia, Herb. Belladona blanda. Swet. Coburgia blanda. Herb. Amaryllis agréable. Cap* 1754. — Bulbe très gros. piriforme, arrondi; feuilles nombreuses, rubanées, de 4 centimètres de large; hampe déprimée, haute de 1 mètre, portant, en juin-juillet, 10-12 fleurs inodores, longues de 10 à 13 centimètres, blanches passant au rose pâle.

Culture et *Multiplication* de l'*A. Belladona.*

A. **blanc.** — V. *Amaryllis candida.*

A. **bleu.** — V. *Amaryllis hyacinthina.*

A. **brillant.** — V. *Amaryllis aulica.*

A. **Broussoneti,** *Herb. A. ornata*, *Ait. A. spectabilis*, *And. Crinum Broussoneti*, *C. Yuccæflorum*, *Salisb. Guinée, Sierra Leone*, 1792. — Bulbe rond, un peu allongé, rougeâtre; feuilles rubanées, ondulées; hampe comprimée, verte, purpurine à la base, terminée en juillet-septembre par une ombelle de grandes fleurs, longues de 12 centimètres, blanches avec une bande médiane brun pourpre; filets blancs; style rouge vif.

Culture des Amaryllis, serre chaude.

A. **candida,** *Lindl. A. Nivea*, *Schult. Argyropsis candida*, *Rœm.*, *Zephyranthes candida*, *Herb. Amaryllis blanc. Amérique centrale*, 1822. — Bulbes petits, ronds, noirs; feuilles planes, linéaires, charnues; hampe dressée de 10 à 15 centimètres, terminée de juillet en octobre par une fleur inodore, érigée, blanc pur, verdâtre à la base, ne s'ouvrant bien qu'à l'ombre le jour et se fermant la nuit.

Culture et *Multiplication* de l'*A. Atomasca*, très rustique.

A. **calyptrata,** *Ker. Hippeastrum calyptratum*, *Herb. Amaryllis à coiffe. Brésil*, 1816. — Bulbe moyen ou gros, hampe (quelquefois plusieurs) droite, rougeâtre, portant en mai-août deux fleurs longues de 15 centimètres, penchées, vert jaunâtre.

Culture de l'*A. aulica*

A. carnée. — V. *Amaryllis carnea.*

A. carnea *Schult. A. rosea, Spreng. Zephyranthes rosea, Lindl. Amaryllis rosée, A. Carnée. Havane*, 1822. Bulbe petit; feuilles gazonnantes, étalées sur le sol, glabres, persistantes; hampe comprimée, haute de 15 centimètres; en mai fleurs rouges, verdâtres à la base extérieure.

Culture. — Châssis ou serre tempérée.

A. ciliaris. *Lin. Brunswigia ciliaris. Buphane ciliaris, Herb. Hæmanthus ciliaris, Lin. Amaryllis ciliée, Brunswigie ciliée. Cap*, 1752. — Bulbe ovale, petit; feuilles étalées, bordées de cils, marquées de taches rouges en dessous; hampe de 15 à 20 centimètres, terminée en juin-août par une ombelle de nombreuses fleurs pédonculées, jaune verdâtre, à limbe pourpre.

Culture. — Châssis ou serre tempérée, pas d'humidité pendant le repos qui a lieu de septembre en décembre.

A. ciliée. — V. *Amaryllis ciliata.*

A. cinnamomea. — V. *Crinum riparium.*

A. curvifolia, *Jacq. A. Fothergilli, And. Nerine curvifolia, Herb. Amaryllis à feuilles courbes. Cap*, 1794. — Bulbe moyen, ovale, brun; feuilles rubanées, linéaires, en faux, dressées d'abord, étalées ensuite en deux rangées; avant les feuilles; hampe de 30 centimètres terminée en juillet-août par une ombelle de 8 à 10 fleurs inodores d'un beau rouge vif, longues de 5 à 6 centimètres.

Culture et *Multiplication* de l'*A. atamasco.*

A. Cybister. *Lindl. Sprekelia cybister, Herb. Amaryllis saltimbanque. Bolivie.* — Bulbe ovale, brun, gros; feuilles rouges au sommet; hampe de 35 centimètres, portant 4 fleurs en croix, d'un beau rouge cramoisi à la base, verdâtre au sommet.

Culture. — Serre tempérée, châssis et pleine terre abritée.

A. de Guernesey. — V. *A. Sarmiensis.*

A. de Joséphine. — V. *A. Josephinæ.*

A. de Rouen. — V. *A. vittata.*

A. de Virginie. — V. *A. Atamasco.*

A. doré. — V. *A. aurea.*

A. écarlate. — V. *A. equestris.*

A. en faux. — V. *A. falcata.*

Fig. 10. — Amaryllis equestris.

A. equestris *Ait. A. punicea, Lin. Hippeastrum equestre, Herb. Hippeastrum purpureum, O. K. Amaryllis écarlate. Antilles*, 1710. — Bulbe ovale, brun de la grosseur d'un marron; feuilles de 20 à 30 centimètres étalées, maculées de jaune pâle; hampe de

30 centimètres, se développant avant les feuilles, terminée en juillet-octobre par 2 belles fleurs penchées, en entonnoir, pédonculées, rouge orangé avec une étoile verte, à tube cylindrique.

Culture de l'*A. Vittata.*

A. falcata, *L'Herit. A. longifolia, Lin. Ammocharis falcata. Herb. Brunswigia falcata, Ker. Crinum falcatum, Jacq. Hæmanthus falcatus, Thumb. A. à grandes feuilles.* — *Cap.* 1777. — Bulbe brun; feuilles planes, glauques, longues de 50 cent., parfois maculées de jaune, contournées en faucille; hampe de 30 centimètres, portant en juin-août 6-8 fleurs odorantes, blanc verdâtre passant au rose.

Culture. Serre tempérée ou froide, époque de repos de août-novembre.

A. Forbesii. — V. *Crinum Forbesianum.*

A. formosissima, *Lin., Sprekelia formosissima, Heist. S. Heisteri, Trew., Amaryllis magnifique, A. à fleurs en croix, A. Reine de beauté, A. Saint-Jacques, Croix de Saint-Jacques, Lis Jacob, Lis Saint-Jacques. Amérique Méridionale, Sainte-Helène,* 1688. — Belle plante pas assez cultivée; bulbe rond, plutôt déprimé, brun; feuilles planes linéaires, vertes, dressées; hampe de 20-30 centimètres, portant en août-septembre 1-2 fleurs, penchées, inodores, d'un rouge carmin velouté. Les divisions de la fleur sont irrégulières et opposées, de façon à simuler la croix rouge des chevaliers de Saint-Jacques.

Culture. — Planter les bulbes en avril-mai, à bonne exposition, en pleine terre, riche, profonde, et légère à 10-15 centimètres de profondeur; pailler et arroser pendant l'été; en octobre, couper les feuilles, arracher les bulbes et les conserver en lieu sec à l'abri de la gelée ou laisser les bulbes en pleine terre et les garantir de la gelée avec une couche de sable ou de feuilles sèches; plantée en pots pendant l'hiver et chauffée, cette plante se force comme les Jacinthes, elle réussit très bien sur carafes pleines d'eau.

Multiplication, par les caïeux ou division des bulbes.

Fig. 11. — Amaryllis formosissima.

A. Forthergilli. — V. *Amaryllis curvifolia.*

A. gigantea. — V. *A. ornata.*

A. Graveana, *hybride horticole.* — Fleurs rouge foncé strié de blanc; c'est une des meilleures variétés de serre chaude.

A. Halli. — *Nord de la Chine?* — Ressemble à l'*A. belladona*, n'en est peut-être qu'une forme, fleurit en automne. *Culture;* pleine terre.

A. hyacinthina. *Ker. Griffinia hyacinthina. Herb. Amérique du Sud*, 1815. — Bulbe ovale, gros, tuniqué; 2-3 feuilles vert foncé, ne paraissant qu'après la floraison, planes, ovales, rétrécies en pétiole à la base, longues de 20 centimètres : hampe de 30-40 centimètres, rougeâtre à la base, terminée en juin-

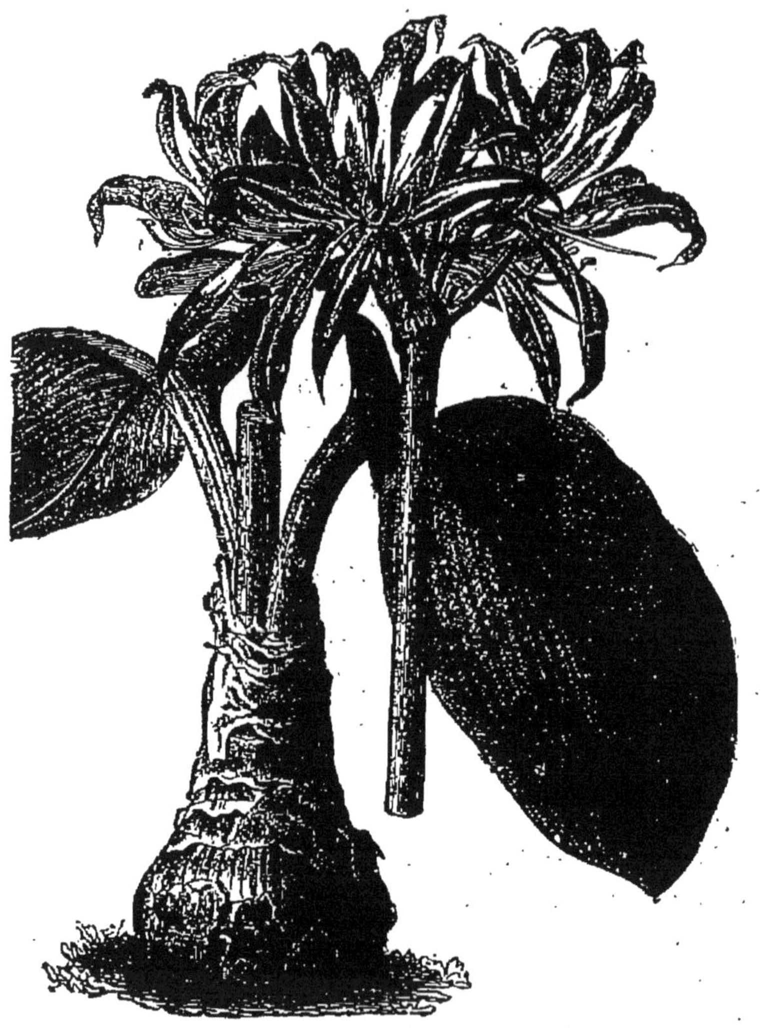

Fig. 12. — Amaryllis hyacinthina.

septembre par un ombelle de 8-10 fleurs penchées, ou horizontales, inodores, longues de 8-10 centimètres de couleur blanc mélangé de bleu violet.

Culture. Serre chaude, terre sableuse, moitié terre de bruyère tourbeuse.

Multiplication par division des caïeux, qui sont rares, ou par semis, quand on peut obtenir des graines par la fécondation.

A. jaune. — V. *Amaryllis lutea.*

A. Johnsoni, *hybride horticole*, fleurs rouge vineux, rayé de blanc, belle variété.

A. Josephinæ, *Red. A. Josephiniana, Herb. Brunswigia Josephinæ, Ker. Coburgia Josephinæ, Herb., Amaryllis de Joséphine, Cap.*, 1814. — Bulbe très gros, allongé; feuilles glauques de 30-40 cent., larges de 6-7; hampe forte de 60-90 centimètres portant en juin une vaste ombelle de fleurs inodores d'un rouge foncé, marquées d'une ligne verte au centre de chaque division, longues de 10 centimètres.

Culture. Résiste à la pleine terre avec couverture, mais il est préférable de le cultiver en pot et en serre pour en assurer la floraison; très belle plante.

Multiplication par caïeux à l'époque du rempotage.

A. Josephiniana. — V. *Amaryllis Josephinæ.*

A. latifolia. — V. *A. ornata.*

A. longifolia, *Lin.* — V. *A. falcata.*

A. lutea. *Lin. Oporanthus luteus, Gay. Sternbergia lutea, Gawl. Lis Narcisse, Narcisse d'automne, Narcisse d'hiver. Amaryllis jaune. Europe méridionale*, 1596.

Bulbe piriforme, brun; feuilles linéaires, érigées, persistantes en hiver; hampe de 10 centimètres, s'élevant en même temps que les feuilles, terminée en septembre-octobre par une fleur jaune vif, longue de 5 centimètres.

Culture, en pleine terre, saine et légère, de préférence en bordure à bonne exposition; planter à 10 centimètres de distance et n'arracher que tous les trois ou quatre ans.

Multiplication facile en mai-juin par la division des bulbes; on en cultive plusieurs espèces ou variétés qui diffèrent peu entre elles; toutes sont de charmantes petites plantes, précieuses par leur floraison automnale et d'une culture très facile.

A. lutea. *L'Héritier.* — V. *Lycoris aurea.*

A. magnifique. — V. *Amaryllis formosissima.*

A. montana. — *Ixiolirion montanum.*

A. nivea. — V, *A. candida.*

A. orientalis *Lin.*, *Brunswigia multiflora Ait. Coburgia multiflora, Herb. Crinum candelabrum, Hort. Hæmanthus orientalis, Thunb. Amérique Centrale,* 1752.

Bulbe gros, de 10-15 centimètres de diamètre: feuilles planes, étalées, vert foncé, de 15-20 centimètres; hampe de 30 centimètres, terminée en juin-août par une ombelle de fleurs érigées, pédonculées, d'un beau rouge écarlate, longues de 5-6 cent.

Culture de l'A. Vittata.

Multiplication par caïeux et graines.

A. ornata. *Ait.* — V. *A. Brousonneti.*

A. ornata, *B. M. A. latifolia, Lamk. A. gigantea, Ait. Crinum giganteum, And. C. ornatum, Bury, C. petiolatum, Herb. Côte occidentale d'Afrique,* 1792. — Bulbe assez gros, ovale, de 10-15 centimètres de diamètre: feuilles en lanières retombantes de 60 centimètres, n'atteignant leur complet développement qu'après la floraison; hampe comprimée de 1 mètre, terminée en juin-septembre par une ombelle diffuse de 8-10 belles grandes fleurs blanches à odeur de vanille, longues de 20 centimètres, très ouvertes.

Culture: de serre chaude, magnifique plante.

Multiplication : graines et caïeux.

A. pardina. — V. *Hippeastrum pardinum.*

A. perroquet. — V. *A. psittacina.*

A. peruviana. — V. *A. aurea.*

A. psittacina *Ker. Hippeastrum psittacinum, Herb. Amaryllis perroquet. Brésil*, 1816. — Bulbe allongé; hampe rougeâtre portant 2 fleurs longues de 15 centimètres, vertes, rayées et bordées d'un beau rouge vif, fleurit toute l'année.

Culture : serre chaude tempérée ou châssis.

A. pourpre. — V. *A. purpurea.*

A. punicea. — V. *A. equestris.*

A. purpurea *Ait. A. speciosa L. Herit. A. alata, Jacq. Crinum speciosum, Lin. Cyrtanthus purpureus, Herb. Valotta purpurea, Herb. Amaryllis pourpre. Cap*, 1774. Bulbe gros brun; feuilles planes, de 40-50 centimètres de long sur 2-3 de large; hampe raide de 1 mètre portant en juillet-août une ombelle de 2-4 fleurs évasées en entonnoir d'un beau rouge sang: ces fleurs sont uniformes et longues de 8-9 centimètres.

Culture : en pleine terre dans le sud et l'ouest et de la France, sous châssis ou en pleine terre à bonne exposition et couverture l'hiver dans le nord.

Multiplication : par les caïeux.

A. rayée. — V. *A. vittata.*

A. Reginæ *Lin. Hippeastrum Reginum, Herb. Hippeastrum Reginæ, Herb. Amaryllis royal. Amérique méridionale*, 1725. — Bulbe verdâtre, hampe de 50 cent. terminée en mai-juillet par 3-4 fleurs penchées, d'un beau rouge écarlate avec une étoile verte à l'intérieur.

A. reine de beauté. — V. *A. formosissima.*

A. robusta. — V. *A. tubispatha.*

A. rosea. — V. *A. carnea.*

A. royale. — V. *A. reginæ.*

A. Sarniensis *Lin. Lilium Sarniense, Dougl. Nerine*

Guernesiana, Herb. Nerine Sarniensis Herb. Amaryllis de Guernesey. Guernesienne. Lis de Guernesey. Japon, 1659. — Bulbe de la grosseur d'un œuf, arrondi, noir; feuilles planes, vert foncé, longues de 40-50 centimètres paraissant après la floraison; hampe de 40-50 centimètres, terminée en septembre-octobre par une ombelle de 8-10 fleurs inodores dressées longues de 5-6 centimètres; d'un beau rouge cerise; regardées au soleil, ces fleurs paraissent saupoudrées d'or.

Culture de l'*A. formosissima :* planter de préférence pendant le repos en juin-juillet à 20 centimètres de distance et 15 centimètres de profondeur.

Multiplication : par division des bulbes et bulbilles à l'époque de la plantation.

A. saint-Jacques. — V. *A. formosissima.*

A. saltimbanque. — V. *A. cybister.*

A. speciosa. — V. *A. purpurea.*

A. spectabilis. — V. *A. Brousonneti.*

A. stellaris. — V. *Hessea spiralis.*

A. tartarica. — V. *Ixiolirion montanum.*

A. treatiæ. — V. *Zephyranthes treatiæ.*

A. tubispatha, *L. Herit. A. robusta. Spach. Habranthus robustus, Sweet. Zephyranthes tubispatha. Amaryllis robusta. Buenos-Ayres*, 1827. — Feuilles glauques; hampe de 20-30 centimètres terminée en juin-octobre par une grande fleur longue de 10-12 centimètres, penchée, rose carmin passant au blanc.

Culture : de l'*A. vittata*, avec légère couverture pendant l'hiver.

A. undulata, *Lin. Hæmanthus undulatus, Thumb. Nerine undulata, Herb. A. à feuilles ondulées. Cap*, 1767.

Bulbe rond, brun, feuilles linéaires, rubanées, dressées ; hampe de 30 centimètres, de la longueur des feuilles, portant des fleurs rose vif ou rouge, d'une longue durée. Les feuilles et la hampe se dé-

Fig. 13. — Amaryllis Sarniensis (Dammann et Cie).

veloppent en septembre ; le feuillage persiste pendant l'hiver et le repos a lieu d'avril en septembre.

Culture : des Ixia.

A. uniflora. — V. *Zephyranthes carinata.*

A. veinée. — V. *A. vittata.*

A. vittata *L. Herit*, *Hippeastrum vittatum*, *Herb. Amaryllis à bandes*, *A. de Rouen*, *A. rayée*, *A. veinée*,

Belladone d'été. Amérique Méridionale, 1769. — Bulbe presque rond, moyen, brun; feuilles rubanées, glabres, vert foncé, à nervure blanche, teintée de rouge; hampe nue, haute de 40-50 cent., portant en juin-juillet 3-7 belles fleurs, grandes, horizontales, odorantes, longues de 10-12 cent., à tube (base) verdâtre, rayé rose ou rouge, et à limbe (fleur) évasé, blanc ou rose; chaque division marquée de 2 bandes roses ou rouges jusqu'à l'extrémité.

C'est du croisement de l'*A. vittata* et de l'*A. Brasiliensis* que sont sortis tous les magnifiques *A. vittata hybrida* qui sont tant recherchés et que l'on commence à trouver dans le commerce. Des semeurs spéciaux et acharnés, en France et en Angleterre, se sont livrés avec une persévérance méritoire à la fécondation de ces plantes; ils ont obtenu et obtiennent encore des nouveautés admirables qui les dédommagent largement de leur peine.

Ces A. hybrides se divisent en 2 groupes : 1° à fond blond, 2° à fond rouge.

Il existe un grand nombre de variétés hybrides avec noms; toutes sont des plantes vraiment remarquables. Pour la nomenclature consulter les catalogues spéciaux.

Culture. — Les Amaryllis hybrides Vittata sont d'une culture bien plus facile qu'on ne le suppose. Le sol et l'exposition en pleine terre indiqués à l'article *Culture*, leur conviennent très bien; planter les bulbes en mai-août, à la profondeur du bulbe à 25-30 cent. de distance, entourer chaque bulbe de sable pur; ne pas arroser pendant la sécheresse qui suit la plantation, mais les années suivantes des arrosages copieux pendant l'été, même avec des engrais liquides, produiront de bons résultats; en octobre-novembre garnir la plantation d'une couche de sable épaisse de 2 centimètres si possible, et recouvrir le tout avec une épaisseur de 10 à 15 cent. de feuilles sèches ou de mousse, maintenue contre le vent à l'aide de branches de sapin ou autres branchages; garanties de la sorte, ces plantes n'ont pas besoin de l'abri des châssis. Au printemps, enlever les feuilles sèches, arroser pendant la sécheresse, tuteurer les hampes. La floraison aura lieu en juin-juillet; il est prudent d'ombrer les fleurs avec des toiles, pour les garantir du soleil et prolonger la floraison; les bulbes ne doivent être relevés que tous les 5 ou 6 ans.

Ces plantes se prêtent admirablement à la culture en pots : placées en châssis, serre tempérée ou serre chaude, on peut varier et obtenir une floraison à des époques variables de janvier en juin.

Le plus souvent ces plantes sont cultivées en pots, en serre tempérée ou en serre chaude; là elles atteignent le maximum de leur beauté et la floraison a lieu pendant toute l'année.

Multiplication. Se fait par division des bulbes et bulbilles, tous les 5 ou 6 ans; les jeunes bulbes sont plantés en pépinière, à 10-15 cent. de distance et soignés comme des plantes établies; 2 ou 3 ans après on les replante à demeure comme des plantes adultes. Le semis se fait en janvier-mars, sur couche, sous châssis ou en serre, en terrines remplies de terre très légère, tenues ombrées; en juillet-août, repiquer les jeunes plants sous châssis, les y laisser pendant 2 ou 3 ans et les replanter sous châssis ou en pleine terre, comme des bulbes adultes. Traités de la sorte, ces jeunes semis fleuriront au bout de 5 ou 6 ans.

AMBROSINIA. *Aroïdées.*

Petites plantes bulbeuses ou rhizomateuses, originaires de la Sicile et de la Sardaigne, à fleurs inodores, peu ornementales.

AMIANTHEMUM. — V. *Zygadenus.*

AMMOCHARIS falcata. — V. *Amaryllis falcata.*

AMOMUM curcuma. — V. *Curcuma longa.*

AMORPHOPHALLUS. — *Blum*, *Aroïdées.*

Plantes à végétation et floraison aussi curieuses

Fig. 14. — Amorphophallus campanulatus.

que bizarres; plusieurs sont d'introduction relativement récente, originaires des contrées tropicales du globe.

A. Afzelii. *Corynophallus Afzelii. Afrique tropicale* 1873. — Feuilles de 40 cent. pétiolées à 5 divisions multiples; limbe de la spathe oval, large, marbré extérieurement, pourpre strié blanc à l'intérieur, spadice en forme de massue.

A. campanulatus, *Blum. Arum campanulatum, Arum Rumphii, Caladium Roxburghii, Candarum Roxburghii, Tacca phalifera, A. campanulé. Ceylan*, 1816. — Tubercule très gros déprimé; feuilles très grandes, 1 mètre de large, divisées en 3 segments subdivisés; pétiole gros, rude, verruqueux; hampe de 30 cent., jaune verdâtre, ponctuée brun et blanc; spadice conique. Cette espèce peut être mise en plein air comme ornement pendant l'été. Fleurit en avril-mai.

A. Leopoldianus. *Hydrosme Leopadiana. Congo*. 1887. Feuille horizontale de 1 mètre de diamètre; pétiole ponctué; spathe court violet rougeâtre; limbe ovale, spadice cylindrique de 60 cent.

A. giganteus. *Blum. Dracontium polyphyllum. Indes orientales*, 1759. — Tubercule très gros, feuilles de 2 mètres et plus; pétiole verruqueux maculé de brun; hampe de 1 mètre, spathe renflé au milieu.

A. gigas. *Teijsm et Binn. Godvinia gigas. Sumatra*, 1862. — Autre espèce du Nicaragua atteignant aussi d'énormes dimensions.

A. Rivieri, *Dr. Proteinophallus Rivieri, Hook. Cochinchine*. — Tubercule très gros, déprimé, creusé au sommet; pétiole gros, marbré, supportant une feuille en parasol très divisée, atteignant suivant l'âge 1 m. 30 de diamètre et autant de hauteur. Limbe de la fleur brun à l'intérieur, marbré à l'extérieur; spadice brun atteignant un mètre de hauteur, exhalant une odeur détestable de viande corrompue pendant et après la fécondation. La floraison a lieu en avril-mai.

Plante curieuse, très ornementale, supportant bien la pleine terre pendant l'été; ses dimensions dépendent de l'âge et de la grosseur du tubercule, qui ne fleurit que lorsqu'il a atteint l'âge et la force ; la feuille ne se développe alors qu'après la fleur, qui a peu de durée.

Fig. 15. — Amorphophallus Rivieri.

Culture. Planter les tubercules en mars-avril, en pots tenus sous châssis ou en serre, en terre riche et légère; fin mai mettre en pleine terre, dans un mélange de terre et terreau, isolément ou en groupe. On en fait de fort jolis massifs, en plantant les plus forts au centre; arroser abondamment pendant l'été; en octobre arracher les tubercules et les conserver au sec dans une serre.

Multiplication. Facile par les jeunes tubercules qui se développent autour des pieds mères, et qui n'atteignent un fort volume qu'après un certain nombre d'années.

A. Titanum, *Becc. Conophallus Titanum. Sumatra*, 1873; noms indigènes, *Grubi, Krubi, Krubut :* un colosse du règne végétal.

Tubercule énorme, 1 m. 50 de circonférence, 30 centimètres d'épaisseur, pesant 25 kilos et plus; pétiole de 2 m. 50 de hauteur, 30 centimètres de circonférence à la base; limbe de la feuille très divisé atteignant une circonférence de 8 à 10 mètres.

L'inflorescence qui se produit avant la feuille est ainsi composée : pédoncule 50 centimètres, le spathe ou fleur 1 mètre de haut, 1 m. 30 de large, le spadix, qui est jaune verdâtre, 1 m. 50 de long; hauteur totale, 2 mètres environ; le limbe de l'inflorescence est pourpre noir à l'intérieur et vert à l'extérieur à odeur cadavérique pendant la fécondation. Ces dimensions sont celles atteintes par la plante qui a fleuri au jardin de Kew, en 1889, et qui provenait d'un semis fait en 1879, le tubercule était donc âgé de dix ans. Les descriptions des voyageurs les annoncent moitié plus grandes, dans le pays d'origine.

Culture. Tous les Amorphophallus sont de haute serre chaude, ils réclament une nourriture très substantielle, la plus grande chaleur possible et beaucoup d'humidité pendant la végétation; pendant le repos les conserver à nu dans leurs pots tenus très secs et à la chaleur.

Multiplication. Par les petits tubercules détachés des gros ou par graines, difficiles à obtenir.

AMPÉLOPSIDE tubéreuse. — V. *Ampelopsis serjaniæfolia.*

AMPELOPSIS. *Mich. Ampélidées.*

A. serjaniæfolia *Brunge. A. tuberosa, A. viticifolia, Ampelopside tubéreuse, Vigne tubéreuse. Japon*, 1867. Racines tuberculeuses, fasciculées; feuilles vertes

Fig. 16. — Anacamptis pyramidalis (Correvon).

palmées à cinq lobes, incisées, dentées; pétioles articulés, ailés; tiges grimpantes; fleurs verdâtres, insignifiantes, plante grimpante très vigoureuse.

A. napiformis. *Carr, Chine*, 1870. — Racines tuberculeuses en forme de topinambour; fleurs verdâtres.

Culture. En pleine terre le long des murs.

Multiplication. Par division des tubercules au printemps.

A. tuberosa. — V. *A. serjaniæfolia*.

A. viticifolia. — V. *A. serjaniæfolia*.

ANACAMPTIS *Rich. Orchidées.*

A. pyramidalis, *Rich. Orchis pyramidalis, Lin. Orchis pyramidal*, orchidée terrestre. *Indigène*. Bulbe ovale; tige de 20-40 centimètres en mai-juin; fleurs en épi conique, d'un beau rose vif.

Culture. Voir *orchidée*.

ANCHOMANES dubius. — V. *Sauromatum dubius*.

A. Hookeri. — V. *Caladium petiolatum*.

ANDROCYMBIUM, *Wild. Liliacées.*

A. eucomoides. *Melanthium eucomoides. Cap*, 1794. Plantes bulbeuses, haute de 20-30 centimètres, en avril fleurs verdâtres.

A. punctatum. *Cap.*, 1874. — Feuilles étalées longues de 12-15 centimètres, au printemps fleurs blanchâtres peu nombreuses.

Culture et *Multiplication* des Ixias.

ANDROSTEPHUM *Torr. Liliacées.*

A. violaceum. *Bulbeuse. Texas*, 1874. — Feuilles peu nombreuses, étroites; hampe de 15 à 20 cent. portant en avril-mai une ombelle de fleurs violet bleuâtre, longues d'environ 2 centimètres.

Culture. Planter en août-octobre en pleine terre à 10 cent. de profondeur, et 10 cent. de distance.

Multiplication. Par graines et division de bulbes.

ANÉMONE. *Lin. Renonculacées.*

A. à cinq folioles. — V. *A. quinquefolia.*

A. Aconit. — V. *Eranthis hyemalis.*

A. à feuilles de cyclamen. — V. *A. palmata.*

A. à fleur de renoncule. — V. *A. renonculoïde.*

A. alba. — V. *A. sylvestris.*

A. apennina, *Lin. A. pygmæa. Hort A. des Apennins. France méridionale, Italie, Corse.* Tubercules noirâtres, feuilles lancéolées, dentées, longues de 15 centimètres ; hampe de 15 à 20 centimètres portant en mars-avril une fleur d'un joli bleu ciel, large de 4-5 centimètres.

Fig. 17. — Anémone apennina.

Culture. Planter en juillet-septembre en terre fraîche ; très convenable pour garnir les parties ombragées sous bois, et les rocailles.

Multiplication. Par division des racines, tous les 3-4 ans.

A. apennina flore pleno. *A. des Apennins à fleurs doubles.* — Ressemble à la précédente, mais à fleur pleine.

Mêmes culture et multiplication ; peut se forcer.

A. à petite fleur. — V. *A. parviflora.*

A. Baldensis, *Lin. A. fragifera Wulf, A. fraise. Alpes*, 1792. — Souche tuberculeuse noirâtre ; feuilles à divisions trilobées et dentées ; en mai tige de 15-20 centimètres ; fleur de 1-2 cent. à 6-9 divisions, blanc rosé ; les graines réunies en tête globuleuse ressemblent à une fraise, origine de son nom.

Culture. Difficile, à l'instar des plantes alpines.

Multiplication. Tous les 2-4 ans par division des touffes à l'automne ou mieux au printemps.

A. blanda, *Sch et Kohschy, Anémone bleue d'hiver. Asie Mineure* et *Europe méridionale.* — Ressemble à l'*A. apennina*, racine tuberculeuse ; feuilles à divisions profondément découpées ; tige de 30-50 centimètres ; en février-avril, belle fleur bleu foncé, large de 4-5 cent. Belle plante pas assez répandue.

Culture de l'*Anemone fulgens.*

A. bleue. — V. *A. cærulea.*

A. bleue d'hiver. — V. *A. Robinsoniana.*

A. bleue d'hiver. — V. *A. blanda.*

A. cærulea. *A. bleue. Sibérie*, 1826. — Racine tuberculeuse ; en mai fleurs variant du bleu au blanc, hauteur 30 centimètres.

Culture de l'*A. Baldensis.*

A. caroliniana *Walt. A. tenella, A. de Caroline. Caroline*, 1824. — Bulbeuse ; feuilles à 3 divisions incisées, dentées ; en mai fleur blanche, graines laineuses.

A. chapeau de cardinal. — V. *A. coronaria fl. pl. var.*

A. chrysanthemiflora. — V. *A. coronaria fl. pl. var.*

A. coronaria *Lin. A. des fleuristes, A. simple des fleuristes, A. à fleur simple. France méridionale.* — Souche (*griffe, patte*) tuberculeuse, grisâtre, aplatie, souvent difforme ; racines noires fibreuses ; feuilles radicales, pétiolées, palmées à lobes divisés, élégantes, d'un beau vert; hampe (tige) de 30 à 50 cent. munie aux deux tiers de sa hauteur d'une collerette (involucre) de petites feuilles soudées, vertes, souvent colorées en rouge; fleur terminale, dressée, large de 8-10 cent., composée de 6-8 pétales de couleur très variable, unicolores, panachés ou striés. Au centre de la fleur se trouve le pistil (bouton) entouré par de nombreuses étamines à anthères noires formant un contraste agréable.

Fig. 18. — Anémone simple des fleuristes (Krelage et fils).

La floraison a lieu de mars à mai suivant la localité, l'exposition et la culture ; les fleurs présentent presque tous les coloris, blanc pur, rose, rouge, carmin, cramoisi, ponceau, bleu, violet, panaché, strié, jaune pâle; souvent les pétales ont la base (onglet) d'un coloris différent, ordinairement blanc, ce qui produit un très bon effet.

Les semis produisent chaque année et avec facilité une si grande variété de coloris, qu'il est inutile et même impossible de les cultiver par noms. Les plantes de semis, étant plus vigoureuses, produisant des fleurs plus grandes et des coloris plus vifs, devraient être exclusivement employées pour les plantations au détriment des divisions de souche.

Chaque souche peut produire 10 à 30 fleurs.

Fig. 19. — Anémone simple de Caen.

A. simple de Caen. *A. coronaria var.* — Race plus vigoureuse que l'*A. simple des fleuristes*, les fleurs sont plus amples, plus larges et les coloris plus brillants. Même culture.

A. double des fleuristes, *A. à fleurs doubles*, *A. coronaria fl. pleno.* — Port et végétation de l'*A. simple des fleuristes*, mais moins vigoureuse; elle diffère par la transformation en petits pétales étroits réunis en masse globuleuse des organes reproducteurs ; c'est à tort que les *A. doubles* sont toujours préférées aux A. simples ; ces dernières sont plus rus-

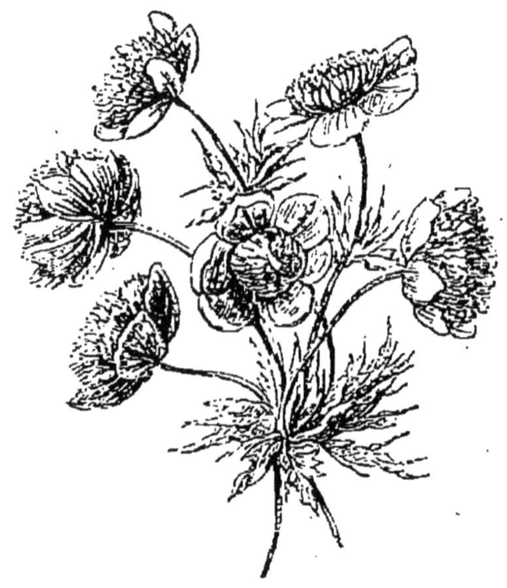

Fig. 20. — Anémone double des fleuristes (Krelage et fils).

tiques, plus vigoureuses, et par leurs coloris plus vifs produisent plus d'effet en massif ou en corbeille.

Comme dans l'A. des fleuristes à fleurs simples, il est très difficile de conserver des collections par noms ; les Hollandais seuls ont pris ce soin, ils offrent des variétés qui sont très jolies, et de coloris vraiment remarquables, mais qui n'ont pas la vigueur des plantes de semis.

A. double de Caen *A. de Caen, A. coronaria flore pleno, var. A. à fleurs doubles.*—Semblables à l'A. double des fleuristes, mais plus vigoureuses, à fleurs plus grandes, plus amples et coloris plus vifs, ce sont de très belles plantes, produisant beaucoup d'effet.

A. doubles à fleur de chsysanthème. *A. chrysan-*

themiflora A. coronaria fl. pl. var. A. de Nantes.

Cette belle race est originaire de Nantes; la première variété (*Gloire de Nantes*) a été obtenue en 1848,

Fig. 21. — Anémone double de Caen.

mais ce n'est qu'en 1870 qu'elles ont été mises dans le commerce et le nombre des variétés s'accroît tous les ans.

Ce sont les plus belles de toutes les Anémones à fleur double, elles diffèrent par les pétales de la corolle et les organes reproducteurs qui sont transformés en languettes, ou petits pétales étroits régulièrement imbriqués, en diminuant jusqu'au centre, donnant à la fleur l'aspect d'une fleur de Reine-Marguerite à fleur de chrysanthème très double.

C'est une superbe race, vigoureuse, aux couleurs les plus brillantes, produisant de février en mai une immense quantité de fleurs d'un effet grandiose. Ces fleurs ont une réelle valeur pour la confection des bouquets et pour l'expédition, elles se conservent facilement pendant huit jours la tige dans l'eau, elles sont très florifères : j'ai compté 83 fleurs épanouies sur une plante de la variété *Etoile de Bretagne*.

Elles sont aussi rustiques que les autres et se forcent assez facilement.

Les variétés d'Anémones doubles à fleur de chrysanthème sont :

A. C. **Armoricaine**, vigoureuse, fleur large, très double, imbriquée, bleu foncé.

A. C. **Belle Bretonne**, vigueur moyenne, très double. rouge groseille, coloris spécial.

A. C. **Etoile de Bretagne**, très florifère, fleur extra-double, très ouverte, d'une belle couleur fleur de pêcher.

A. C. **Gloire de Nantes**, bleu clair violacé.

A. C. **La Brillante**, très double, fleur globuleuse, d'un beau rouge cramoisi.

A. C. **La France**, grande fleur très double, beau violet pourpre.

A. C. **La Printanière**, rose carminé.

A. C. **Lilas**, vigoureuse, couleur lilas.

A. C. **Météore**, rouge carmin, les pétales bordés de blanc.

A. C. **Ponceau**, vigoureuse, extra-double, rouge ponceau éblouissant, magnifique variété.

A. C. **Rose tendre**, rose pâle strié rose carmin.

A. C. **Rosine** extra-double, beau rose clair, maculé de carmin, le centre de la fleur verdâtre, superbe variété.

A. C. **Rouge pourpre**, rouge pourpre foncé.

A. C. **Yvonne**, fleur très double, blanc pur, variété de grande valeur.

Culture et *Multiplication* des A. doubles de Caen.

A. double Chapeau de Cardinal. *A. chapeau de cardinal. A. coronaria fl. pl. var.* — Belle variété, très florifère de l'A. double des fleuristes, dont elle a le port; la fleur se compose d'une rangée de grands pétales (sépales) formant une coupe remplie d'une quantité de petites divisions ou pétales pointus et imbriqués, formant un centre demi-sphérique d'un beau rouge écarlate.

Cette belle plante est répandue dans l'ouest de la France depuis très longtemps, il y a quelques années seulement qu'elle est cultivée en grande quantité dans le Midi pour la fleur coupée et l'exportation; les semis ont produit des variétés rosées, rose panaché et blanc pur; cultivée sous châssis, elle fleurit en janvier-février.

Culture de l'*A. double de Caen.*

A. des fleuristes.

Culture. L'anémone des fleuristes à fleurs simples et à fleurs doubles préfère une terre légère sableuse riche, sèche et très perméable à l'eau; avant la préparation, ajouter une couche de fumier bien décomposé de 5 à 6 cent. d'épaisseur. 1° Planter en septembre-octobre à bonne exposition à 15 cent. de distance et 6-8 cent. de profondeur, couvrir le sol d'une couche de sable de 1-2 cent. et garantir de la neige et des gelées pendant l'hiver avec une légère couche de feuilles sèches; cette plantation produira sa floraison en mars-mai. 2° Planter en février-mars de la même façon à exposition moins chaude; couvrir le sol d'une couche de terreau au lieu de sable; la floraison se produira en mai-juin, mais ne sera ni aussi belle, ni aussi abondante que celle des griffes plantées à l'automne; la végétation terminée, les feuilles et les tiges étant sèches, arracher les griffes, les laver, les faire sécher à l'ombre, les diviser pour la multiplication, et les conserver sur des tablettes aérées en lieu sec; ces griffes peuvent se conserver ainsi pendant un et même deux ans, sans perdre leurs facultés végétatives; au contraire, ces plantes sont moins vigoureuses mais plus florifères, bien se garder, pour conserver ces griffes, de les enfouir dans du sable, des caisses, ou sachets, où elles moisissent très souvent et sont perdues.

Multiplication. Quelques jours après l'arrachage, diviser les griffes en deux ou plusieurs morceaux, les casser, et ne jamais se servir d'un instrument tranchant; laisser sécher les plaies, conserver et planter, comme des griffes entières : c'est le mode le plus généralement employé pour la propagation des *A. double des fleuristes*, *double de Caen*, *double à fleur de Chrysanthème*, *double rose de Nice*, *double Chapeau de Cardinal*, *Fulgens double*, *Pavonina double*.

Semis. La récolte des graines se fait pendant la floraison, chaque jour, quand elles sont mûres. Le semis est le moyen le plus rapide de multiplication; il fournit des plantes plus vigoureuses, des coloris nouveaux, et souvent des variétés nouvelles, même à fleurs doubles si les graines ont été récoltées dans ce but. En juin-juillet, choisir une exposition chaude, un sol très léger, bien niveler le terrain en faisant un bourrelet autour pour retenir l'eau des arrosages; la graine étant laineuse, la mélanger et frotter avec deux fois son volume de sable frais, puis la semer à la volée, bien également et pas trop épaisse.

Couvrir le semis d'un demi-cent. de sable et de terreau fin, mélangés par moitié; ombrer le semis avec des toiles, de la mousse ou des feuilles de fougères; tenir constamment humide, au moyen d'arrosages répétés. Au bout de 20 jours, toutes les plantes paraîtront; enlever la mousse ou la fougère et ombrer avec des toiles ou paillassons, élevés d'un mètre; pendant l'hiver, couvrir le semis avec des feuilles sèches pendant les grands froids. Au printemps, une certaine quantité des jeunes semis fleuriront; en juin, quand les feuilles sont sèches, arracher le semis, et à l'automne replanter ces jeunes griffes comme des adultes avec les soins indiqués plus haut; au printemps suivant toutes fleuriront, et auront atteint la grosseur normale. C'est alors qu'il faudra choisir et marquer les variétés nouvelles, ou d'élite ou à conserver, car il ne faut pas juger ces semis par leur première floraison, il faut les planter à nouveau et ne les juger définitivement qu'à leur troisième floraison.

Le semis se fait aussi au printemps en pleine terre. avec les mêmes soins; et à toute époque en terrines ou sous chassis.

A. **cuneifolia**. — V. *A. parviflora.*

A. **de Caen, simple**. — V. *A. coronaria var.*

A. **de Caen double**. — V. *A. coronaria fl. pl. var.*

A. **de Nantes**. — V. *A. chrysanthemiflora.*

A. **des bois**. — V. *A. nemorosa.*

A. **des bois à fleurs doubles**. — V. *A. n. fl. pl.*

A. **des fleuristes**. — V. *A. coronaria.*

A. **des fleuristes double**. — V. *A. cornonaria fl. pl.*

A. **d'hiver bleue**. — V. *A. Robinsoniana.*

A. **double**. — V. *A. coronaria fl. pl.*

A. **double de Caen**. — V. *A coronaria fl. pl. var.*

A, **double à fleur de chrysanthème**. — V. *A. chrysanthemiflora.*

A. **double chapeau de cardinal**. — *A. coron. fl. pl. var.*

A. **double des fleuristes**. — V. *A. coronaria fl. pl.*

A. double éclatante. — V. *A. fulgens fl. pl.*

A. double, rose de Nice. — V. *A. stellata fl. pl. var.*

A. éclatante. — V. *A. fulgens.*

A. éclatante double. — V. *A. fulgens fl. pl.*

A. étoilée. — V. *A. stellata.*

A. Fischeriana *Dec. Sibérie*, 1827. Racine tubéreuse, en avril-mai fleurs blanches, tige haute de 20 centimètres. — *Culture* de l'*A. Apennina.*

A. fragifera. — V. *A. Baldensis.*

A. fraise. — V. *A. Baldensis.*

A. fulgens, *Gay. A. éclatante*. — *Pyrénées, Grèce.*

Fig. 22. — Anémone fulgens.

Admirable plante, décrite et figurée dès 1848 par Charles Morren de Liège; elle ne fut répandue que vers 1880. Souche noire, irrégulière, aplatie, large de 3 à 10 centimètres ; racines fibreuses; feuilles toutes radicales, lobées plus ou moins divisées; tiges de 30-60 cent., terminée par une fleur, large de 4-6 cent., formée d'un rang de 12-16 pétales d'un rouge éblouissant. Au centre de la fleur sont les étamines à anthères noires, agglomérées autour des pistils également noirs, formant un superbe contraste.

Fig. 23. — Anémone fulgens à fleurs doubles.

A. fulgens à fleurs doubles.

Port de la précédente, à fleurs bien pleines semblables à l'*A. pavonina flore pleno*, mais plus belle et plus vigoureuse. A l'état sauvage on rencontre cette variété, mais elle n'est pas aussi belle que celle fixée par la culture.

L'anémone fulgens à fleurs simples est une de nos plus jolies plantes printanières, la floraison a lieu de novembre en mai, selon la localité, l'exposition et la culture, une griffe peut produire jusqu'à cinquante fleurs ; on en forme des corbeilles et bordures d'un effet féérique ; le coloris des fleurs est d'un rouge si intense qu'il est difficile de bien le fixer en plein soleil.

Culture. Terre legère, profonde, sableuse, très riche et *fraîche*. Planter en août-octobre, à 15-20 cent. de distance, selon la grosseur des griffes et à 6-8 cent. de profondeur à bonne exposition ; dans une plate-bande au pied d'un mur par exemple ; garnir le sol d'une couche de sable d'un centimètre d'épaisseur. Si pendant l'hiver la plantation est garantie par des abris, la floraison aura lieu bien plutôt ; la culture sous châssis n'a donné aucun bon résultat.

Dès que la végétation a cessé, que les tiges et les feuilles sont jaunes, arracher les griffes, les laver et les conserver dans un endroit sec et aéré. On peut les laisser en place pendant 2-3 ans, ce qui n'empêche pas de planter par-dessus d'autres plantes annuelles.

Multiplication. Lorsque les griffes sont arrachées, lavées et sèches (2 ou 4 jours après l'arrachage), les diviser, laisser sécher les plaies et les conserver jusqu'à la plantation, la plus petite division produira une plante ; cependant il faut laisser ces divisions aussi grosses que possible.

Le semis ne réussit pas toujours bien, il produit des plantes à coloris variable et doit s'effectuer comme comme celui de l'A. des fleuristes.

A. hortensis. — V. *A. Stellata.*

A. hortensis pavonina. — V. *A. pavonina.*

A. lancifolia *Pursch. A. à feuilles lancéolées. Amérique du Nord*, 1882. — Variété de l'*A. nemorosa.*

Racine tuberculeuse ; hampe uniflore de 10-15 centimètres, en avril-mai fleurs blanches à cinq sépales.

A. nemorosa *Linné. A. des bois, Bassinet blanc, Bassinet purpurin, Fausse anémone, Fleur du Vendredi Saint, Pâquette, Sylvie. Indigène.* — Souches à rhizomes allongés noirâtres, tige de 15 cent. uniflore, fleurs blanches ou violacées ; jolie petite plante très répandue dans certaines localités, où elle garnit complètement les bois ; ses innombrables fleurs produites, en mars-avril, annoncent le réveil de la végétation et font suite aux *Galanthus nivalis.*

Culture très facile. *Multiplication* par division des souches, pendant l'été et l'automne.

Fig. 24. — Anémone nemorosa à fleur double.

A. nemorosa flore pleno. *A. des bois à fleurs doubles.* — Semblable à la précédente, mais à fleurs pleines.

A. œil de paon. — V. *A. pavonina.*

A. œil de paon double. — V. *A pavonina fl. pl.*

A. palmata *Lin. A. à feuilles palmées, A. à feuilles de cyclamen. Portugal*, 1597. — Souche tuberculeuse, difforme, noire feuilles coriaces, orbiculaires lobées, tiges de 20 cent., en juin fleurs jaunes d'or larges de 3 cent.

Culture. — Difficile, préfère l'exposition au nord, mêmes soins que pour les plantes alpines.

Multiplication. — Par divisions au printemps.

Il existe deux variétés, une à fleurs blanches et l'autre à fleurs pleines, qui sont très rares.

A. parviflora *Mich.! A. Cuneifolia Juss. A. à petites fleurs. Amérique septentrionale*, 1824. — Racine tubreculeuse, noirâtre, feuilles à 3 lobes, cunéiformes, sessiles, en mai fleurs blanches, tiges de 30 cent.

A. pavonina *Dc. A. hortensis* var. *pavonina. A. œil de paon*; selon certains auteurs n'est qu'une variété de l'*A. hortensis.*

Cette variété diffère de l'*A. stellata* par ses fleurs plus larges, d'un rouge plus vif et d'un œil jaune assez large qui se trouve au centre de la fleur.

L'*A. œil de paon* à fleurs doubles est depuis longtemps répandue dans les jardins, elle n'est ni aussi belle, ni aussi vigoureuse que l'*A. fulgens double.*

Culture et *Multiplication* de l'*A. fulgens.*

A. pygmæa. — V. *A. apennina.*

A. quinquefolia *Lin. A. à cinq folioles.* — Variété à fleurs blanches de l'*A. nemorosa.*

A. ranunculoides *Lin. A. à fleur de Renoncule, Fausse Renoncule .Sylviejaune. Indigène.*— Racines à rhizomes allongés; feuilles radicales dentées, hampe de 10 centimètres terminée en mars-avril par 3-5 fleurs jaune d'or, quelquefois pourpres.

Culture et *Multiplication* de l'*A. nemorosa*, avec laquelle elle a de l'analogie.

A. reflexa *Dec. Anémone réfléchie. Sibérie*, 1818. Racine tubéreuse, tige de 10 centimètres en avril, fleurs d'un beau jaune; trois fois plus grande que celle de l'*A. ranunculoides.*

A. Robinsoniana. *A. bleu d'hiver.* — Variété de l'*A-nemorosa*, mais à floraison plus tardive et à fleurs d'un beau bleu de ciel, plus grandes et plus ornementales bonne plante à cultiver.

Culture et *Multiplication* de l'*A. nemorosa.*

A. simple des fleuristes. — V. *A. coronaria.*

A. stellata *Lamk. A. hortensis. Lin. A. versicolor. A. étoilée. France méridionale.* — Souche tuberculeuse, irrégulière, noirâtre; feuilles trilobées, dentées, plus ou moins divisées; tige simple de 20-40 centimètres; fleurs de 4-6 centimètres de diamètre à divisions étroites, blanchâtres, roses, violettes ou rose foncé; dans toutes les fleurs l'onglet des pétales est blanc, ce qui fait un joli contraste avec le coloris des fleurs.

Le semis a produit un nombre infini de variétés, aux coloris variant du violet au rouge vif, à fleurs doubles ou semis doubles.

Culture et *Multiplication* de l'*A. fulgens.*

A. rose de Nice double. *A. stellata fl. pl. var.* Sans doute issue de l'*A. Stellata*, dont elle a le port et la végétation ; elle en diffère par ses fleurs qui sont très doubles, les pétales plus larges, plus régulièrement imbriquées et réfléchies au sommet; d'une couleur rose, rose foncé, rose panaché ou rose strié.

Plante très florifère, fleurissant de bonne heure; elle est cultivée en quantité dans la Provence pour l'exportation de ses fleurs coupées, elle fleurit dès janvier-février sous châssis.

Culture et *Multiplication* de l'*A. fulgens.*

A. simple des fleuristes. — V. *A. coronaria.*

A. simple de Caen. — V. *A. coronaria.*

A. tenella. — V. *A. Caroliniana.*

A. trifolia *Lin. Anémone trifoliée. Piémont, Sibérie.* Racine tuberculeuse, tige de 15 centimètres, en avril; fleurs blanches, ressemblant celles de l'*A. nemorosa.*

A. uralensis *Fisch. Anémone de l'Oural. Sibérie*, 1824. Racine bulbeuse, hampe de 10 centimètres, en mai; fleurs bleues.

A. versicolor *Salisb.* — V. *A. Stellata.*

Toutes les anémones de Sibérie, des Pyrénées et de l'Amérique septentrionale préfèrent une exposition ombragée; un terre sèche plutôt qu'humide, ou de bruyère; leur multiplication s'opère par division des racines en automne ou au printemps et par graines semées aussitôt leur maturité; toutes sont de pleine terre et ne craignent nullement nos hivers.

ANETTE. — V. *Lathyrus tuberosus.*

ANISANTHUS Cunonia. — V. *Antholiza cunonia.*

A. splendens. — V. *Antholiza splendens.*

ANOIGANTHUS *Baker. Amaryllidées.*

A. breviflorus *Baker. Cyrthanthus breviflorus, Harv. Cap*, 1888. — Bulbe ovale, de 2 cent. de diamètre; feuilles en lanière, longues de 30 centimètres; portant en mars une ombelle de plusieurs fleurs jaunes, longues de 2-3 centimètres.

Culture. Pleine terre dans l'ouest de la France, couverture ou châssis sous le climat de Paris.

Multiplication des plantes du Cap en septembre-octobre.

ANOMATHECA *Ker. Iridées.*

A. cruenta *Lindl. A. ensanglanté. Cap*, 1830. Bulbe moyen, rond; feuilles lancéolées engainantes, tige dressée, rameuse, de 20 centimètres, terminée en juin-juillet par des fleurs à divisions étalées d'un beau rouge sang, fait de jolies potées.

Fig. 25. — Anomatheca cruenta.

A. ensanglanté. — V. *A. cruenta.*

A. grandiflora *Baker. Lapeyrousia grandiflora. Delagoa Bay*, 1875. — Tige de 60 cent.; fleurs larges de 5 cent., rouge écarlate brillant, les 3 divisions inférieures tachées de marron : belle plante, en pleine terre.

A. juncea *H. K. Gladiolus junceus L. Cap.* 1791. — Port d'un glaïeul, fleurs rose vif, maculées à la base.

Culture des *Ixias*, doit supporter la pleine terre sous le climat de Paris.

Multiplication très facile de graines et par division des bulbes.

ANOTTE de Bourgogne. — V. *Lathyrus tuberosus.*

ANTHERICUM *Lin.* **Phalangium**, *Kunth. Liliacées.*

A. aloides. — V. *Bulbine aloides.*

A. echeandioides *Baker. Mexique*, 1883. — Racines fasciculées, charnues; feuilles radicales, longues de 30 centimètres; hampe de 30 centimètres, en novembre, fleurs géminées en grappe jaune verdâtre.

Culture. En pots sous châssis ou en serre.

Multiplication par graines et division des touffes au printemps.

A. esculentum. — V. *Camassia esculenta.*

A. graminifolium. — V. *Phalangium ramosum.*

A. Hookeri. — V. *Bulbinella Hookeri.*

A. Liliastrum. — V. *Phalangium liliastrum.*

A. ramosum. — V. *Phalangium ramosum.*

ANTHOLIZA *Lin.* **Anisanthus,** *Lucret.* **Cunonia,** *Miller.* **Homoglossum,** *Salisb.* **Petamenes,** *Salisb. Iridées.*

Jolies plantes, originaires du Cap, hautes de 60 centimètres à 1 mètre, ayant le port et l'aspect des glaïeuls; bulbes petits de la grosseur d'une noisette, feuilles étroites, érigées; tige droite s'élevant au-dessus des feuilles terminées par un épi de fleurs distiques.

A. æthiopica *Lin. A. floribunda, Salisb. A. præalta Dc. Cap*, 1759. — Feuilles presque aussi longues que la tige; en janvier-avril, fleurs penchées jaune verdâtre, rayées de jaune orange; planter en septembre-octobre.

A. æthiopica ringens. *A. vitigera Kern.* Fleurs rouges et jaunes.

A. bicolor. — V. *A. æthiopica.*

A. breviflora. — V. *A. splendens.*

A. brillant. — V. *A. splendens.*

A. caffra. — V. *A. splendens.*

A. coccinea, jolie variété, haute de 70 à 90 cent. Fleurs rouge cocciné en épi divergent.

A. Cunonia *Linn. A. bicolor, Anisanthus cunonia. Gladiolus cunonia. Cap*, 1756. — Haut. 60 à 80 cent., en juin fleurs écarlate et noir en épi unilatéral.

A. floribunda. — V. *A. æthiopica.*

A. præcalta. — V. *A. æthiopica.*

A. rupestris. — V. *A. splendens.*

A. splendens *Spach. A. caffra, Banks. A. brevifolia, A. rupestris, Anisanthus splendens, Sweet. Antholiza brillant. Cap*, 1828. — Tige de 60 cent. à 1 mètre, feuilles ensiformes à nervures fortes; en juin fleurs d'un beau rouge écarlate en épi distique, très belle variété.

A. vitigera. — V. *A. æthiopica ringens.*

Les variétés suivantes se trouvent aussi dans les cultures : *A. cardinalis. A. fulgens. A. Lord Cochrane. A. quadrangularis.*

Culture des Ixias, excepté *A. Æthiopica*, qui a besoin d'être mis en végétation dès le mois de novembre-décembre.

Multiplication. Par division des bulbes et cayeux et par graines.

ANTICLEA elegans. — V. *Zigadenus glaucus.*

ANTIGONON *Hook.* **Rose de la montagne.** *Polygonées.*

A. amabile. ? *Mexique.* — Racine tuberculeuse; feuilles ovales, cordées, alternes; tiges angulaires, grimpantes, atteignant plusieurs mètres de hauteur ; en août-octobre corymbe de fleurs roses.

A. leptopus *Hook. Mexique*, 1868. — Belle plante grimpante, port du précédent, en août-septembre, fleurs roses à cinq divisions. Variété à fleurs blanches.

Ces jolies plantes grimpantes sont souvent cultivées aux Indes et dans l'Amérique du Sud pour la beauté de leurs fleurs, qui peuvent rivaliser avec celles des *Bougainvillea*. Au Mexique elles étalent toute leur beauté sur les haies et les buissons.

Culture. Terre substantielle riche; serre chaude, ou tempérée toute l'année; beaucoup d'eau pendant la végétation, tenir presque au sec pendant l'époque de repos qui a lieu en hiver. La meilleure culture est de les planter en pleine terre en serre.

Fig. 26. — Apios tuberosa (Glycine tubéreuse).

APIOS *Mœnch. Papillonacées.*

A. tuberosa *Mœnch. Apios tubéreux. Glycine apios. Glycine tubéreuse. Amérique du Nord*, 1640. — Plante grimpante; tiges velues, volubiles, de 2 à 3 mètres, pouvant garnir les murailles, tonnelles et treillages. En juillet-août, fleurs pourpres et carnées en épis, odorantes. Ces tubercules, de la grosseur d'un œuf, sont comestibles et furent proposés autrefois pour remplacer la pomme de terre. Cette culture fut abandonnée par suite de la qualité médiocre, du peu de rendement et de la végétation capricieuse de ces tubercules.

Culture. Planter en février-mars en bonne terre légère à 20 cent. de profondeur à exposition chaude.

Multiplication. Tous les 2 ou 4 ans par la division des renflements tuberculeux. Qui parfois ne se mettent en végétation, que 1 ou 2 ans après la plantation.

APLECTRUM *Nuttal.* **Corrallorhiza hiemalis.** *Orchidée.*

A. hiemalis. *Racine au mastic. Adam-et-Ève. Amérique du Nord*, 1827. — Orchidée terrestre. Tubercule de 3 cent. de diamètre ; feuille unique, large, à nervures fortes, comme celles du *Vératrum*, tige de 30 cent. ; fleurs verdâtres en mai.

Les tubercules contiennent un mucilage très adhérent, employé pour raccommoder la porcelaine brisée, d'où son nom, aux Etats-Unis de *Racine au mastic.*

Culture. Voir *Orchidées*, pleine terre ; planter à l'automne.

APOCYN **gobe-mouche.** — V. *Apocynum androsæmifolium.*

APOCYNUM *Lin.* **Apocyn.** *Apocynées.*

A. androsæmifolium *Lin. Apocyn gobe-mouche. Amérique du Nord*, 1688. — Rhizomes très traçants ; feuilles opposées, ovales-aiguës ; tige de 60 cent. à ramifications étalées ; en été cymes de fleurs roses, à odeur de miel.

Les mouches, attirées par l'odeur des fleurs, introduisent le pavillon de leur trompe entre les filets des étamines, et ne peuvent le retirer, elles se trouvent prises et meurent sur la fleur.

Culture. Planter au printemps en terre légère, fraîche, à bonne exposition, même à l'ombre.

Multiplication. Au printemps par division des rhizomes.

APODOLIRION lanceolatum. — V. *Gethyllis lanceolata.*

APONOGETON *Thunb. Alismacées.*

A. distachyon *Thunb. A deux épis. Aubépine d'hiver. Aquatique. Cap*, 1788. — Rhizomes bruns, agglomérés, enfouis dans la vase; feuilles ovales-elliptiques longuement pétiolées, étalées sur l'eau; tiges dépassant un peu l'eau, bifurquées, portant 2 épis longs de 6-10 cent. de fleurs blanches à odeur d'aubépine; les étamines brunes font un joli contraste.

La floraison a lieu pendant tout l'été. C'est une des meilleures et des plus jolies plantes pour l'ornementation des aquariums, bassins et pièces d'eau.

Culture. Cette plante supporte nos hivers sans crainte; planter les rhizomes en pots, qui seront fixés au fond de l'eau; quand la plante est bien établie, casser les pots et laisser les racines en liberté.

Plantée en pot, en août, cette plante réussit bien, elle fleurit pendant tout l'hiver en serre, les feuilles ne se développent qu'au printemps, moins grandes que si la plante était submergée.

Multiplication. Par division des rhizomes au printemps; ou par graines semées aussitôt leur maturité en terrines immergées. Dès l'année suivante ces jeunes plantes pourront fleurir; la récolte des graines doit se faire avec précaution, sinon elles tombent au fond de l'eau et sont dévorées par les poissons, qui en sont très friands.

A. **junceum** *Lehman. Afrique du Sud*, 1879.

Feuilles jonciformes, dressées au-dessus de l'eau; épis fourchus; fleurs rose tendre ou rose teinté, très jolie plante; demi-rustique rare, à essayer en plein air dans l'ouest de la France; il en existe encore plusieurs espèces.

A. **monostachyon** *Linn. Indes orientales*, 1803.

En septembre, fleurs roses en épi simple, serre tempérée.

ARETHUSA *Swarts. Orchidées.*

A. **bulbose** *L. Orchidée terrestre. Caroline.* — Bulbeux, feuille unique; tige de 30 cent., terminée en mai par une belle fleur axillaire violet pourpre, pleine terre.

Culture. — Voir *Orchidée*. Réussit bien en pots drainés et en serre, aime beaucoup l'humidité.

ARGYROPSIS candida. — V. *Amaryllis candida.*

ARISÆMA *Mart. Aroïdées.*

Genre de plantes ayant beaucoup d'analogie avec les *Arum*, comme port et feuillage.

A. **concinum.** *Sikkini Himalaya*, 1871. — Tuberculeux, feuille engainante, à 10-12 folioles longues de 30 cent., en juin fleur (spathe) femelle blanc strié de vert; et blanc strié pourpre dans la fleur mâle; serre froide.

A. **curvatum.** *Kunth. Himalaya*, 1871. — Feuilles vertes, marbrées de rouge; fleur blanc verdâtre à l'intérieur, rouge à l'extérieur, haut. 1 m.; serre froide.

A. **Dracuntium.** — V. *Arum dracontium.*

A. **enneaphyllum** *Hochst. Ambatcha à neuf folioles. Abyssinie*, 1840. — Tubercule blanc charnu; pétioles longs de 50-60 cent.; sortant de deux feuilles engainantes, formées par de nombreuses folioles elliptiques lancéolées ; en juin spathe blanchâtre terminal recourbé en avant.

La racine fournit de la farine, employée en temps de disette.

Fig. 27. — Arisæma enneaphyllum (Dammann).

Culture. — Planter en pot en avril, mettre en place en mai ; tenir en serre pendant l'hiver qui est l'époque de repos.

A. fimbriatum, *Masters. Iles Philippines*, 1884.

Feuilles à trois lobes. Spadice long retombant garni de filaments purpurins ; fleur pourpre foncé rayé de blanc.

A. galeata. *N. E. Br. Sikkim Himalaya*, 1879. —

Feuilles trifoliées, en juillet fleurs verdâtres, teintées de pourpre, lignées de blanc, intérieur rouge pourpre, haut. 30 cent.

A. **Griffithi.** *A. Hookerianum*, *Sikkim Himalaya*, 1879. — Feuilles à folioles arrondies ; hautes de 30-35 cent., fleur à spathe en capuchon, brun violet ainsi que le spadice, fleurit au printemps.

Culture. — Pleine terre, *multiplication* à l'automne par division des tubercules.

A. **Hookerianum.** — V. *A. Griffithi.*

A. **nepenthoides.** *Mart. Himalaya*, 1879. — Feuilles à cinq folioles ; spathe jaunes brun et vert ; spadice jaune ; fleurit au printemps.

Culture du précédent.

A. **præcox.** — V. *A. ringens.*

A. **ringens.** *Schott. A. præcox. Japon.* — Feuille trifoliée ; au printemps fleurs vert blanchâtre, spadice droit ; jaune pâle, pleine terre.

A. **triphyllum.** — V. *Arum triphyllum.*

A. **Wragi.** *Abyssinie*, 1889. — Pétiole vert marbré de brun, serre chaude.

A. **zebrina.** — *Arum triphyllum.*

Culture. Toutes ces plantes aiment l'humidité et une terre fraîche. *A. concinum*, *curvatum*, *Galatea*, *Nepenthoides* sont de serre froide ou châssis ; *A. fimbriatum*, *Wragi* sont de serre chaude ; *A. Griffith* et *ringens* sont de pleine terre.

Multiplication. — Par division des tubercules à l'automne ou au printemps.

ARISAIRE. — V. *Arisarum.*

ARISARUM Amboinicum. — V. *Arum divaricatum.*

A. **australe.** — *Arum arisarum.*

A **proboscideum.** — *Arum proboscideum.*

A. vulgare. — V. *Arum arisarum.*

ARISTEA *Ker. Iridées.* — Plantes du Cap, à fleurs bleues; ayant le port des Iris, serre froide ou châssis; peu cultivées.

ARON. — V. *Arum maculatum.*

ARTHANITE. — V. *Cyclamen Europeum, Lin.*

ARTHROPODIUM *R. B.* — *Liliacée.*

Petites plantes bulbeuses, originaires d'Australie, cultivées en serre tempérée ou serre froide ; feuilles toutes radicales filiformes ; tige de 30-80 cent. ; en juin-juillet, fleurs blanches ou violacées.

Culture. — En pots.

Multiplication. — Facile au printemps, de graines et par division des bulbes.

Les variétés suivantes ont toutes les fleurs blanches: *A. cirratum, A. fimbriatum, A. Neo-Caledonieum, A. paniculatum. A. pendulum.*

ARTICHAUT du Canada.
A. de Jérusalem. —
A. de terre. —
— V. *Helianthus tuberosus.*

ARUM *Lin.* **Gouet.** *Aroïdées.*

A. æthiopicum. — V. *Richardia africana.*

A. Arisarum *Lin. Arisarum vulgare, Arisarum australe. Europe méridionale, Nord de l'Afrique,* 1596.

Souche tuberculeuse, feuilles trifoliées, sagittées; en avril-mai fleurs pourpres, haut. 30 cent.

Culture. — Châssis froid ou pleine terre abritée.

Multiplication. — Par division des souches à l'automne.

A. campanulatum. — V. *Amorphophallus campanulatus.*

A. **colocasia** *Lin.* — V. *Colocasia antiquorum*, *Schott.*

A. **corsicum**. — *Arum pictum.*

A. **crinitum** *Ait.* *A. Muscivorum Lin. fils*, *Dracunculus crinitus*, *Schott*, *Helicodiceros crinitus*, *Gouet chevelu*, *Attrape-mouche*. *Europe méridionale*, 1877. — Tubercule gros, plat, noir; feuilles à 5-7 segments irréguliers, engainantes, formant une tige de 30 cent., marbrée de pourpre noir, du milieu de laquelle sort en mai une grande et curieuse fleur, large de 20-25 cent. d'un *violet rouge vineux*. Le limbe horizontal est tapissé intérieurement de fils ou soies violettes, dirigées de haut en bas, qui retiennent les mouches qui pénètrent au fond de la fleur, attirées par l'odeur cadavéreuse qui en émane (d'où le nom *Attrape-mouche*). Le spathe, qui est assez long, est garni aussi de nombreux poils soyeux.

Culture. — Terre profonde, légère, fraiche ; exposition ombragée, supporte bien nos hivers.

Multiplication. A l'automne par division des tubercules.

A. **detruncatum**. *Asie Mineure*, 1889. — Tubercules gros plats ; feuilles triangulaires ; fleur jaune verdâtre, maculée de pourpre.

Culture. — Du précédent.

A. **divaricatum** *Lin.* *A. orixense. Rob.* *A. trilobatum Thumb.* *Arisarum amboinicum*, *Rumph.* *Typhonium divaricatum*, *Dcne.* *Indes orientales*, *Ceylan*, *Amboine*, 1714. Feuilles hastées, entières ou trifides ; en mai-juin, fleur verdâtre, haute de 60 centimètres.

Culture. — Serre chaude.

A. **dracontium** *Lin.* *Arisæma dracontium. Schott.* *Amérique septentrionale*, 1759. — Feuilles à 10-12 segments, en juin fleur verdâtre, haute de 60 centimètres.

Culture. de l'*A. dracunculus.*

A. dracunculus *Lin. Dracunculus vulgaris, Schott. Dracunculus polyphyllus. Gouet serpentaire, Serpentaire commune. Europe méridionale.* Belle plante d'ornement, très curieuse. — Tubercules gros, plats, noirs; feuilles engainantes; tige haute de 1 mètre et plus, blanche, maculée, ponctuée de vert noir, imitant le corps d'un serpent; feuilles divisées irrégulièrement; en juin-juillet, sort de la tige une fleur longue de 40-60 centimètres vert pâle à l'extérieur et pourpre foncé à l'intérieur, exhalant une odeur cadavérique au moment de la floraison; au centre se trouve le spadice, aussi long que la fleur, d'une couleur violet foncé luisant, produisant un effet singulier.

Culture. Bonne terre fraîche, légère, lieux ombragés, propre à orner les plates-bandes et gazons.

Multiplication. Par division des souches à l'automne ou au printemps.

Si l'odeur devenait incommode, il n'y aurait qu'à supprimer la fleur.

A. esculentum. — V. *Caladium esculentum.*

A. guttatum. — V. *Sauromatum guttatum.*

A. indicum. — V. *Colocasia indica.*

A. italicum *Mill. Gouet d'Italie. Gouet à feuilles marbrées. Coin de beurre. Bille de beurre. Indigène.*

Tubercules gros, blancs; feuilles entières, sagittées, marbrées de blanc, paraissant dès l'automne, au printemps fleurs d'un blanc jaunâtre, hautes de 40-50 centimètres. En juillet le spadice forme un épi de baies rouges.

Culture. De l'*A. dracunculus.*

A. maculatum *Lin. A. pyrenæum, Laper. A. vulgare Link.* Noms vulgaires: *Aron, Baratte, Batas, Cheval*

Bayard, Chevalet, Cholette, Chou-poivre, Cloujot, Contre-feu, Cornet, Epiteste, Fuseau, Giraude de moine, Giron, Gouet, Grand giron, Herbe à pain, Langue de bœuf, Manteau de la sainte Vierge, Manteau de sainte Marie, Marquette, Membre d'évêque, Mouride, Pain de crapaud, Pain de lièvre, Pain de pourceau, Picotin, Pied de bœuf, Pied de veau, Pileste, Pilon, Pirette, Racine amidonnière, Religieuse, Serpentaire, Serpentine, Thoureux, Vaquette, Vit de chien, Vit de prêtre. Indigène.

Fig. 28. — Arum maculatum.

Tubercule blanc ; feuilles entières, radicales, vert luisant, sagittées, marbrées de jaune ou de noir, paraissant dès la fin de l'hiver ; au printemps, fleur haute de 30 centimètres à spathe jaune verdâtre, entourant un spadice plus long, cylindrique, violet luisant; produisant en juillet un épi de baies rouge vif, persistantes jusqu'à la fin de l'hiver.

Culture. Croît partout, dans les bois, sur les fossés humides, se multiplie trop facilement, propre à garnir les rocailles humides à l'ombre ; planter en septembre-octobre. La racine contient beaucoup d'amidon ; dans les campagnes on s'en sert en guise de savon.

A. odorum. — V. *Colocasia odora*.

A. orientale *Bieb. Tauride*, 1820. — Port de l'*A. maculatum;* feuilles vert foncé ou brunâtre, sagittées,

Fig. 29. — Arum orientale (Dammann).

ondulées sur les bords ; spathe ressemblant à celui de l'*A. maculatum*, mais plus grand et souvent retombant en avant ; floraison en mai-juin.

Culture. Planter à l'automne, en terrain frais et à l'ombre ; pleine terre.

A. orixense. — V. *Arum divaricatum.*

A. palæstinum. *A. sanctum, Dam. Calla cramoisi. Jérusalem*, 1864. — Tubercules gros, ronds, déprimés.

Fig. 30. — Arum palæstinum (Dammann).

Feuilles triangulaires, hautes de 40 centimètres ; en mai, fleurs hautes de 60 centimètres, violettes, ponctuées de noir à l'intérieur et blanc jaune à l'extérieur, odorantes. Floraison en mai-juin.

Culture. Sous châssis, pleine terre avec abris.

A. pedatum. — V. *Sauromatum pedatum*.

A. pictum *Lin. A. Corsicum. Corse*, 1801. — Feuilles grandes pétiolées, hastées, paraissant au printemps ; fleur haute de 60 centimètres, violet foncé ;

Fig. 31. — Arum triphyllum (Dammann).

spadice pourpre noir ; la floraison a lieu à l'automne.

Culture. De l'*A. crinitum*.

A. proboscideum *Lin. Arisarum proboscideum. Apennins*. — Feuilles hastées, pétiolées ; en février, fleurs blanc verdâtre. Pleine terre.

A. pyrenæum. — V. *Arum maculatum*.

A. Rumphii. — V. *Amorphophallus campanulatus*.

A. sagittifolia. — V. *Xanthosoma sagittifolia.*

A. sanctum. — V. *A. palæstinum.*

A. tenuifolium *Lin. Biarum tenuifolium. Biarum constrictum. B. gramineum, Schott. Europe méridionale*, 1570. — Feuilles de 15 centim., paraissant après la floraison; en juin, fleurs brun pourpre. Rustique.

Culture. De l'*A. crinitum.*

A. trilobatum. — V. *A. divaricatum.*

A. triphyllum *Lin. Arisæma triphylla. A. zebrina. Amérique du Nord*, 1664. — Feuilles trifoliées, acuminées, hautes de 20-30 centimètres; en juin-juillet, fleurs verdâtres maculées d'un brun pourpre.

Culture. De l'*A. dracunculus.*

A. vulgare. — V. *Arum maculatum.*

A. xanthorhyzum. — V. *Xanthosoma Jacquini.*

A. zebrina. — V. *A. triphyllum.*

ASARABACA. — V. *Asarum europæum.*

ASARET. — V. *Asarum.*

ASARUM *Tourn.* Asaret. *Aristolochiées.*

Plantes rhizomateuses, à rameaux rampants; fleurs hermaphrodites, terminales et solitaires; ils sont peu cultivés.

A. caudatum. *Lindl. Californie*, 1880. — Souche rhizomateuse; feuilles cordées en cuiller, velues, portées sur un pétiole rampant, duquel sort une fleur brun rougeâtre, composée de trois divisions externes caudiculées. Espèce rare et jolie, haute de 20-30 centimètres; floraison en juillet.

A. europæum, *Lin. Asarabaca, Cabaret, Oreille d'homme. Indigène.* — Rhizomes rampants terminés par deux feuilles orbiculaires, de l'aisselle desquelles sort en mai, une fleur brune pendante.

Culture. Ces plantes sont peu cultivées, elles sont propres à garnir les rocailles, elles s'accommodent d'un terrain sec ou frais même à l'ombre. Il existe d'autres espèces de peu d'intérêt.

Fig. 32. — Asarum caudatum.

Multiplication au printemps ou à l'automne par la division des touffes et rhizomes.

ASCLEPIAS *Lin. Asclépiadées.*

A. tuberosa *Lin. Asclépiade tubéreuse. Herbe aux papillons. Amérique du Nord*, 1690. — Souche tuberculeuse; feuilles opposées, lancéolées, linéaires, velues; tiges dressées, ramifiées, hautes de 50 centimètres; en juillet-août, ombelles de fleurs jaune orange vif, ou rouge cocciné, en corymbe; anthères écarlates; jolie plante herbacée.

Culture. Rustique, a besoin d'un sol siliceux, sec ou terre de bruyère, à l'ombre de préférence.

Multiplication. Au printemps, boutures herbacées et par graines.

ASPHODÈLE blanc. — V. *Asphodelus albus.*

A. blanc. —
A. rameux. — } V. *Asphodelus ramosus.*
A. mâle. —

ASPHODÉLINE *Rchb. Liliacées.*

A. Lutea *Rchb. Asphodelus luteus. Bâton de Jacob. Nord de l'Afrique*, 1596. — Feuilles radicales en touffes, les autres engainantes à la base; hampe de 1 mètre à 1 m. 30; terminée en été par une grosse et longue grappe de fleurs jaunes, odorantes; bonne plante.

Culture. Toute terre, multiplication par division des touffes à l'automne et au printemps.

ASPHODELUS *Tourn.* **Asphodèle**, *Liliacées.*

Plantes rustiques, à racines charnues et fasciculées.

A. altaicus. — V. *Erremurus spectabilis.*

A. æstivus. *Espagne*, 1820. — Haut. 60 centimètres, en été, fleurs blanches.

A. albus. *Millt. A. blanc. France Méridionale, Algérie.* Feuilles linéaires; tiges de 60 centimètres, à 1 mètre et très simple; en mai-juin, fleurs blanches, rayées de vert sur chaque pétale.

A. acaulis *Desf. Algérie.* — Feuilles linéaires, pointues, en rosette; en mai fleurs rose pâle en corymbe.

A. comosus *Baker. Himalaya*, 1887. — Feuilles radicales, longues de 45 centim.; hampe aussi longue que les feuilles formant une grappe dense de fleurs blanches à nervure verte.

A. fœmina. — *Lilium martagon.*

A. fistulosus *Lin. Indigène.* — Feuilles linéaires fistuleuses, tige de 50 centim.; en juillet, fleurs en grappe, blanches à nervure rougeâtre; racines non tuberculeuses.

A. luteus. — V. *Asphodéline lutea.*

A. ramosus *Lin.* — *Asphodèle blanc, A. rameux, A. mâle, Bâton royal. Lunon. Nunon. Nunu. Pirotte; Indigène.* — Feuilles linéaires planes, longue de 60 centimètres, tige de 80 centimètres à 1 m. 30, rameuse; chaque rameau portant une grape de fleurs blanches, avec une ligne médiane rouge sur chaque pétale. Cette variété fait l'ornement des bois en mai-juin.

A. Villarsii *B. Verlot. Est de la France.* — Tige de 50-60 centimètres; fleurs blanches en grappes; bractées brunes.

Culture. Les Asphodèles sont des plantes rustiques, elles préfèrent une terre argileuse et silicieuse, fraîche et humide, les racines produisent de l'alcool.

Multiplication. Trés facile de graines, semées en pleine terre aussitôt récoltées et à l'automne par division des racines.

ASSARACUS capax. — V. *Narcissus triandrus Calathinus.*

A. reflexus. — V. *Narcissus triandrus Calathinus.*

ASTERIAS lutea. — V. *Gentiana lutea.*

ATTRAPE-mouche. — V. *Arum crinitum.*

AUBÉPINE d'hiver. — V. *Aponogeton dystachyon.*

AVANT-PAQUES. — V. *Tulipa sylvestris.*

AVE. — V. *Allium album.*

AVÉS. — V. *Allium album.*

AVE MARIA. — V. *Allium album.*

BABIANA *Ker.* **Babiane,** *Iridées.*

Jolies plantes du Cap, à bulbes solides; feuilles radicales, lancéolées, plissées, aiguës, couvertes de poils blancs; tiges de 15-30 centimètres, portant une grappe de fleurs quelquefois odorantes, aux coloris vifs et s'épanouissant successivement.

B. **cærulescens** *E. Kl.* — V. *B. plicata.*

B. **disticha,** *Ker. Cap,* 1774. — En juin-juillet, fleurs bleu pâle à odeur de jacinthe.

B. **plicata** *Ker. B. cærulescens E. Kl. B. reflexa. Gladiolus plicatus, Thunb Cap,* 1774. — Tige de 30 centimètres, en mai-juin, fleurs à odeur d'œillet; violet pâle, strié de jaune au centre, taché de brun à la base.

B. **socotrana.** *Hook. Ile de Socotra.* 1880. — Haut. 10-20 centimètres. En septembre, fleurs solitaires, sessiles, violet bleuâtre, longues de 3 centimètres.

B. **reflexa.** — V. *B. plicata.*

B. **stricta** *Ker. Gladiolus strictus, Ixia plicata, I. villosa, I. scillaris. Cap,* 1795. — Haut., 30 centimètres; en mai fleurs, à 4 segments intérieurs bleus, et 3 segments extérieurs blancs, chacun maculé de foncé à la base.

B. **stricta angustifolia.** *Cap,* 1757. — En mai-juin fleurs bleu foncé, odorantes.

B. **stricta sulphurea,** *Ker. Gladiolus plicatus. Jacq. Gladiolus sulphureus. Jacq. Cap,* 1795. — Haut. 20 centimètres, en avril-mai fleurs jaune pâle, anthères bleues.

B. **stricta villosa** *Ker. Cap,* 1778, — Haut 15 centimètres, en août fleurs rouge vif, anthères violettes.

B. **tubiflora.** *Ker. Syn. Gladiolus tubiflorus, Thunb., Ixia tubiflora. Cap,* 1774. — Tiges de 25 centimètres; fleurs blanc rosé, striées de pourpre. Par l'hybridation, on a obtenu un certain nombre de variétés qui sont très jolies et qui méritent d'être répandues.

Culture. Se cultivent en pots et en pleine terre; *en pots* planter en octobre, 5-6 bulbes ensemble en bonne terre légère, tenir sous châssis, serre tempérée ou serre chaude, selon que l'on voudra hâter la floraison ; la végétation terminée, tenir les pots très secs jusqu'à la plantation. *En pleine terre*, planter au printemps dans un terrain sec et chaud, à 10 centimètres de profondeur, soigner comme les *Freesias*, on peut les laisser plusieurs années sans les arracher avec abris pendant l'hiver.

Multiplication. Facile au printemps et à l'automne par la division des bulbes, et par graines, semées aussitôt récoltées.

BACINET. — V. *Ranunculus bulbosus*.

BAEOMETRA. *Mélanthacées*.

B. columellaris. *Salisb. Cap.* — Bulbe petit ; feuilles étroites, engainantes ; au printemps, épis de fleurs jaune d'or ombré de rose.

Culture des Ixias, sous verre.

BAGUENAUDIER de printemps. — V. *Galanthus nivalis*.

B. d'hiver. — V. *Galanthus nivalis*.

BALISIER. — V. *Canna*.
B. à fleur d'iris. — V. *Canna iridiflora*.
B. comestible. — V. *Canna edulis*.
B. discolor. — V. *Canna discolor*.

BARATTE { V. *Arum maculatm.*
V. *Nymphea alba*.

BASELLE tubéreuse. — V. *Boussingaultia baselloides*.

BASILÉE ponctuée. — V. *Eucomis punctata*.

BASSINET. — V. *Ranunculus bulbosus*.

B. blanc. — } V. *Anémone nemorosa.*
B. purpurin. — }

BATAS. — V. *Arum maculatum.*

BATON de Jacob. — V. *Asphodéline lutea.*
B. royal. — V. *Asphodelus ramosus.*

BEATONIA. — V. *Tigridia.*

BEAUHARNAISE. — V. *Sanguinaria canadense.*

BEGONIA *Lin. Bégoniacées.*

B. amœna. *Wall. B. erosa, Wall. Indes*, 1878. — Tuberculeux; feuilles longues de 8 centimètres; tige nulle; en été fl. rose pâle.

B. Arnottiana. — V. *B. cordifolia.*

B. Baumanni *Hort. B. odoratissima. Bolivie.* — Tuberculeux; tige courte, charnue; pédoncules nus, longs de 30 centimètres, portant 3-6 fleurs rose carminées, parfumées, larges de 10 centimètres. A le port du *B. socotrana*, réussit bien en plein soleil, l'été, en pleine terre.

B. Beddomei *Hook. Assam*, 1883. — Tuberculeux; feuilles radicales, horizontales, cordiformes, tachées de blanc en dessus, rouge pourpre en dessous; en décembre, fleurs rose pâle en cymes.

B. Berkeleyi, *hybride horticole.* En hiver, fleurs roses.

B. boliviensis *D. C. Bolivie*, 1867. — Tubercule brun, rugueux, tige de 30 cent., feuilles étroites, longues de 10 centimètres; fl. grandes, rouge écarlate en panicule, les mâles plus grandes que les femelles, c'est un des parents des nombreux *B. hybrida* du commerce.

B. Bowringiana. — V. *B. laciniata.*

B. Bruanti, *Hort.* Hybride du *B. Schmiti* et *Semperflorens*, 1883. — Feuilles vertes, teintes de brun ; en été, fl. blanches ou roses ; employé pour massifs.

B. bulbifera. — V. *B. Evansiana*.

Fig. 33. — Begonia tuberculeux à fleurs simples.

B. Carrieri. *Hort.*, 1884. — Fleurs petites mais plus abondantes que dans le *B. semperflorens rosea*.

B. Chelsoni. *Hort.*, 1874. — Hybride du *B. Sedeni* et

Boliviensis; tige de 30 cent., charnue; en été, fleurs grandes, rouge orangé.

B. Clarkii. *Pérou*, 1867. — En été, belles, grandes fleurs rouge brillant, en grappes.

B. cordifolia. *B. Arnottiana. Ceylan.* — Racine charnue; hampes de 25 cent., en hiver fleurs roses.

B. coriacea. *Bolivie.* — Tuberculeux, tige de 15 cent. feuilles réniformes; en été fleurs roses, sur une hampe de 30 cent.

B. cyclophylla *Hook. Chine méridionale*, 1885. — Tuberculeux, feuille solitaire, large; hampe de 20 cent., portant des cymes de fleurs roses, odorantes, larges de 2-4 cent.

B. Davisii. *Pérou*, 1875. — Tuberculeux. Variété naine, feuilles vert luisant, rouges en dessous, naissant sur la souche; hampe courte; fleurs rouge vermillon.

B. discolor. — V. *B. Evansiana.*

B. erosa. — V. *B. amœna.*

B. Evansiana. *And. B. bulbifera. B. discolor*, *Smith. B. grandis. Chine, Japon.* — Tiges de 60 cent., feuilles ovales, aiguës, vertes en dessus, rouges en dessous, portant à l'aisselle des petits bulbilles qui servent à la multiplication; en été, fleurs carnées en cymes; cette variété supporte la pleine terre.

B. Frœbeli. *D. C. Equateur*, 1872. — Feuilles acaules, cordiformes en cœur; tiges rouges de 30 cent., portant plusieurs grandes fleurs d'un bel écarlate foncé. Cette belle espèce peut être tenue en végétation toute l'année; précieuse pour l'ornementation des serres pendant l'hiver; ne supporte pas bien la pleine terre pendant l'été.

Le *B. Frœbeli* a produit plusieurs variétés, de couleur variant du blanc au rouge.

B. geranifolia *Hook. Pérou*, 1833. — Tuberculeux.

Tige de 30 cent., vert rougeâtre; en été fleurs pendantes, rouges en dehors, blanches en dedans.

B. geranioides. *Hook. Natal.* 1866. — Tuberculeux. Feuilles radicales, dentées; pétioles rouges; fl. blanches pendantes en panicules.

B. gracilis. *H. B. B. Martiana. Mexique*, 1829. — Tuberculeux. Tiges dressées, non rameuses, charnues, fleurs rose vif en ombelle axillaire; il se produit, à l'aisselle des feuilles, des bulbilles qui servent à la multiplication, étant semées comme des graines. Cette espèce a produit plusieurs jolies variétés dont *B. g. diversifolia*, *B. g. Martiana. B. g. racemiflora* sont les plus intéressantes.

Culture des *B. tuberculeux.*

B. grandiflora. — V. *B. octopetala.*

B. grandis. — V. *B. Evansiana.*

B. heraclæifolia. *B. jatrophæfolia. B. radiata. B. punctata. Mexique*, 1841. — Tuberculeux. Feuilles radicales, grandes palmées; pédoncules allongés, portant au printemps plusieurs fleurs roses. Cette espèce a produit plusieurs variétés intéressantes.

B. jatrophæfolia. — V. *B. heraclæifolia.*

B. laciniata *Roxb. B. Bowringiana. Chine méridionale*, 1858. — Feuilles grandes, 15-30 cent. de long sur 15 cent. de large, au printemps fleurs grandes blanches teintées de rose.

B. Martiana. — V. *B. gracilis.*

B. Natalensis *Hook. Natal* 1855. — Feuilles maculées de blanc; en hiver cyme de fleurs rose pâle.

B. octopetala. *L'Herit.* — *B. grandiflora. Pérou*, 1835. — Feuilles longues de 6 cent.; pétioles longs; hampe de 50 cent. en automne fleurs blanches en corymbe, les mâles à huit pétales; variétés à fleurs roses et à fleurs carmin, obtenues par M. Lemoine.

B. odoratissima. — V. *B. Baumanii.*

B. Pearcii *Hook. Bolivie*, 1865. — Tuberculeux. Tiges de 30 cent., rameuses; feuilles cordiformes rougeâtres en dessous, fl. jaune vif en panicules; ce *Begonia* a servi au croisement qui a produit les *B. tuberculeux.*

B. radiata. — V. *B. heraclæifolia.*

B. Richardsiana. *Natal*, 1871. — Tuberculeux. Feuilles palmées; tiges grêles de 30 cent., en été fl. blanches en cymes, les mâles à 2 pétales, les femelles à 5.

B. rosæflora. *Pérou*, 1867. — Tuberculeux. Feuilles vertes, orbiculaires, acaules; en été fleurs rose brillant, larges de 5-6 centimètres.

B. Sedeni. *Hort.*, 1869. — Hybride du *B. Boliviensis* et du *B. Veitchii;* en été fleurs rouges. Il y a 20 ans c'était une belle variété qui ne brille guère à présent à côté de nos hybrides tuberculeux.

B. Socotrana. *Hook. Socotra*, 1880. — Tiges annuelles, charnues, portant à la base des bulbilles reproduisant chacun une plante l'année suivante; feuilles orbiculaires, larges de 15 cent.; *en hiver* fleurs rose brillant larges de 4-5 cent. en cymes terminales.

Culture. Mettre en végétation en août-septembre pour fleurir pendant l'hiver et laisser reposer pendant l'été.

Par le croisement avec les *B. tuberculeux hybrides*, cette espèce a produit plusieurs bonnes variétés, entre autres, *B. Gloire de Sceaux*, à fleurs rouge clair produites en cymes.

B. Sutherlandi *Hook. Natal*, 1867. — Tuberculeux. Tiges annuelles, rouge pourpre; en été, fleurs rouges orange ou rouge foncé, en cymes axillaires et terminales.

B. Veitchii. *Hook. Pérou*, 1867. — Tuberculeux.

Feuilles orbiculaires, vert pâle en dessous ; hampe biflore de 30 cent.; en été fleurs rouge cinabre de 6 à 7 cent. de diamètre. C'est un des parents d'où sont sortis les *B. tuberculeux hybrides* à grande fleur ; presque rustique, peut supporter 5-6° de froid avec couverture.

B. Weltoniensis *Welb.* — Hybride horticole. Tige renflée, charnue à la base, pouvant se conser-

Fig. 34. — Begonia Socotrana.

ver l'hiver; beau feuillage denté de 5-6 cent. vert jaunâtre, velouté, glauque à bord rougeâtre ; tiges de 40-50 cent. nombreuses, formant de jolies touffes très régulières ; fleurs nombreuses, rose pâle ou blanc rosé se succédant sans interruption, tant que la plante est en végétation.

Cette belle variété, qui devrait faire son repos pendant l'hiver, est, au contraire, une des meilleures plantes pour orner les serres et pour produire des fleurs pendant cette saison; pour cela, faire des boutures au printemps que l'on élève en pots tout l'été et qui sont prêtes à l'automne à fournir leur belle floraison pendant tout l'hiver.

Multiplication. — Très facile de boutures faites toute l'année, et par division des touffes.

Culture. — Excepté ceux qui végètent pendant l'hiver, tous ces *Begonias tuberculeux* doivent se mettre en végétation au printemps, sur couche et sous châssis; dès que les tiges paraissent, les rempoter dans des pots suffisamment grands et bien drainés, avec de bonne terre, légère, additionnée de terreau et de sable, pour en faire un mélange léger bien perméable aux racines; pendant l'été tenir à l'ombre en pots où en pleine terre et arroser copieusement; à l'automne cesser graduellement les arrosages, et quand les tiges sont détachées des racines, placer les pots au sec dans la serre, jusqu'au printemps.

La *multiplication* se fait facilement : 1° de boutures pendant toute la belle saison, de préférence au printemps, sur couche et sous châssis, afin que les tubercules aient le temps de bien s'aoûter avant l'hiver; sinon ils fondraient; 2° par division des tubercules quand ils commencent à végéter en laissant un œil à chaque division; 3° par graines, semées au printemps comme les *B. tuberculeux hybrides;* ces graines ne reproduisent pas fidèlement leurs parents, c'est pourquoi le bouturage est préférable pour les variétés de choix.

B. tuberculeux hybrides.

Résultat des hybridations des Bégonias, *Boliviensis*, *Pearcii*, *Veitchii* et *Socotrana*.

Les espèces précédentes sont ornementales et décoratives; mais elles sont effacées par les *B. tuberculeux hybrides*, obtenus depuis quelques années ; par leur port trapu, la grandeur et les riches coloris des fleurs qui sont produites à profusion depuis juin jusqu'aux gelées ; ce sont des plantes de premier ordre pour l'ornement des serres, des massifs et des plates-bandes, bien dignes de rivaliser avec les géraniums.

Les fleurs qui sont simples ou doubles atteignent souvent 10 et même 15 centimètres de diamètre ; on y trouve tous les coloris, blanc pur, crème, jaune, orange, violet, rouge pourpre ou pourpre foncé.

Il en existe quatre races, comme suit :

1° **B. tuberculata hybrida.** *Horti.*

Comprenant tous les B. tuberculeux à grandes fleurs simples.

2° **B. tuberculata hybrida erecta superba.**

Plantes plus naines, plus trapues ; fleurs érigées se détachant bien au-dessus du feuillage, moins larges que les précédentes, mais plus nombreuses.

3° **B. tuberculata hybrida à fleurs doubles.**

Semblables à la première race, mais à fleurs doubles.

4° **B. tuberculata hybrida erecta multiflora doubles.** — Plantes plus naines, plus trapues que les précédentes ; fleurs érigées, paraissant bien au-dessus du feuillage, moins large et plus nombreuses.

Je ne donnerai pas ici la liste des variétés ; ce serait trop long et les nouveautés qui chaque année viennent remplacer les anciennes, les rendraient incomplètes et inutiles ; il est préférable de consulter les catalogues des spécialistes et des marchands.

B. tige de fer. — Nouvelle race compacte, à tige courte, droite, rigide.

Culture générale. — En février-mars, placer les tubercules sur couche et sous châssis, les uns à côté des autres, à peine enterrés dans le terreau ; 15 jours après la végétation commence, les racines se développent, s'enfoncent dans le terrain et forment une motte ; aérer et arroser progressivement jusqu'au 15 mai, puis enlever les châssis ; pour la plantation,

Fig. 35. — Begonia hybrida à fleurs doubles.

il suffit d'arracher chaque bulbe avec sa motte et de les mettre en place, à 20-30 cent. de distance, comme des *Géraniums*.

Ils préfèrent une terre très riche, légère et bien perméable aux racines (*terre*, *terreau*, *terre de bruyère*, et *sable*), une exposition un peu ombragée et beaucoup d'eau pendant la végétation ; un bon paillis après la plantation est de rigueur.

A l'automne, quand les gelées ont détruit les tiges, arracher les tubercules et les rentrer sous les tablettes de la serre, avec toutes leurs racines qui se détachent naturellement en séchant.

Plantés en pots, ils sont d'un grand secours pendant l'été pour les marchés, pour garnir les serres et les appartements. Une fois ou deux par semaine une addition d'engrais naturel liquide à l'eau d'arrosage produit d'excellents résultats.

Fig. 36. — Begonia tuberculeux à fleur pleine (Fleur).

Multiplication. — Au mois d'avril, quand les tubercules sont en végétation, on peut les diviser avec un couteau en laissant un bourgeon à chaque division; en les replaçant sous châssis, ils ne souffrent pas de l'opération et peuvent être plantés en mai comme les autres.

Les boutures faites au printemps avec les jeunes pousses forment d'excellents tubercules pour le printemps suivant, c'est le meilleur moyen pour perpétuer les variétés cultivées par noms.

Le semis, en avril-mai, est le moyen le plus rapide et le plus pratique; pour cela, préparer un mélange de terreau, terre de bruyère et de sable par tiers, bien tamiser, en remplir des terrines bien drainées et semer la graine qui est excessivement fine *sans la couvrir;* placer un verre sur la terrine et arroser par dessous en la plongeant dans l'eau; tenir constamment humide et à l'ombre dans une serre. La germination a lieu 10-15 jours après, dès que les jeunes plantes sont assez fortes (2 feuilles) les repiquer plus espacées dans d'autres terrines; répéter les repiquages quand les plantes se touchent, et enfin quand les semis repiqués ainsi sont assez forts, les planter assez serrés, soit sous châssis, soit en pleine terre (à l'ombre), où ils restent jusqu'aux gelées, et les arracher comme des vieux tubercules; traités de la sorte, ils fournissent des tubercules bien supérieurs aux anciens, pour la plantation du printemps suivant.

Les Bégonias à fleurs doubles se multiplient de boutures, par divisions des tubercules et par graines qu'ils produisent assez régulièrement, les fleurs femelles étant assez souvent simples.

Si les fleurs ont été fécondées judicieusement avec des parents d'élite, ou des plantes à fleurs doubles, on est à peu près certain d'obtenir des nouveautés dans chaque semis.

BEILIA. — V. *Watsonia.*

BELLADONA purpurescens. — V. *Amaryllis Belladona.*

B. blanda. — V. *Amaryllis Belladona.*

B. latifolia. — V. *Amaryllis blanda.*

BELLADONE d'automne. — V. *Amaryllis Belladona.*

B. d'été. — V. *Amaryllis vittata.*

BELLE-DE-NUIT. — V. *Mirabilis Jalapa.*

B. odorante. *Mirabilis longifolia.*

BELLE d'onze heures. — V. *Ornythogalum umbellatum.*

BELLEVALLIA. — V. *Hyacinthus* et *Scilla.*
B. romana. — V. *Hyacinthus romana.*

BESSERA, *Schult. Liliacée.*
B. elegans, *Lindl. Pharium fistulosum, Flocon de corail, Goutte de corail. Mexico*, 1850. — Bonne plante encore rare; bulbes petits; 2 feuilles radicales linéaires, de 30 à 60 cent., érigées pendantes aux extrémités; hampe solitaire, fistuleuse, plus élevée que les feuilles, terminée juillet-août par une ombelle de 5 à 15 fleurs, rouge orange, pendantes, campanulées.
B. Herberti. *Mexico*, 1846. — Semblable au précédent, mais à fleurs blanc pur.
B. miniata. *Mexico*, 1846. — Fleurs écarlate et blanc.
Culture. — Planter en mars-avril, à bonne exposition (en pleine terre dans le sud et l'ouest de la France, sous châssis dans le nord), dans un mélange de terreau, terre de bruyère et de sable; arrosages copieux pendant la végétation; nuls pendant le repos.
Multiplication. — Par divisions des tubercules.

BETILLA. — V. *Bletia.*

BIARUM constrictum. — V. *Arum tenuifolium.*
B. gramineum. — V. *Arum tenuifolium.*
B. tenuifolium. — V. *Arum tenuifolium.*

BIDENS atrosanguinea. — V. *Dahlia Zimapani.*

BIGLANDULARIA. — V. *Achimenes.*

BIGNONIA *Lin.* **Bignone** *Bignoniacées.*

B. æquinoctialis. — V. *B. Unguis-cati.*

B. Unguis-cati, *Lin. B. æquinoctialis, Lin. B. Unguis. Cayenne,* 1763. — Racine tuberculeuse allongée, irrégulière; tiges grimpantes, munies de vrilles simples; feuilles glabres, opposées, conjuguées; en été, fleurs jaunes, portées sur des pédoncules biflores, ou en grappe.

Culture. — Planter en pot ou en pleine terre, en serre chaude, en terre légère, grossière; beaucoup d'eau pendant l'été, peu ou point pendant l'hiver. Plante vigoureuse envahissante, propre à garnir les pilliers ou les murailles.

Multiplication. — De boutures herbacées faites au printemps en serre chaude, qui périssent souvent par excès d'humidité.

BILLE de beurre. — *Arum italicum.*

BITTER-ROOT. — V. *Lewisia.*

BLANC D'EAU. — V. *Nymphæa alba.*

BLANDFORDIA *Smith. Liliacées.*

Belles plantes bulbeuses d'Australie, d'une culture facile, elles ne sont pas assez répandues. La nomenclature en est encore incertaine.

B. aurea *Hook. Nouvelle-Galles du Sud,* 1870. — Feuilles étroites linéaires; hampe sortant à l'aisselle des feuilles, haute de 50-60 centimètres, portant en été 5-6 fleurs campanulées, pendantes, jaune d'or.

B. Cunninghami. *Nouvelles-Galle du Sud.* — Feuilles linéaires, longues de 10 centimètres; hampe haute de 1 mètre; en juin 12-15 fleurs campanulées, pendantes, longues de 5-6 cent., d'un beau rouge orangé; admirable plante; doit être synonyme de *B. flammea.*

B. flammea *Lindl. Australie*, 1849. — Haut. 60 centimètres ; en juin, fleurs jaune pâle.

B. grandiflora. *Australie*, 1812. — Haut. 60 centimètres ; en juillet, grandes fleurs, cramoisies.

B. marginata *Herb. Tasmanie*, 1842. — Haut. 60 centimètres ; en juillet, fleurs rouge orangé.

B. nobilis *Smith. Australie*, 1803. — Haut. 60 centimètres ; en juillet, fleurs en grappe, orangé jaune.

B. princeps. *Australie*, 1873. — Feuilles dressées, longues ; hampe de 30 centimètres ; en été, belles fleurs pendantes, rouge orange à l'extérieur, jaune pâle à l'intérieur, longues de 8-10 centimètres ; devrait se trouver dans toutes les serres.

Culture. — Ces plantes craignent beaucoup l'humidité pendant la période de repos ; planter en octobre en pots bien drainés en terre sableuse additionnée de terre de bruyère, tenir en serre froide ou tempérée et n'arroser qu'au moment de la végétation.

Multiplication. — Par graines, semées en terrine aussitôt récoltées ; par éclats et par division des racines à l'époque du rempotage.

Il serait intéressant d'essayer la culture de ces belles plantes en pleine terre, dans l'ouest de la France.

BLETIA *Ruiz et Pavon*. **Bletilla.** *Rechb. Orchidées.*

B. acutipetala *Hook. Limodorum tuberosum. Amérique centrale*, 1831. — Orchidée terrestre ; bulbe assez gros ; feuilles étroites ; tige de 60 centimètres à 1 mètre ; en juin-juillet épi de fleurs pourpres, taché de rose et jaune ; serre tempérée.

B. florida *R. Br. Cymbidium floridum. Trinidad*, 1786. — Tige de 40-60 centimètres ; en février-mars, épi de fleurs roses ; serre chaude.

B. hyacinthina *R. Br. Cymbidium hyacinthium. Swartz. Chine, Japon*, 1802. — Bulbe gros, produisant plusieurs tiges simples de 30 centimètres; feuilles étroites; en mai-juin grappes de belles fleurs rose amarante, très odorantes; il existe une variété à fleurs blanches. En Chine cette plante est cultivée pour son parfum; pleine terre.

B. tankervillea. — V. *Phajus grandiflorus.*

Culture. — Voir *Orchidées*, il leur faut en outre beaucoup d'humidité pendant la végétation et un repos absolu de 6 à 8 semaines quand les feuilles sont sèches.

BLOOMERIA aurea. — V. *Calliprora lutea.*

BOBARTIA *Ker. Iridées.*

Petites plantes bulbeuses rustiques.

B. aurantiaca *Sweet. Homeria aurantiaca. Cap*, 1817. — Hampe de 20-30 centimètres; en mars-mai, fleurs rouge orange; pleine terre.

B. gladiata *Ker. Gawl. Marica gladiata, Ker. Cap*, 1817. — Feuilles étroites glauques, longues de 30 centimètres; en juin-juillet, fleurs jaunes, pointillées de rouge vif, larges de 4-6 centimètres.

B. spathacea *Ker. Moræa spathacea. Xyris altissima, Lodd. Cap*, 1832. — Feuilles jonciformes; hampe de 30 centimètres, portant en juin-juillet un bouquet de fleurs jaune pâle, qui ne durent qu'un jour, mais se succèdent pendant assez longtemps.

Culture. — Terre sèche, rocailleuse; exposition chaude, garantir légèrement des gelées avec des feuilles sèches, du sable ou de la mousse.

Multiplication. — A l'automne par division des touffes. Planter en octobre à 6-10 centimètres de profondeur.

BOMAERA *Mirb. Amaryllidées.*

Plantes à racines fusiformes ou tuberculeuses, fasciculées, voisines des *Alstræmeria* dont elles diffèrent par leurs tiges volubiles.

B. acutifolia *Herb. Mexique*, 1878. — Feuilles lan-

Fig. 37. — Bomaera edulis.

céolées, glabres; au printemps, fleurs jaune orange moucheté.

B. Caldasiana *Herb. Alstræmeria Caldasii. Andes de l'équateur*, 1863. — Feuilles pétiolées, lancéolées, aiguës, glauques; fleurs longues de 3 à 5 centimètres, rouge foncé, en ombelle.

B. **Carderi** *Masters. Colombie*, 1876. — Feuilles longues de 20 centimètres, larges de 6-8; fleurs campanulées, les 3 segments intérieurs roses, les 3 extérieurs rouge pourpre, longues de 7-8 centimètres en cyme terminale, entourée de feuilles à la base.

B. **conferta**. — V. *B. patacocensis*.

B. **edulis** *Herb. Alstrœmeria edulis, Euss. Alstrœmeria salsila, Gawl. Saint-Domingue*, 1801. — Fleurs roses, pendantes, en corymbe, vertes au sommet, longues de 4-5 centimètres; tubercules alimentaires à Saint-Domingue.

B. **frondea** *Mast. Nouvelle-Grenade*, 1801. — Feuilles lancéolées, fleurs longues de 5 centimètres, jaune pointillé rouge, en grosses ombelles.

B. **Kalbreyeri**, *Baker. Nouvelle-Grenade*, 1883. — Fleurs en ombelles terminales, longues de 3 centimètres, rouges à l'extérieur, jaune maculé de rouge à l'intérieur.

B. **oligantha**, *Baker. Pérou*, 1877. — Fleurs rouges à l'extérieur, jaunes à l'intérieur; fleurit tout l'été.

B. **patacocensis**, *Herb. B. conferta, Bensh. Nouvelle-Grenade*. — En août-septembre, fleurs rouge cramoisi, longues de 5-6 cent.

B. **salsilla**, *Herb. Alstrœmeria oculata. Lodd. Afrique du Sud*, 1806. — En juin, fleurs en ombelles, pourpre maculé de brun à la base, et bordé de vert.

On cultive aussi: *B. Shuttleworti, B. vitelina, B. Wilamsi, B. hirta*.

Culture. — Les *B. acutifolia, B. hirta, B. salsilla*, peuvent supporter la pleine terre et se cultivent comme les *Alstrœmeria*. Les autres sont de serre chaude ou tempérée, elles n'y acquièrent leur beauté qu'en pleine terre; cultivées en pots elles sont moins belles.

Multiplication. — Facile de graines semées en serre chaude et par division des souches souterraines, munies d'yeux et de racines ; à l'époque de la plantation.

BONNET-D'ÉVÊQUE. — V. *Epimedium.*

BONGARDIA. — *Berbéridées.*

B. Rauwolfi. *Rauwolf, Léontice chrysogonum. Orient,* 1573. — Tubercule ayant la forme d'une petite pomme de terre, produisant 5-6 feuilles pennisèquées, longuement pétiolées ; pédoncule rameux portant en été des fleurs jaune d'or.

Culture. — Pleine terre, planter à l'automne ou au printemps.

BORKAUSENIA solida. — V. *Corydalis bulbosa.*

BOTRYANTHUS. — V. *Hyacinthus.*
B. odorus. — V. *Muscari racemosum.*
B. vulgaris. — V. *Muscari botryoides.*

BOUSSINGAULTIA, *H. B. et K. Basellacées.*

B. baselloïdes, *Kth. Boussingaultie à feuilles de Baselle. Boussingaultie tubéreuse, Baselle tubéreuse. Amérique du Sud, Quito,* 1836. — Tubercules nombreux, charnus, agglomérés, très fragiles, bruns ; chair blanche, gluante ; tige volubile, rougeâtre, s'élevant de 4 à 6 mètres ; feuilles grasses, ondulées, vert luisant ; en août et jusqu'aux gelées, fleurs en grappes, odorantes, blanches, noircissant après la floraison.

B. Lachaumei. *Carr. Cuba,* 1872. — Fleurs roses, serre chaude ou au moins tempérée.

Le *B. Baselloïdes* est une de nos meilleures plantes grimpantes, par la rapidité de sa végétation, la beauté de son feuillage et sa belle floraison ; d'une grande valeur pour garnir les tonnelles, berceaux, etc. ; plantée en caisse, elle garnit très vite les balcons et fenêtres.

Culture. — Les tubercules résistent bien en pleine terre dans le sud et l'ouest de la France, ils ont besoin d'être protégés par des abris contre les gelées sous le climat de Paris, ou, ce qui est plus prudent, d'être arrachés avant l'hiver et conservés comme les dahlias. Cette plante réclame un sol riche, beaucoup d'eau pendant l'été et une bonne exposition.

Multiplication. — De graines semées au printemps; par tubercules entiers ou divisés, chaque morceau ayant la faculté d'émettre une ou plusieurs tiges.

Il existe plusieurs espèces également grimpantes qui sont de serre chaude, mais peu cultivées.

BOUSSINGAULTIE tubéreuse. — V. *Boussingaultia baselloides*.

B. à feuilles de Baselle. — V. *B. baselloides*.

BOWIEA *Harv. Liliacées.*

B. volubilis, *Harv. B. grimpant. Cap*, 1862. — Plante très curieuse, entièrement verte, un peu succulente ; bulbe déprimé de la grosseur d'une grosse orange, à tuniques peu nombreuses, bordées de jaune ; feuilles nulles ; tige solitaire, très grêle, haute de 2-3 mètres, grimpante, très branchue, à divisions dichotomes ; pédoncules longs de 4-6 cent. produits dans l'axe des rameaux terminaux ; pendant l'été fleurs vertes, de 1-2 cent. de diamètre.

Culture. — Terre légère plutôt sèche qu'humide, planter en pots bien drainés ou en pleine terre en serre tempérée, tenir très sec pendant l'hiver qui est la période de repos. Les tiges palissées sur fil de fer prennent de très jolies formes.

Multiplication. — De graines, ce qui est un procédé très lent, et par bulbes importés du pays d'origine.

BRAVOA *Llav Lex. Amaryllidées.*

B. Bulliana, *Baker. Mexique*, 1884. — Feuilles lancéolées, longues de 15 cent. ; hampe flexueuse de 50 cent. à 1 m. ; fleurs longues de 3 cent. en grappes, rouge verdâtre à l'extérieur, jaune pâle à l'intérieur.

B. gemmiflora. *Mexique*, 1841. — Feuilles linéaires ; hampe de 50 cent., en juillet, fleurs pendantes d'un beau rouge orangé.

Culture. — Jolies plantes bulbeuses, de pleine terre dans le Midi ; à cultiver en serre ou sous châssis à Paris ; planter à l'automne ou au printemps.

Multiplication. — De graines et par division des touffes à l'automne ou au printemps.

B. sessiliflora et *B. singuliflora* sont peu cultivés.

BREVOORTIA coccinea. — V. *Brodiæa coccinea.*

BRODIÆA *Smith. Liliacées.*

Charmantes plantes bulbeuses de l'Amérique du Nord, qui peuvent supporter nos hivers. Bulbes petits, noirs ; feuilles linéaires ; hampes de 15 à 50 cent., fleurs généralement bleues, disposées en ombelles ; la floraison a lieu de mai en juillet.

B. aurea *Benth. Milla aurea, Baker. Tritelia aurea, Lindl. Montevideo*, 1836. — Feuilles nombreuses, étroites, vert pâle ; hampe de 15 cent., portant une ombelle lâche de 4-6 fleurs jaune foncé, verdâtre à la base, s'ouvrant vers midi ; fleurit au printemps.

Culture. — Châssis froid, passe difficilement l'hiver dehors.

B. californica. — V. *B. grandiflora major.*

B. capitata, *Benth. Milla capitata, Baker. Hookera*

pulchella, Salisb. Dichelostemma capitatum, Wood. Californie, 1871. — Feuilles longues, linéaires ; hampe de 60 cent., en mai, ombelles compactes de fleurs violet foncé.

B. **coccinea**, *Gray. Brevoortia coccinea, Wats. Californie*, 1870. — Le plus beau et le plus brillant des Brodiæas ; feuilles de 60 cent., étroites, vert brillant ; hampe de 60-80 cent., terminée par une ombelle de 15-20 fleurs pendantes, longues de 4 cent., d'un beau rouge écarlate, jaune au sommet, bordé de vert.

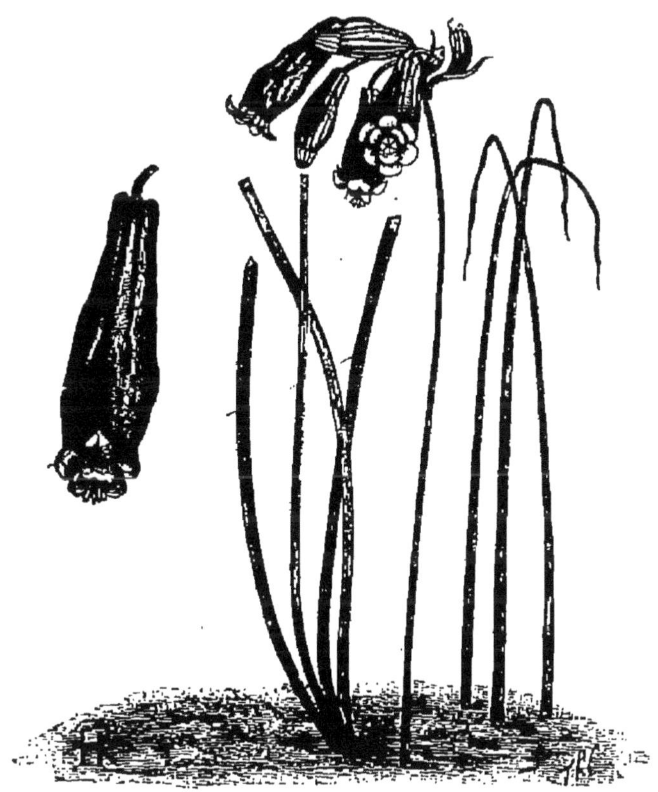

Fig. 38. — Brodiæa coccinea.

B. **congesta**, *Sm. Dechelostemma congesta, Kunth. Californie*, 1806. — Hampe de 60 cent. ; en mai, ombelle dense de fleurs larges, bleu lavande; rustique, se multipliant facilement, bulbe petit.

B. coronaria. — V. *Sm. B. grandiflora.*

B. grandiflora, *Smith. B. coronaria. Hookera coronaria Salisb. Amérique du Nord*, 1806. — Bulbe petit, globuleux; feuilles grêles, linéaires, ponctuées; en été, ombelle de fleurs bleu violacé.

B. g. major, *Benth. B. californica, Lindl. Californie.* — Plante plus forte, fleur de 4 cent. de diamètre.

B. g. Warei. *Californie*, 1886. — Très belle variété, fleur rose violet, de 6-8 cent. de diamètre.

B. ixioides, *Sims. Calliprora lutea, Lindl. Milla ixioides Baker. Californie.* 1831. — Feuilles plus longues que la tige; en été fleurs jaunes à divisions pourpres à l'intérieur.

B. lactea *S. Watts. Hesperoscordum lacteum, Lindl. H. hyacinthinum, Lindl. Milla hyacinthina, Baker. Californie*, 1883. — Feuilles de 30 cent., hampe de 30-35 cent., en juin-juillet fleurs blanches, divisions incurvées.

B. laxa. — V. *Tritelia laxa.*

B. minor. — Haut. de 5-6 cent. fleurs pourpres.

B. multiflora. — Espèce la plus hâtive, fleurs violettes.

B. peduncularis. — Port et forme de *B. laxa*, fleurs blanc porcelaine.

B. stellaris, *S. Wats.* — Très belle variété, chaque bulbe produisant plusieurs tiges terminées par des fleurs, d'un riche pourpre brillant à centre blanc.

B. uniflora. — V. *Tritelia uniflora.*

B. volubilis. *Baker. Dicholestemma californica, Corr., Jacinthe grimpante, Stropholirion californica, Wood.* — Bulbeux, tige grimpante s'élevant à 2 m.; fleurs rose foncé; la tige atteint une plus grande hauteur d'après certains cultivateurs; pleine terre avec abris.

Culture. — Terre légère, sableuse, bien drainée; planter à l'automme en pots; 5-10 bulbes ensemble, en châssis, ou en pleine terre avec couverture de feuilles pendant l'hiver.

Multiplication. — Facile par divisions des bulbes. à l'époque de la plantation.

BRUNETTE. — V. *Nigritella angustifolia.*

BRYONE. — V. *Bryonia.*

B. noire. — V. *Tamnus communis.*

B. de l'Urugay. — V. *Abobra viridiflora.*

BRYONIA *Lin.* **Bryone**; *Cucurbitacées.*

B. alba. — V. *Bryonia dioïca.*

B. dioïca. *Jacq. B. alba Bull. B. ruderalis. Salis. Bryone dioïque, Colubrine, Couleuvrée, Feu ardent, Gros Navet, Ipécacuantha indigène, Naveau-bourge, Navet de parc. Navet du Diable, Navet galant, Parc, Racine vierge, Vigne du diable, Indigène.* — Racine blanche, très grosse, charnue ayant la forme d'un gros navet et pesant 3 à 5 kilos. Tige grimpante, longue de plusieurs mètres; feuilles à 5 lobes, rugueuses, opposées aux vrilles; en été, fleurs blanc jaunâtre en grappes. Fruits rouge luisants en corymbe.

Culture. — Plante très commune dans les haies qu'elle couvre entièrement, excellente par sa végétation vigoureuse, pour garnir les murs ou les troncs d'arbre, préfère un bon terrain frais, toute exposition.

Culture. — Planter à l'automne ou printemps.

Multiplication. — Par graines et par divisions de la racine, munies de bourgeons.

B. ruderalis. — V. *Bryonia dioïca.*

BULINBE *Lin. Liliacées.*

Plantes bulbeuses, voisines des *Anthericum* et des *Phalangium*.

B.aloides *Willd. Anthericum Aloides. Cap*, 1732. — Feuilles lancéolées, épaisses; hampe de 30 cent., terminée en avril par une panicule de fleurs jaunes odorantes.

Culture. — Planter en octobre, en terre légère, riche en pots, hivernés sous châssis; ou en pleine terre à exposition chaude, avec abris pendant les grands froids.

Multiplication. — Par la division des bulbes et caïeux à l'époque de la plantation.

B. Mackeni. — V. *Eriospermum Mackeni.*

BULBINELLA. *Kunth. Liliacées.*

B. Hookeri. *Anthericum Hookeri, Chrysobactron Hookeri. Nouvelle-Zélande*, 1850. — Racines bulbeuses; feuilles linéaires, longues de 20-30 cent., hampe de 60-80 cent.; en été fleurs d'un beau jaune larges de 4 cent., disposées en grappes.

Culture des *Phalangium*, pleine terre.

BRUNSWIGIA ciliaris. — V. *Amaryllis ciliaris.*
B. falcata. — V. *Amaryllis falcata.*
B. Josephinæ. — V. *Amaryllis Josephinæ.*
B. multiflora. — V. *Amaryllis orientalis.*
B. toxicaria. — V. *Buphane disticha.*

BRUNSWIGIE ciliée. — V. *Amaryllis ciliaris.*

BULBOCODE. — V. *Bulbocodium.*
B. printanier. — V. *Bulbocodium vernum.*
B. d'automne. — V. *Bulbocodium autumnale.*

BULBOCODIUM *Lin.* **Bulbocode.** *Mélanthacés.*
B. autumnale, *Lapeyr. Merendera bulbocodium, Ram.*

Bulbocode d'automne. Indigène, Pyrénées. — Port du *B. vernum*, mais fleurit à l'automne; les feuilles persistent pendant tout l'hiver.

Culture du B. vernum, mais planter au printemps.

B. Eichleri. — V. *Merendera caucasica.*

B. Plantii. — V. *B. vernum foliis variegatis.*

B. trigynum. — V. *Merendera caucasica.*

B. vernum *Lin. Colchicum vernum. Hort. Bulbocode printanier. Crocus rouge. Indigène.* — Bulbe noir, piriforme à tuniques filamenteuses, laineuses; feuilles linéaires, en gouttière, entourées d'une forte gaine; en février-mars, avant les feuilles, fleurs longues de 10-15 cent., dressées en entonnoir, blanchâtres d'abord, violet pourpre ensuite, tachées de blanc à l'onglet; chaque bulbe produit de 2 à 6 fleurs.

Fig. 39. — Bulbocodium vernum.

Charmante plante printanière; propre à former des bordures ou à mélanger avec d'autres de coloris différents.

B. v. foliiis variegatis, *Hort. B. Plantii.* — Variété à feuille panachée.

Culture. — Planter en août-septembre à 10 cent.

de distance à l'ombre, de préférence en bonne terre, légère mais fraiche.

Multiplication. — Par division des bulbes et caïeux.

BUPHANE. *Herb. Amaryllidées.*

B. ciliaris. — V. *Amaryllis ciliaris.*

B. disticha. *B. toxicaria, Herb. Brunswigia, toxicaria Herb. Hæmanthus toxicarius Humb. Cap,* 1774. — Bulbe ovale ; feuilles allongées, glauques ; hampe de 30 cent., en sept-octobre, fleurs en ombelle, rose pâle, odorantes, longues de 3-4 cent., plante vénéneuse.

B. *Culture* de l'*Amaryllis ciliaris.*

B. toxicaria. — V. *Buphane disticha.*

BUTOMUS. *Tourn.* **Butome.** *Butomées.*

B. umbellatus, *Lin. Butome Ombellé, Jonc fleuri. Indigène, aquatique.* — Rhizomes rampants ; feuilles longues, dressées, linéaires, aiguës ; hampe nue cylindrique, haute de 80 cent. terminée en juillet-août par une ombelle de fleurs roses.

Culture. — Cette plante aquatique émergée préfère l'eau stagnante des étangs et des fossés à l'eau courante. Au printemps mettre les rhizomes en pots ou en pleine terre, dans la vase des eaux peu profondes, plante peu envahissante ne réclamant pas de soins.

Multiplication. — Par division des rhizomes au printemps, ou par graines semées en terrines tenues moitié immergées.

BUTTERFLY tulip. — *Calochortus.*

CALADIUM. *Vent. Aroïdées.*

Plantes tuberculeuses, de haute serre chaude, cultivées pour la beauté de leur feuillage, et non pour la fleur qui est insignifiante ; les magnifiques variétés hybrides, obtenues principalement du *C. bicolor*, ont le feuillage orné de coloris les plus riches et les plus brillants, disposés d'une façon aussi artistique que singulière, qui en font des plantes ornementales de premier ordre : les *espèces* étant moins belles que les variétés sont peu cultivées ; elles sont connues dans le commerce sous le nom de *Caladium bulbosum*, les principales sont :

C. **argyrites**. *Ch. Lem. Para*, 1858. — Feuilles petites sagittées, vertes, parsemées de pointes et taches blanches ; jolie petite plante très ornementale.

C. **Baraquini**. *Para*, 1858. — Feuilles grandes à centre rouge.

C. **bicolor**. *Vent. Brésil*, 1773. — Petite plante haute de 30 centimètres ; feuilles colorées.

C. **Cannarti**. *Para*, 1863. — Nervures rouges.

C. **Chantini**. *Para*, 1858. — Feuilles rouge vif, bordées de vert, maculées de blanc.

C. **Devosianum**. *Para*, 1862. — Feuilles maculées de blanc et rose.

C. **Hardii**. *Para*, 1862. — Feuilles maculées de blanc et rouge.

C. **Lemaireanum**. *Brésil*, 1861. — Nervures blanches.

C. **Leopoldi**. *Para*, 1864. — Feuilles vertes maculées de rouge et rose.

C. **macrophyllum**. *Para*, 1862. — Feuilles grandes, blanc verdâtre.

C. **maculatum**. *Brésil*, 1820. — Feuilles érigées, ponctuées de blanc.

C. **marmoratum**. *Alocasia Rœzeli. Gayaquil* — Feuilles grandes, vert foncé, à macules gris argenté ; belle plante.

C. **pedatum** *Hook*. — V. *Philodendron laciniatum*.

C. petiolatum *Hook. Anchomanes Hookeri, Schott. Fernando-Po*, 1832. — Plante très voisine des *Amorphophallus*, bulbe oval, oblong; en mai-juin, feuille à pétiole grêle, épineux; haut de 1 mètre à 1 m. 50, à limbe horizontal de 1 mètre de diamètre à trois divisions subdivisées en de nombreuses folioles dentées; avant la feuille pédoncule épineux, de 30 cent.; spathe pourpre clair, spadice blanchâtre; très belle plante.

Culture et *Multiplication* des *Amorphophallus* ou des *Caladiums*.

C. Rougieri. *Para.* 1864. — Feuilles vertes, ponctuées de blanc, nervures rouges.

C. sanguinolentum. *Amazone*, 1872. — Feuilles maculées de rouge, nervure blanche.

C. Schomburgkii. *C. Schœlleri. Colocosia argyroneura. Brésil*, 1861. — Feuilles vertes, nervures blanches.

C. Vershaffelti. *Brésil.* — Feuilles vert foncé, maculées de rouge.

C. Wallisii. *Para*, 1864. — Feuilles vert foncé, maculées de blanc pur, nervures jaunes.

C. zamiæfolium. — V. *Zamioculcus Loddegesii.*

Il est probable que beaucoup des plantes décrites ci-dessus comme espèces ne sont que des variétés.

Le nombre des variétés hybrides a dépassé deux cents; pour la nomenclature, consulter les catalogues spéciaux.

Culture. — Les *caladium bulbosum* sont de haute serre chaude; beaucoup de chaleur et d'humidité sont nécessaires pour avoir une belle végétation, de même que pour obtenir les beaux coloris du feuillage, il faut beaucoup de lumière et du soleil; on ne devra donc ombrer qu'avec modération et au milieu de la journée seulement.

La terre se composera de : terre franche légère,

terre de bruyère pas trop fine, terreau de fumier gras bien décomposé, terreau de feuille et sable par parties égales, et de charbon de bois pulvérisé, un dixième ; le tout bien mélangé.

Pour obtenir des plantes feuillées et touffues, on plantera les bulbes avec tous leurs drageons, et, pour faire des plantes à grand et beau feuillage, ou pour exposition, on ne laissera que le bourgeon central, en enlevant soigneusement tous les autres œilletons et caïeux.

En février-mars planter les bulbes préparés dans des pots bien drainés, larges de 6-8 cent., et proportionnés à la grosseur du bulbe ; les placer en serre ou sur couche, à une température de 20-25 degrés ; tenir la terre simplement humide ; dès que les plantes ont trois feuilles et que les mottes sont bien remplies de racines, les rempoter dans des pots de 10-12 cent. et toujours proportionnés à la force des plantes, les placer en serre à la même température ; augmenter les arrosages avec la végétation ; bassiner 2-3 fois par jour et ombrer au milieu de la journée en donnant peu ou point d'air ; tenir les plantes suffisamment distancées pour éviter l'étiolement. Des rempotages successifs auront lieu selon les besoins de la végétation, et devront se terminer fin juin, en observant qu'il est préférable d'obtenir de belles et fortes plantes dans des pots relativement petits. Les soins précédents seront toujours observés; et, de plus, deux fois par semaine, on donnera des arrosages d'engrais liquide qui produiront le meilleur résultat.

C'est alors qu'on devra obtenir des plantes de 1 mètre de haut sur 1 mètre de diamètre dans des pots de 20 cent. de large ; si on emploie ces plantes à la décoration des appartements, il faudra éviter les courants d'air et ne les laisser que deux jours consécutifs hors de la serre. A l'automne quand les feuilles jaunissent, on modère les arrosages que l'on supprime graduellement; lorsque les plantes sont sèches, on couche les pots dans la serre chaude, à l'abri de l'humidité jusqu'à la mise en végétation. J'ai connu des amateurs qui conservaient les bulbes à nu, dans des pots à fleur, et qui s'en trouvaient très bien. Ne pas couper les feuilles avant leur complète dessiccation.

Il arrive souvent que des plantes fleurissent, il faut ou supprimer la fleur, ou la féconder pour obtenir des graines.

La *multiplication* s'opère : 1° par semis en serre chaude, aussitôt les graines mûres, dans le but d'obtenir des variétés nouvelles qui ne sont caractérisées qu'à la troisième ou quatrième année; 2° à l'époque

Fig. 40. — Caladium esculentum.

de la plantation par la division des bulbes et des drageons latéraux. Lorsque les bulbes entrent en végétation, on peut les diviser en laissant un bourgeon à chaque division ; garnir la plaie avec de la poussière de charbon de bois ; les rempoter et les traiter comme des plantes adultes.

C. comestible. — V. *C. esculentum.*

C. esculentum. *Vent. Arum esculentum, Lin. Coloca-*

sia esculenta, *Schott*, *Caladium comestible*, *Chou caraïbe*, *Colocasie*, *Gouet comestible*, *Songe*, *Tallo*, *Tara*, *Taro*, *Tayo*, *Taya*. *Nouvelle-Zélande* 1732. — Racine tuberculeuse très grosse, arrondie, noirâtre à chair blanche, munie d'un gros bourgeon au sommet; pétioles alternes, engainants, dressés, puis obliques, hauts d'un mètre; feuilles d'abord dressées, puis horizontales et enfin pendantes, formant un magnifique limbe, ondulé sur les bords, échancré à la base, d'un beau vert intense; fleurs des aroïdées peu ornementales.

Dans les pays chauds, les indigènes se nourrissent de la fécule qu'ils retirent de ces tubercules.

C'est une de nos plus belles plantes décoratives, pour l'ornementation des jardins pendant l'été.

Culture. — En mars, planter en pots le tubercule principal, après avoir enlevé tous les petits latéraux, et mettre en serre ou sur couche et sous châssis ; au 25 avril, aérer graduellement pour durcir les plantes et les habituer à l'air libre, et au 20 mai, mettre en place en pleine terre. Ce sont des plantes voraces, qui ne demandent qu'un sol très riche, de l'eau et de la chaleur ; pour la plantation qui se fait isolément ou en corbeille, choisir un endroit chaud et bien abrité; défoncer à 60 cent. en faisant un mélange de: un tiers bonne terre, un tiers terreau, un tiers fumier gras, bien décomposé; bien mélanger et planter les plantes les plus fortes au centre, les plus faibles autour, pour former un massif régulier; espacer de 2 mètres en diminuant la distance selon la force des plantes ; garnir le sol d'une couche de bon fumier, et arroser copieusement pendant les chaleurs.

Une heureuse disposition est de garnir la corbeille ou massif avec des plantes molles à feuillage rouge

(*Coleus*, *Acheyrantes*). Le contraste avec le beau feuillage vert des caladiums est du plus bel effet.

On peut aussi planter en pleine terre en mai les tubercules sans les avoir mis préalablement en végétation ; dans ce cas, les plantes n'ont pas le temps nécessaire pour atteindre leur complet développement pendant l'été.

En octobre, couper les feuilles à 30 cent. du sol; arracher les tubercules, et les hiverner soit dans une serre, une cave ou un cellier comme les *Dahlias*, à l'abri de la gelée et de l'humidité; il est prudent, un mois après, de les visiter pour enlever les pétioles qui seraient décomposés.

Multiplication. — A l'époque de la plantation, par les petits tubercules qui se sont développés pendant l'été; on les plante en pleine terre, en attendant qu'ils aient atteint le volume nécessaire.

C. nymphæifolium. — V. *Colocasia nymphæifolia.*

C. odorum. — V. *Colocosia odora.*

C. Roxburghii. — V. *Amorphophallus campanulatus.*

C. sagittifolium. — V. *Xanthosoma sagittifolia.*

C. Schalleri. — V. *Colocasia Schomburgkii.*

C. violaceum. *Desf. C. violacé. Antilles* — Plante tuberculeuse, de dimensions moins grandes et ayant le port et l'aspect du *C. esculentum.* Feuilles vert glauque en dessus, et violet foncé en dessous. Les pétioles ont aussi une teinte violacée.

Culture et emploi du *C. esculentum.*

C. xanthorhizum. — V. *Xanthosoma Jacquini.*

CALANTHE. *R. Brown. Orchidées.*

C. discolor. *Lindl. C. bicolor. Japon*, 1837. — Orchidée terrestre, bulbeuse; feuilles lancéolées en avril-mai; hampe de 30-50 cent., terminée par 6-14 fleurs pourpre foncé, avec le labelle blanc, parfois ombré de rose. Jolie plante, assez commune au Japon.

Culture. — Voir *Orchidées.*

Planter en pleine terre à bonne exposition, ou en pots sous châssis.

CALATHEA. — V. *Maranta.*

CALLA. *Lin. Aroidées.*

C. æthiopica. — T. *Richardia africana.*

C. cramoisi. — V. *Arum palæstinum.*

C. des marais. — V. *Calla palustris.*

C. palustris. *Lin. Calla des marais, Chou-calle, aquatique. Indigène.* Souche rhizomateuse, rampante; feuilles entières, cordiformes, émergées; en mai-juin, fleurs blanchâtres, s'élevant de 15-20 cent. au-dessus de l'eau, jolie plante d'eau.

Culture. — Planter à l'automne ou au printemps, dans le limon des étangs ou rivières, où les rhizomes envahissants se développent à l'aise, ou en pots ou en caisse dans les bassins ou aquariums.

Multiplication. — Très facile à l'époque de la plantation par la division des rhizomes qui émettent des pousses à chaque section.

CALLICORE rosea. — V. *Amaryllis Belladona.*

CALLIPHRURIA. *Herb.* — *Amaryllidées.*

C. subedentata *Baker. Eucharis paradoxa, Moore. E. subedentata Bent. Nouvelle-Grenade,* 1875. — Bulbe de la grosseur d'un œuf, à collet très court; feuilles longues de 30 cent., au nombre de 4 paraissant avec les fleurs, larges de 15, à long pétiole; hampe de 50 cent., portant une ombelle de 5-8 fleurs blanches, sans coronule. V. *Amaryllis.*

Culture des *Eucharis.*

C. Hartwegiana. *Herb. Eucharis Hartwegiana. Bogota*, 1874. — Plante peu répandue, fleurs blanches en ombelle de 5-6, sur une hampe haute de 20-30 cent.

Culture et *Multiplication* des *Eucharis*.

CALLIPRORA. *Lindl. Liliacées.*

C. lutea. *C. flava. Bloomeria aurea. Californie*, 1831. — Plante bulbeuse ayant le port d'un *Lis* en miniature; feuilles étroites, linéaires; hampe de 30 cent., forte, érigée, terminée par une ombelle de fleurs pédonculées, jaune taché de brun, d'une longue durée; la floraison a lieu en juillet-août avant l'apparition des feuilles.

Culture. — Pleine terre, légère, ou de bruyère, exposition chaude et sèche même à l'ombre; planter en octobre-novembre à 6-8 cent. de profondeur.

Multiplication. — Par division des touffes à l'époque de la plantation.

CALLIRRHOE. *Nut. Malvacées.*

C. involucrata. *Asa Gray, C. Verticillata, Hort., Malva involucrata, M. Papaver, Cor., Nuttalis grandiflora, Hort., N. Papaver, Grah, Texas*, 1850. — Racine napiforme, blanche; tiges rampantes, longues de 60-80 cent., feuilles alternes, à cinq divisions; pédoncules de 20 cent. uniflores; en juillet-octobre, fleurs larges de 5-6 cent. à limbe violet pourpre, d'un coloris remarquable, blanc à la base, calice hérissé.

Culture. — Bordure; rocaille.

Multiplication. — Par graines, semées aussitôt récoltées, qui fleurissent l'été suivant; semées au printemps, elles fleurissent à l'automne. Pleine terre saine; craint l'humidité l'hiver.

C. verticillata. — V. *C. involucrata.*

CALLITHAUMA viridiflora. — V. *Pancratum viridiflorum.*

CALOCHORTUS. *Pursh. Liliacées. Cyclobotra, Don. Butlerfly tulips, Mariposa tulipa, Mariposa Lily. Start tulip.* — Très jolies plantes bulbeuses, pas assez répandues. Dans les fleurs de certaines variétés, on voit les coloris les plus brilllants, et les plus riches combinaisons de couleurs qui les ont fait nommer par les Américains. *Tulipe étoile, Tulipe papillon*; les bulbes mûrissent de bonne heure, en août-octobre; tous ont les feuilles étroites, linéaires, les hampes branchues et les fleurs érigées ou pendantes, on les trouve à l'état sauvage dans les bois.

C. albus, *Dougl. Cyclobothra alba. Benth. Fritillaria barbata. Californie*, 1832. — Très belle espèce, haute de 40 cent; fleurs en ombelle, blanc de neige teinté de pourpre à la base, globuleuses, pendantes, barbues, larges de 3 cent, ; floraison en août-octobre.

C. Benthami, *Baker, C. elegans, Benth. Sierra Nevada.* — Haut 20 cent., en juillet-août, fleurs érigées jaune d'or, chaque pétale, taché de noir à la base.

C. cæruleus, *Watts. Sierra Nevada.* — Haut. 15 cent. en juillet, fleur solitaire, lilas rayé bleu foncé, barbue.

C. elegans, *Benth.* — V. *C. Benthami.*

C. elegans *Pursh. Californie*, 1826. — Haut 20 cent., en juin, fleurs blanc verdâtre, rougeâtres à la base.

C. flavus, *Schott. Cyclobothra barbata, Sweet. C. lutea Lindl. Fritillaria flava. Mexico*, 1827. — Feuilles d'un beau vert, étroites, lancéolées; fleurs jaunes, penchées, jaune pointillé de pourpre en dedans, jaune orange en dehors, pétales réfléchis. Cette belle espèce, très florifère, se distingue

Fig. 41. — Colochortus variés.

par ses bulbilles produites à l'aisselle des feuilles.

C. fuscus. *Schult.* — Diffère du précédent par l'absence de bulbille à l'aisselle des feuilles, les pétales infléchis et les fleurs pendantes.

C. **Gunisoni.** *S. Wats. Californie.* — Belles fleurs de 8 cent. de diamètre, mauves, verdâtres en dessous avec un cercle pourpre,

C. **Howelli.** *Orégon*, 1890. — Fleurs blanches, brunes en dedans à la base, très belles.

C. **Kennedyi.** *Porter. Californie.* — Tiges fortes, portant 4-6 fleurs larges, rouge orange brillant, avec une tache pourpre foncé sur chaque division; floraison en juin-juillet, pleine terre.

C. **Leichtlinii.** — V. *C. nutallis.*

C. **lilacinus,** *Kell. C. umbellatus. C. uniflorus. Californie*, 1868. — Fleurs larges de 4 cent., rose pâle passant au pourpre, haut. 20 centimètres.

C. **longibarbatus** *S. Watts. Orégon*, 1890. — Hampe de 30 centimètres, fleurs pourpre larges de 4 cent., avec une bande pourpre.

C. **luteus,** *Dougl. Californie*, 1831. — Haut. 30 centimètres; en septembre, fleurs jaunes, bordées de barbes pourpre.

C. **madrensis** *S. Watt. Amérique du Nord*, 1890. — En septembre fleurs jaune orange, garnies de poils bruns; très belle espèce.

C. **Maweanus,** *Leichtlin. San Francisco.* — Haut. 60 centimètres; en juin, fleurs ouvertes, blanches, garnies de poils bleus; très jolie mais délicate.

C. **Nuttali,** *Torr. Gray. C. Leichtlinii, Hook. Californie*, 1869. — Haut. 40-60 centimètres, fleurs grandes, larges de 6 centimètres, blanches, vertes en dessous pétales maculés de poupre à l'intérieur.

C. **obispoensis** *Lemmon: Californie*, 1889. — Haut. 30-40 centimètres, fleurs jaune orange poupré.

C. **pulchellus,** *Dougl. Cyclobothra pulchella. Californie*,

1832. — Haut. 30 centimètres, en été fleurs jaune vif, globuleuses, pendantes, espèce vigoureuse.

C. purpureus. *Fritillaria purpurea. Mexique*, 1827. — Haut. 1 mètre; en août, fleurs pourpres à l'extérieur, jaunes à l'intérieur.

C. splendens, *Dougl. Californie*, 1832. — Haut. 45 centimètres, en août fleurs lilas.

C. umbellatus. — } V. *C. lilacinus.*
C. uniflorus. — }

C. venustus. *Benth. Californie*, 1836. — Haut. 45 cent., fleurs de 8 cent. de large, jaunes, teintées de carmin sur chaque pétale; cette espèce a produit les variétés suivantes: *atroviolacea*, *citrinus*, *oculatus*, *purpurescens*, *roseus*. Floraison en été.

C. Wedii. — Haut. 60-80 cent., fleurs jaune orange vif, légèrement pointillé de brun, et garnies de poils soyeux: une des plus belles espèces.

Culture. — De pleine terre dans le Midi ; à Paris choisir un endroit *très sec*, chaud et abrité; planter en novembre à 8 cent. de profondeur, couvrir de feuilles sèches ou de mousse pendant l'hiver; ces plantes ne craignent que l'humidité, les feuilles atteintes par la gelée n'en souffrent pas; on peut les cultiver en pots.

Les conseils américains sont : arroser peu souvent mais beaucoup à la fois, employer du fumier bien décomposé, ne pas les forcer trop vite, tenir très sec après la floraison.

On peut les laisser plusieurs années à la même place.

Multiplication. — 1° Par graines semées aussitôt mûres, en terrines, tenues sous châssis très près du verre, ne transplanter que la troisième année; — 2° par bulbilles qui se développent sur les tiges traitées comme les graines ; — 3° par caïeux en divisant les touffes, au moment de la plantation après le repos.

L'avenir nous réserve de belles variétés hybrides dans ce genre.

Les espèces de Californie sont plus rustiques et peuvent supporter la pleine terre, tandis que les Mexicaines doivent être arrachées à l'automne et replantées au printemps.

CALOPOGON. *R. Br. Orchidée.*

C. pulchellus. *R. Br. Limodorum barbatum, Salis. États-Unis.* — Bulbe petit, solide; feuilles étroites allongées; en juin-juillet, hampe de 25 à 30 cent.; portant des fleurs violettes, à labelle recouvert d'une touffe de poils blancs ou jaune pâle.

Culture. — V. *Orchidées*, pleine terre.

CALOSTEMMA. *R. Br. Amaryllidées.*

C. album. *R. Br. Australie*, 1824. — Bulbe tuniqué; feuilles ovales, aiguës, longues de 10 cent., larges de 6; hampe de 25 cent. portant en mai avant ler feuilles une ombelle de petites fleurs blanches.

C. luteum. *Ker. Australie*, 1819. — Bulbe tuniqué; feuilles linéaires; hampe de 30 cent.; en octobre-novembre, avant les feuilles, ombelle de fleurs jaunes.

C. purpureum. *R. Br. Australie*, 1819. — Bulbe tuniqué; feuilles linéaires; hampe de 30 cent. terminée, en octobre-novembre, avant les feuilles, pas une ombelle de fleurs pourpres.

Culture. — Plantes bulbeuses de serre froide ou châssis, sans doute de pleine terre dans le sud et l'ouest de la France; planter au printemps en terre légère, à 10 cent. de distance.

Multiplication. — Par la division des bulbes et par graines encore rares.

CALTHA, *Lin. Renonculacées.*

C. des marais. — V. *C. palustris.*

C. palustris, *Lin. C. des marais, Cocusseau, Populage, Souci d'eau; Indigène.* — Souche renflée; feuilles orbiculaires, épaisses, dentées; tige de

Fig. 42. — Caltha palustris flore pleno.

20-40 cent., rameuse; fleurs jaune d'or, larges de 3-4 cent.; étamines très nombreuses, d'un beau jaune brillant, la floraison a lieu d'avril en juin.

C. p. flore pleno, *Hort.* — Variété à fleurs doubles, il existe une variété à fleurs monstrueuses.

Culture. — Plante amphibie, se plaisant dans les bassins, les étangs, les pièces d'eau et dans les terrains frais.

Multiplication. — A l'automne par division des touffes, et par graines au printemps pour l'espèce à fleurs simples.

CALYPSO *Salisb. Orchidées.*

C. borealis, *Salisb. Cymbidium boreale, Sweet, Cypripe-*

dium bulbosum L. Amérique septentrionale, Norwège, Russie. — Bulbe de la grosseur d'une noisette ; feuille unique radicale, nervée, arrondie à limbe large ovale ; en mai, aussitôt après que la neige est fondue, hampe unie portant une fleur ayant un peu la forme d'un *Cypripède*, d'un beau rose ou rose foncé, jaune et brun ; belle orchidée, très rare.

Culture. — V. *Orchidées.*

CAMASH. — V. *Camassia esculenta.*

CAMASSIA *Lindl. Liliacées.*

C. **Browni.** — Tige de 1 mètre ; fleurs de 5 cent. de diamètre, bleu pâle, passant au bleu pourpre.

C. **Cusickii.** *S. Wats. Orégon*, 1888. — Bulbe gros, ovoïde, grisâtre ; feuilles glauques, ondulées, longues de 50 cent., larges de 4 ; hampe feuillée, haute de 1 mètre ; en juin, fleurs bleu pâle, larges de 4 cent., en épis allongés. Belle plante vigoureuse et rustique.

C. **Engelmannii.** *Spreng.* Doit être une variété du *C. esculenta.*

C. **esculenta** *Lindl. Anthericum esculentum, Spreng. Phalangium Quamash, Pursh. Phalangium esculentum Nutt. Scilla esculenta, Sims., Camash, Quamash ; Amérique septentrionale, Colombie*, 1837. — Bulbe moyen gros, ou très gros, tuniqué noirâtre ; feuilles linéaires, longues de 30 cent. ; hampe cylindrique, forte, haute de 30-60 cent. ; en mai-juin grappe de fleurs larges de 5 cent. de couleur variant du bleu foncé au bleu pâle ou blanchâtre.

C. **esculenta atrocærulea.** — Variété à fleur bleu pourpre.

C. **esculenta alba.** *Scilla esculenta flor. alba.* — Variété à fleurs blanches.

C. esculenta Leichtlini. *S. Watts. Chlorogalum Leichtlini.* — Variété à fleurs blanc crème.

C. Fraseri. *Torr.* — Doit être une variété du *C. esculenta.* Plantes bulbeuses très rustiques, supportant nos plus grands froids.

Culture. — Planter en septembre-octobre, en terre légère et perméable à 30 cent. de distance et 6 cent. de profondeur; craint l'humidité.

Multiplication. — Par la division des caïeux à l'époque de la transplantation qui ne peut avoir lieu que tous les 3-4 ans, et par graines stratifiées à l'automne et semées au printemps en pleine terre.

Les indigènes mangent les bulbes, qui ont été préconisés comme alimentaires en France, mais pas cultivés jusqu'à présent dans ce but.

CAMPANE blanche. — V. *Galanthus nivalis.*

CAMPERNELLE. — V. *Narcissus odorus.*

CANARINA *Lin. Campanulacées.*

C. campanula. *Canaries*, 1696. — Tubercules laiteux; feuilles hastées, sagittées; tige rameuse; en janvier-mars, fleur solitaire, penchée, jaune orange veiné de lilas, peut fleurir pendant tout l'hiver.

Culture. — Tenir continuellement en serre chaude; beaucoup d'eau pendant la végétation, tenir les tubercules secs pendant le repos, qui a lieu de mai en juillet, mettre en végétation en juillet-octobre.

CANDORUM Roxburghii. — V. *Amorphophallus campanulatus.*

CANNA. *Lin.* **Balisier.** *Zingibéracées.* — Souche rhizomateuse, renflée; feuilles grandes, ovales, aiguës, ondulées, alternes, à pétioles engainants, érigées, horizontales ou obliques, de couleur vert clair au rouge foncé; tige de 1 à 2 mètres, herbacée, feuillée, terminée par un ou plusieurs épis de fleurs, petites dans les vieilles variétés et aussi grandes que celles des glaïeuls dans les nouvelles, de couleur jaune clair, jaune pointillé au rouge carmin.

C. **Annæi**, *variété horticole*. — Haut. 2 mètres, feuilles glauques; fleurs grandes à divisions extérieures *jaune orangé*, les intérieures *rouge orangé*.

C. **Bihorelli**, *variété horticole*. — Haut. 2 mètres; feuilles rouge bronzé, en été fleurs rouge cramoisi.

C. **discolor**. *Lindl. Balisier discolor. Amérique du Sud*, 1872. — Rhizome très gros; tige de 2 mètres, rougeâtre; feuilles grandes, les inférieures rouge sang, les supérieures lavées de pourpre; fleurs rouge orange à l'extérieur, rouge vif à l'intérieur; fleurit tardivement.

C. **edulis** *Ker. Balisier comestible. Pérou*. 1820. — Rhizome rougeâtre, tige de 2 mètres rougeâtre; feuilles larges, amples, teintées de pourpre; fleurs rouge orangé.

C. **flaccida** *Rosc. Amérique du Sud*, 1788. — Tige de 0, 75 cent., feuilles glauques; fleurs très grandes, jaunes, rappelant celles de *l'Iris pseudo-acorus*.

C. **gigantea**. *Red. Amérique méridionale*, 1788. — Tiges de 2 mètres; feuilles très grandes, à pétioles velus; fleurs grandes rouge orange en dehors, rouge foncé en dedans.

C. **indica**. *Lin. Canne Congo, Canne d'Inde, Canne du Midi, Faux sucrier, Gingembre bâtard, Petit Balisier, Safran marron. Antilles*, 1750. — Haut. 1 m. 50; feuilles grandes, ovales; fleurs irrégulières, en épis dressés, rouge et jaune pointillé de carmin.

C. **iridiflora** *R. et Pav. Balisier à fleur d'iris. Pérou*,

1816. — Rhizome non tubéreux, tiges de 2 mètres et plus; feuilles très larges, ovales, acuminées; épis pendants; fleurs rouge carmin, tachées de jaune. Cette espèce fleurit en mai; pour cela cultiver les pieds en pot; les hiverner en serre chaude, pour avoir la floraison certaine en mai suivant.

C. liliflora. *Warscz. Amérique centrale*, 1855. — Souche dépourvue de rhizome, tiges fortes, de 2 à 3 mètres; feuilles semblables à celles d'un *Musa*, fleurs blanches, longues de 10-12 cent., teintées de jaune verdâtre, à odeur de chèvrefeuille; pour conserver cette espèce, il faut la tenir constamment en végétation en l'hivernant en serre chaude.

C. Warseewiczii. *Dietz. Costa Rica*, 1849. — Souche cespiteuse; tiges de 1 mètre, rougeâtres; feuilles rétrécies aux deux extrémités, teintées de pourpre foncé; fleurs rouge pourpre.

C. à grandes fleurs. *Cannas florifères. C. à fleurs de glaïeuls.* — Depuis une dizaine d'années, l'horticulture a produit un grand nombre de variétés de cette nouvelle race. Les fleurs sont plus nombreuses, beaucoup plus grandes, avec des coloris aussi tranchés que brillants; le feuillage reste toujours beau et ornemental, cependant il n'a conservé ni l'ampleur ni la vigueur qui existent dans les variétés ordinaires. Les *C. florifères* sont de grande valeur pour la formation des massifs, surtout plantés autour des grandes variétés; peut-être y aura-t-il des semeurs qui feront l'opposé, en cherchant à améliorer et agrandir le feuillage au détriment de la fleur. — (V. Fig. 103.)

Culture. — Les cannas aiment une exposition chaude et abritée, une terre très substantielle, légère, de la chaleur et de l'humidité.

En mars-avril, placer les racines sous châssis; dès que les bourgeons sont développés, diviser les souches, en laissant un ou plusieurs bourgeons à chaque division, qui sont immédiatement replantés soit en pleine terre à demeure, soit en pots tenus sous châssis, aérés progressivement; vers le 15 mai, les mettre en place en pleine terre. On peut aussi diviser les souches au 1er mai, avant la végétation, et planter chaque division en pleine terre, à demeure; mais ce procédé retarde d'un mois au moins la végétation; planter les grandes variétés à 1 mètre de distance, les variétés naines à 70 cent., appliquer un bon paillis de fumier sur tout le massif et arroser copieusement pendant l'été; en octobre, enlever les feuilles, couper les tiges à 50 cent. du sol, arracher les plantes et les porter avec leur motte dans une cave ou un cellier à l'abri de la gelée pour les hiverner.

Pour conserver des Cannas en serre tempérée pendant l'hiver, il faut les mettre en pots du 1er au 15 septembre afin qu'ils aient le temps de reprendre avant les gelées et leur rentrée en serre.

Multiplication. — Par division des rhizomes comme il est dit ci-dessus et par graines, qui est aussi un moyen d'obtenir de nouvelles variétés. Les graines sont grosses comme des pois, rondes, noires et très dures; pour hâter la germination les faire tremper pendant 6 à 8 jours dans l'eau. Le semis se fait en février-mars-avril, en terrines sous châssis et sur couche chaude; semer à 5 cent. de profondeur, *repiquer en pots* aussitôt que possible et mettre en place fin mai. Beaucoup de ces semis pourront fleurir et produire des graines la même année. On sème aussi pendant l'été dans le but d'obtenir des petits rhizomes qui font d'excellentes plantes pour le printemps suivant. Le nombre des variétés, déjà très grand, s'accroît chaque année ; consulter les catalogues des marchands pour se tenir au courant des variétés et des nouveautés.

CANNE d'Inde. —V. *Canna Indica.*
C. de jonc. — V. *Massette.*
C. de Provence. — V. *Arundo donax.*

CANNEVELLE. — V. *Arundo donax.*

CAPNOIDES solida. — V. *Corydalis bulbosa.*

CAPUCE.
C. de moine.
CAPUCHON.
C. de moine. — V. *V. Aconitum napellus.*

CAPUCINE. — V. *Tropæolum.*
C. à cinq feuilles. — V. *Tropæolum pentaphyllum.*

CARYNOPHALLUS Afzelia. — V. *Amorphophallus Afzeli.*

CASQUE de Jupiter. — V. *Aconitum Napellus.*

CASSE-PIERRE. — V. *Saxifraga.*

CASTALIA mystica. — V. *Nymphæa lotus.*
C. pudica. — V. *Nymphæa odorata.*
C. pygmæa. — V. *Nymphæa pygmæa.*
C. scutifolia. — V. *Nymphæa scutifolia.*

CELOGLOSSE vert. — V. *Celoglossum viride.*

CELOGLOSSUM, *Hartm. Orchidées.*

C. viride, *Hartm. Celoglosse vert. Orchis verdâtre. Indigène.* — Tubercules allongés, bifides ou trifides; feuilles 3-4, engainantes, larges, ovales, velues; tige de 15-20 cent., en juin-juillet épi droit, lâche de fleurs verdâtres à labelle jaune pâle.

Culture. — Voir *Orchidées.*

CENTROSELENIA. — V. *Achimenes.*

CEPHALANTHERA *Rich. Orchidées terrestres* à racines stolonifères ou rhizomateuses, ayant beaucoup d'analogie avec les Épipactes.

CEROPEGIA *Lin. Asclépiadées.* Plantes tropicales, parfois grimpantes, peu répandues.

C. Barklyi, *Hook. Sud de l'Afrique,* 1877. — Racine tuberculeuse; feuilles opposées, lancéolées, veinées de blanc; en mai, fleurs longues de 4 cent., à tube rose, long et étroit. Serre chaude.

C. Bowkeri, *Harv. Cafrerie,* 1862. — Racine tuberculeuse; feuilles linéaires, sessiles; fleurs solitaires, vert jaunâtre, maculées de brun; haut. 30 cent. Serre tempérée.

C. bulbosa, *Rox. Coromandel,* 1821. — Racine tuberculeuse; en avril, fleurs grandes, dressées, à tube verdâtre et à limbe pourpre. Serre chaude.

Culture. — Cultiver en pots

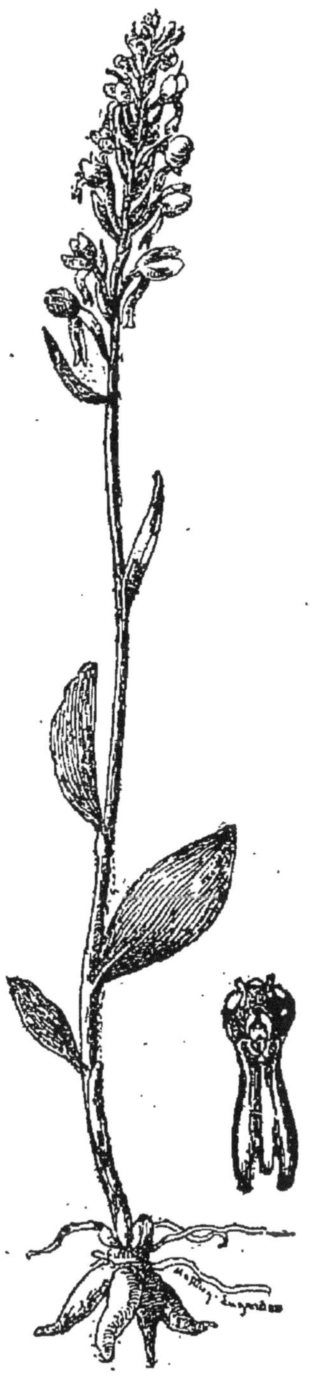

Fig. 43. — Celoglossum viride.

ou en pleine terre, en serre, en terre légère; arrosements presque nuls pendant le repos.

Multiplication. — De boutures faites au printemps et à chaud, sous verre ou à l'air libre.

CHAMÆORCHIS alpina, *Rich. Orchis alpina*, *All.* Orchidée terrestre. Bulbe entier, en juillet-août épi de fleurs jaune verdâtre; cette miniature se rencontre au sommet des Alpes.

CHANDELEUR. — V. *Galanthus nivalis*.

CHEIRANTHERA atrosanguinea. — V. *Achimenes viscida*.

CHENARDE. — V. *Colchicum autumnale*.

CHEVAL-BAYARD. — V. *Arum maculatum*.

CHEVALET. — V. *Arum maculatum*.

CHAPEAU D'ÉVÊQUE. — V. *Epimedium*.

CHARPENTAIRE. — V. *Scilla maritima*.

CHAUDON. — V. *Narcissus pseudo-narcissus*.

CHAUDRON. — V. *Narcissus pseudo-narcissus*.

CHIMOCARPUS pentaphyllus. — V. *Tropæolum pentaphyllum*.

CHIONODOXA *Boiss.* **Gloire des neiges.** *Liliacées.*

C. cretica. — Doit être synonyme de *C. Luciliæ*.

C. Forbesii. — V. *C. Luciliæ*.

C. Luciliæ, *Boiss. C. Forbesii. Gloire des Neiges. Asie Mineure*, 1842. — Bulbe blanc, de la grosseur d'une noisette; feuilles vertes, lisses, canaliculées, longues de 10-12 cent.; hampe haute de 15-18 cent., portant, en février-mars, 2 à 10 fleurs larges de 2-3 cent. d'un bleu magnifique à l'extrémité des divisions, se dégradant jusqu'au blanc vers le centre ; chaque bulbe produit 1-2-3 tiges florales qui sont accompagnées chacune de 2 feuilles.

Fig. 44. — Chionodoxa Luciliæ.

C. **Luciliæ alba**, *Hort.* — Variété à fleurs blanches.

C. **Luciliæ nana**, *Hort.* — Variété naine.

C. **nana**. — V. *Puschkinia scillioides*.

C. **sardensis**. — Port du *C. Luciliæ*, mais à fleurs non blanches au centre.

C. **Alleni**. — C. **gigantea**. — C. **grandiflora**. — C. **tmolusi**. — Sont des espèces ou variétés non encore déterminées.

Depuis quelques années la culture de cette plante a pris une grande extension, des quantités de bulbes ayant été importés des Monts Taurus. Il s'est trouvé des variations de fleurs qui ont fait supposer des espèces nouvelles; de là, confusion dans la nomenclature. C'est une de nos meilleures et de nos plus jolies plantes printanières; découverte, en juin 1842, par M. Boissier dans les neiges, à une altitude de 2000 mètres, elle ne fut répandue qu'en 1877 par M. Maw, qui en apporta une certaine quantité en Angleterre.

Culture. — Toute terre, toute exposition, conviennent à cette plante; planter en septembre-octobre en bordure, en massif, à 6 cent. de profondeur et 10 cent. de distance; laisser les bulbes à la même place pendant 3 ans; excellente plante pour forcer; planter 10-

Fig. 45. — Chlidanthus fragrans.

12 bulbes par pots et traiter comme les jacinthes et tulipes.

Multiplication. — Par division des bulbes et par semis, les graines produites en grande quantité seront semées en pleine terre aussitôt mûres; si elles sont bien soignées, toutes les jeunes plantes fleuriront la deuxième année. excellente plante pour mélanger avec les *Crocus*, *Galanthus*, *Scillas*, etc.

CHLIDANTHUS *Herb. Coleophyllum. Amaryllidées.*

C. fragrans *Lindl. Pancratium luteum Pav. Andes du Pérou*, 1820. — Bulbe de la grosseur d'une noix, ovale, tuniqué; feuilles linéaires, dressées, longues de 20 cent.; hampe de 40 centimètres, à 2 angles portant en juin-juillet une ombelle de fleurs sessiles, jaune vif, à odeur d'encens, ayant la forme de celles du *Lilium candidum.*

Culture. — Des Bégonias tuberculeux.

Multiplication. — Par division de caïeux.

CHLORANTHUS officinalis. *Java.* — Peu cultivé en Europe. Les racines, tuberculeuses, sont stimulantes, très odorantes et employées pour parfumer le thé. Serre chaude.

CHLORASTER fissus. — V. *Narcissus viridiflorus.*

CHLOROGALUM, *Bak. Liliacées.*

C. Leichtlini. — V. *Camassia esculenta Leichtlini.*

C. pomeridianum *Kunth. Ornithogalum divaricatum. Phalangium pomeridianum. Plante savon, Racine au savon. Californie.* — Plante peu ou point encore cultivée en Europe; bulbe gros; tige de 1 à 2 mètres produisant au printemps une quantité immense de fleurs petites, blanches, en forme de lis.

C. angustifolium *Kellog. Californie*, 1860. — Semblable au précédent, mais plus petit.

Ces deux plantes sont de pleine terre.

Autrefois les Indiens de l'Amérique du Nord se servaient de ces racines en guise de savon.

Culture. — Des *Camassia.*

CHLOROSPATHA, *Endl. Aroïdées.*

C. Kolbii. *Nouvelle-Grenade*, 1878. — Plante tuberculeuse, à pétiole maculé; feuilles grandes, vertes; de serre chaude et de peu d'intérêt.

Culture du *Xanthosoma.*

CHOLETTE. — V. *Arum maculatum.*

CHOU-calle. — V. *Calla palustris.*

C. caraïbe. — V. *Caladium esculentum.*

C. caraïbe. — V. *Xanthosoma.*

C. poivre. — V. *Arum maculatum.*

CHOURLES. — V. *Lathyrus tuberosus.*

CHRYSOBACTRON Hookeri. — V. *Bulbinella Hookeri.* (Voir Figure 104.)

CHRYSOPHIOLA flava. — V. *Stenomesson aurantiacum.*

CIPURA *Aubl.* **Marica**, *Schreb. Iridées.*

C. cærulea. — V. *Marica cærulea.*

C. martinicensis *H. B.* — V. *Trimezia martinicensis.*

C. paludosa *Aubl. Marica paludosa. Wild. Guyane*, 1752. — Bulbe globuleux; feuilles radicales lancéolées, plissées, longues de 10 centimètres; hampe de 30 centimètres, pendant l'été fleurs blanches en épi court imbriqué.

Culture. — Tenir en pots en terre légère, en serre tempérée; arrosages presque nuls pendant l'hiver.

Multiplication. — Au printemps à l'époque du rempotage, par division des bulbes et drageons, et par graines semées aussitôt récoltées en terrine et en serre.

CLAIR BASSIN. — V. *Ranunculus bulbosus.*

CLAUDINETTE. — V. *Narcissus poeticus.*

CLAYTONIA *Lin.* **Claytone.** *Portulacées.*

C. grandiflora *Sweet.* — V. *C. virginica.*

C. sibirica, *Lin. Sibérie*, 1768. — Racine tuberculeuse fusiforme; feuilles ovales, les radicales pétiolées, les caulinaires opposées sessiles; en mars grappe unilatérale de fleurs roses à pétales découpés.

C. virginica *Lin. C. grandiflora, Sweet. Amérique du Nord*, 1768. — Racine tuberculeuse; feuilles lancéolées peu nombreuses; tige de 10 centimètres; fleurs blanches, en mars, en grappe penchée.

Culture. — Plantes à rocailles, terre légère humide ou de bruyère.

Multiplication. — Par graines et par la séparation des bulbes à l'automne ou au printemps.

CLEMATIS. *Lin.* **Clématite.** *Renonculacées.*

C. coccinea. *Engelm. Etats-Unis, Texas.* — Racine tuberculeuse; feuilles d'un beau vert foncé; tiges grimpantes atteignant 3 mètres de hauteur; depuis fin juin jusqu'aux gelées, fleurs longues de 3 cent., rouge écarlate, bordées de jaune. Cette plante, connue en Amérique sous le nom de *C. Pitcheri*, n'a été connue et répandue en Europe que depuis une quinzaine d'années.

Les fleurs sont produites dès que les tiges atteignent 60 cent. de haut, et, si la plante est en bonne santé et qu'elle ait plusieurs années de plantation, la floraison est très abondante et très jolie.

Il existe des plantes qui produisent des fleurs petites, peu ornementales et d'un rouge sombre, ce qui est dû, soit à la variété, soit aux mauvaises conditions dans lesquelles elles sont plantées.

Culture. — Terre riche, saine, profonde, à exposition chaude au pied d'un mur; arroser copieusement pendant l'été si possible; cette plante est de pleine terre, et ne réussit pas en serre; planter au printemps.

Multiplication. — 1° Au printemps par la division des touffes en laissant un bourgeon à chaque division; 2° par graines semées en terrines, qui ne germent que 12-15 mois après le semis; 3° par boutures faites au printemps avec des tiges herbacées, sous cloche, en serre tempérée.

CLITANTHUS. — V. *Stenomesson.*

CLIVIA cyrtanthera. — V. *Himantophyllum cyrtantherum.*

C. Gardeni. — V. *Himantophyllum Gardeni.*

C. miniata. — V. *Himantophyllum miniata.*

C. nobilis. — V. *Himantophyllum nobilis.*

CLOCHE blanche. — V. *Galanthus nivalis.*

CLOCHETTE. — Nom donné aux diverses variétés de jacinthes parisiennes.

C. — V. *Fritillaria méleagris.*

C. bleue. — V. *Scilla nutans.*

C. des bois. — V. *Narcissus.*

C. d'hiver. — V. *Galanthus nivalis.*

CLOUJEOT. — V. *Arum maculatum.*

CLYNOSTYLIS. — V. *Gloriosa.*

COBURGIA Belladona. — V. *Amaryllis Belladona.*

C. blanda. — V. *A. blanda.*

C. coccinea. — V. *Stenomesson coccineum.*

C. humilis. — V. *Clitanthus humilis.*

C. humilis. — V. *Chrysophala incarnata.*

C. incarnata. — V. *Pancratium incarnatum.*

C. Josephinæ. — V. *Amaryllis Josephinæ.*
C. luteo-viridis. — V. *Stenomesson luteo-viridis.*
C. multiflora. — V. *Amaryllis orientalis.*
C. trichroma. — V. *Stenomesson trichroma.*

COCCIGROLE. — V. *Fritillaria méléagris.*

COCCULUS palmatus. — V. *Jateoriza palmata.*

COCONES. — V. *Fritillaria meleagris.*

COCUSSEAU. — V. *Caltha palustris.*

COIN DE BEURRE. — V. *Arum italicum.*

COLCHICUM *Tourn.* Colchique. *Mélanthacées.*
C. agrippinum *Hort.* — V. *C. variegatum.*
C. alpinum *DC. C. Montanum All. Colchique des*

Fig. 46. — Clematis coccinea.

Alpes. Alpes, 1820. — Bulbe petit, uniflore : feuilles de 80 cent. linéaires, dressées, paraissant en février; en septembre-octobre fleurs rose foncé, campanulées,

C. arenarum umbrosum. — V. *C. umbrosum Ster.*

C. autumnale *Lin. Colchique d'automne, Colchique commun, Chenarde, Cul-tout-nu, Dame nue, Faux safran, Femme nue, Flamme nue, Lis vert, Mort aux chiens, Mord-chien, Narcisse d'automne, Safran bâtard, Safran d'automne, Safran des prés, Safran sauvage, Tue-chien, Veilleuse, Veillotte. Indigène.* — Jolie plante, très répandue dans les prairies argileuses et humides qu'elle

Fig. 47. — Colchicum autumnale.

émaille de ses fleurs roses en septembre-octobre; bulbe allongé, noirâtre, surmonté d'un long collet, à 20-30 cent. de profondeur; feuilles embrassantes, lancéolées, d'un beau vert, se développant au printemps, longues de 25 cent., larges de 3; fleurs nombreuses, d'un beau rose lilacé, érigées, en cloche, sortant directement de terre et sans feuilles; fruit vert, ovale, paraissant seulement au printemps au centre des feuilles ; on cultive les variétés suivantes :

C. a. à fleurs blanches.

C. a. à fleurs pourpres.

C. a. à fleurs panachées.

C. a. à fleurs doubles pourpre.

C. a. à fleurs doubles. Blanc strié.

C. Bivonæ. *Guss. Europe méridionale.* — Fleurs panachées de blanc et de violet foncé, en damier.

C. byzantinum *Gawl. Colchique à feuilles de veratrum, C. d'Orient. Orient*, 1629. — Bulbe gros, rond, brun ; fleurs rose pâle, très nombreuses ; fleurit en août-octobre ; très belle espèce.

Il existe deux variétés du *C. byzantinum* : l'une à fleurs doubles. l'autre à feuilles panachées.

C. caucasicum. — V. *Merendera caucasica.*

C. Chionensei *Hort.* — V. *C. variegatum, Lin.*

C. luteum. *Afghanistan.* 1864. — Feuilles étroites, linéaires ; au printemps fleurs jaunes.

C. latifolium, *Sibth et Schmith.* — V. *C. Sibthorpii Baker.*

C. montanum *Lin. France méridionale.* — En février-mars, fleurs rose pâle, se développant en même temps que les feuilles.

C. montanum *Gawl.* — V. *Merendera bullocodium.*

C. montanum. *All.* — V. *C. Alpinium DC.*

C. Parkinsoni. *Hort.* — V. *C. variegatum, Lin.*

C. persicum speciosum. — V. *C. speciosum, Ster.*

C. procurrens *Baker.* — V.. *Merendera sobolifera. Smyrne*, 1890. — Feuilles linéaires, poussant en février ; fleurs rose vif en automne.

C. Sibthorpii *Baker. C. latifolium, Sibth et Smith. Arménie*, 1890. — Feuilles très larges, paraissant au printemps; en octobre fleurs très grandes pourpres, panachées de blanc en damier.

C. speciosum *Ster. C. persicum speciosum, Hort. Caucase.* — Feuilles très grandes, longues de 30 cent. larges de 10 cent., en septembre-octobre fleurs très grandes; de 10-15 cent. de diamètre, rouge pourpre à gorge blanche, le plus grand des *Colchicum*.

Fig. 48. — Colchicum montanum Lin.

C. Troodii, *Kotschy. Chypre,* 1886. — Bulbe rond; au printemps feuilles grandes en lanière; en automne fleurs blanches larges de 4 cent.

C. umbrosum *Ster. C. arenarum umbrosum. Crimée,* 1819. — Feuilles lancéolées, charnues, paraissant en novembre, fleurs pourpre foncé en automne.

C. variegatum *Lin. C. Agrippinum Hort., C. Chionense Hort. C. Parkinsoni Hort., Colchique à damier. C. panaché. Grèce, Orient,* 1629. — Au printemps feuilles longues, étroites, étalées, onduléees; en automne, fleurs roses, panachées de pourpre, en damier.

Culture. — Plantes rustiques ; se plaisent dans un sol argileux ou léger mais frais, n'aiment pas l'ombre ; arracher les bulbes en juin-juillet et replanter de suite si possible, à 15-20 cent. de profondeur, 10-20 cent. de distance. Ces bulbes laissés à l'air libre fleurissent à leur époque normale et même sans nourriture ; on peut les cultiver en pots, sur carafe, sur de la mousse à l'instar des jacinthes et des crocus.

Multiplication. — Par la division des bulbes et par graines qui fleurissent 4 à 6 ans après les semis.

C. vernum. — V. *Bulbocodium vernum.*

COLCHIQUE à damier. — V. *Colchicum variegatum.*

C. à feuilles de veratrum. — V. *Col. byzantinum.*

C. commun.
C. d'automne. } V. *Colchicum autumnale.*

C. de printemps. — V. *Bulbocodium vernum.*

C. d'Orient. — *Colchicum byzantinum.*

C. panaché. — V. *Colchicum variegatum.*

COLEOPHYLLUM. — V. *Chlidanthus.*

COLLANIA. — V. *Bomarea.*

C. urceolata. — V. *Urceolina pendula.*

COLOCASIA, *Schott.* **Colocasie.** *Aroïdées.*

C. antiquorum *Schott. Arum colocasia Lin., Gingembre d'Egypte, Grand Arum, Taro. Indes orientales,* 1551. — Tronc rhizomateux, feuilles ovales peltées, longues et larges de 30 cent. ; spathe vert de peu d'effet.

C. argyroneura. — V. *Caladium Schomburgkii.*

C. Devansayana. *Nouvelle-Guinée,* 1886. — Tronc court, gros ; feuilles glabres vertes, amples, dressées, peltées, à base triangulaire ; à 7 nervures fortes, proéminentes brunes, pétioles longs bruns.

C. esculenta *Schott.* — V. *Caladium esculentum.*

C. indica *Kunth. Arum indicum, Lour. Iles Sandwich,* 1825. — Tronc simple sub-dressé; feuilles vertes ovales cordiformes, à base divisée en 2 lobes arrondis, à sommet terminé en pointe; spathe long; spadice violet.

C. nymphæifolia *Kunth. Caladium nymphæifolium Vent. Indes,* 1800. — Plante acaule; feuilles vert pâle, sagittées, peltées; pétiole blanc; spathe blanc, sagitté.

C. odora, *Brong. Arum odorum Roxb. Caladium odorum, Roxb. Pérou,* 1810. — Tronc simple dressé; feuilles cordiformes, à base fendue en 2 lobes arrondis; longues de 1 m., pétiole long de 1 m. 20; fleurs très odorantes; spathe et spadice renflés.

Plantes très ornementales par leur grand et beau feuillage; tubercules et troncs laiteux.

Culture. — Bonne terre riche, en serre chaude; il leur faut beaucoup de chaleur et d'humidité, n'ont pas de saison de repos; on peut les risquer en plein air pendant l'été à bonne exposition.

Multiplication. — Par division des rejetons; les troncs coupés en morceaux émettent facilement des œilletons, si on les place sur couche chaude.

COLOCASIE. — V. *Colocasia.* — V. *Caladium esculentum.*

COLOQUINTE vivace. — V. *Cucurbita perennis.*

COLUBRINE. — V. *Bryonia dioica.*

COLUMNEA erecta. — V. *Achimenes coccinea.*

COMMELINA *Dill.* **Comméline.** *Commélinées.*

C. angustifolia. *Caroline,* 1827. — Tubercules

comestibles; tiges traînantes, hautes de 15-20 cent. en juin, fleurs bleues; châssis froid ou pleine terre avec couverture l'hiver.

C. cœlestis, *Hort.* — V. *C. tuberosa.*

C. cœlestis *Wild. Mexique*, 1813. — Racine tuberculeuse, comestible ; tiges rameuses, hautes de 40-50 cent. ; feuilles lancéolées, sessiles, pliées en deux ; en juin, fleurs bleu ciel.

Culture. — Châssis froid ou pleine terre, couverture l'hiver.

C. communis. — V. *C. tuberosa.*

C. tuberosa *Lin. C. cœlestis*, *Hort. C. communis*, *Commeline tubéreuse. Mexique*, 1732. — Racines tuberculeuses, fasciculées ; tiges rameuses, noueuses, hautes de 40-60 cent. ; feuilles lancéolées, aiguës, engainantes ; pendant l'été, fleurs d'un beau bleu intense, réunies en faisceaux à l'extrémité de pédoncules sortant d'une spathe ventrue ; fleurs de courte durée, mais se succédant de juin en septembre.

Culture. — Pleine terre.

C. tuberosa alba. — Variété à fleurs blanches.

C. tuberosa variegata. — Variété à fleurs panachées blanc et bleu.

Culture. — Arracher les tubercules à l'automne et les conserver comme les Dahlias ; les replanter en mars-avril, à 30 cent. de distance ; ou les laisser en pleine terre à l'automne, avec couverture l'hiver.

Multiplication. — Par division des tubercules et par graines semées sur couche en mars ; repiquer en avril, mettre en place fin mai ; floraison en juin-septembre ; semer en été, repiquer en automne ; la floraison a lieu l'été suivant.

COMMELINE tubéreuse. — V. *Commelina tuberosa.*

CONANTHERA, *Ruiz et Pavon. Cumingia, Don. Liliacées.*

C. bifolia *Ruiz et Pav. Chili*, 1823. — Bulbe petit; feuilles linéaires; hampe de 30-40 cent.; en avril-mai, panicule de fleurs bleues.

Culture. — Assez difficile, craint l'humidité; arracher les tubercules à l'automne et les conserver dans du sable jusqu'à la plantation en avril, ou les laisser en pleine terre avec abri pendant l'hiver.

Multiplication. — Par les bulbes et par semis.

CONCOMBRE vivace. — V. *Cucurbita perennis.*

CONOPHALLUS Titanum. — V. *Amorphophallus Titanum.*

CONTRE-FEUX. — V. *Arum maculatum.*

CONVALLARIA *Lin.* **Muguet.** *Liliacées.*

C. angulosa *Lamk.* — V. *Polygonatum vulgare, Desf.*

C. majalis *Lin. Lis de mai, Lis des vallées, Muguet de mai, Muguet des Parisiens. Indigène.* — Rhizomes traçants, souterrains, noueux, divisés, à odeur forte et pénétrante; produisant deux feuilles pétiolées, ovales lancéolées; en avril-mai, hampe de 10-15 cent., portant une grappe composée de 10-30 jolies fleurs blanches, pendantes en grelot, à odeur très forte et suave; on cultive les variétés suivantes :

C. m. à fleurs blanches doubles.

C. m. à fleurs roses.

C. m. à fleurs roses doubles.

C. m. à feuilles vertes marginées de blanc.

C. m. à feuilles vertes panachées de jaune.

Charmante plante, toujours recherchée, pour l'odeur délicieuse de ses fleurs; aussi s'en fait-il un commerce considérable en fleurs coupées.

Culture. — Bonne terre sableuse, légère mais

fraiche ; se plaît bien à l'ombre ; planter les rhizomes en septembre-octobre à 10 cent. de distance et 5 de profondeur, ou en touffes ; laisser en place pendant plusieurs années.

Culture forcée. — Planter les racines à 3-5 cent. de

Fig. 49. — Convallaria majalis ou Muguet (Krelage).
Plante Bouquet

distance en plate-bande et, pendant plusieurs années, en janvier ou février, établir des coffres et châssis autour de ces plates-bandes ; creuser une tranchée et la remplir de fumier chaud jusqu'au bord des châssis, renouveler avec des réchauds de fumier si nécessaires ; aérer et arroser assez souvent. De cette façon la floraison se trouve sensiblement avancée ; la floraison terminée on enlève les châssis.

Culture forcée en pots. — Des spécialistes cultivent

en grande quantité le muguet pour le forçage, ils préparent des touffes composées de 20-30 bourgeons, les cultivent pendant une année et les livrent au commerce ; ces touffes donnent d'excellents résultats. A défaut on choisit les bourgeons les plus gros et les plus obtus, coupés à 7-8 cent. de long, que l'on réunit en paquets de 20-30, mélangés de terreau ou de mousse naturelle ; on les plante en pots dans un mélange de terreau et de sable par moitié, de façon que le sommet de ces bourgeons soit au niveau du pot ; ensuite plonger ces pots jusqu'au bord dans de la tannée, du sable ou des fibres de noix de coco ; dans une serre chaude ou sur une couche, tenir la chaleur à 30° cent. ; arroser abondamment chaque jour pour tenir les pots saturés d'eau et placer sur chaque touffe un pot à fleurs renversé pour faire l'obscurité ; dès que les fleurs paraissent, supprimer les pots renversés, donner le plus de lumière possible pour favoriser le feuillage ; lorsque les fleurs commencent à épanouir, placer les pots dans une serre tempérée pendant 24 ou 48 heures avant de s'en servir pour la décoration ; traités de la sorte, il faut pour les faire fleurir 20-25 jours en décembre, 18-22 jours en janvier, 18-20 jours en février.

Les racines forcées et replantées reprennent très bien.

Multiplication. — Facile à l'automne par les rhizomes et par graines, mais le semis est peu usité.

C. japonica. — V. *Ophiopogon japonica.*
C. multiflora. — V. *Polygonatum multiflorum.*
C. polygonatum. — V. *Polygonatum vulgare.*
C. spicata. — V. *Ophiopogon spicata.*
C. verticillata. — V. *Polygonatum verticillatum.*

CONVOLVULUS jalapa. — V. *Exogonium purga.*

C. pandurata. — V. *Ipomea pandurata.*

COOPERIA *Herb.* **Étoiles du soir.** *Amaryllidées.*

C. Atamasco. — V. *Amaryllis Atamasco.*

C. Drummondi. *Herb. Mexico*, 1835. — Bulbe globuleux de la grosseur d'une noix; feuilles étroites, sinuées, longues de 30-40 cent., tige de 30 cent.; portant en juillet-septembre une fleur à tube blanc verdâtre, passant au rouge à l'intérieur; long de 10 cent; limbe blanc, de 20 cent. de diamètre. Les fleurs n'épanouissent qu'à la fraîcheur du soir et durent dans leur beauté pendant 3 ou 4 jours, elles ont l'odeur de Primevère. Les fleurs paraissent en même temps que les feuilles et se produisent pendant tout l'été si les plantes sont bien soignées.

C. pedunculata. *Herb. Sceptranthus Drummondi. Zephyranthes Drummondi. Texas*, 1835. — Semblable au précédent, tige plus longue, tube plus court; fleurs blanches, épanouissant aussi le soir.

Ces curieuses plantes nommées *Etoiles du soir* font un contraste frappant avec leurs alliées les *Zéphyrantes* qui ont besoin d'un soleil ardent pour l'épanouissement de leurs fleurs.

Culture. — Planter en pleine terre saine, légère, en touffe, à exposition chaude, garantir des grands froids. La culture en pots leur convient beaucoup; à l'automne, diminuer graduellement les arrosages, et tenir au repos pendant l'hiver, en les faisant reposer pendant l'été et les mettant en végétation à l'automne on pourrait obtenir la floraison de décembre en avril.

Multiplication. — Par division des bulbes et par graines.

COQUELOURDE. — V. *Narcissus Pseudo-Narcissus.*

COQUELUCHON. — V. *Aconitum Napellus.*

COQUETTE. — V. *Cyclamen europæum.*

CORALLORRHIZA hiemalis. — V. *Aplectrum hiemale.*

CORBULARIA. — V. *Narcissus.*
C. bulbocodium. — V. *Narcissus bulbocodium.*
C. citrina. — V. *N. bulbocodium citrinum.*
C. conspicua. — V. *Narcissus bulbocodinm.*
C. Grællesii. — V. *Narcissus bulbocodium Grællesii.*
C. monophyllus. — V. *Narcissus bulbocodium monophyllus.*
C. nivalis. — V. *Narcissus bulbocodium nivalis.*
C. serotina. — V. *Narcissus bulbocodium serotinus.*
C. tenuifolia. — V. *Narcissus bulbocodium tenuifolius.*

CORNES DU DIABLE. — V. *Dahlia Juarezi.*

CORNET. — V. *Arum maculatum.*

CORYDALE. — V. *Corydalis.*
C. de Chine. — V. *Corydalis nobilis.*

CORYDALIS *DC.* Corydalle. *Fumariacées.*

C. angustifolia. *Iberia*, 1819. — Racine tuberculeuse; en février fleurs violettes, pleine terre, haut. 15 cent.

C. bracteata *Pers. Sibérie*, 1823. — Racine tuberculeuse, en février, fleurs jaune pâle; hauteur 20 centimètres.

C. bulbosa *DC. C. Solida. DC. Borkausenia solida, H. Watt, Capnoides solida, Mœnch, Pistolochia solida. Bernh. Fumaria solida Lin. C. Crête de coq, Fumeterre bulbeuse. Indigène.* — Tubercule rond, de la grosseur d'une noisette, pourvu de racines à *la partie inférieure seulement;* feuilles glauques, très divisées ; en février-avril fleurs rose pourpre, en grappe unilatérale, s'allongeant pendant la floraison ; pleine terre, hauteur 15 cent.

C. caucasica. — V. *C. fabacea.*

C. cava. — V. *C. tuberosa.*

C. fabacea *Pers. C. caucasica. Indigène.* — Haut. 15 cent. ; en février-mars, fleurs violettes ; pleine terre.

C. longiflora *Pers. Mont Altaï*, 1832. — Bulbe rond, gros; en avril, fleurs rose pâle ; belle plante, pleine terre.

C. nobilis *Pers. Fumaria nobilis Lin. Corydale de Chine, Corydale noble, Fumeterre odorante. Fumeterre noble. Sibérie*, 1783. — Feuilles grandes, divisées ; tiges de 30 cent. ; en mai, fleurs jaune d'or ; exposition chaude et sèche, craint les froids trop rigoureux.

C. Semenowii *Regel. Sibérie*, 1864. — Tuberculeux, feuilles glauques, élégamment découpées, simulant une feuille de fougère ; tige de 20-30 cent., portant, en février-avril, de nombreuses fleurs tubulaires, longues de 3 cent., jaune pâle, teintées de pourpre, passant au rouge et pourpre foncé.

C. solida. — V. *C. bulbosa.*

C. tuberosa *DC. C. cava. Schweigg. Fumeterre tubéreuse. Indigène.* — Bulbe fistuleux, muni de racines *sur toute la surface* ; tige de 15-20 cent., terminée, en mars-avril, en grappe dressée, unilatérale, de fleurs blanches ou blanc crème ; pleine terre.

Les C. *bulbosa* et *tuberosa* font de jolies bordures, seules ou mélangées avec d'autres plantes à fleurs printanières.

Culture. — Facile en terre légère à l'ombre où leur floraison dure pendant un mois; planter en juillet-octobre.

Multiplication. — Par les tubercules à l'époque de

Fig. 50. — Corydalis Semenovi.

la plantation et par graines; ce dernier mode est peu usité.

CORYNOPHALLUS Afzeli. — V. *Amorphophallus Afzeli.*

COSMOS atrosanguinea. — V. *Dahlia Zimapani.*

COSTUS *Lin. Zingibéracées.* — Plantes tuberculeuses, originaires des tropiques, de serre chaude; feuilles charnues, ornementales, colorées sur les deux faces; fleurs en épis, munies de bractées colorées; toutes sont herbacées.

C. Afer *Ker. Sierra-Leone*, 1821. — Haut. 60 cent.; en été fleurs blanches, teintées jaune.

C. cylindricus *Rœm.* et *Schult. Ile de la Trinité*, 1822.

— Haut. 2 mètres; au printemps, fleurs jaunes, bractées rouges.

C. discolor *Rosc. Brésil*, 1823. — Haut. 1 mètre; feuilles larges, lancéolées, vertes dessus, pourpre en dessous, printemps, été, fleurs grandes, blanches, bractées rouges.

C. Englerianus *Schum. Afrique tropicale*, 1892. — Fleurs petites, blanc et jaune.

C. lucanusianus *Br. et Sch. Guinée*, 1892. — Feuilles blanches en dessous; fleurs en bouquet, pourpre et jaune, grande et belle espèce.

C. pictus *Don. Mexique*, 1831. — Haut. 50 cent.; été et automne fleurs jaunes.

C. speciosus *Smith. Indes orientales*, 1794. — Tiges de 60-90 cent.; feuilles étalées, velues; en août-octobre; fleurs grandes, blanches en dedans, roses en dehors; bractées sessiles rouges.

C. spiralis *Rosc. Alpinia spiralis. Saint-Vincent.* — Haut. 1 mètre; juillet-octobre, fleurs roses, bractées rouge vif; feuilles épaisses, luisantes.

Culture. — Facile, en serre chaude, bonne terre substantielle, beaucoup d'eau l'été, peu l'hiver.

Multiplication. — Par division de touffes ou racines.

COUCOU. — V. *Narcissus pseudo-narcissus.*

COULEUVRÉE. — V. *Bryonia dioica.*
C. noire. — V. *Tamnus communis.*

COULEUVRINE. — V. *Bryonia dioica.*

COURGE vivace. — V. *Cucurbita perennis.*

COURONNE impériale. — V. *Fritillaria imperialis.*

CRÊTE DE COQ. — V. *Corydalis bulbosa.*

CRINOLE. — V. *Amaryllis longifolia.* — V. *Crinum.*

CRINOLINE blanche. — V. *Narcissus bulbocodium monophyllum.*

C. d'Espagne. — V. *Narcissus bulbocodium Grællesii.*

C. jaune. — V. *Narcissus bulbocodium.*

CRINUM. *Lin.* Crinole. *Amaryllidées.*

C. abyssinicum, *Hocht. Abyssinie*, 1892. — Feuilles

Fig. 51. — Crinum abyssinicum (Dammann).

linéaires, dressées; hampe forte, haute de 40-60 cent. terminée par une ombelle de 6-8 fleurs blanches, à limbe horizontal; tube arqué, long de 10-12 cent. très belle plante.

C. africanum. — V. *Agapanthus umbellatus*.

C. amabile. *Don*. *C. superbum*. *Sumatra*, 1810. — Bulbe moyen, à long collet; feuilles érigées, lancéolées, longues de 1 mètre à 1 m. 50 cent., larges de 10-15 cent.; hampe de 80 cent. à 1 mètre, comprimée, portant une ombelle de 15-30 fleurs, très odorantes; tube long de 10-12 cent., rouge vif; limbe de même longueur, rose saumoné; fleurit pendant l'été. Serre chaude.

Fig. 52. — Crinum amabile (Dammann).

C. americanum *Lin*. *Amérique centrale*, 1752. — Bulbe ovale, collet court; feuilles arquées, longues de 70-90 cent. ; hampe de 50-70 cent. ; fleurs blanches en ombelle de 4-6, très odorantes; tube long de 10-12 cent. ; limbe de même longueur ; fleurit en été. Serre chaude.

C. amœnum *Roxb. Inde*, 1807. — Bulbe rond, gros; en été, fleurs blanc pur, très odorantes, à tube rose verdâtre. Serre chaude.

C. aquaticum *Burch.* — V. *C. campanulatum*

C. asiaticum *Lin. C. toxicarium. C. declinatum. Asie tropicale*, 1732. — Bulbe gros, 10 cent. de large, 15-20 de long ; feuilles de 1 mètre ; hampe de 50-60 cent., comprimée ; ombelle de 20 fleurs ; à tube verdâtre, long de 10 cent. ; périanthe blanc. Serre froide et pleine terre.

C. australe. — V. *C. pedunculatum*.

C. Balfouri *Baker. Socotra*, 1880. — En octobre, fleurs blanc pur, odorantes. Serre chaude.

C. Broussonetti. — V. *Amaryllis Broussonetti*.

C. caffrum. — V. *C. campanulatum*.

C. campanulatum. *Herb. C. aquaticum Burch. C. caffrum Herb. Cap*, 1817. — Bulbe ovale ; feuilles de 1 mètre ; hampe de 60 cent. ; ombelle de 5-6 fleurs, rouge brillant ; fleurit difficilement. Pleine terre.

C. canaliculatum. — V. *pedunculata*.

C. candelabrum. — V. *Amaryllis orientale*.

C. capense. V. *C. longifolium*.

C. Careyanum. *Herb. Ile Maurice* 1821. — Bulbe très gros, globuleux ; feuilles de 30 cent. ; hampe de 30 cent. ; ombelle de 5-6 fleurs blanches, teintées de rouge ; automne. Serre chaude et serre froide.

C. Colensoi. — V. *Crinum Moorei*.

C. declinatum. — V. *C. asiaticum*.

C. distichum. *Herb. Sierra-Leone*. — Bulbe petit ; feuilles de 30 cent. ; hampe de 30 cent. ; en été, fleurs solitaires, très grandes. 20 cent. de long, rouge brillant. Serre chaude et tempérée.

C. erubescens. *Ait. Amérique tropicale*, 1780. — Bulbe globeux; feuilles de 80. cent; hampe de 60 cent.; en été, ombelle de 10-12 fleurs blanches, teintées de rouge pourpre. Serre chaude.

Fig. 53. — Crinum erubescens (Dammann).

C. falcatum. — V. *Amaryllis falcata.*

C. Forbesianum. *Herb. Amaryllis Forbesii. Lindl. Delagoa*, 1824. — Bulbe très gros, de 15-20 cent. de diamètre; feuilles de 1 m. à 1 m. 30; hampe de 60 cent.; en octobre, ombelles de 30-40 fleurs très odorantes, très grandes, blanches, rougeâtres à l'extérieur. Serre chaude.

C. giganteum. — V. *Amaryllis ornata.*

C. Herbertianum. — V. *Amaryllis ornata.*

C. Kirkii, *Baker. Zanzibar*, 1879. — Bulbe globuleux, très gros; feuilles de 1 mètre; hampe de 50 cent; en septembre, ombelles de 10-12 fleurs, blanches, striées rouge; tube verdâtre. Serre chaude.

C. latifolium. *Lin. Indes*, 1806. — Bulbe globuleux, très gros; feuilles de 1 mètre; hampe de 60 cent.; en été, ombelle de 15-20 fleurs; très longues blanches, teintées de rouge; tube verdâtre; limbe réfléchi. Serre chaude.

C. longiflorum. *Herb. C. capense, Amaryllis longifolia. Cap*, 1816. — Bulbe très gros, à collet très allongé; feuilles glauques, nombreuses, longues de 1 mètre; hampe de 1 mètre; en juillet-août, ombelle de 12-15 fleurs infundibuliformes, grandes, très odorantes, blanches, rosées en dehors. C'est le plus rustique de tous les *Crinums.*

C. longiflorum album. — Variété du précédent; fleurs blanc pur.

Culture. — Le *C. longiflorum* est une de nos plus belles espèces de pleine terre, qui devrait se trouver dans tous les jardins. Planter en terre profonde, légère, à exposition chaude; en hiver, garnir le bulbe de sable et couvrir de feuilles sèches ou de mousse.

Multiplication. — En mai, par division des caïeux, que l'on fait reprendre en pots sur couche.

C. longifolium, *Thumb. Amaryllis longifolia, Lin. Cap*, 1752. — Bulbes très gros; feuilles longues de 50 centimètres à 1 mètre; hampe de 30-50 centimètres, portant en été 8-10 fleurs lavées de rouge, longues de 8-10 centimètres, tube de la fleur de même longueur; très belle plante.

Culture. — Pleine terre comme le *C. longiflorum.*

C. **Mackeni.** — V. *C. Moorei.*

C. **Macoyanum.** — V. *C. Moorei.*

C. **Macowani.** *Baker. Natal*, 1874. — Bulbe de 20-25 cent. de diamètre; feuilles de 80 cent. à 1 mètre; hampe de 1 mètre; en novembre, ombelle de 12-15 fleurs grandes, longues de 15-20 cent., blanc teinté de pourpre et odorantes.

Culture du *C. longiflorum.* — Il est préférable de le cultiver en pot, rapport à sa floraison tardive.

C. **Makoyanum.** V. *C. Moorei.*

C. **Moorei.** *Hook. C. colensoi, C. Makenii, C. natalense, C. Makoyanum. Natal*, 1874. — Bulbe gros, collet très long ; feuilles de 1 mètre ; hampe de 60 cent ; en été, ombelle de 8-10 fleurs, à tube long verdâtre ; périanthe blanc, lavé de rouge.

Culture du *C. longiflorum.*

C. **natalense.** — V. *C. Moorei.*

C. **nervosum.** — V. *Eurycles amboinensis.*

C. **ornatum.** — V. *Amaryllis ornata.*

C. **pedunculatum.** *R. Br. C. australe, C. canaliculatum, C. taitense. Australie*, 1790. — Bulbe gros ; feuille de 1 mètre ; hampe de 80 cent. ; en été, ombelles de 20-30 fleurs à tube verdâtre ; segments blancs très ouverts ; serre froide.

C. **petiolatum.** — V. *Amaryllis ornata.*

C. **Powellii.** — *Hybride* du *C. longifolium* et du *C. Moorei*; fleurs rougeâtres ; serre froide, à essayer en pleine terre.

C. **purpurescens.** *Herb. Fernando-Po*, 1826. — Bulbe ovale, moyen ; feuilles de 75 cent. ; hampe de 30 cent. en été ; ombelle de 6-8 fleurs rouge vineux ; serre chaude.

C. **revolutum.** *Hybride.* — Fleur moyenne à long

tube blanc ; de couleur délicate ; chaque pétale ayant une bande médiane rose violet ; fleurit en août.

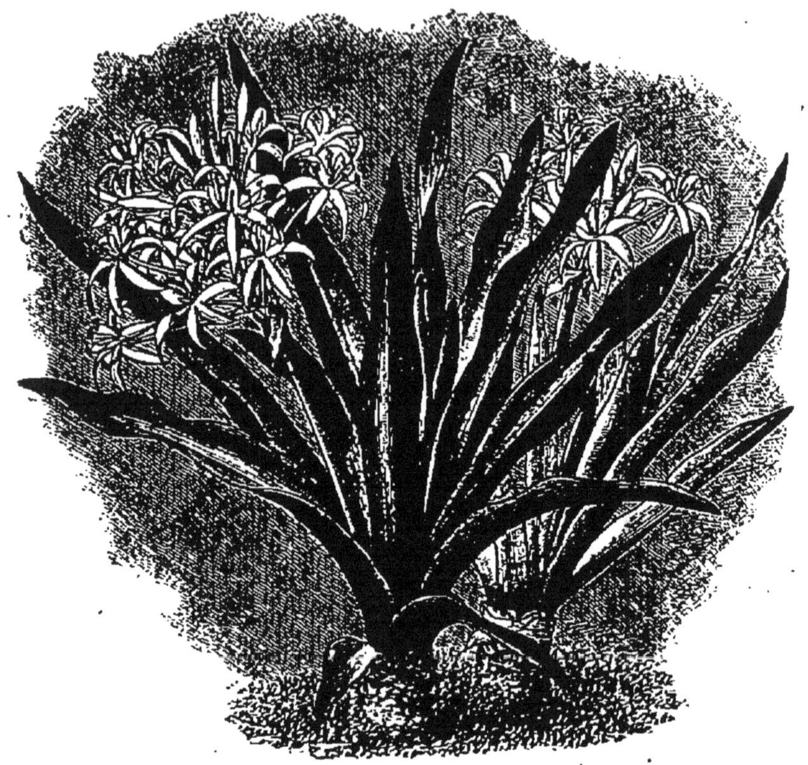

Fig. 54. — Crinum pedunculatum (Dammann).

C. riparium, *Herb. Amaryllis cinnamomea. Afrique australe.* — Feuilles ondulées, teintées de rouge, longues de 80 cent. à 1 mètre ; hampe de 1 mètre ; ombelle de 15-20 fleurs très odorantes, pourpre foncé, bordé blanc. Serre froide ; à essayer en pleine terre.

C. Roozenianum. *O'Brien. Jamaïque*, 1881. Fleur rose à l'extérieur, blanc rose à l'intérieur. Serre chaude.

C. Sanderianum. *Baker. Sierra-Leone*, 1884. — Bulbe brun, piriforme, de 5 cent. de diamètre. à collet allongé ; feuilles peu nombreuses, étroites ; hampe de 50 cent., déprimée, portant une ombelle de 4 fleurs à longs pétioles ; divisions étroites, longues de 8-10 cent, blanches, ayant une bande médiane brun pourpre.

Culture. — Serre tempérée, fleurit à des époques indéterminées.

C. speciosum. — V. *Amaryllis purpurea.*

C. superbum. — V. *C. amabile.*

C. taitense. — V. *C. pedunculatum.*

C. vanillaodorum. — V. *C. giganteum.*

C. Yemenense. — Bulbe très gros à long collet ;

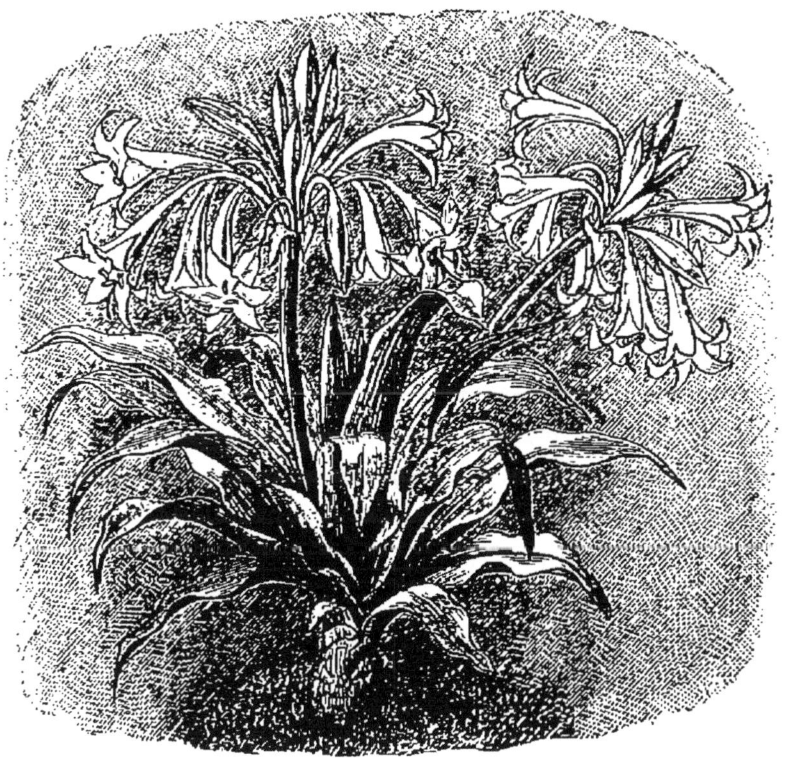

Fig. 55. — Crinum Yemenense (Dammann).

feuilles nombreuses, ondulées, longues de 1 mètre ; en été, hampe forte portant 10-20 fleurs à tube très long.

Culture. — Serre tempérée ou froide pendant l'hiver, pleine terre en été.

C. yuccæflorum. — V. *Amaryllis Brousonetti.*

C. zeylanicum. — V. *Amaryllis ornata.*

C. toxicarium. — V. *C. asiaticum.*

Culture. — 1° *Espèces de serre chaude.* Planter en pots spacieux ; terre franche, sableuse, légère, mais riche et sèche ; après le repos tenir à la chaleur et à l'humidité ; donner un peu d'engrais liquide quand les tiges florales apparaissent ; la floraison dure très longtemps ; lorsque les fleurs se fanent, diminuer progressivement les arrosages, tenir les plantes relativement sèches pendant 2 mois, sans cependant les faire souffrir, car elles sont toujours en végétation. Ce repos est nécessaire pour favoriser la production des tiges florales ; rempoter tous les 2-3 ans à la fin du repos ; la floraison de ces belles plantes a lieu pendant l'été ; elle n'a pas d'époque fixe, on peut l'obtenir en toute saison par une culture plus ou moins forcée. La floraison dure plus longtemps si on transporte les plantes de la serre chaude en serre tempérée, dès l'épanouissement des fleurs.

2° *En pleine terre.* Les espèces de pleine terre se cultivent comme les *Amaryllis vittata* en ayant soin de les planter plus distancées et pendant l'hiver de couvrir les bulbes avec du sable, de la mousse ou des feuilles sèches.

Multiplication. — Par caïeux, que l'on détache avec quelques racines, dès qu'ils sont assez forts, les mettre en pots, et tenir sur couche pour les faire reprendre ; certaines espèces produisent très peu de caïeux, il faut alors avoir recours au semis ; les graines sont grosses ; on doit les semer séparément dans des pots assez grands pour ne pas déranger la racine par le repiquage : dès que les semis sont assez forts, on les rempote plusieurs fois, et on les passe en serre tempérée pour les traiter comme des plantes adultes ; ne jamais couper les racines des *Crinums*.

CROCOSMIA. *Planch.* **Crocosmie.** *Iridées.*

C. aurea. *Planch. Tritonia aurea, Poppe. Cap*, 1846. — Bulbe globuleux, solide ; tige de 60-70 cent. ; ramifiée, aplatie ; feuilles ensiformes, étroites, longues de 30 cent., larges de 2; engainantes, sur la tige ; de août en octobre, sur chaque ramification de la tige, fleurs

Fig. 56. — Crocosmia aurea.

larges de 5 cent., rouge orange à l'extérieur, jaune orange à l'intérieur.

C. A. imperialis. *Leicht.* 1888. — Variété très vigoureuse ; haute de 1 m. 20 ; fleurs rouge orangé vif, moitié plus grandes que celles du type ; très florifère.

C. A. maculata *Baker. Sud-Est de l'Afrique*, 1888. — Fleurs grandes, rouge orangé, maculées de brun à la base des 3 divisions internes.

Culture. — Terre légère, sableuse, substantielle ; planter à l'automne en pleine terre un ou plusieurs bulbes ensemble, à 5 cent. de profondeur et 20-30 de distance ; couvrir de cloches ou châssis pendant l'hiver, ou ce qui est mieux planter en pots à l'automne, hiverner sous châssis et mettre en place en pleine terre au printemps ; on peut aussi planter en pots au printemps ; plonger les pots en pleine terre pendant l'été et rentrer en serre en octobre, pour produire une admirable floraison en octobre-novembre. Plante très florifère et de grande valeur pour la fleur coupée ; les bulbes émettent des rhizomes qui forment des tiges secondaires, la même année.

Multiplication. — Par division des bulbes à l'époque de la plantation, par les caïeux plantés à l'automne en pépinière et par graines semées à l'automne sous châssis.

CROMPIRE. — V. *Helianthus tuberosus.*

CROCUS *Tourn.* **Safran.** *Iridées.*

Ce genre se compose d'un grand nombre d'espèces que je ne décrirai pas ici, les variétés horticoles étant plus jolies et plus cultivées pour l'ornementation. Les Crocus fleurissent au printemps et à l'automne ; la liste ci-après contient les principales variétés actuelles du commerce horticole, toutes sont issues d'espèces dont la principale est :

C. vernus. *All. Crocus des fleuristes, Safran des fleuristes, Safran du printemps. Indigène.* — Bulbe solide, de 1-2 cent. de diamètre, arrondi, même plat ; à tunique fibrée en losanges ; feuilles dressées, linéaires, hautes de 10 cent. vertes, à nervures médianes blanches ; en février-mars, fleurs érigées en entonnoir, hautes de 10 cent., de coloris très variés du blanc au pourpre ; ces fleurs ne s'épanouissent bien qu'au soleil, elles sont de courte durée, mais se succèdent pendant 3-4 semaines.

Liste des principales variétés à floraison printanière.

C. **alba maxima**; blanc pur.
C. **albertina** (versicolor); blanc strié violet pourpré.
C. **albion**; bleu panaché violet et rose, le plus grand des crocus.
C. **argus**; strié.
C. **avalanche**; blanc pur.
C. **Baron von Brunow**; bleu pourpre.
C. **Blücher**; bleu.
C. **Bride of Abydos**; blanc pur.
C. **Caroline Chisholm**; blanc pur.
C. **celestial**; bleu tendre.
C. **Comtesse de Mornay**; blanc strié gris.
C. **Dandy**; bleu bordé blanc.
C. **David Rizzio**; violet et pourpre foncé.
C. **Dickens**; bleu.
C. **drap d'argent**; violet nuancé rose.
C. **drap d'or**; jaune panaché brun foncé.
C. **Duchesse d'Angoulême**; lilas panaché.
C. **ecossais**; hâtif blanc strié violet.
C. **gloria mundi**; blanc panaché.
C. **grand concurrent**; blanc extra.
C. **grand jaune**; jaune foncé, grande fleur.
C. **grande vedette**; bleu et bleu foncé.
C. **Grootvorst**; blanc.
C. **James Watt**; bleu foncé.
C. **Jeanne d'Arc**; bleu lilas.
C. **Lady Stanhope**; blanc pur.
C. **la Majestueuse**; violet panaché.
C. **Laurette**; blanc panaché, violet et bleu.
C. **lilaceus**; bleu bordé blanc

C. **l'unique**; violet.
C. **mammouth**; blanc.
C. **Madame Mina**; violet panaché.
C. **Mont Blanc**; blanc pur.
C. **non plus ultra**; bleu bordé blanc.

Fig. 57. — Crocus variés.

C. **Othello**; violet pourpre foncé.
C. **Prince Albert**; bleu pourpre.
C. **Prince d'Orange**; pourpre foncé.
C. **purpureus grandiflorus**; pourpre foncé extra.
C. **Queen (reine) Victoria**; blanc nacre.
C. **Roi des bleus**; bleu pourpre.
C. **Rubens**; pourpre.
C. **safran**; bleu très hâtif.
C. **Sir John Franklin**; violet pourpre luisant.
C. **Victoria**; blanc.
C. **Vulcain**; violet foncé.
C. **Walter Scott**; gris strié violet.

Les crocus sont tout à fait rustiques et de pleine terre ; les coloris vifs de leurs fleurs en font un des plus beaux ornements des jardins en février-mars; associés aux *Galanthus nivalis*, *Scilla sibirica*, *S. bifolia*, *Chionodoxa*, *Bulbocodium vernum*, *Leucojum vernum*, *Eranthys hyemalis* et *Tulipes duc de Thol*, on peut en faire des corbeilles, bordures et autres combinaisons du plus bel effet.

Culture. — Toute terre leur convient, mais ils préfèrent un sol léger, sableux, riche, frais et fumé précédemment; planter en septembre, octobre et novembre, à 8 cent. de profondeur et 5 cent. de distance ; en juillet, quand les feuilles sont jaunes, arracher les bulbes, les sécher à l'ombre, les nettoyer et les conserver dans un lieu bien aéré, jusqu'à la plantation. Il n'est pas rare de voir les moineaux s'acharner sur les fleurs dès qu'elles paraissent et détruire la floraison en partie.

Pour la culture en pots, planter en septembre-octobre, 5-6 bulbes par pots de 10-12 cent., en terre légère; plonger les pots dans du sable (comme pour les jacinthes) pendant 6-8 semaines ; les retirer et les placer sous châssis froid ; quand les bourgeons montrent la pointe des fleurs, les forcer dans une serre chaude ou sur une couche chaude, pour les avoir en fleur de fin novembre à janvier.

On les cultive aussi sur des carafes ou vases remplis d'eau, dans des soucoupes remplies de mousse humide, dans des vases troués spéciaux, en terre, (voir *Jacinthes*) ; enfin, ils fleurissent même étant laissés à l'état sec. Toutes ces cultures se font avec la plus grande facilité; il faut arracher et replanter les bulbes tous les ans pour avoir un bon résultat.

Multiplication. — 1° Par les bulbes, qui se produisent en quantité, et traités comme des plantes adultes ; 2° par les caïeux, plantés en septembre en pépinière ; 3° enfin, par le semis qui est peu usité.

Crocus d'automne.

Délaissés et peu cultivés jusqu'à ce jour ; cependant, ils sont d'un grand secours et d'une valeur réelle, par leurs fleurs éclatantes, produites d'octobre à décembre, à une époque où les jardins sont si tristes et dépourvus de gaieté.

Les principales espèces à floraisons automnales sont :

C. asturicus *Herb. Espagne.* — Fleurs violettes de septembre à novembre.

C. Billotii *Maw.* — Fleurs violettes en janvier-février.

C. Boryi *Gay. Grèce*, 1832. — Fleurs blanc jaune, en octobre-novembre.

C. byzantinus *Ker. C. iridiflorus. Heuff. C. à fleurs d'iris. Levant, Transylvanie*, 1601. — Feuilles très larges, fleurs ressemblant un Iris, pourpre brillant, blanchâtres à la base ; divisions externes, larges, ovales, acuminées, les internes beaucoup plus petites ; fleurit en septembre-novembre.

C. Cambessedesii *Gay. Iles Baléares.* — Blanc panaché de pourpre, fleurit de septembre à décembre.

C. cancellatus *Herb. Palestine.* — Blanc unicolore ou strié pourpre, en septembre-novembre.

C. Clusii *Gay. Espagne.* — Gorge blanche, limbe pourpre, en septembre-décembre.

C. Fleischeri. — Fleurs larges de 10 centimètres, rouge pourpre, tube très long ; fleurit en octobre.

C. hadriaticus *Herb. Albanie.* — Blanc et pourpre, en octobre.

C. hiemalis *Boiss. Syrie.* — Blanc veiné de pourpre, de novembre à janvier.

C. iridiflorus *Heuff.* — V. *Byzantinus.*

C. Karduchorum *Kotschy. Kurdistan.* — Lilas violet, en septembre.

C. lævigatus *Bory* et *Chaub. Morée.* — Blanc lilas, en octobre-décembre.

C. longiflorus *Rafin. Sicile.* — Violet strié pourpre, en octobre-novembre.

C. medius *Balbis. Nice, Italie.* — Pourpre, en octobre-novembre.

C. multifidus. — V. *C. speciosus.*

C. midiflorus *Smith. Indigène.* — Pourpre violet, en octobre-novembre.

C. ochroleucus *Boiss et Gaill. Syrie.* — Jaune pâle et orange; en novembre-décembre.

C. pulchellus *Herb. Turquie.* — Jaune et bleu pâle, en octobre-novembre.

C. Salzmanni *Gay. Espagne.* — Lilas ou blanc strié pourpre, en octobre-novembre.

C. sativus *Lin. Crocus d'automne, Safran d'automne, Safran cultivé, Safran vrai, Safran d'Orient, Safran du Gâtinais, S. officinal. Indigène.* — Fleurs violettes, odorantes, panachées et striées de teintes plus foncées; fleurit en automne. Cette espèce fournit le safran du commerce et peut être considérée comme le type des crocus à floraison automnale.

Fig. 58. — Crocus sativus.

C. Scharojani *Ruprecht. Asie Mineure.* — Fleurs orangées, floraison juillet-août.

C. speciosus *Bieb. C. multifidus. Caucase.* — Lilas strié pourpre, fleurit en octobre-novembre.

C. Tournefortii *Gay. Morée.* — Lilas veiné pourpre, en octobre-novembre.

C. vallicola *Herb. Caucase.* — Chamois et orange, en août-septembre.

C. vitellinus *Wahl. Asie Mineure.* — Jaune orange, en novembre-mars.

C. zonatus *Gay. Sicile, Liban.* — Lilas rose, en septembre-octobre.

Dans des espèces les feuilles paraissent avant ou avec les fleurs ; dans les autres le feuillage ne paraît qu'après la floraison et quelquefois qu'au printemps.

Culture. — Semblable à celle des C. printaniers; mais la plantations devra se faire un peu plus tôt en août, et l'arrachage, qui aura lieu tous les 2 ou 3 ans, en mai-juin, dès que les feuilles sont jaunes. Il serait à désirer qu'on obtînt des variétés de ces espèces automnales.

C. à fleurs d'iris. — V. *Crocus byzantinus.*

C. d'automne. — V. *Crocus sativus.*

C. des fleuristes. — V. *Crocus vernus.*

C. du Cap. — V. *Gethylis.*

C. rouge. — V. *Bulbocodium vernum.*

CROIX de Saint-Jacques. — V. *Amaryllis formosissima.*

CRUCHON.
CRUJEON. } — V. *Nymphæa alba.*

CRYPTOLAMA. — V. *Gesneria.*

CUCUMIS perennis. — V. *Cucurbita perennis.*

CUCURBITA. *Lin.* **Coloquinte,** *Cucurbitacée.*

C. perennis *Asa Gray. Cucumis perennis, Hort. Concombre vivace, Coloquinte vivace, Courge vivace. Texas, Californie.* — Racine très grosse, blanchâtre en forme de betterave; feuilles rudes, épaisses, ovales, triangulaires, entières, à fortes nervures; tiges annuelles, très résistantes, grimpantes au moyen de vrilles trichotomes, atteignant de 4 à 8 mètres de longueur. Toute la plante est garnie de poils courts serrés d'une couleur grisâtre; fleurs dioïques, jaunes, de la grandeur de celles des courges, à odeur de violette; fruits sphériques de la grosseur d'une orange, lisses, verts, plus ou moins panachés de blanc, jaunâtres à la maturité.

Plante d'un bel effet par son beau feuillage, propre à garnir les murailles, les arbres d'où elle retombe gracieusement, ou pour garnir le sol au pied des arbres.

Culture. — Planter en mars-avril, en bonne terre riche et profonde, calcaire de préférence; à 2-3 mètres de distance, car la plante produit des tiges souterraines qui sortent à distance et couvrent bientôt un grand espace; féconder artificiellement les fleurs pour obtenir des graines; rustique et de pleine terre.

Multiplication. — Au printemps, avant la végétation, par la séparation des jeunes tubercules, mis en place de suite, ou par la division des gros tubercules, mais avec précautions; les tiges traînantes, couvertes de terre en juin, s'enracinent et forment des petits tubercules; enfin par semis au printemps, mis en place l'année suivante.

CUL-TOUT-NU. — V. *Colchicum autumnale.*

CUMINGIA. — V. *Conanthera*.

CUNONIA. — V. *Antholiza*.

CURCUMA, *Lin*. *Zingibéracées*.

C. aromatica, *Salisb*. *Indes orientales*, 1804. — Souche à rhizomes tuberculeux; feuilles ovales, lancéolées, longues de 40-70 cent., larges de 10-15 cent.; tige de 1 m., terminée par une inflorescence de fleurs purpurines à écailles vertes; cultivé dans l'Inde pour ses rhizomes aromatiques.

C. elata *Roxb*. *Indes orientales*, 1819. — Rhizomes très gros; feuilles grandes; tige de 1-2 m.; en mai, fleurs blanches striées de rouge et jaune, bractées blanches à la base, pourpres au sommet; une des plus grandes espèces.

C. ferrugina *Roxb*. *Indes orientales*, 1819. — Rhizomes volumineux, feuilles pétiolées, vertes, teintées de pourpre; fleurs rouge foncé à l'intérieur; jaunes a l'extérieur, bractées vertes, lavées de rouge à la base, rouge pourpre au sommet.

C. longa *Lin*. *Amomum curcuma*. *Racine de Safran*, *Safran de terre*, *S. des Indes*, *Souchet des Indes*, *Terra merita*, *Terre mérite*. *Indes orientales*, 1756. — Feuilles vertes; hampe radicale, naissant avant les feuilles; fleurs jaunâtres; bractées vertes, violettes au sommet. Plantes originaires des tropiques, cultivées dans les serres comme ornement; les tiges sont herbacées. Les racines du *C. longa*, fournissent la poudre aromatique et médicale nommée *turmérique*, employée dans la préparation du *Curry*. Les rhizomes du *C. angustifolia* fournissent de l'*arrow-root*; les *C. aromatica*, *rubescens* et *Zédoaria* produisent de l'amidon et la poudre tonique aromatique *zédoary*; toutes sont de serre chaude.

Culture. — Terre substantielle, beaucoup d'humidité pendant l'été, époque de la floraison : peu ou pas en hiver, époque de repos des racines.

Multiplication. — Au printemps, par divisions des rhizomes.

CYANELLA *Lin. Liliacées.*

Fig. 59. — Cyanella capensis.

Jolies petites plantes bulbeuses de l'Afrique australe.

C. alba. *Cap*, 1819 — Haut. 40 cent.; en juillet, fleurs blanches.

C. capensis *Lin. Cap*, 1768. — Tige feuillée à la base; feuilles lancéolées, ondulées; en juillet, fleurs en panicule rameuse étalée, pourpre violet; haut. 30 cent.

C. lineata. *Cap*, 1816; — Haut. 30 cent.; en juillet, fleurs panachées.

C. lutea *Lin. Cap*, 1787 — Haut. 30 cent.; en juillet, fleurs jaunes, rayées de rouge.

C. odoratissima *Lindl.* — Haut. 30 cent.; en juillet, fleurs rose foncé, passant au bleu pâle.

C. orchidiformis *Jacq. Cap*, 1826 — Haut 30 cent.; en juillet fleurs bleues.

Culture et *Multiplication* des Ixias; résistent en pleine terre à exposition chaude et sèche avec abris pendant l'hiver.

CYCLAME. — V. *Cyclamen.*

CYCLAMEN *Lin.* **Cyclame**, *Primulacées.*

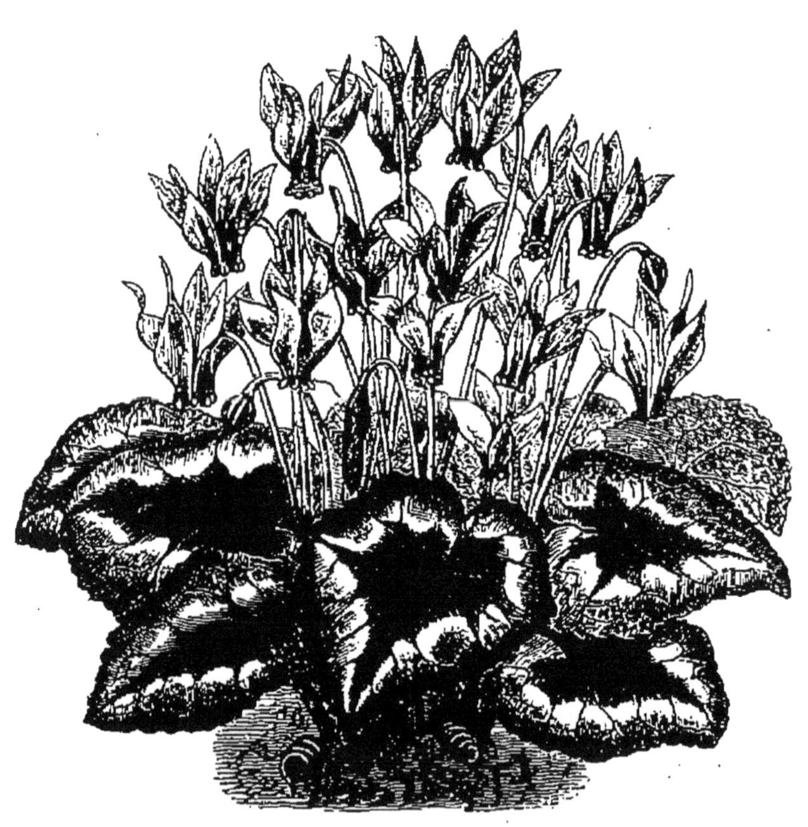

Fig. 60. — Cyclamen africanum (Dammann).

C. à feuilles sinueuses. — V. *C. hederæfolium.*
C. à feuilles de lierre. — V. *C. neapolitanum.*
C. à grandes feuilles. — V. *C. africanum.*
C. æstivum. — V. *C. europæum.*

C. **africanum** *Boiss* et *Reut. C. africanum macrophyllum. C. algeriense. C. macrophyllum. Cyclamen d'Afrique. C. à grandes feuilles. Algérie, Tunisie.* — Tubercules plats, noirs, très gros, atteignant 15 cent. de diamètre ; feuilles très grandes, de 10 à 18 cent. de diamètre, minces, rondes ou ovales, crénelées ou sinuées, plus ou moins anguleuses, vertes, marbrées de vert foncé et blanc en dessus, violettes en dessous, se développant *avec les fleurs ;* en septembre-octobre, fleurs moyennes, longues de 3 cent., rose pâle ou rose vif, quelquefois blanches, avec une tache pourpre à la base de chaque pétale ; se plaît à l'ombre dans les sols secs, même calcaires.

C. **africanum macrophyllum**. — V. *C. africanum B.* et *R.*

C. **algeriense**. — V. *C. africamum B* et *R.*

C. **aleppicum**. — V. *C. persicum.*

C. **Atkinsii**, *Hort.* — V. *C. ibericum, Goldie.*

C. **autumnale**. — V. *C. europæum.*

C. **balearicum**. — V. *C. repandum.*

C. **caucasicum**. — V. *C. ibericum.*

C. **cilicium** *Boiss* et *Bal. Cilicie*, 1872. — Bulbe moyen, plat ; feuilles paraissant avec les fleurs entières, crénelées, violettes en dessous ; en septembre-octobre, fleurs odorantes, blanc pur ou rose pâle, tachées de pourpre à la gorge, longues de 2 cent. ; ressemble au *C. europæum.* Pleine terre.

C. **Clusii**. — V. Variété du *C. europæum.*

C. **coum**. *Mill. C. orbiculatum. C. vernum Swet. C. de l'île de Cos. Asie Mineure, Grèce*, 1596. — Tubercules petits, ronds; feuilles petites, rondes, épaisses, vert foncé en dessus, rouge pourpre en dessous ; pétioles longs ; en janvier-mars, fleurs petites, inodores, pourpres, se développant avec les feuilles. Pleine terre.

C. c. album; variété à fleurs blanches.

C. c. carneum, *C. c. roseum*; variété à fleurs roses.

C. c. roseum. — V. *C. carneum.*

C. c. vernum. — V. *C. ibericum.*

C. d'Alep. — V. *C. persicum.*

C. europæum *Thore.* — V. *C. neapolitanum.*

Fig. 61. — Cyclamen commun.

C. europæum *Lin. C. æstivum. C. autumnale. C. odoratum. C. officinale. C. purpurescens. C. retroflexum. Arthanite, Coquette, Cyclamen d'Europe, Cyclamen coninum, Pain de pourceau, Pain de cochon, Rave de terre. Indigène.* — Bulbe rond ou déprimé, noir ; feuilles naissant avec les fleurs, réniformes, légèrement dentées, de texture ferme, marbrées de blanc en dessus, rouge pourpre en dessous ; pétioles longs de 12-15 cent. ; en août-octobre, fleurs élégantes, odorantes, rose violet plus foncé à la base, pédoncule long de 12-

15 cent., se roulant en spirale après la floraison, de façon à enfouir les capsules dans la terre.

C. e. **album** ; variété à fleurs blanches.

C. e. **album.** *Sm.* — V. *C. neapolitanum album.*

C. e. **Clusii** ; variété à feuilles dentées.

C. e. **littorale**; variété à feuilles entières.

Fig. 62. — Cyclamen europæum.

C. **elegans.** — V. *C. ibericum.*

C. **ficariifolium.** — V. *C. repandum.*

C. **græcum.** *Montagnes de la Grèce.* — Ressemble au *C. neapolitanum*, en diffère par ses feuilles plus petites, moins dentées, et par ses tubercules qui sont rouges et irréguliers.

C. **hederæfolium** *Ait.* — V. *C. repandum. Sibth.* et *Smith.*

C. **hederæfolium** *Koch.* — V. *C. neapolitanum Ter.*

C. **ibericum** *Goldie. C. elegans. C. caucasicum. C. coum vernum. C. vernale. Caucase*, 1831. — Ressemble beaucoup au *C. coum*, il en diffère par sa floraison plus tardive, par ses fleurs tachées de pourpre à la base de chaque pétale, et par son port plus vigoureux et plus ornemental. Le *C. Atkinsii* n'en est qu'une belle variété ; il existe une variété à fleur blanche.

C. latifolium. — V. *C. persicum.*

C. littorale. — V. *C. europæum.*

C. macrophyllum. — V. *C. africanum.*

C. neapolitanum *Ten. C. europæum Thore. C. hederæfolium Koch. Rochelaise. C. de Naples. C. à feuilles de lierre. Europe méridionale*, 1824. — Bulbe très gros,

Fig. 63. — Cyclamen neapolitanum.

atteignant 30 cent. de diamètre ; feuilles grandes, vertes, minces, anguleuses, hastées, ayant la forme d'une feuille de lierre, marbrées de blanc, paraissant en octobre, après la floraison ; en août-septembre, fleurs grandes, rose foncé, tachées de pourpre à la gorge, légèrement odorantes. Pleine terre, abriter l'hiver sous le climat de Paris.

C. n. **album.** *C. europæum album*, variété rare à fleurs blanches.

C. odoratum. — V. *C. europæum.*

C. officinale. — V. *C. europæum.*

C. orbiculatum. — V. *C. coum.*

C. persicum. — Voir plus loin page 202.

C. repandum. *Sibt. et Smith. C. balearicum. C. ficarifolium, C. hederæfolium Ait, C. romanum, C. vernum, A. Gay, C. à feuilles sinueuses. Europe Méridionale, Grèce*, 1816. — Bulbe petit, déprimé, feuilles entières non dentées, minces, ovales, ou anguleuses, tachées, marginées de blanc en dessus, violettes en dessous; fleurs blanc rosé tachées de pourpre à la gorge; odorantes; paraissant en mars-mai, en même temps que les feuilles.

C. romanum. — V. *C. hederæfolium.*

C. vernale. — V. *C. ibericum.*

C. vernum *Gay.* — V. *C. hederæfolium.*

C. vernum *Sweet.* — V. *C. coum.*

C. retroflexum. — V. *C. europæum Lin.*

Culture. — Tous les cyclamens ci-dessus (excepté *C. persicum*) sont rustiques et supportent nos plus grands froids sans abri; ils aiment une terre légère, sableuse, perméable, mais humeuse et humide, à exposition ombrée. Ce sont de très jolies plantes, précieuses pour garnir les sous-bois, au pied des arbres; les rocailles qu'elles ornent de leur beau feuillage, et de leurs élégantes et brillantes fleurs, produites à profusion de juillet en mai, selon les variétés; planter quand les feuilles sont sèches, ce qui a lieu de juin en septembre pour les espèces à floraison automnale, et de juillet en novembre pour celles à floraison hivernale ou printanière; entourer les bulbes de sable et les enterrer à moitié. Un bon procédé consiste à entretenir une couche de terreau ou de mousse entre les plantes, de façon à recouvrir les bulbes et les garantir s'ils ne sont pas plantés sous bois : car dans ce dernier cas ils sont cachés sous les feuilles tombées; quand ils sont bien soignés, ils produisent une immense quantité de fleurs; les laisser en place le plus longtemps possible; plus les bulbes sont gros, plus la floraison est belle; on peut les planter en pots et les traiter comme les *C. persicum*.

Multiplication. — Par division des tubercules en laissant un bourgeon du collet à chaque morceau; par bouture de feuilles munies d'un petit morceau du tubercule à l'extrémité du pétiole; les deux procédés sont délicats et peu usités; par graines qui sont produites en quantité, et qu'il faut semer aussitôt récoltées, à l'exposition du nord, en terre légère tenue humide; couvrir d'un châssis pendant l'hiver; un an après, repiquer les petits tubercules en pépinière et mettre en place à la deuxième, troisième ou quatrième année.

Ces plantes méritent d'être beaucoup plus cultivées qu'elles ne le sont.

C. persicum. *Mill. C. aleppicum Fisch, C. latifolium, Libth, C. de Perse, C. d'Alep, Cyclame. Asie Mineure.* — Bulbe brun noir, globuleux étant jeune, déprimé ensuite, atteignant jusqu'à 10-15 cent. de diamètre; feuilles réniformes, vert foncé, marbrées de vert clair, rougeâtres en dessous; pétioles cylindriques, rougeâtres; les fleurs sont produites en quantité et en succession, depuis novembre jusqu'en mai, et pendant toute l'année par la culture forcée; les coloris sont très variés : blanc pur, rose, lilas, carné, rose vif, rouge, rouge vif, carmin, carmin noir, panaché, strié, etc.; par suite d'une culture améliorée, la grandeur des fleurs a doublé et triplé dans les nouvelles races. Des plantes produisent des fleurs très odorantes, d'autres des fleurs inodores; on a obtenu des variétés à fleurs doubles et à fleurs pleines; on trouve un grand nombre de races dans le commerce, qui ne diffèrent absolument que par la dimension des fleurs.

Culture. — Voir page 8. — La terre qui leur convient est un tiers terre franche légère, un tiers ter-

Fig. 64. — Cyclamen persicum.

reau, un tiers terre de bruyère, un sixième sable fin, le tout bien mélangé et préparé au moins 6 mois d'avance; les plantes faites n'ont pas besoin de beaucoup de chaleur, une serre tempérée ou même froide suffit, les fleurs sont même plus belles, et durent plus longtemps; aérer souvent et éviter une atmosphère humide; cesser graduellement les arrosages après la floraison; laisser les plantes au repos dans leurs pots pendant 2-3 mois, sans laisser sécher complètement la terre; en août-septembre, rempoter dans des pots bien drainés et proportionnés à la grosseur du bulbe, et mettre en végétation près du verre, pour éviter l'étiolement. Il n'est pas rare de voir des spécimens bien cultivés produire 500 fleurs et plus dans une saison.

Lorsque, par suite de manque d'air ou de trop de chaleur, les pucerons se mettent sur les feuilles,

Fig. 65. — Cyclamen persicum grandiflorum (C. de Perse à grandes fleurs).

faire 2-3 fumigations de tabac; quand un bulbe est attaqué et rongé par les insectes, il faut arroser avec de l'eau de chaux; si ce n'est pas suffisant, brûler la plante et la terre du pot, pour éviter la transmission aux autres plantes.

Multiplication. — Par graines semées en juin-juillet, aussitôt récoltées, en terrines sous châssis ou en serre, couvrir à peine les graines avec du sable pur; arroser en plongeant la terrine dans une autre pleine d'eau; appliquer une feuille de verre sur le semis pour éviter l'évaporation et tenir à l'ombre.

Dès que la germination commence, aérer un peu en soulevant le verre; repiquer en terrines, dès que les semis ont 2 feuilles; hiverner sous châssis ou en serre tempérée; mettre en pots en mars-avril, et en plein air en juin-juillet; en août, rempoter en pots plus grands et traiter comme des plantes adultes; tous fleurissent pendant l'hiver ou au printemps, soit 15-18 mois après le semis.

Un procédé rapide et pratique consiste à semer en juin-juillet comme ci-dessus; repiquer 2 et 3 fois en terrines, tenues en serre à la chaleur pendant l'hiver; en février, préparer sous châssis une couche assez chaude; remplir les châssis de terre à cyclamen, et y planter les semis en pleine terre; les tenir sous verre jusqu'à fin mai; puis enlever ces châssis, ou donner beaucoup d'air; en septembre, les mettre en pots et les traiter comme des plantes adultes; ces plantes sont déjà fortes, et pourront produire de 25 à 100 fleurs pendant l'hiver.

La multiplication se fait aussi en coupant les tubercules, et en laissant un bourgeon du collet à chaque division; ce procédé lent et barbare est peu usité.

CYCLOBOTRA alba. — V. *Calochortus albus.*
C. barbata. } — V. *Calochortus flavus.*
C. lutea. }
C. pulchella. — V. *Calochortus pulchellus.*

CYMBIDIUM floridum. — V. *Bletia florida.*
C. hyacinthiflorum. — V. *Bletia hyacinthiflora.*
C. boreale. — V. *Calypso borealis.*

CYPELLA *Herb. Iridées.*
C. Herberti *Sweet. Moræa Herberti, Lindl. Tigridia*

Herberti, *Hook*. *Buenos-Ayres*, 1823. — Bulbe écailleux, rond, de la grosseur d'une noix; feuilles engainantes, plissées, lancéolées, glauques; tiges de 40-50 cent., rameuses, terminées, en août-septembre, par une spathe produisant des fleurs jaune orangé, striées de rouge orangé et rayées de pourpre, larges de 6 cent.; ces fleurs produites en succession ne durent qu'une journée.

C. peruviana. *Baker*. *Andes*, 1874. — Hampe solitaire, fleurs jaune vif, maculé de brun.

C. plumbea. *Lindl*. *Phallocallis plumbea*, *Herb*. *Brésil*, *Mexique*, 1838 — Tige de 1 mètre; en août-septembre, fleurs couleur de plomb, teintés de jaune et ne durant que quelques heures.

Culture. — Terre légère et riche, planter à l'automne en pots drainés, hiverner sous châssis et mettre en place en pleine terre au printemps, arroser pendant l'été. — Le *C. Herberti* supporte nos hivers sans abri dans un sol léger et exposition chaude.

Multiplication. — Par division des tubercules à l'automne et par graines semées aussitôt récoltées ou au printemps.

CYPHIA *Berg*. *Lobéliacées*.

C. volubilis. *Lobelia volubilis*. *Cap*, 1795. — Tubercules gros; tiges filiformes, hautes de 30 cent., s'enroulant à gauche; feuilles entières; en juillet-août fleurs bleu pâle.

Culture. — Serre tempérée, peu ou pas d'eau pendant l'hiver. *Multiplication*, de boutures prises sur les jeunes bourgeons des tubercules.

CYPHONEMA *Lin*. *Amaryllidées*.

C. Loddigesiana. *Afrique australe*, 1838. — Petite

plante bulbeuse, haute de 30 cent; en mai, fleurs panachées.

Culture des *Cyrtanthus* dont ils sont voisins.

CYPRIPÈDE. — V. *Cypripedium.*

CYPRIPEDIUM *Lin.* **Cypripède.** *Orchidées.*

Le genre le plus beau et le plus important des orchidées terrestres; depuis quelques années la culture de ces belles plantes a pris beaucoup d'extension; les importations répétées ont été cause qu'elles se sont bien répandues et qu'on peut les obtenir du commerce à des prix très réduits.

Plantes à racines rhizomateuses ou stolonifères; les feuilles sont larges, amplexicaules, ovales ou pointues, plissées, longues de 6-12 cent., et larges de 4-8; tiges feuillées s'élevant à 15-50 cent., terminées par une ou deux fleurs d'une forme particulière, le labelle ayant la forme d'un sabot, d'un très bel effet quand les touffes sont assez fortes.

Il existe un grand nombre de variétés, originaires des contrées tropicales, tempérées et froides; les plus répandues sont :

C. acaule *Ait. C. humile, Salisb. Amérique du Nord,* 1786. — Deux feuilles; tiges de 15-20 cent., en avril-mai, une fleur à divisions vert bronzé, veiné de pourpre; labelle rose clair, veiné de pourpre; espèce assez commune et d'une culture facile. Pleine terre.

C. arietanum *R. Br. États-Unis, Canada,* 1808. — Rare, le plus petit des C. américains; en juin, hampe terminée par 1-3 fleurs, les sépales latéraux libres jusqu'à leur base; labelle blanc, veiné de pourpre. Pleine terre.

C. barbatum *Lindl. Malacca,* 1808. — Espèce très répandue et très jolie; au printemps et en été, fleurs blanc et pourpre, labelle pourpre noir. Serre tempérée et serre chaude.

C. calceolus, *Lin. Calceolus marianus, Mœnch. Marjolaine bâtarde, Sabot de la Vierge, Sabot de Notre-Dame, Sabot de Vénus, Soulier de Notre-Dame. Indigène.* — Tige

Fig. 66. — Cypripedium calceolus.

dressée, haute de 20-40 cent., portant 3-4 feuilles, ovales, aiguës, plissées et ondulées ; en avril-mai, 1-2 fleurs à divisions externes, longues, étroites, brun foncé ; labelle d'un beau jaune maculé de pourpre ; cette plante est devenue très rare à l'état sauvage. C'est une de nos plus jolies plantes indigènes.

Culture. — V. *Orchidées ;* réussit bien dans le calcaire.

C. californicum, *Gay. Californie*, 1888. — Espèce rare, petite ; en septembre, fleur brune, labelle rosé.

C. candidum, *Wildn. Amérique du Nord*, 1826. — En

mai-juin, pétales brun verdâtre, labelle blanc en dehors, rose en dedans. Pleine terre ou châssis froids.

C. guttatum, *Swartz. Amérique du Nord*, 1829. — Petite plante, 2 feuilles; hampe de 10-15 cent. ; en mai-juin, fleurs petites, pétales rose pourpre ; labelle blanc, taché de rose. Pleine terre.

C. insigne, *Wall. Népaul*, 1819. — Fleurs très grandes, 10 cent. de large ; pétales bruns, blancs au sommet; labelle roux fauve ou jaunâtre; fleurit en hiver, fait bien en pot, sous cloche en appartement. Serre froide.

C. macranthum, *Swartz. Sibérie*, 1828. — Belle espèce, tige de 30 cent. en avril-mai ; fleurs grandes, pétales rose carminé ou pourpre; labelle bosselé, carmin veiné de noir. Pleine terre.

C. pubescens, *Wild. Amérique du Nord*, 1790. — Plante pubescente; en mai-juin, tige de 30-40 cent.; 1-3 fleurs à pétales vert rougeâtre, labelle jaune taché de brun.

C. spectabile, *Swartz. Amérique du Nord*, 1732. — Le plus beau des *Cyp.*; feuilles ovales, pubescentes; tiges feuillées de 40-60 cent., terminées en juin-juillet par 1-2 fleurs grandes, à segments blancs ciliés et rosés, labelle rose carminé. Pleine terre.

C. venustum, *Wallich. Népaul*, 1816. — En hiver, fleurs moyennes, pétales blanc verdâtre, strié de rose ; labelle vert jaunâtre; serre tempérée ou châssis froid; réussit très bien en pot, sous cloche en appartement.

Culture. — Ces plantes ont besoin d'ombre et de beaucoup d'humidité; choisir un endroit exposé au nord en pente, situé sous des arbres au bord d'un ruisseau si possible, tout en étant abrité des vents froids; creuser le sous-sol à 50 cent. de profondeur, y établir un bon drainage de 20 cent. d'épaisseur, remplir la fosse avec un mélange de terre franche, terre de bruyère concassée, et terreau de bois par tiers; on peut remplacer ce dernier par du pourri de chêne où de châtaigner; planter en mars-avril, en divisan les touffes le moins possible, et couvrir le sol d'une couche de sphagnum pendant toute l'année, pour empêcher l'évaporation pendant l'été, et atténuer la gelée en hiver. Il ne faut pas arracher les touffes, et ce n'est qu'après quelques années, quand elles seront bien établies, qu'on verra la floraison dans toute sa beauté; pendant l'été il faut entretenir les plantes dans une humidité constante à l'aide d'arrosages.

La culture en pots donne de bons résultats; on plantera 4 à 6 plantes dans un mélange analogue à celui décrit plus haut, en pots drainés jusqu'à moitié, tenir sous châssis froid pendant l'hiver et exposé à l'ombre et au nord pendant l'été.

Les espèces de serre tempérée et de serre chaude se cultivent comme les orchidées tropicales.

Multiplication. — Il est préférable de laisser grossir les touffes et de ne jamais en distraire ni racines ni rejetons pour la multiplication, cette opération ayant pour but de contrarier et parfois de faire périr les plantes. Cependant la multiplication ne peut se faire que par division de touffes à l'automne, ou par semis, ce qui est rare.

CYRILLA pulchella. — V. *Achimenes coccinea.*

CYRTANTHUS *Ait. Amaryllidées.*

C. angustifolius *Ait. Cap*, 1771. — Bulbe tuniqué; feuilles linéaires, longues de 40-50 cent., paraissant avec les fleurs; hampe de 40-50 cent., en automne fleurs rouge vif, inodores, étroites, longues de 4-5 cent.

C. brevifolius. — V. *Anoiganthus brevifolius*.

C. carneus. *Cap*, 1825. — Tige de 60 cent. portant en février une ombelle de fleurs rouge ocreux, longues de 5-6 cent.

Fig. 67. — Cyrtanthus Mackenni.

C. Mackenni. *Hook*. *Cap*, 1868. — Même port; en hiver et au printemps fleurs odorantes, blanc pur; cette plante passe pour être demi-aquatique.

C. Macowani, *Baker*. — Même port, fleurs écarlates.

C. obliquus, *Ait*. 1774. — Feuilles distiques, coriaces, tordues; hampe de 50-60 cent., ombelles de 10-12 fleurs pendantes, inodores, jaune panaché de vert. Cette espèce, étant toujours verte, doit être tenue en végétation continue.

C. odorus, *Gawl. Cap*, 1818. — Fleurs rouge vif, odorantes.

C. purpureus. — V. *Amaryllis purpurea.*

C. sanguineus, *Hook. Gastronema sanguinea. Caffrerie, Cap*, 1860. — En août, fleurs grandes, campanulées, rouges à l'intérieur, jaunes à l'extérieur, nevures médianes rouges; haut. 15-20 cent. La plus belle espèce du genre.

C. uniflorus, *Gawl. Gastronema coloratum, Herb.* Haut. 15 cent.; en septembre fleurs blanches, avec une bande rouge au centre de chaque pétale.

Plantes de serre froide ou de serre tempérée.

Culture des *Hæmanthus.*

CAZACKIA liliastrum. — V. *Phalangium liliastrum.*

DAHLIA, *Cor.* **Georgina**, *Wild. Composées.*

D. à fleurs de renoncules. — V. *D. Lilliput.*

D. anemonæflora, *Hort.* — V. *D. arborea, Regel.*

D. arborea, *Regel. D. anemonæflora, Hort. Mexique*, 1820. — Feuilles grandes, bipennées; tige de 2-4 mètres; suffrutescente; fleurs grandes à capitules de 10 cent. de diamètre, fleurons lilas; fleurit en octobre-décembre et doit être rentré en serre en octobre.

D. bidentifolia. — V. *D. coccinea.*

D. coccinea, *Cav. D. bidentifolia, Sweet. Georgina Cervantesii, Sweet. Georgina crocata, Sweet. Georgina coccinea, Wild. D. crocata, Log. D. crocea, Poir. D. fulgens, Hort. Mexique*, 1809. — Feuilles pennées, glabres; tige de 1 m. 20; capitules à rayons écarlates, disque jaune, fleurit en juillet-octobre.

D. crocata. }
D. crocea. } — V. *D. coccinea.*

D. excelsa, *Maund. Mexique.* — Feuilles de 75 cent.

de long et 60 cent. de large ; tige arborescente, persistante, haute de 5-6 mètres; capitules pourpre lilas, très larges, disque jaune.

Culture du *D. imperialis*.

D. fulgens. — V. *D. coccinea*.

D. glabrata. — V. *D. Merkii*.

D. gracilis, *Ort. Mexique*. — Feuilles bipennées;

Fig. 68. — Dahlia Juarezi.

tiges de 1 m. à 1 m. 50; capitules rouge orangé ; fleurs de juillet en octobre.

D. imperialis, *Rœzl. Mexique*, 1863.— Feuilles bipennées; tige ligneuse à la base, haut. de 3-4 mètres; capitules très grands, blanc violet, striés de rouge vif. Ce beau dahlia ne fleurit qu'en octobre-décembre et doit être rentré en serre tempérée, ou mieux en serre chaude dès le mois de septembre pour fleurir pendant tout l'hiver.

D. Juarezii *Hort. Dahlia Cactus, D. Cornes du diable. Mexique*, 1872. — Haut 1 m.; capitules rouge écarlate vif, fleurons ligulés et réfléchis, disque jaune; tiges fistuleuses; c'est le type qui a produit les variétés du *D. cactus à fleurs doubles;* on ne connaît pas la plante à fleurs simples.

D. Merckii, *Lehm. D. Glabrata, Lindl. Mexique,* 1839. — Haut. 1 m. environ; tige fistuleuse; feuilles bipennées; en septembre-octobre, capitules blanc lilacé et jaune, disque jaune.

D. miniature.
D. pompon. } V. *D. Lilliput.*

D. pinnata.
D. superflua. } — V. *D. variabilis.*

D. variabilis, *Desf. D. superflua, Ait. D. pinnata, Cor. Georgina variabilis, Wild. Dahlia changeant, Georgine. Mexique,* 1789. — Feuilles pennées; tiges fistuleuses; hautes de 1 m. 20 cent. environ; en juillet-octobre capitules rouge écarlate, disque jaune.

D. Zïmapani *Dœzl. Cosmos atrosanguinea. Bidens atrosanguinea, Hort. Mexique.* — Tubercules minces cylindriqnes; feuilles à 5-7 folioles; tige rameuse de 50 cent.; en juillet-octobre, fleurs pourpre noir, à longs pédoncules. Peut se cultiver comme plante annuelle ou plante vivace.

Les Dahlias ci-dessus sont tuberculeux, ils se cultivent et se multiplient comme les Dahlias horticoles à fleurs doubles comme suit.

Dahlias à fleurs doubles.

Le Dahlia est originaire du Mexique et a été introduit en France vers l'année 1800; à cette époque, on ne connaissait que les espèces à fleurs simples. Depuis, les semis des *D. coccinea, D. Merckii* et *D. variabilis* ont produit des hybrides à fleurs doubles, qui augmentent chaque année en nombre si considérable que c'est par milliers aujourd'hui qu'on pourrait les chiffrer.

Tous les ans, les anciennes variétés les moins méritantes sont abandonnées et remplacées par les nouvelles plus perfectionnées ; tous les coloris à peu près, excepté le bleu, ont été obtenus : le blanc pur. jaune, violet, rouge pourpre, pourpre noir, et tous les tons intermédiaires, enfin les coloris unicolores, panachés, striés, des plus bizarres ; la beauté de ces plantes, leur rusticité et leur floraison abondante les ont rendues universellement populaires.

Tous ont les racines en gros tubercules fusiformes, jaunâtre, charnus, fasciculés, à odeur forte, réunis au sommet et formant un collet d'où naissent les bourgeons.

On peut diviser toutes les variétés en sept groupes, savoir :

1° **D. doubles à grandes fleurs**, comprenant les variétés de 80 cent. de haut, et au-dessus.

2° **D. doubles nains à grandes fleurs**, ayant moins de 80 cent. de hauteur.

3° **D. doubles lilliput. D. miniature. D. à fleurs de renoncule, pompon, ou à petites fleurs**, ayant 80 cent. de haut et au-dessus.

4° **D. doubles nains lilliput, pompon, ou à petites fleurs**, ayant moins de 80 cent. de haut.

Les *D. lilliputs* sont très florifères ; les fleurs petites, bien faites, et de coloris bien variés ; elles sont excellentes pour la fleur coupée et la confection des bouquets.

5° **D. doubles à fleurs de cactus.**

Cette belle variété nous est venue du Mexique, en 1872. La forme bizarre des pétales et la couleur rouge écarlate de ses belles fleurs très pleines, en ont fait un genre très apprécié; les semis en ont déjà produit un certain nombre de variétés, très jolies de coloris.

6° **D. à fleurs simples grands**, ayant plus de 80 cent. de haut.

7° **D. à fleurs simples nains**, ayant moins de 80 cent. de haut.

Depuis quelques années, les D. à fleurs simples sont devenus à la mode ; ils sont très florifères, et les fleurs longuement pédonculées, moins lourdes que les fleurs doubles, sont très commodes pour la fleur coupée et la confection des gerbes et bouquets ; aussi a-t-on déjà obtenu par le semis un grand nombre de variétés aux coloris les plus variés.

Je ne donnerai pas ici la nomenclature si longue et si variable de ces variétés ; les amateurs devront chaque année consulter les catalogues spéciaux, soit pour les nouveautés, soit pour les collections générales.

Culture. — Choisir une bonne terre de jardin bien fumée, tous les engrais leur conviennent ; planter vers le 15 mai en place, en pleine terre, à 1 mètre ou 1 m. 50 de distance, suivant les variétés et leur hauteur ; creuser une cuvette à chaque pied, pour recevoir l'eau des arrosages ; mettre un paillis de 5-6 cent. d'épaisseur de bon fumier ; placer à chaque plante un tuteur solide en bois peint, ou en fer, proportionné à la hauteur de la variété, afin de pouvoir attacher les rameaux solidement, au fur et à mesure de leur développement ; arroser copieusement pendant l'été. Lorsque les gélées ont détruit les rameaux supérieurs, couper les tiges à 20 cent. du sol ; arracher les touffes, secouer la terre des racines, mettre une étiquette à chaque plante fixée à un tubercule et non à la tige qui souvent pourrit; les hiverner dans une cave, un cellier, une serre ou tout autre lieu sain, à l'abri de la gelée et de l'humidité.

En mars-avril, les placer sur une couche et sous châssis pour les mettre en végétation; dès que les bourgeons ont atteint 10-15 cent. de long, diviser les touffes en laissant un bourgeon à chaque partie; ces divisions sont : ou plantées de suite en place en pleine terre si l'époque le permet, ou remises sous châssis dans le terreau pour faire des racines et attendre le 15 mai; on peut diviser les touffes en avril, avant qu'elles soient en végétation, et les planter de suite en pleine terre; mais il arrive que des divisions n'ayant pas de bourgeons n'émettent pas de tige; en outre, ces plantes sont bien plus en retard que celles mises sous châssis.

Les escargots et les limaces sont un véritable fléau au printemps; leur ravages sont tels, qu'ils détruisent ou retardent des plantations pendant plusieurs semaines; on les détruit par une chasse active matin et soir à la fraîcheur; la chaux vive en poudre jetée à la volée les détruit radicalement, la sciure de bois qu'ils ne peuvent traverser, placée au pied des plantes, les tient à l'écart.

Dans une terre saine, les racines peuvent passer l'hiver dehors, si elles sont recouvertes de sable ou de feuilles sèches; ce procédé n'est pas recommandable.

La floraison commence en juin-juillet, et n'est arrêtée que par les gelées.

Multiplication. — Se fait par division des tubercules, par boutures, par greffes et par semis.

Division des tubercules. — Opérer comme il est indiqué ci-dessus pour la culture.

Boutures. — Mettre les touffes en végétation sur

couche chaude ou en serre chaude, dès le mois de février; dès que les bourgeons ont 8-10 cent. de long, les couper au-dessus d'un œil, et les bouturer en godet et à chaud et sous cloche; ils s'enracinent très vite; les bourgeons sectionnés repoussent promptement et fournissent encore des boutures en quantité; rempoter les boutures quand elles sont reprises, dans des pots de 10 cent. de diamètre, et les traiter comme des plantes adultes; leur floraison sera aussi hâtive et plus belle que celle des vieux pieds.

Les boutures faites en juin, tenues en petits pots plongés dans le sol pendant l'été, forment des petits tubercules, qui sont excellents pour la plantation, au printemps suivant.

La *greffe* consiste à insérer un jeune bourgeon dans un tubercule, au lieu de sol; rempoter le tout; mettre sur couche jusqu'à parfaite soudure; peu usité.

Semis. — Semer les graines en février-mars, sur couche chaude, sous châssis ou en terrines; dès que les semis ont quatre feuilles, les repiquer en godets; les tenir sous châssis et aérer; les mettre en place en pleine terre, comme des plantes adultes, à un mètre de distance dès que les gelées ne sont plus à craindre; la floraison aura lieu en août-octobre; ne juger les fleurs que la deuxième année; le semis produit des plantes à fleurs simples, semi-doubles ou doubles; les bonnes nouveautés sont rares.

DAME d'onze heures. — V. *Ornithogal. umbellatum.*

D. nue. — V. *Colchicum autumnale.*

DAMIER. — V. *Colchicum variegatum.*
— V. *Fritillaria meleagris.*

DANBYA — V. *Bomarea.*

DATURA *Lin. Pomme épineuse. Solanées.*

D. faux métel. — V. *D. meteloides.*

D. meteloïdes. *DC. D. Wrightii. Reg. D. faux métel, D. mételoïde. Texas*, 1856. — Magnifique plante, produisant beaucoup d'effet en massifs, atteignant 0 m. 60 à 1 mètre; feuillage vert grisâtre, en juillet-octobre fleurs très grandes, odorantes, en entonnoir, la gorge blanche et le limbe bleuâtre; fruit épineux pendant, de la grosseur d'un marron. La racine est tuberculeuse et noirâtre; cette plante peut être cultivée comme annuelle, mais si, en octobre, les racines sont arrachées et conservées comme celles des Dahlias, en les plantant en pleine terre en avril, elles produiront une floraison plus précoce et plus abondante que le semis.

D. Wrightii. — V. *D. meteloides.*

Culture et *Multiplication.* — Par graines semées en février-mars, sur couche et sous châssis; repiquer en pots et mettre en place en pleine terre fin mai; à exposition chaude, arroser pendant l'été.

DAUBENGA *Lindl. Liliacées.*

D. aurea *Lindl. Cap*, 1832. — Haut. 10 cent.; feuilles oblongues, charnues, étalées sur le sol; en juin, fleurs jaunes, larges de 2-3 cent., réunies en ombelles.

D. fulva *Lindl. Cap*, 1836. — En juin, fleur jaune orange.

Culture. — Jolie miniature de plantes bulbeuses, de serre froide, très rares; terre franche et de bruyère très sableuse; tenir très secs pendant le repos; peut-être résisteraient-ils en pleine terre; planter au printemps et à l'automne.

Multiplication. — Par division des bulbes.

DECHELOSTEMMA. — V. *Dicholestemma.*

DELPHINUM. Pied-d'alouette. *Renonculacées.*

D. cardinale *Hook. Pied-d'alouette écarlate. Californie*, 1854. — Racine tuberculeuse, charnue; feuilles palmatifides, vertes en dessus; tiges rameuses, hautes de 1 mètre; en août fleurs rouge écarlate.

Culture. — Du *D. nudicaule.*

D. Menziesii *Dc. Amérique du Nord*, 1826. — Racine tuberculeuse, tige de 1 mètre; en août, fleurs bleues; pleine terre.

Multiplication. — De graines et par racines.

D. nudicaule *Torr Gray. Californie*, 1869. — Racine tuberculeuse, charnue; feuilles épaisses à 3-5 lobes; tige de 40-60 cent.; en été fleurs rouge écarlate en grappes.

Culture. — On conserve les tubercules pendant l'hiver comme les Bégonias; mettre en place en pleine terre au printemps, en bonne terre profonde et fraîche, où, plantés en pots en janvier et mis en serre chaude, ils fleurissent au printemps.

Multiplication. — Par les tubercules et par graines, semées en février-mars sous châssis; repiquer sous châssis, mettre en place en mai pour fleurir pendant l'été; semer en juin-juillet, hiverner sous châssis, mettre en place au printemps.

DENTAIRE. — V. *Dentaria.*

DENTARIA *Tourn.* **Dentaire.** *Crucifère.*

Plantes herbacées, rustiques, à rhizomes rampants, écailleux; hautes de 40 cent., à fleurs blanches, roses ou rouges, en avril-mai.

Ils aiment une bonne terre fraîche à l'ombre et se multiplient par division de rhizomes et par graines.

DENT-DE-CHIEN. — V. *Erythronum dens-canis.*

DENTELAIRE. — V. *Plumbago larpente.*

DIASIA. — V. *Melasphærula.*

DIASTEMA *Benth. Gesnéracées.*

Plantes intermédiaires entre les *Achimenes* et les *Gesnera* ; à rhizomes écailleux, semblables à ceux des *Achimenes.*

D. Lehmanni, *Regel. Nouvelle-Grenade,* 1889. — Feuilles pétiolées, ovales; en été fleurs axillaires, solitaires, blanches maculées et striées de violet.

D. ochroleuca. *Hook. Nouvelle-Grenade,* 1844. — Tiges dressés; feuilles opposées, rugueuses, ovales; en août, fleurs en panicules terminales, jaune orangé.

D. picta. *Regel. Colombie,* 1888. — Tiges dressées rameuses ; feuilles opposées, lancéolées ; en été fleurs blanches, maculées et ponctuées de pourpre.

Culture et *Multiplication* des *Achimenes.*

DICHOLESTEMMA californica. — V. *Brodiæa volubilis.*

D. capitata. — V. *Brodiæa capitata.*

D. congesta. — V. *Brodiæa congesta.*

DICHOPOGON *Kunth. Liliacées.*

D. strictus. *Baker. Australie,* 1883. — Tubercules petits, allongés, charnus ; feuilles longues de 50 cent., larges de 2; tiges de 60-80 cent., dressées ; en novembre, fleurs larges de 4-5 cent. ; pourpre foncé.

Culture. — Serre tempérée, terre légère, très peu d'eau pendant l'hiver ; à essayer en pleine terre.

DIERMA *Koch. Iridées.*

D. pendula *Baker. Ixia pendula Lin. Sparaxis pendula Ker Afrique australe,* 1825. — Bulbes rhizomateux ; feuilles linéaires, droites, longues de 60-80 cent. ; hampe filiforme, dressée, haute de 1 mètre, terminée par un épi pendant de 6-7 fleurs unilatérales, lilas strié; floraison en juin.

D. pulcherrima *Baker. Sparaxis pulcherrima. B. M. Afrique australe*, 1865. — Hampe de 1 m. 50; feuilles longues, étroites, coriaces; en octobre, fleurs pendantes, pourpre foncé, campanulées.

Culture et *Multiplication* des *Ixias* et *Sparaxis*.

DIETES *Salisb. Iridées.*

D. Huttoni *Bak. Moræa Huttoni. M. Spathacea. Cap*, 1875. — Rhizomes rampants ligneux; feuilles longues de 1 mètre à 1 m. 50, larges de 2 cent., coriaces, vert gris en dessus, glauques en dessous; tiges érigées de 30-40 cent., entourées de bractées engainantes, portant en avril plusieurs fleurs jaune maculé de cramoisi, s'épanouissant successivement; chaque fleur est portée sur un pédoncule de 8-10 cent., elles sont très odorantes et ne durent que 2 jours; belle plante.

D. iridioides. — V. *Moræa iridioides*.

Culture des Iris avec couverture l'hiver.

DIEU D'AMOUR. — V. *Adonis vernalis*.

DIOMEDE Parkinsoni. — V. *Narcissus Bernardi*.

DIOSCOREA *Plum.* **Igname.** *Dioscorées.*

D. Batatas *Dcsne*, *D. Japonica Hort*, *Igname de Chine*, *Dioscorée*, *Batate*. *Chine*, 1849. — Tubercules gros, bruns, en forme de massue, longs de 60 à 80 cent.; chair jaune; feuilles cordiformes, d'un beau vert; tiges volubiles, ramifiées, hautes de 3-4 mètres; en été fleurs dioïques verdâtres, les mâles très odorantes.

Plante potagère, ornementale par ses tiges grimpantes qui peuvent garnir en peu de temps les treillages ou berceaux. Il existe plusieurs variétés, différant seulement par la forme des racines.

Culture. — Tous terrains, mais profonds de préférence, arracher tous les 3-4 ans.

Multiplication. — Par le collet des tubercules, que l'on plante à demeure, au printemps ; par les bulbilles qui se développent à l'aisselle des feuilles ; semées au printemps, elles produisent de petits tubercules à l'automne suivant ; par graines semées au printemps, comme les bulbilles ; enfin par boutures des tiges herbacées faites au printemps sur couche et sous cloche. Sous la dénomination de *D. discolor*, *D. multicolor*, *D. versicolor*, on cultive plusieurs espèces, à feuilles panachées de diverses couleurs, et qui ne sont pas à dédaigner, comme plantes grimpantes ; les principales sont :

D. discolor. — Feuilles vertes, marbrées de plusieurs teintes, rouge pourpre en dessous.

D. d. chrysophila. — Feuilles grandes, vertes panachées de gris.

D. d. Eldorado. — Feuilles vertes, lavées, maculées de gris argenté.

D. d. melanoleuca. — Feuilles vertes, maculées de blanc argenté.

D. d. metallica. — Feuilles bronzées, avec une bande médiane cuivrée.

D. d. nobilis. — Feuilles bronzées, maculées, panachées de jaune.

Culture et *Multiplication* du *D. Batatas*.

D. hybrida *Hort.* 1883. — J'emprunte cette description à la *Revue horticole*, 1882, p. 379. « Tubercules gros, plats ; feuilles sub-cordiformes, atténuées ; fleurs jaune verdâtre, en nombreux bouquets axillaires. On suppose que cette plante grimpante et demi-rustique, est un hybride du *D. batatas* et du *Tamnus communis*. » Je ne connais pas cette plante, mais je doute que son origine soit celle indiquée par la *Revue horticole*: 1° parce que les parents indiqués sont tout à fait rustiques, 2° parce que les racines de l'*Igname* sont renflées et très allongées et celles du *Tamne*, sont cylindriques longues, de 50 centimètres et plus. Ce serait un résultat des plus bizarres, attendu que depuis de longues années on cherche à diminuer la longueur et à augmenter la grosseur des racines des ignames, en vue d'une culture plus facile et moins onéreuse.

D. multicolor. — V. *D. discolor*.

D. retusa. *Afrique, Australie*, 1870. — Tubercules gros; feuilles distinctes à fortes nervures; tiges vigoureuses, grimpantes; fleurs en grappes pendantes, odorantes, jaune crème, très élégante dans leur ensemble.

Culture. — Planter au pied d'un mur, supporte nos hivers avec couverture pendant les fortes gelées.

D. versicolor. — V. *D. discolor*.

DIPCADÉ. { — V. *Lachenalia*.
— V. *Muscari odorant*.
— V. *Uropetalum*. }

DIPLADENIA. *De Candolle. Apocynées.*

D. nobilis, *Morr. Echites nobilis. Santa Catharina. Amérique du Sud*, 1847. — Racines charnues, tuberculeuses; feuilles petites, ovales, opposées, coriaces, vert foncé; tiges dressées; en août-octobre épi en grappe terminale de fleurs larges de 5-6 centimètres, campanulées d'un beau rose tendre, plus foncé à la gorge; très belle plante d'un grand effet.

D. rosa campestris. *Lemaire. Amérique tropicale.* 1847. — Rhizome tuberculeux; en août-octobre, épi allongé de fleurs tubuleuses, ressemblant à celles du Laurier rose, d'un beau rose pâle, à gorge verte, chaque pétale maculé de rouge carmin à la base.

Il existe beaucoup d'autres espèces à racines plus ou moins charnues.

Culture. — Terre de bruyère grossièrement concassée, additionnée de terre franche et de sable; planter en pots spacieux; tenir en serre tempérée ou mieux serre chaude, bien aérée, et beaucoup d'eau pendant la végétation; en novembre après la floraison, raccourcir ou rabattre les tiges, tenir à une température moins élevée, en supprimant presque les arrosages: car la moindre humidité ferait périr les tubercules pendant la période de repos, qui a lieu de novembre à mars; rempoter chaque printemps avant la végétation avec de la terre neuve, on peut aussi les cultiver en serre en pleine terre, en prenant soin d'éviter l'humidité pendant l'hiver. Planter les tubercules au niveau du sol.

Multiplication. — De boutures herbacées avec talon du tubercule, au printemps, qui font d'excellentes plantes pour l'année suivante.

DIRCÆA. — V. *Gesnera.*

D. refulgens anomale. — V. *Gesnera refulgens anomale.*

DISA *Lin. Orchidées.*

D. grandiflora *Lin. Fleur des Dieux. Cap*, 1825. — Bulbeux, feuilles larges; hampe feuillée de 60-80 centimètres terminées par 2-6 belles fleurs de 10-12 cent. de diamètre d'un beau rouge cramoisi, labelle légèrement veiné, floraison en juillet-août.

D. lacera. *Cap*, 1826. — Tige de 60 centimètres; fleurs bleues, labelle frangé. Même culture.

Culture. — Planter en septembre-octobre, dès que

la végétation commence; serre froide ou châssis; beaucoup d'air pendant la période de repos; la végétation ne doit pas s'arrêter complètement;

Fig. 69. — Disa grandiflora.

culture assez difficile. On rencontre souvent des plantes dont les fleurs sont d'un coloris pâle et sans valeur. Cette belle plante supporte nos hivers avec un léger abri.

DISPORUM *Salisb. Liliacées*

D. fulvum *Don. D. pullum Salisb. Uvularia chinensis Ker. Chine*, 1801. — Rhizome souterrain ; feuilles ovales lancéolées ; tiges herbacées, flexueuses, hautes de 50 centimètres en septembre, fleurs penchées, campanulées, en grappes, verdâtres à l'intérieur, brunes à l'extérieur.

D. Menziesii *Nichols. Californie.* — Feuilles cordiformes laineuses ; tiges de 80 centimètres en été, fleurs verdâtres en grappes.

D. pullum. — V. *D. fulvum.*

Il existe plusieurs autres espèces peu intéressantes.

Culture. — Terre de bruyère ou légère, mais fraîche et à l'ombre, planter en pleine terre, à exposition chaude et abritée, craint les grands froids.

Multiplication. — Par graines et par division des rhizomes au printemps avant la végétation.

DISTEGANTHUS *Ch. Lem. Broméliacées.*

D. basilateralis *Ch. Lem. Guyane française*, 1846. — Racine rhizomateuse, feuilles pétiolées, à limbe cordiforme, long de 20-30 centimètres, épineux ; hampe sortant du rhizome, fleurs à pétales jaune d'or ; bractées rouge.

Culture. — Des Bromelias.

DOLICHODERIA tubiflora. — *Achimenes tubiflora.*

DOLICHOS bulbosus. — V. *Pachyrhizus angulatus.*

DORONIC romaine. — V. *Doronicum Pardalianches.*

DORONICUM *Tourn.* **Doronic.** *Composées.*

D. pardalianches *Wild. D. romaine. Herbe aux panthères, Mort aux panthères. Indigène.* — Souche tuberculeuse, rampante ; feuilles molles ovales cordiformes; tiges rameuses, hautes de 60 cent., en mai-juin, fleurs jaunes larges de 4-5 cent.

D. plantaginum *Lin. Indigène.* — Souche noueuse, stolonifère; tige de 1 mètre, en avril fleurs jaunes, terminales et solitaires.

Culture. — Plantes peu difficiles; toute terre; d'un bel effet dans les plates-bandes.

Multiplication. — Par division des racines à l'automne et par graines semées en mai-juin, repiquer en août, mettre en place en octobre pour fleurir l'année suivante.

DORYANTHES *Correa. Amaryllidées.*

D. excelsa *Correa. Lis géant d'Australie. Australie,* 1800. — Souche composée de faux bulbes; feuilles toutes radicales, longues de 1 m. à 1 m. 50, larges de 8-10 cent.; tige de 3-4 mètres, garnie de petites bractées, terminée par une ombelle ou bouquet de fleurs rouge écarlate, ayant la forme d'une fleur de lis, entourées de bractées rouge vif; la floraison a lieu en été, et une seule fois.

D. Palmeri *W. Hill. Queensland, Australie,* 1870. — Feuilles toutes radicales, longues de 1-2 mètres; tige de 2-3 mètres, garnie de bractées, terminée par un épi pyramidal de belles fleurs rouge vif, ayant la forme d'un entonnoir et entourées de bractées rougeâtres.

Comme les *Agaves*, ces nobles plantes meurent après la floraison, qui n'a lieu qu'après un certain nombre d'années.

Culture. — Bonne terre franche, riche et légère; serre tempérée ou serre froide pendant l'hiver.

Multiplication. — Par drageons ou caïeux, qui ne se

produisent qu'après la floraison, et par graines difficiles à procurer.

DRACONTIUM gigas. — V. *Amorphophallus gigas.*

DRACONTIUM polyphyllum. — V. *Amorphophallus giganteus.*

DRACUNCULUS crinitum. — V. *Arum crinitum.*
D. polyphyllus. } — V. *Arum dracunculus.*
D. vulgaris. }

DRAGON. { — V. *Arisæma Dracuntium.*
{ — V. *Dracunculus vulgaris.*

DRAGONNE. — V. *Tulipa turcica ou monstrueuse.*

DRIMIA. Plantes bulbeuses du Cap, ayant le port des *Scilles*, peu cultivées : Voir *Scilla.*

DRIMIOPSIS *Lindl. Liliacées.*

D. Kirkii *Baker. Zanzibar*, 1871. — Bulbe blanchâtre, de 4 cent. de diamètre ; feuilles lancéolées, longues de 30 cent., maculées de vert foncé ; hampe de 40-50 cent. ; en juillet fleurs blanches, en grappe, paraissant avec les feuilles.

Culture. — Serre chaude.

Multiplication. — Par les caïeux.

D. maculata *Lindl. Cap*, 1851. — Bulbe globuleux, poussant sur la terre ; feuilles ovales, cordiformes, charnues, maculées de vert foncé ; hampe de 30 cent. ; en juin, fleurs blanc pur, passant au blanc verdâtre.

Culture. — Serre froide ou châssis, craint l'humidité.

Multiplication. — Par les caïeux.

DRYMONIA. — V. *Gesnera.*

DUPCADE. — V. *Muscari suaveolens.*

ECHITES *Lin. Apocynées.*

E. longiflora *Desf. Brésil*, 1816. — Racines tuberculeuses. — Feuilles ovales lancéolées, glabres en dessus, tomenteuses blanchâtres en dessous ; tiges volubiles, hautes de plusieurs mètres; d'août en octobre, fleurs jaunes, duveteuses extérieurement. Il y a un grand nombre d'espèces, à racines un peu charnues ; toutes sont de serre chaude ou tempérée.

E. nobilis. — V. *Dipladenia nobilis.*

E. succulenta. *Cap*, 1820. *Pachypodium succulentum.*

E. tuberosa. *Cap*, 1813. *Pachypodium tuberosum.*

Ces deux espèces n'atteignent que 30 cent. de hauteur ; les fleurs sont blanches et rouges ; on les cultive en pots bien drainés tenus au sec, en terre froide en hiver : car la moindre humidité fait périr les tubercules; boutures en été qui émettent des tubercules avant l'hiver.

Culture et *Multiplication* des *Dipladenia.*

EICHORNIA. — V. *Pontederia.*

ELISENA *Herb. Amaryllidées.*

E. longipetala *Herb. Pérou*, 1837, — Bulbe petit; hampe à deux angles; haute de 1 mètre; portant en avril 4-8 fleurs blanches à grandes divisions.

Culture des *Pancratium.*

ELISMA natans. — V. *Alisma natans.*

ENAYMION patula. — V. *Scilla patula.*

E. nutans. — V. *Scilla nutans.*

ÉPHÉMÈRE de Virginie. — V. *Tradescantia.*

ÉPI DE LAIT.
ÉPI DE LA VIERGE } — V. *Ornithogalum pyramidale.*

EPIMEDIUM, *Lin. Berbéridées.*

Petites plantes à rhizomes rampants; excellentes pour l'ornementation des rocailles; produisant au printemps des grappes de fleurs d'une conformation particulière, qui leur a valu les surnoms de *Bonnet-d'évêque*, *Chapeau-d'évêque*.

E. **alpinum** *Lin. Indigène.* — Très traçante; feuilles biternées, à folioles ovales, dentées; hampe de 15-20 cent.; au printemps, fleurs jaunes, sépales rouge cramoisi.

E. **alpinum rubrum**. — V. *E. rubrum.*

E. **diphyllum** *Grah. Aceranthus diphyllus Morr. Japon*, 1830. — Espèce très petite; en avril, fleurs lilas.

E. **grandiflorum**. — V. *E. macranthum.*

E. **macranthum** *Morr. E. grandiflorum. Japon*, 1836. — Très belle espèce; hampe de 40-50 cent.; au printemps, fleurs blanches.

E. **Perralderianum** *Coss. Algérie*, 1837. — Au printemps, fleurs jaunes à éperon brun.

E. **pinnatum** *Fisch. Perse*, 1849. — Hampe de 40-60 cent.; en été, belles grappes de fleurs jaune vif.

E. **rubrum** *Ed. Morr. E. alpinum rubrum. Japon*, 1854. — Au printemps, fleurs jaune pâle teinté de rouge.

Culture. — Pleine terre, planter au printemps ou à l'automne en terre de bruyère, tourbeuse ou fraîche, à l'ombre, en bordure ou sur les rocailles, ne pas enlever les tiges et les feuilles, qui persistent quand elles sont sèches, elles abritent les souches pendant l'hiver.

Multiplication. — Au printemps, par division des racines.

EPISCIA cupreata. — V. *Achimenes cupreata.*

EPITESTE. — V. *Arum maculatum.*

ERANTHE d'hiver. — V. *Eranthis hiemalis.*

ERANTHEMUM *Lin. Acanthacées.*

E. tuberculatum *Hook. f. Nouvelle-Calédonie*, 1863. — Racines tuberculeuses; feuilles petites, ovales;

Fig. 70. — Eranthis hiemalis (Krelage).

tiges grêles et ramifiées; fleurs blanc pur, larges de 4 cent, à tube allongé et à limbe étalé.

Culture. — Serre chaude ou tempérée.

ERANTHIS *Salis.* **Eranthe.** *Renonculacées.*

E. hiemalis *Salisb. Helleborus hiemalis Lin. H. monanthus Mœnch. Koellea hiemalis Birm. Robertia hiemalis, Mérat. Erante d'hiver, Anémone aconit, Fleur d'hiver, Hellébore d'hiver, Helléborine, Tue-loup, Indigène.* — Tubercules noirâtres, de la grosseur d'une fève; feuilles longuement pétiolées, à limbe arrondi et découpé; en janvier-février-mars, fleurs jaunes, sur une collerette multifide, portées sur un pédoncule nu, haut de 12-20 cent.

E. siberica. *DC. Sibérie*, 1826. — Haut. 10-12 cent.; en mars-avril, fleurs jaunes.

L'*E. hiemalis* est une jolie plante printanière, tout à

fait rustique; précieuse pour mélanger avec les *Galanthus*, *Scilla* et *Leucojum* qui fleurissent à la même époque et sont de même taille.

Culture. — Bonne terre légère, fraîche, aime beaucoup l'ombre; planter en juillet-octobre à 5 cent. de profondeur et 5 de distance; laisser plusieurs années en place.

Multiplication. — Par la division des tubercules à l'époque de la plantation, et par graines semées en pleine terre ou sous châssis aussitôt la maturité; ces graines germent de suite; mais, si on attend le printemps pour faire le semis, elles ne germent que 12 mois après; les semis ne fleurissent qu'à l'âge de 2 ou 3 ans.

EREMOSTACHYS *Bunge. Labiées.*

E. laciniata *Bunge. Phlomis laciniata Lin. Caucase*, 1731. — Racine grosse charnue; feuilles à découpures élégantes, d'un beau vert en dessus, vert pâle en dessous; tige tétragone de 1 m. 50 à 2 mètres, garnies au sommet de verticilles composés de 10-12 fleurs agglomérées, laineuses, rose pourpre, lèvre inférieure jaune foncé; la floraison a lieu en juin-août.

Culture. — Toute terre, toute exposition, planter au printemps de 50 cent. à 1 mètre de distance, dans les plates-bandes, les massifs ou les parties agrestes du jardin, laisser en place pendant plusieurs années.

Multiplication. — Par graines qui fleurissent 2-3 ans après le semis.

EREMURUS *Bieb. Liliacées.*

Jolies plantes, encore peu répandues, à racines tuberculeuses et à port de jacinthe. Toutes sont de pleine terre.

E. aurantiacum *Baker. Afghanistan*, 1885. — Racine

tuberculeuse ; feuilles linéaires, longues de 30 cent. ; hampe de 60-80 cent., en été fleurs jaunes en longues grappes denses.

E. **Bucharicus** *Regel. Buchara*, 1884. — Hampe de 1 mètre ; fleurs blanches, larges de 2-3 cent.

E. **Bungei** *Baker. Perse*, 1879. — Hampe de 30 cent. ; fleurs jaune vif.

E. **himalaicus** *Baker. Himalaya*, 1881. — Hampe de 60 cent. ; fleurs blanches, étoilées.

E. **Korolkowi** *Regel. Asie Centrale*, 1875. — Hampe de 1 m. 20 ; fleurs rose vif en grand épi, espèce rare et belle.

E. **robustus** *Regel. Turkestan*, 1873. — Racines fusiformes, fasciculées ; feuilles de 80 centimètres à 1 m. de long, 10 de large ; tige nue de 2 m. 50 à 3 mètres, terminée à la fin de l'été par une longue grappe de fleurs rose pâle ; plante très ornementale, pas assez répandue.

E. **spectabilis** *Bieb. Asphodelus altaicus. Asie Mineure, ou Sibérie*, 1800. — Feuilles linéaires ; hampe de 40-60 cent. ; en juin, fleurs jaune pâle, teinté de jaune orange.

Culture. — Facile, toute terre saine et profonde ; conviennent pour garnir les massifs et parties agrestes d'un jardin ; il leur faut beaucoup de soleil pendant l'été, et pas d'humidité pendant l'hiver, elles supportent la pleine terre sans abri.

Multiplication. — Par graines semées aussitôt mûres et par la division des tubercules.

ERINOSMA verna. — V. *Leucojum vernum.*

ERIOSPERMUM *Jacq. Liliacées.*

Plantes bulbeuses de l'Afrique australe et tropicale; hampe terminée en grappe de fleurs, paraissant après que les feuilles sont desséchées.

E. Bellendenii *Sweet. E. latifolium. Cap*, 1806. — Feuilles arrondies; en juillet fleurs bleu vif; haut. 30 cent.

E. folioliferum. *Cap*, 1806. — Haut. 20 cent., en juillet fleurs jaune verdâtre.

E. latifolium. — V. *E. Bellendenii.*

E. Mackeni *Baker. Bulbine Mackeni Hook.* — Feuilles lisses, charnues; en juillet fleurs jaune vif.

E. pubescens *Jacq. Cap*, 1820. — Haut. 30 cent.; en juin, fleurs blanc verdâtre.

Culture. — Des plantes du Cap, en châssis froid; à essayer en pleine terre sèche, à exposition chaude.

Multiplication. — Par les tubercules.

ERNDIA. — V. *Curcuma.*

ERYTHRONUM *Lin.* **Erythrone. Dent-de-chien. Violette dent-de-chien.** *Liliacées*

E. albidum, *Nutt. Louisiane. Amérique du Nord*, 1824. — Tubercules, arrondis, stolonifères; feuilles lancéolées, pointillées; fleurs larges, blanches, ou blanc azuré, pendantes; tiges uniflores hautes de 20 cent.; floraison en avril.

E. americanum *Ker. E. flavum. E. lanceolatum. E. nuttaleanum. Perce-neige jaune. Amérique du Nord*, 1754. — Tubercules oblongs, à rhizomes souterrains; feuilles elliptiques, tachées et pointillées de violet pourpre; hampes de 20-25 cent., en avril fleurs jaunes, solitaires, penchées, bronzées en dessus.

E. dens canis *Lin. E. maculatum Lamk. Dent-de-chien. Vioulte. Indigène.* — Tubercules ovales, fasciculés, blanchâtres; feuilles larges, ovales, aiguës, tachées de rouge brun; hampe de 10-15 cent. terminée en avril-mai par une fleur penchée, pourpre lilas.

Il en existe plusieurs variétés :

E. d. c. à fleurs blanches,

Fig. 71. — Erythronum americanum (Krelage).

E. d. c. à fleurs carnées,

E. d. c. à fleurs roses,

E. d. c. sibericum, à fleurs pourpre foncé.

E. flavum. — V. *E. americanum.*

E. grandiflorum *Pursch. Amérique du Nord*, 1826. — Feuilles oblongues, lancéolées, acuminées, non pointillées, tige de 30 à 50 cent.; portant en avril-mai 2 à 6 fleurs, jaune crème ou primevère larges 4-5 cent. à divisions pointues et réfléchies.

E. g. albiflorum. *Doug. E. pallidum. E. speciosum maximum.* — Feuilles pointillées de brun ; fleurs blanches, jaunes à la base, larges de 10 cent. ; tiges uniflores.

E. g. giganteum. *Amérique du Nord.* — Feuilles maculées ; fleurs grandes, blanches, jaune orangé à la base.

E. g. Smithii. — Fleurs grandes, teintées de violet ou rose. L'*E. grandiflorum* et ses variétés sont de très jolies plantes, les plus belles du genre.

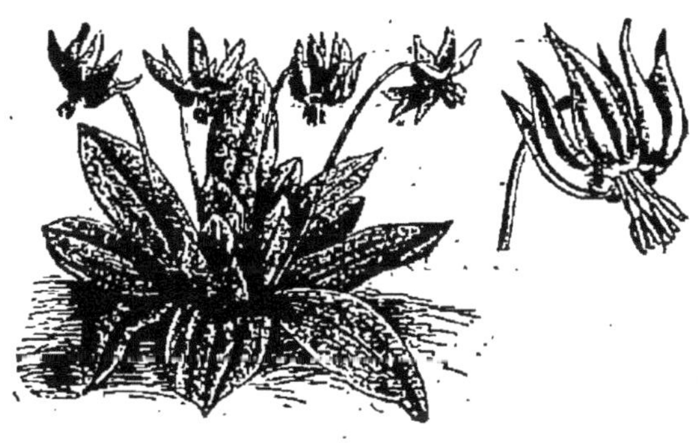

Fig. 72. — Erythronum dens canis.

E. Hendersoni *S. Wats. Orégon.* — Feuilles opposées, maculées de brun ; hampe de 15-20 cent. ; en avril, fleurs pendantes, odorantes, lilas maculé de pourpre.

E. lanceolatum. — V. *E. americanum.*

E. maculatum. — V. *E. dens canis.*

E. nuttalianum. — V. *E. americanum.*

E. pallidum. — V. *E. grandiflorum, albiflorum.*

E. purpurescens *S. Watts. Sierra Nevada.* — Tubercules longs de 4-5 cent. ; feuilles grandes ; en mai, fleurs en grappes ombelliformes, jaune clair teinté de pourpre, divisions tachées rouge orange à la base.

E. speciosum maximum. — V. *E. g. albiflorum.*

Culture. — Jolies petites plantes rustiques, à tubercules ayant la forme d'une *dent de chien*; terre légère ou de bruyère, terreau de bois, pourvu qu'elles soient à une exposition fraîche, au nord et à l'ombre; planter en touffes en juillet-septembre, quand les feuilles sont sèches, à 6-8 cent. de profondeur; laisser en place pendant plusieurs années. Les tubercules se conservent pendant quelques mois hors terre, mais il est préférable de les replanter de suite et de ne jamais les laisser sécher complètement.

Multiplication. — Rapide par la division des bulbes et par les rhizomes souterrains produits en quantité.

ESCHERIA. — V. *Gloxinia.*

ESPATULE. — V. *Iris fœtidissima.*

ETOILE brillante. — V. *Liatris.*

E. de Bethléem. — V. *Ornithogalum arabicum.*

E. d'eau. — V. *Alisma Plantago.*

E. du soir. — V. *Cooperia.*

E. de feu. — V. *Liatris.*

EUCHARIS *Planch. Amaryllidées.*

E. amazonica *Lind. E. candida grandiflora Hort. E. grandiflora Planch. Nouvelle-Grenade*, 1854. — Bulbe de la grosseur d'un œuf, à collet court; feuilles pétiolées, à limbe large, ovale, légèrement ondulées et plissées; hampe de 50-60 cent., portant une ombelle de 3-6 magnifiques fleurs blanc pur, pendantes, de 10-12 cent. de diamètre; d'une odeur délicieuse forte et pénétrante; segments du périanthe larges, étalés, coronules à 6 pointes, teintées de vert. La floraison a lieu pendant l'été et même l'hiver, suivant la culture.

E. **Bakeriana** *N. E. Br.* — V. *E. candida Planchon.*

E. **candida** *Planch. Colombie*, 1851. — Bulbe de la grosseur d'un œuf, plus allongé que l'*E. amazonica*; feuille solitaire, grande, large, acuminée, à long pétiole; hampe de 50-60 cent., portant une ombelle de 6-8 fleurs blanches, à segments un peu réfléchis, et à coronule teintée de jaune; fleurs très odorantes.

E. **candida grandiflora** *Hort.* — V. *E. amazonica*:

E. **grandiflora** *Planch.* — V. *E. amazonica Lindl.*

E. **Lehmanni** *Regel. Nouvelle-Grenade*, 1889.— Ombelle composée de 40 fleurs blanches, larges de 4 centimètres.

E. **Mastersii** *Baker. Nouvelle-Grenade*, 1885. — Intermédiaire entre *E. Amazonica* et *E. Sanderiana*, différant des deux espèces par la forme de la couronne.

E. **Moorei** *Baker. E. Hartwegiana.* — *Calliphruria Hartwegiana.* — Semblable à *E. amazonica*, mais à coronule jaune à l'extérieur et à fleurs moins larges.

E. **paradoxa** *Masters.* — V. *Calliphuria subedentata.*

E. **Sanderii** *Baker. Nouvelle-Grenade*, 1882. — Diffère de *E. amazonica* par la forme de la coronule.

E. **subedentata.** — V. *Calliphruria subedentata.* — Admirables plantes, par l'odeur et la beauté de leur grandes fleurs blanc pur; peu répandues en France; elles sont très appréciées en Angleterre, on les trouve dans toutes les serres chaudes, et des spécialistes en font même une grande culture pour la vente de fleurs coupées.

Culture. — De serre chaude; planter en septembre-octobre dans un mélange de moitié terre franche riche et moitié terreau, additionné de charbon de bois et de sable; employer 5-6 bulbes par pots de 20-25 centimètres de diamètre, enterrer les bulbes complètement; tenir à une chaleur de 20-25 et même 30 degrés pendant la végétation, plonger les pots dans la tannée ou des fibres de noix de coco si possible, et tenir près du verre; arroser copieusement et tenir la serre humide; dans ces conditions la floraison aura lieu pendant l'été à des époques indéterminées, la floraison a souvent lieu 2 ou 3 fois dans une année.

En septembre après la floraison, diminuer la chaleur et les arrosages; c'est l'époque du rempotage, qui ne doit avoir lieu que tous les 2 ou 3 ans; par une culture appropriée, on arrive à les faire fleurir en décembre-janvier.

Les spécialistes les plantent en pleine terre, dans une bâche chauffée par des tuyaux, passant en dessous; les pots plongés dans cette même bâche produisent le même résultat. Un insecte attaque souvent les bulbes, les détruit même; dès qu'on s'en aperçoit, arracher la ou les plantes attaquées, les laver soigneusement et les laisser tremper pendant 2-3 jours dans l'eau additionnée de suie, et les replanter en entourant le bulbe de suie.

Pour le rempotage, mettre les bulbes à racines nues.

Multiplication. — Se fait à l'époque du rempotage par les caïeux assez nombreux produits autour des bulbes. Quand on obtient des graines, les semer en terrine en serre chaude.

EUCODOMA. — V. *Achimenes* et *Gesnera*.

EUCOMIDE. — V. *Eucomis*.

EUCOMIS *L. Herit.* **Eucomide.** *Liliacées.*

Tous les Eucomis ont une touffe ou bouquet de

petites feuilles à l'extrémité de la tige florale.

E. amaryllidifolia *Baker. Cap*, 1878. — Bulbe ovale; feuilles arquées, canaliculées, rubanées, non maculées, longues de 30 centimètres; en août, hampe de 30 cent. portant un épi cylindrique de fleurs blanc verdâtre, paraissant avec les feuilles.

E. bicolor *Baker. Natal*, 1878. — Bulbe rond; racines charnues; feuilles non maculées, ondulées sur les bords; hampe de 30-40 centimètres ; en août, fleurs blanc verdâtre, bordées de pourpre.

E. nana *L. Herit. Cap*, 1874. — Hampe de 20 centimètres; en mai fleurs brunes.

E. pallidiflora. *Cap*, 1877. — Feuilles longues de 60-70 centimètres, larges de 10-12 ; hampe de 60 cent., fleurs blanc verdâtre, larges de 3 cent. ; belle espèce.

E. punctata *L. Herit. Basilée ponctuée. Cap*, 1752. — Feuilles radicales, lancéolées, tachées de brun en dessous; hampe cylindrique, tachée de pourpre, ainsi que les feuilles de l'extrémité; en juillet-août, fleurs verdâtres, odorantes, lavées de violet; en gros épi cylindrique, long de 15-20 centimètres; espèce la plus répandue.

E. p. striata. — En automne fleurs verdâtres.

E. regia. — V. *E. undulata, Ait.*

E. undulata *Ait. E. regia L. Herit. Fritillaria regia. Cap*, 1760. — Hampe de 30 centimètres; en mars-mai, fleurs jaune verdâtre; bractées de la hampe très développées.

E. zambesiaca, *Lac Nyassa. Afrique tropicale orientale*, 1883. — Feuilles de 50 centimètres, larges de 5-6; toute la plante est d'un vert clair, ainsi que les fleurs. Serre chaude.

Culture. — Toutes ces plantes sont de pleine

terre avec couverture, d'une culture très facile ; toute terre légère, perméable, mais fraîche ; exposition chaude. Plantes ornementales et curieuses.

Multiplication. — Par la division des tubercules en automne à l'époque de la plantation, et par graines, semées en terrines ou sous châssis, qui fleurissent la 3e ou 4e année ; jusqu'à nouvel ordre il sera prudent de tenir les *E. zambesiaca* en serre chaude ou au moins en serre tempérée.

EUCROSIA *Ker. Amaryllidées.*

E. bicolor. *Ker. Amérique du Sud*, 1816. — Bulbe ovoïde, de 2-3 cent. de diamètre ; feuilles pétiolées paraissant avec les fleurs, longues de 15 cent., larges de 2-3 ; hampe de 30 cent. ; en avril, ombelle de fleurs rouge vermillon.

Culture des *Pancratium*.

EURYANGIUM *Kauffm. Ombellifères.*

E. sumbul *Kauffm. Ferula sumbul Hooker. Plante au Musc. Turkestan*, 1875. — Racine volumineuse, charnue ; feuilles très grandes, très élégantes ; port d'une feuille de fougère ; tige pyramidale, paniculée, d'un beau port, haute de 3 mètres, terminée par d'immenses ombelles de fleurs blanchâtres ; plante d'un grand effet à isoler sur les gazons. Le suc laiteux, à odeur fétide et musqué a été proposé pour remplacer le musc et comme remède contre le choléra.

Culture. — Pleine terre, bon terrain, mais très riche.

Multiplication. — De graines semées aussitôt la maturité ou stratifiées, sinon elles ne germent que 12-15 mois après.

EURYCLES *Salisb. Amaryllidées.*

E. amboinensis *Loudon. Crinum nervosum. E. nervosa, E. sylvestris. Salisb. Pancratum amboinense. Lin. P. nervosum. Proiphys Amboinensis. Lis d'Amboine. Australie*, 1759. — Bulbe tuniqué, brun, gros de 5-7 cent. de diamètre; feuilles grandes, cordées à la base;

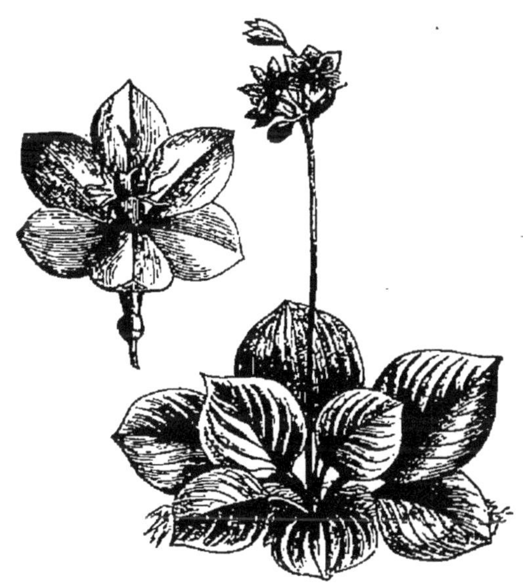

Fig. 73. — Eurycles Cunninghami.

hampe de 60 cent.; en juin-juillet, ombelle de 12-20 grandes fleurs blanches.

E. australasica.— V. *E. Cunninghami.*

E. Cunninghami *Ait. E. autralasica Lindl. Lis de Brisbane. Lis d'Australie. Australie*, 1821. — Bulbe de la grosseur d'une noix; feuilles grandes, 20-25 cent. de long, non cordées à la base; hampe de 30 cent.; en mars avril, 6-10 fleurs blanches longues de 3 cent.

E. nervosa. — *E. amboinensis.*

E. sylvestris. — V. *E. amboinensis.*

Culture. — Serre chaude ou tempérée; terre légère, substantielle; beaucoup d'eau pendant la végétation, tenir presque sec l'hiver pendant la période de repos. A essayer en châssis froid et pleine terre.

Multiplication. — Par division des bulbes et caïeux.

EUSTEPHIA *Cav. Amaryllidées.*

E. coccinea *Cav. E. Macleanica Herb. Phædranassa rubro-viridis. Baker. Pérou.* — Bulbeux ; feuilles charnues, longues de 30 cent., étroites ; hampe grêle de 30 cent. ; en avril-mai, fleurs larges de 3 cent., rouge vif taché de vert.

E. Macleanica. — V. *E. coccinea.*

Culture. — Châssis ou pleine terre saine, à exposition chaude, abritée pendant l'hiver.

Multiplication. — Par les bulbes à l'automne.

EVANSIANA chinensis. — V. *Iris chinensis.*

EXOGONIUM *Choisy. Convolvulacées.*

E. purga *Choisy. Convolvulus jalapa Lin. Ipomea jalapa. Pursh. I. macrorhiza Mich. E. purga. E. Schiediana Jalap. Méchoacan noir. Mexique*, 1838. — Racine tuberculeuse, noire, de la grosseur d'une orange ; feuilles très nombreuses, cordiformes, acuminées, 2 lobes à la base, d'un beau vert ; tiges volubiles, atteignant 3 à 5 mètres de haut ; d'août jusqu'aux gelées, fleurs infundibuliformes, à tube très long ; limbe étalé, violet, pourpre, de courte durée, mais se succédant rapidement ; port d'un convulvulus. Plante grimpante de grande valeur, pas assez répandue ; les tubercules produisent le *Jalap* du commerce.

Culture. — Planter au printemps en terre riche, profonde et saine, à bonne exposition, au pied d'un mur garni de treillage, ou au pied des arbres ; les racines supportent bien nos hivers sans abris. En serre la plante ne donne que de mauvais résultats ; il lui faut le plein air et de l'espace pour grimper.

Multiplication. — Par les tubercules, à l'époque de la plantation, chaque morceau produit une plante.

Fig. 74. — Exogonium purga ou Jalap.

FAUSSE **anémone**. — V. *Anemone nemorosa*.
F. **flambe**. — V. *Iris pseudacorus*.
F. **renoncule**. — V. *Anemone ranunculoides*.

FAUX **acorus**. — V. *Iris pseudacorus*.
F. **jalap**. — V. *Mirabilis jalapa*.
F. **muscari**. — V. *Muscari monstrosum*.
F. **narcisse**. — V. *Narcissus pseudo-narcissus*.
F. **nénuphar**. — V. *Villarsia nymphoides*.
F. **safran**. — V. *Colchicum autumnale*.
F. **sucrier**. — V. *Canna indica*.

FAVOUETTE. — V. *Lathyrus tuberosus.*

FEMME-NUE. — V. *Colchicum autumnale.*

FENOUIL géant. — V. *Ferula communis.*

FERRARIA. *Lin. Iridées.*

Les principales espèces sont :

F. **antherosa**. — V. *F. ferrariola.*

F. **ferrariola** *Wild. F. viridiflora, Andr. F. antherosa. Morea Ferrariola Jacq. Cap*, 1800. — Bulbe blanchâtre. à racines fibreuses; feuilles linéaires, ensiformes; tige rameuse de 20 cent. ; en juin-juillet, fleurs solitaires à divisions externes, vertes, panachées de jaune verdâtre et à limbe jaune ponctué de violet.

F. **Pavonia** *Lin.* — V. *Tigridia Pavonia.*

F. **punctata** *Pers.* — V. *F. undulata Lin.*

F. **pusilla**. — V. *Herbertia pusilla.*

F. **tigridia** *Hook.* — V. *Tigridia pavonia.*

F. **undulata** *Lin. E. punctata Pers. Morea undulata Thumb. Cap*, 1875. — Rhizomes bulbeux; feuilles ensiformes, tige simple, dressée, de 30 cent.; en avril, fleurs brun verdâtre, large de 5-6 cent.

F. **viridiflora** *And.* — V. *F. ferrariola. Wild.*

Culture. — Pleine terre légère; bonne exposition; beaucoup d'eau pendant la végétation; planter quand les feuilles sont sèches en automne à 10 cent. de profondeur et 15-20 de distance.

Multiplication. — A l'époque de la plantation, par la division des rhizomes.

FERULA *Tourn.* **Ferule**. *Ombellifères.*

F. **communis** *Lin. Fenouil géant. Europe méridionale. Indigène.* — Racines très grosses, longues, charnues; feuilles énormes, finement découpées, formant de grosses et très belles touffes; tige de 2 à 4 mètres, rameuse au sommet, terminée par des ombelles de petites fleurs blanches. Pleine terre.

F. sambul. — V. *Euryangium sambul.*

A. tingitana *Lin. Barbarie*, 1680. — Port du *F. communis*, feuilles encore plus grandes à découpures moins élégantes; pleine terre.

Il existe plusieurs autres belles espèces.

Plantes pittoresques, produisant pendant l'été des touffes énormes, d'un effet grandiose.

Culture. — Terre riche, profonde; planter au printemps isolément sur les pelouses, ou au moins à 3 mètres de distance; en supprimant les tiges au printemps, les touffes deviennent bien plus belles.

Multiplication. — Par graines, semées aussitôt la maturité ; sinon elles ne germent qu'un an après: mettre en place à l'âge d'un an; ils ne fleurissent que 2-3 ans après.

FEU ardent. — V. *Bryonia dioica.*

FÈVE d'Égypte. — V. *Nelumbium speciosum*

FICARIA *Dill. Renonculacées.*

F. calthæfolia. — V. *C. grandiflora.*

F. grandiflora *Robert. F. calthæfolia Rchb. Indigène.* — Port du *F. ranunculoïdes*, mais à feuilles et à fleurs beaucoup plus grandes.

F. ranunculoides, *Mœnch. Indigène.* — Souche composée de nombreux petits bulbes; hampe de 10-15 cent., fleurs jaunes simples.

F. ranunculoides *flore pleno Mœnch. Indigène.* — Racines composées de petits tubercules; fleurs jaunes doubles.

Petites plantes, ne fleurissant bien qu'au soleil, dès le mois de mars et avril, formant de jolies petites touffes vertes, couvertes de fleurs jaune d'or.

Culture. — Terrains frais, humide.

Multiplication. — Par division des racines a l'automne et par *graines* pour l'espèce à fleurs simples.

Fig. 75. — Ficaria ranunculoides.

FILIPENDULE. — V. *Spirea filipendula.*

FLAMBE. — V. *Iris.*

F. bâtarde.
F. d'eau.
F. des marais.
} V. *Iris pseudacorus.*

FLAMME. *Iris germanica.*

FLÈCHE d'eau.
FLÉCHIÈRE.
} *Sagittaria sagittifolia.*

F. de la Chine. — V. *Sagittaria sinensis.*

FLEUR admirable. — V. *Mirabilis jalapa.*

F. d'amour. — V. *Agaphanthus umbellatus.*
F. de coucou. — V. *Narcissus pseudo-narcissus.*
F. de damier. — V. *Fritillaria meleagris.*
F. d'hiver. — *Eranthis hiemalis.*
F. de josse. — V. *Narcisse sacré des Chinois.*
F. de la chandeleur. — V. *Galanthus nivalis.*
F. de lis. — V. *Anthericum.*
F. de lis. — V. *Lilium candidum.*
F. de lis des armoiries. — V. *Iris germanica.*
F. de luce. — V. *Iris susiana.*
F. de mariage. — V. *Iris Robinsoniana.*
F. de masque. — V. *Aconitum Napellus.*
F. de mollet. — V. *Pæonia officinalis.*
F. de Pâques. — V. *Anemone pulsatilla.*
F. de perdrix. — V. *Tropæolum brachyceras.*
F. de sang. — V. *Hæmanthus.*
F. des dieux. — *Narcisse sacré des Chinois.*
F. des dieux. — V. *Disa grandiflora.*
F. du vendredi saint. — V. *Anémone nemorosa.*
F. en masque. — V. *Aconitum Napellus.*

FLUTE d'eau. — V. *Alisma plantago.*

FORT Jean. — V. *Tamnus communis.*

FLOCON de corail. — V. *Bessera elegans.*

FLUGGEA japonica. — V. *Ophiopogon Japonicum.*

FREESIA *Klat. Iridées.*

Plantes originaires du Cap, connues déjà en 1815, mais répandues dans les cultures depuis quelques années seulement ; tubercule petit de la grosseur d'un pois ou d'un haricot ; produisant 2-3 tiges hautes de 30-50 centimètres terminées par une crête de plusieurs fleurs odorantes blanches ou colorées suivant la variété; ces fleurs, se produisant de janvier en octobre, sont d'une grande valeur pour les décors, pour la fleur coupée et la confection des bouquets ; dans le midi de la France il s'en trouve des cultures très étendues ; plante recommandable et d'un grand avenir.

F. Leichtlini *Baker. Cap*, 1875. — Haut. 30 à 40 cent.

Fig. 76. — Freesias (groupe).

Fleurs très odorantes jaune pâle maculé de jaune vif.

F. refracta *Klatt. Gladiolus resupinatus, Person, Gladiolus refractus Jacq., Tritonia refracta Ker. Cap.* 1815. — Semblable au précédent ; fleurs très odorantes, blanches ou blanc crème, souvent teintées de violet ou rose.

F. refracta alba *Hort.* — Semblable au précédent ; fleurs blanc pur, aussi très odorantes.

F. refracta odorata *Klatt. Tritonia odorata, Lodd.* — Diffère des précédents par les feuilles plus larges, les fleurs jaune vif, plus grandes et moins nombreuses.

F. xanthospila, *Klatt.* — *Anomatheca xanthospila.*

Culture. — En août-octobre, planter 10-12 bulbes de même grosseur par pot bien drainé en bonne terre légère, mélangée de terreau et de sable; placer les pots sous châssis ou les enterrer dans du sable, arroser très modérément. Dès que la végétation commence, transporter les pots dans une serre tempérée ou chaude pour avoir une floraison dès la fin décembre; augmenter les arrosages; placer les pots près du jour et aérer le plus possible; en opérant ainsi et successivement, la floraison peut se prolonger jusqu'en mai. Dès que les tiges sont sèches, relever les bulbes et les conserver dans du sable sec.

La culture des Freesias est des plus faciles, elle donnera de beaux résultats en pleine terre dans la région méditerranéenne et même dans l'Ouest. La culture en pleine terre demande les mêmes soins et est en tout semblable à celle des *Ixias*.

Multiplication. — 1° Par bulbes qui se produisent en quantité; 2° par graines; semées aussitôt récoltées en terrines ou châssis en terre légère, si le semis est bien soigné, la plus grande partie des plantes fleuriront au printemps suivant. Il faut s'attendre à voir se produire de nombreuses variétés nouvelles par les semis.

FRITILLAIRE à damier.
F. commune. — V. *Fritillaria meleagris.*
F. pintade.

FRITILLARIA *Lin.* **Fritillaire.** *Liliacées.*

Toutes les espèces et variétés ci-après sont de pleine terre.

F. æmopetala. *Boiss. Asie Mineure*, 1875. — Feuilles alternes, linéaires; tige feuillée de 30 centimètres;

en avril-mai, fleurs pendantes, campanulées, pourprées à l'extérieur, verdâtres à l'intérieur.

F. armena. *Boiss. Mont Taurus. Asie Mineure*, 1878. — Feuilles linéaires, lancéolées, éparses ; tige feuillée de 15-20 centimètres ; terminée par une fleur pendante, campanulée, jaune soufre ; floraison en mars-avril.

Charmante petite plante à floraison précoce et de culture très facile

F. a. fusco-lutea *Baker. Asie Mineure*, 1887. — Variété de la précédente, fleur jaune vif à l'intérieur, teintée de brun cuivré à l'extérieur.

F. aurea *Schott. Sicile*, 1876. — Feuilles linéaires, charnues ; tige haute de 15 centimètres ; garnies de verticilles de 3 feuilles ; fleurs solitaires, pendantes, jaune vif marqué de petites taches noires disposées en lignes.

F. barbata. — V. *Calochortus albus.*

F. camtchatcense. — V. *Lilium camtchatcense.*

F. dasyphylla *Baker. Asie Mineure*, 1875. — Feuilles charnues, alternes ou opposées ; tige de 15 centimètres ; en avril, fleur solitaire, penchée, en cloche, purpurine à l'extérieur, jaune maculée à la base intérieure.

F. delphinensis *Gren. Europe méridionale, Provence.* — Tige de 20-30 centimètres ; garnie dans son milieu de 5-6 feuilles lancéolées, linéaires ; fleurs solitaires, pendantes, inodores, pourpre foncé, ponctué de jaune, floraison en juin-juillet. Belle et bonne espèce.

F. d. Burnati *Planch. Alpes Maritimes, Corse*, 1879. — Variété de la précédente, feuilles glauques ; fleurs solitaires, penchées, campanulées, brun prune, panachées de jaune en damier ; fleurit en mai-juin.

F. d. Maggridgei *Boiss. Alpes Maritimes*, 1880. —

Variété de *F. delphinensis*. — Feuilles larges ; tige de 30 centimètres ; fleurs jaunes, panachées de brun en damier, floraison en avril-mai.

F. flava. — V. *Calochortus flavus*.

F. græca *Boiss. Grèce, Mont Hymettus*. — Feuilles de 10-15 centimètres elliptiques ;, tige de 15 centimètres ; en mars, fleurs solitaires brun fauve ;

Fig. 77. — Fritillaria aurea (Dammann).

peu ou point maculées en damier, à ligne dorsale verte.

F. hericaulis *Baker. Asie Mineure*, 1889. — Haut. 10-15 centimètres ; fleur pourpre foncé.

F. Hookeri. — V. *Lilium Hookeri*.

F. imperialis *Lin. Imperialis comosa Mœnch. Imperialis coronata. Lilium persica Clus. Petilium imperiale, Couronne impériale, Impériale, Herbe aux sonnettes, Fritillaire impériale. Perse, Turquie*, 1596. — Bulbe gros de 6-10 centimètres de diamètre, jaunâtre, a odeur fétide, forte, pénétrante et désagréable ; au centre se trouve une cavité d'où sortent les tiges; feuilles nombreuses, ovales, aiguës, ondulées, vert luisant; tiges de 80 centimètres à 1 mètre, garnies de

Fig. 78. — Fritillaria imperialis (Krelage).

feuilles verticillées jusqu'aux deux tiers de la hauteur, terminées par un bouquet de feuilles ou bractées foliacées ; de l'aisselle de ces bractées sortent 6-12 fleurs pendantes en forme de tulipe, longues de 6-7 centimètres, de couleur jaune orange, rouge, rouge brique, rouge ponceau, rouge brun à l'intérieur; à la base de chaque division se trouve une fossette remplie de liquide. Lorsque les capsules sont mûres, elles sont érigées en candélabre. Floraison en mars-avril.

Tous les *F. imperialis* exhalent, ainsi que les bulbes, une odeur alliacée, fétide et désagréable.

Il existe plusieurs belles variétés qui sont :

F. i. **aurora** ; à fleur orange bronzé.

F. i. **rubra plena** ; rouge à fleurs doubles.

F. i. **couronne sur couronne** ou **double couronne.** Curieuse et belle.

F. i. **aurea variegata** ; fleurs rouges, feuilles vertes, panachées de jaune.

F. i. **argentea variegata** ; fleurs rouges ; feuilles vertes panachées de blanc.

F. i. **maxima rubra** ; à grosse cloche rouge, belle variété.

F. i. **maxima lutea** ; à grande fleur simple jaune.

F. i. **lutea plena** ; à fleur double jaune.

F. i. **Slagzwaard** ; tige plate, fleurs rouge brique.

F. i. **Maréchal Blücher** ; rouge brique foncé ; très belle.

F. i. **Lord Derby** ; jaune paille.

F. i. **inodora purpurea**, *Buchara*, 1885. — Cramoisi foncé.

F. **Karelini** *Baker*. *Rhinopetalum Karelini*. *Sibérie*, 1834. — Hauteur 15 centimètres ; fleurs pourpres, rose pâle maculé ; en grappe.

F. **leucantha**. — V. *F. verticillata*.

F. **lutea** *Mill*. *Caucase*, 1812. — Hauteur 15 centimètres ; en avril-mai, fleurs solitaires, pendantes, jaune ombré de pourpre.

F. **macrandra** *Baker*. *Ile de Syra*, 1875. — Fleur pourpre à l'extérieur, jaune taché de vert à l'intérieur.

F. **macrophylla** *D. Don*. — V. *Lilium roseum*.

F. meleagris *Lin. Fritillaire pintade, F. à damier, Fritillaire commune, Clochette, Coccitrole, Cocone, Damier, Fleur de damier, Gorganne, Lis damier, Méléagre, Narcisse damier, Œufs de vanneau, Pique, Poule de Guinée, Poule de Turquie, Tête de serpent, Tulipe des prés. Indigène.* — Bulbe petit, déprimé, jaunâtre; tige ferme de 30-40 centimètres, garnie de quelques feuilles linéaires, éparses; en mars-avril, fleur terminale,

Fig. 79. — Fritillaria meleagris.

unique, quelquefois deux, pendante, pourpre rougeâtre, panachée de blanc en carré disposé en damier.

Plante très commune en France, dans les prairies basses et humides.

Il existe un grand nombre de variétés de cette espèce, peu distinctes, ne variant que par le coloris des fleurs, blanc, violet, brun, rouge, panaché, taché, nuancé de diverses teintes.

F. oxypetala. — *Lilium oxypetala.*

F. pallidiflora *Schrenk. Sibérie*, 1820. — Hauteur

20 centimètres; feuilles grandes, glauques; fleurs jaunes, panachées en damier à l'intérieur.

F. **persica** *Lin. Perse*, 1596. — Bulbe rond, blanc; feuilles, glauques, sessiles; tige cylindrique, très feuillée, terminée par une grappe ou épi de 15-25 fleurs pendantes; en cloche, bleu, violet, brun ou livide; fleurit en avril-mai. Variété à feuilles panachées; plante jolie et curieuse par la disposition des fleurs; hauteur 1 mètre.

F. **polyphylla**. — V. *Lilium polyphyllum*.

F. **pudica** *Spreng. Lilium pudicum Pursh. Sierra Nevada de Californie*, 1870. — Feuilles linéaires alternes; tige feuillée de 15-20 centimètres terminée par une, quelquefois deux fleurs jaune foncé, longues de 2-3 centimètres, à pédoncule arqué.

F. **purpurea**. — V. *Calachortus purpureus*.

F. **pyrenaica** *Lin. Pyrénées. Espagne*, 1605. — Haut. 50 centimètres; en juin fleurs pourpre foncé.

F. **recurva** *Benth. Californie*, 1874. — Bulbe blanc, plat, entouré de caïeux très petits ou bulbilles, pouvant servir à la reproduction; feuilles en verticiles de 6-8; tige de 80 centimètres à 1 mètre, terminée par 10-15 fleurs, écarlate vif, pointillé de jaune; pétales réfléchis; c'est une très belle plante, encore rare.

Culture. — Terre légère, ou de bruyère fraîche, arracher tous les deux ans, conserver un mois ou deux avant de replanter.

Multiplication. — Par la séparation des bulbes, et par les caïeux.

F. **regia**. — V. *Eucomis undulata*.

F. **Sewerzowii** *Reg. Korolkowia Sewerzowii Reg. Turkestan*, 1873. — Bulbe gros, jaune; feuilles lancéolées, glauques; tige de 50 centimètres; en juin, fleurs solitaires, disposées en grappe lâche; pendantes en cloche, jaune vert à l'intérieur, rouge pourpre à l'extérieur; plante curieuse.

F. Thompsoniana. — V. *Lilium Thompsonianum.*

F. tulipifolia *Bieb. Caucase*, 1872. — Haut. 30 centimètres, en mars fleurs solitaires, inclinées; en forme de tulipe; brun roux à l'intérieur, bleu foncé et strié pourpre à l'extérieur; tige grêle; petite plante curieuse.

Fig. 80. — Fritillaria Sewerzowii.

F. verticillata *Wild. F. leucantha Fish. Mont Altaï*, 1823. — Haut. 30 cent., en mai fleurs blanches verdâtres à la base extérieure, ponctuées de pourpre à l'intérieur.

F. Walujewi *Regel. Asie centrale*, 1879. — Haut. 30 centimètres; feuilles atténuées en vrille, verticiliées; fleur unique, grande, grise à l'extérieur, brun pourpre à l'intérieur, maculés de blanc.

Il existe bien d'autres espèces, mais peu ornementales.

Culture. — Toutes ces espèces et variétés sont rustiques. Les *F. imperialis* sont des plantes très belles et très répandues; planter en juillet-septembre, en bonne terre riche, à 15 centimètres de profondeur et 30 centimètres de distance ; cinq bulbes plantés autour d'un sixième forment un groupe très joli au printemps ; arracher les bulbes tous les 2-3 ans.

Les *F. meleagris* et autres préfèrent une terre légère mais fraîche, l'ombre ne leur déplaît pas; malgré la petitesse de leurs bulbes, il ne faut pas craindre de les planter à 10-12 centimètres de profondeur ; les espèces de montagne préfèrent les rocailles, distancer selon la force des espèces.

Multiplication. — Très facile : 1° par la séparation des bulbes à l'époque de la plantation et par les caïeux plantés en pépinière ; les bulbes se multiplient en assez grande quantité; 2° par graines semées aussitôt la maturité ; les plantes de semis ne produisent des fleurs qu'à l'âge 3 à 10 ans : c'est un procédé lent et peu usité. Les plantations faites après octobre risquent de ne pas fleurir au printemps suivant.

FUMARIA bulbosa. — *Corydalis bulbosa.*

F. glauca. — V. *Corydalis glauca.*

F. lutea. — V. *Corydalis lutea.*

F. nobilis. — V. *Corydalis nobilis.*

F sempervirens. — V. *Corydalis glauca.*

F. solida. — V. *Corydalis bulbosa.*

FUMETERRE bulbeuse. — V. *Corydalis bulbosa.*

F. jaune. — V. *Corydalis lutea.*

F. noble. — V. *Corydalis nobilis.*
F. odorante. — V. *Corydalis lutea.*
F. toujours verte. — V. *Corydalis glauca.*
F. tubéreuse. — V. *Corydalis tuberosa.*

FUNKIA *Spreng. Liliacées.*
Bulbe blanc, charnu, de la grosseur d'une noix; tige non ramifiée ; beau feuillage, fleurs bleues ou blanches.

F. alba *And.* — V. *F. subcordata.*

F. albo-marginata *Hook.* — V. *F. ovata albo-marginata.*

F. cærulea *And.* — V. *F. ovata, Spreng.*

F. cordata alba. — V. *F. subcordata.*

F. cordata cærulea. — V. *F. Sieboldiana.*

F. cucullata. — V. *F. Sieboldiana.*

F. cucullata foliis variegata. — V. *Sieboldiana variegata.*

F. Fortunei *Baker. Japon*, 1876. — Feuilles à limbe cordiforme, ovale, vert pâle, glauques, à fortes nervures ; tiges simples, de 60 cent. ; en juillet, fleurs lilas, campanulées, longues de 4 cent. ; pleine terre.

F. lanceolata. — V. *F. lancifolia.*

F. grandiflora. — V. *F. subcordata.*

F. japonica. — V. *F. subcordata.*

F. lancifolia *Spreng. F. lanceolata. F. longifolia. Hemerocallis lancifolia, Thumb. H. lanceolata. Japon*, 1829. — Port du *F. ovata;* hampe de 20-30 centimètres; en juillet-août, fleurs blanches ou bleuâtres; pleine terre.

F. lancifolia foliis variegatis. — Variété à feuilles rubanées de blanc.

F. longifolia. — V. *F. lancifolia.*

F. ovata *Spreng. F. cærulea, And. Hemerocallis cæ-*

rulea Willd. Hemerocalle bleue. Japon, Chine et *Sibérie*, 1790. — Feuilles vert foncé, luisantes, à limbe subcordiforme; tige feuillée de 50 centimètres, terminée par un bel épi de fleurs blanches ou bleuâtres, larges de 4-5 centimètres; floraison en mai; pleine terre, belle et bonne plante.

Fig. 81. — Funkia lancifolia fol. var.

F. o. marginata. — Variété à feuilles marginées de blanc.

F. Sieboldiana *Hook. F. cordata cærulea Hort. F. cucullata Hort. Hemerocallis Sieboldiana. Hémérocalle de Siebold, H. à feuilles en cœur à fleurs bleues. Japon*, 1836. — Feuillage élégant, long. de 20-30 et 15-20 de large; hampe nue de 40 centimètres; en juin-juillet, fleurs bleues ou lilas, en épi unilatéral; pleine terre.

F. Sieboldiana variegata. *F. cucullata foliis variegata. F. cucullata medio picto.* — Belle variété, à feuilles tachées de blanc; plus délicate, hiverner au sec sous châssis.

F. subcordata *Spreng. F. alba, And. F. cordata alba Hort. F. Japonica. Hemerocallis alba Wild. H. japonica Thumb. H. plantagina, Linn. Lilium japonicum, Lin.*

Hemerocalle du Japon, H. à feuilles en cœur, H. à fleurs en cœur blanches, H. à grandes fleurs, H. à grandes fleurs blanches. H. à feuilles de platane. Japon, 1790. — Feuilles ovales, vert blond, longues de 15-30 cent., larges de 8-12, à nervures fortes ; pétioles de 15-20 cent. ; hampe de 50-60 cent. ; portant en août une grappe de 10-15 fleurs, blanc pur, très odorantes, longues de 10-12 cent. Magnifique plante, très répandue, généralement cultivée en pots, à cause de son beau feuillage qui forme des touffes de 50 cent. de haut et 1 mètre de large ; pleine terre.

Cultivée en pots ou en pleine terre, les feuilles sont, malgré tous les soins, très souvent détruites par les limaces, le meilleur remède est de couvrir la terre des pots ou au pied des plantes en pleine terre, de cendres non lessivées ou mieux de sciure de bois, qui arrête le passage des limaces.

Culture. — Tous ces *Funkia* sont très rustiques, ils préfèrent une terre légère ou de bruyère, mais fraîche; une exposition chaude et ombragée est nécessaire pour obtenir un beau feuillage; planter isolément, en bordure ou en touffes; ces plantes sont en végétation presque toute l'année.

Multiplication. — Par division des touffes, en automne et au printemps.

FUSEAU. — V. *Arum maculatum*.

GAGEA *Salisb. Liliacées.*

G. arvensis *Shult. Indigène.* — Deux feuilles linéaires, radicales; en mars-avril, fleurs jaunes en ombelle.

G. glauca. — V. *G. stenopetala.*

G. lutea *Schult. Indigène.* — Une feuille ; hampe de 15 centimètres ; en avril-mai fleurs jaunes en grappe.

G. stenopetala *Reich. G. glauca Sweet. Indigène.* — Feuille unique en avril-mai, fleur jaune en ombelle.

Charmantes petites plantes bulbeuses, à floraison précoce, mais rarement cultivées; on les rencontre dans les champs et les prairies; peu abondantes.

Il existe environ vingt espèces pas cultivées.

GALANT d'hiver. — V. *Galanthus nivalis*.

GALANTHUS *Lin.* **Perce-neige**. *Amaryllidées*.

Il existe une certaine confusion dans la nomenclature des 50 espèces et variétés décrites dans les ouvrages, par suite des caractères peu tranchés qu'offrent ces plantes, qui en outre varient à l'infini selon le sol, le climat et la culture; les Galanthus ont des bulbes pyriformes à tunique brune, de la grosseur d'une petite noisette.

G. Alleni *Baker.* — Hybride ressemblant au *G. latifolius Rupr.*; en diffère par ses feuilles glauques.

G. Atkinsi *Hort.* — Variété à grandes fleurs du *G. nivalis*.

G. autumnalis. *All.* — V. *Leucojum hiemale*.

G. caucasicus *Baker. Caucase*, 1886. — Bulbe gros; feuilles larges, amples; hampe de 20 centimètres; fleurs grandes, pétales extérieurs presque blancs, les intérieurs fortement bordés et tachés de vert en dedans; fleurit en février-mars.

G. Clusii *Fisch.* — V. *G. imperati*.

G. corcyrensis *Leitch.* — V. *G. præcox*.

G. Elsæ *Burb. Mont Athos, Macédoine.* — Variété du *G. nivalis*; plante naine; feuilles paraissant en octobre, marquées d'une bande glauque, longitudinale au milieu; en décembre, fleur moyenne, bien faite.

G. Elwesii *Hook. Montagnes de l'Asie Mineure*, 1875, — Le plus beau des *Galanthus*; robuste et de culture facile; bulbe gros; feuilles larges, très glauques, dressées puis étalées, canaliculées, non plissées; hampe de 20-25 centimètres, portant 1-2 fleurs, les plus grandes du genre, blanches plus ou moins globuleuses, à divisions variables de forme, et de même teinte que le *G. nivalis;* anthères apiculées, filets à soudure dorsale; fleurit en janvier-février, quelques jours avant le *G. nivalis; G. Elwesii globulus* et *G. E. major* sont des formes très remarquables qui se rencontrent fréquemment parmi les bulbes importés.

G. flavescens. — V. *G. nivalis flavescens.*

G. Fosteri *Baker.* — *Amasia, Asie Mineure*, 1889. — A le feuillage du *G. latifolius* et la fleur du *G. Elwesii;* on le suppose un hybride de ces deux espèces; filets à soudure dorsale; fleurit en décembre-janvier.

G. græcus. *Orph. Chios.* — Ancienne variété, disparue des cultures, assimilée au *G. Elwesii*; doit plutôt être une variété du *G. nivalis.*

G. Gusmusi. — V. *G. nivalis Gusmusi.*

G. imbricus. — V. *G. imperati, Bert.*

G. imperati *Bert. G. Clusii Fisch. G. imbricus, Dam. G. Melvillii Hort. Italie méridionale*, 1876. — Ressemble au *G. nivalis;* tiges grêles, fleurs dénuées de vert, moins blanches que celles du *G. poculiformis;* fleurit en février.

G. latifolius *Rupr. G. Redoutei. Caucase.* — Bulbe gros; feuilles larges, dressées le long de la tige, ressemblant à celles d'une scille, vert luisant, quelquefois glauques; fleurs petites en *février-mars;* anthères ovales, arquées.

G. lutescens. — V. *G. nivalis lutescens.*

G. Melvillii. — V. *G. imperati, Bert.*

G. montanus, *Schur.* — V. *G. nivalis.*

G. nivalis *Lin Baguenaudier de printemps, Baguenaudier d'hiver, Chandeleur, Cloche blanche, Clochette d'hi* *ver, Fleur de la Chandeleur, Violier d'hiver, Violier bulbeux, Galantine, Nivéole, Perce-neige, Pucelle, Violette de la Chandeleur. Indigène.* — Bulbe petit, piriforme, brun ; feuilles (1-2) linéaires, obtuses, vert glauque, longues de 15-20 centimètres, érigées, arquées, puis étalées : hampe de 15 à 30 centimètres ; terminée par une spa-

Fig. 82. — Galanthus nivalis (Krelage).

the unique, d'où sortent une ou deux fleurs penchées, légèrement odorantes, à 6 divisions blanches, tachées et quelquefois bordées de vert au sommet avec des lignes verdâtres à l'intérieur ; les 3 externes grandes infléchies, les 3 internes en godet, moitié plus courtes ; capsule ovale, contenant un grand nombre de graines, mûrissant en mai-juin. Cette charmante petite plante, qui annonce le réveil de la nature, montre ses feuilles dès octobre et fleurit en janvier-février, selon les localités. Chaque année je rencontre à l'état sauvage des plantes ayant des fleurs à 4 divisions externes et 4 internes, ou 4 externes et 3 internes ;

plusieurs fois je les ai transplantées et cultivées avec grand soin, mais elles ont toujours reproduit des fleurs normales à 6 divisions, 3 grandes externes et 3 petites internes.

G. nivalis flore pleno *Hort.* — Variété à fleurs pleines, blanc pur ; fleurit en février-mars.

G. n. flavescens. *Perce-neige jaune.* — Trouvé dans un jardin en Angleterre vers 1888 ; tige jaunâtre ; fleur semblable à celles du *G. nivalis*, à divisions bordées et tachées de jaune au lieu de vert, et à ovaire d'un beau jaune.

G. n. Gusmusi *Hort.* — Plus tardif, fleurit en mars-avril.

G. n. lutescens. *Hybride*, 1776. — Ressemble au flavescens, mais moins beau.

G. n. poculiformis *Hort.* — Divisions internes de la fleur presque aussi grandes que les externes ; la bordure et les taches vertes de ces divisions ayant disparu, la fleur est blanc pur et très élégante, quand elle est régulière, variété assez délicate.

G. n. serotinus *Hort.* — Fleurit en mars-avril.

G. n. virescens. *Perce-neige à fleurs vertes.* — Dans cette variété les divisions externes de la fleur sont vertes, bordées et tachées de blanc à l'inverse du *G. nivalis*, et les divisions internes complètement vertes ; les fleurs sont plus curieuses que jolies ; fleurit en mars-avril.

G. n. æstivalis *Hort.* — Fleurit en mars-avril, un des plus tardifs.

G. octobrensis *Hort. G. Olgæ reginæ. Perce-neige d'automne. Albanie*, 1875. —Ressemble au *G. nivalis*, mais plus délicat, fleurit *en octobre* avant les feuilles, qui sont marquées d'une bande glauque sur leur nervure médiane, comme toutes les variétés, originaires de l'archipel de Grèce et à floraison automnale ; découvert par Lord Walsingham.

G. Olgæ reginæ. — V. *G. octobrensis.*

G. plicatus *Bieb. Perce-neige de Crimée. Crimée, Caucase.* — Remarquable par ses grandes feuilles longues de 30 centimètres et larges de 2; pliées en dehors, les bords repliés en dedans ; fleurs plus verdâtres que celles du *G. nivalis;* fleurit fin mars.

G. plicatus reflexus. — Variété des plus remarquables, excessivement rare.

G. præcox. *G. corcyrensis. Corfou.*—Ressemble au *G. nivalis*, mais fleurit en décembre, tenant le milieu entre les G. d'automne et les G. d'hiver.

G. Racheliæ *Hort. Mont Hymettus.* Grèce, 1884. — Ressemble au *G. Octobrensis*, mais plus grand et plus vigoureux; fleurit en octobre-novembre.

G. Redoutei. — V. *G. latifolius.*

G. Scharloki *Hort. G. Warei. Bords du Rhin.* — Diffère du *G. Nivalis* par une spathe à 2 divisions évasées ressemblant à une paire d'ailes, en outre les pétales sont fortement bordés et tachés de vert.

G. vernus. — V. *Leucojum vernum.*

G. virescens. — V. *Galanthus nivalis virescens.*

G. Warei. — V. *Scharloki.*

Culture. — Les Galanthus ne se plaisent pas dans les sols calcaires ; il leur faut une terre granitique ou d'alluvion, légère, très riche et fraîche; l'ombre et l'exposition du nord ; il est à remarquer qu'à l'état sauvage, dans les haies, ces plantes sont toujours du côté nord ; ils n'aiment pas le voisinage de l'homme ; aussi chaque côté des sentiers disparaissent-ils rapidement; il faut les arracher dès que les feuilles sont sèches et les replanter le plus tôt possible en juillet-août, à 5 centimètres de profondeur et les laisser en place pendant 5-6 ans au moins; on en fait de jolies bordures; mais c'est surtout plantés dans les gazons ou sous les arbres qu'ils produisent un bel effet, associés avec les *Eranthys hyemalis*, *Leucojum vernum*, *Scilla sibirica*, etc.

Culture forcée. — En juillet-août, planter 10-20 bulbes par pots, les traiter pendant 6 semaines comme les jacinthes à forcer et les transporter successivement en serre tempérée, puis chaude, pour les faire fleurir de novembre à février.

Multiplication. — 1° Par division des bulbes à l'arrachage; on replante les caïeux en rayon en pépinière en attendant qu'ils soient de force à fleurir, ce qui a lieu 1 ou 2 ans après; 2° par graines semées aussitôt leur maturité, en terre légère, à l'ombre au nord, tenue humide et recouverte de mousse; la germination est assez capricieuse, une partie germe de suite, le reste au printemps suivant et même pendant plusieurs années. Les semis fleurissent en place 3-4 ans après; les graines semées au printemps après la récolte ne germent que 12 mois après.

GALANGA des marais. — V. *Acorus calamus*.

GALANTINIE. — V. *Galanthus nivalis*.

GALAXIA *Thumb. Iridées.*

G. graminea *Thumb. Cap*, 1799. — Bulbeux, feuilles oblongues de 5 centimètres de long; produisant des bulbilles à l'aisselle; en juillet, fleurs jaune clair, de 3-4 centimètres de diamètre, hauteur 15 centimètres.

G. ovata *Thumb. Cap.* 1795. — Feuilles filiformes, petites; en juillet, fleurs jaune foncé, de 2-3 centimètres de diamètre.

Culture. — Petites plantes bulbeuses, réclamant une terre légère sableuse; planter sous châssis ou en pleine terre en septembre-octobre, à exposition chaude et abritée avec couverture de feuilles pendant l'hiver.

Multiplication. — Par division des bulbes.

GALTONIA *Den. Liliacées.*

G. candicans *Den. Hyacinthus candicans Baker, Jacinthe du Cap. Cap*, 1870. — Bulbe moyen, blanchâtre, rond ou déprimé; feuilles acaules, longues de 40-60 centimètres, larges de 6-8, glauques, terminées en pointe; en juillet-août, hampe une, cylindrique, haute de 80 centimètres à 1 m. 30, terminée par un bel épi de 30 cent. composé de 20-40 fleurs inodores, blanc pur et pendantes.

Il existe une variété très jolie à feuilles panachées.

G. clavata *Mast. Cap*, 1879. — Feuilles lancéolées glauques; en août-septembre, hampe de 60 centimètres terminée par une grappe de fleurs inodores blanches

G. princeps *Dene. Cap*, 1880. — Port du précédent, mais plus petit dans toutes ses parties; fleurs verdâtres, un peu réfléchies.

Culture. — Le *G. candicans* est une belle et noble plante; très ornementale, vorace et de culture facile: planter en automne ou au printemps en bonne terre riche à 10 centimètres de profondeur, 5-6 bulbes à 10 cent. de distance pour former une touffe; replanter tous les 3-4 ans; planter en pots un ou plusieurs bulbes, ce qui permet d'employer les plantes en fleurs pour la décoration des appartements, ou mélanger dans les massifs à l'époque de la floraison, et d'obtenir une floraison en serre en octobre-novembre par une plantation tardive; employer des pots relativement petits.

Multiplication. — Par division des bulbes. et par caïeux, qui sont peu abondants; l'oignon fleurit 1, 2,

Fig. 83. — Galtonia candicans.

même 3 fois et se décompose; il faut donc assurer une provision par le semis, qui se fait au printemps ou à l'automne en châssis ou en pleine terre; relever les jeunes bulbes; les replanter en pépinière en les abritant un peu l'hiver, et à l'automne suivant les mettre en place pour fleurir l'été suivant.

GANCHE. — V. *Iris pseudacorus.*

GANYMEDES pallidus. — V. *Narcissus calathinus.*
G. pulchellus. — V. *Narcissus triandrus pulchellus.*
G. reflexus. — V. *Narcissus calathinus.*

GASTRONEMA clavatum. — V. *Cyrtanthus uniflorus.*

G. sanguineus — V. *Cyrtanthus sanguineus*.

GEISSORHIZA *Ker. Iridées.*

Tous ont les bulbes entourés de scariés formées par la base des anciennes feuilles ; fleurs ressemblant à celle des *Ixias*.

G. excisa *Ker. Ixia excisa Lin. Cap*, 1789. — Feuilles radicales 2-3, longues de 2-3 centimètres, ponctuées de brun ; en avril-mai, 4-5 fleurs blanches, en épi, au sommet d'une hampe haute de 10-15 cent.

G. grandis *Hook. Cap*, 1868. — Tige feuillée ; en mai fleurs jaune pâle, à nervure médiane, rouge sang, penchées et en épis.

G. inflexa *Ker. G. vaginata Sweet. Cap*, 1824. — Feuilles ensiformes, arquées ; tige de 40-50 centimètres ; en mai fleurs grandes, jaune vif, maculées de pourpre à la base de chaque pétale ; belle espèce.

G. Rochensis *Ait. Ixia Rochensis Ker. Cap*, 1790. — Tige de 20 centimètres, simple ou ramifiée, en panicule ; en mai fleurs bleues, solitaires, maculées de pourpre à la base, avec un cercle blanc au centre.

G. secunda *Ker. Ixia secunda Delar. Cap*, 1795. — Tige grêle de 30 cent., en mai, fleurs rouge vif, 3-6 par épi.

G. setacea *Baker. Cap*, 1809. — Tige grêle de 30 cent. ; en juin-juillet, fleurs jaune soufre, striées de rouge.

G. sublutea. *Ker-Gawl.* — Haut. 30 cent. ; en mai fleurs jaunes.

G. vaginata *Sweet.* — V. *G. inflexa*.

Culture et *Multiplication* des *Galaxia* et des *Ixias*.

GELASINE *Herb. Iridées.*

G. azurea *Herb. Uruguay et Brésil*, 1888. — Bulbe tuniqué ; feuilles plissées, pétiolées, longues de 40-50 cent. ; tige de 60 centimètres ; en mai fleurs bleues, ponctuées de blanc et de noir à la base des pétales, sortant d'une spathe multiflore.

Culture. — Jolie plante rustique et supportant la pleine terre, bonne terre à exposition abritée.

Multiplication. — Par les bulbes, qui doivent être conservés l'hiver comme ceux des *Tigridias*.

GENETTE. — V. *Narcissus poeticus*.

GENTIANA *Tourn.* **Gentiane.** *Gentianées.*

G. lutea. *Lin. Asterias lutea Borckl., Swertia lutea Tratt., Gentiane jaune, Grande Gentiane, Quinquina in-*

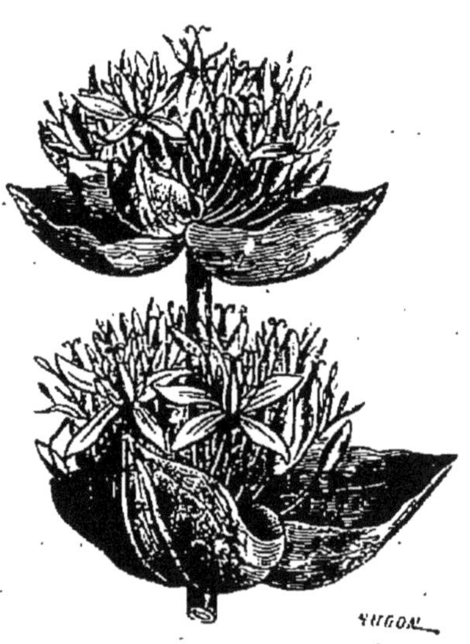

Fig. 84. — Gentiana lutea.

digène. Indigène. — Racine grosse, fusiforme, en navet, branchue, noire, spongieuse à l'intérieur ; feuilles opposées, larges, ovales ; tige forte de 1 m. 50 ; en juin-juillet fleurs jaunes disposées en petits bouquets à l'aisselle des feuilles au sommet de la tige.

Culture. — Terre légère, sableuse et calcaire si possible, profonde et fraîche, pour le développement des racines ; situation ombrée ; belle plante à isoler en groupe sur les pelouses ou dans les massifs. Planter au printemps ou à l'automne.

Multiplication. — De graines, semées aussitôt la maturité et souvent ne germant qu'au printemps suivant, les semis ne sont de force à fleurir qu'à l'âge de 3 à 5 ans.

GEORGINA, — V. *Dahlia.*

G. Cervantii.
G. coccinea. — V. *Dahlia coccinea.*
G. crocata.

G. variabilis. — V. *Dahlia variabilis.*

GEORGINE — V. *Dahlia variabilis.*

GERANIUM *L. Herit. Géraniacées.*

G. radiatum. — V. *G. tuberosum.*

G. tuberosum *Lin. Geranium radiatum Hort., Géranium tubéreux. France méridionale.* — Cette plante, quoique indigène est assez rare en France, surtout dans le Nord ; racine tuberculeuse ; tiges de 30 à 50 centimètres : en mai fleurs rose tendre ou panachées. Il existe un grand nombre d'espèces tuberculeuses originaires du Cap, qui sont peu répandues dans les cultures.

Culture. — Cette plante préfère les terrains secs, rocailleux, bien exposés, et doit être garantie contre le froid dans le Nord.

Multiplication. — Par la division des tubercules en août-septembre ou de semis (?).

GESNERIA *Mart. Gesnéracées.* — Dans ce genre sont comprises les subdivisions *Cryptoloma*, *Dircæa*, *Heriguia*, *Houttea*, *Köhleria*, *Moussonia*, *Rechsteineria*.

Toutes les espèces sont tropicales, à fleurs disposées en grappe ou cymes opposées ; les fleurs pendantes ou penchées; les feuilles simples, ovales, opposées, très velues en dessus. Les *Köhleria* et *Cryptoloma* sont à rhizomes écailleux en chatons et les autres à tubercules, unis, gros, blanchâtres, ronds ou déprimés.

Ce genre comprend environ 70 espèces, dont les principales sont :

G. aggregata *Ker. Brésil*, 1806. — En août fleurs écarlates ; haut. 50 centimètres.

G. Blassii *Regel. Brésil*, 1846. — Tiges grêles, pendantes de 2 mètres ; fleurs rouge vif, en panicules pendantes.

G. bulbosa *Ker. Brésil*, 1816. — En été fleurs écarlates ; haut. 60 centimètres.

G. caracasana *Otto et Diet. Venezuela*, 1843. — Fleurs rouges à l'extérieur, jaunes à l'intérieur ; haut. 40-50 centimètres.

G. cardinalis *Lem. G. Macrantha.* — Tubercule très gros ; haut. 30 centimètres ; fleurs rouge vif, disposées en bouquets.

G. cinabarina *Lind.* — V. *Nægelia cinabarina.*

G. Clausseniana *Brong. Brésil*, 1840. — Tubercules gros ; en été fleurs rouge orange, pendantes.

G. Cooperi *Paxt. Brésil*, 1829. — Haut. 60 centimètres ; fleurs écarlates, ponctuées à la gorge.

G. Donkelarii *Lem.* — Haut. 40 centimètres ; en juin fleurs vermillon.

G. Douglasii *Lindl. G. maculata Mart.*, *G. verticillata Hook. Brésil*, 1826. — Hauteur 40 centimètres ; en avril-mai fleurs rouge vif.

G. elliptica *Hook. Brésil*, 1835. — Haut. 30 centimètres ; en juillet fleurs écarlate orangé.

G. e. lutea *Hook. Brésil*, 1835. — Haut. 30 centimètres ; en mai fleurs jaunes.

G. elongata *Mart et Gal.* — V. *Isoloma Deppeanum.*

G. exoniensis. — Variété horticole ; en hiver fleurs rouge écarlate, à gorge jaune ; feuilles vertes couvertes de poils rouges.

G. Hondensis. — V. *Isoloma Hondense*.

G. Lindleyi *Hook. Brésil*, 1825. — Haut. 60 centimètres ; en juillet fleurs roses à gorge jaune striée de rouge ; feuilles vert foncé, rouges en dessous.

G. maculata. — V. *G. Douglasii*.

G. macrantha. — V. *G. cardinalis*.

G. Marchii *Wailes*. — V. *G. pendulina*.

G. nægelioides *Hook. Hybride horticole*. — Feuilles ovales, vert foncé, dentées et velues ; fleur rose vif, grande marbrée de rouge, gorge jaune ponctuée de rouge. Il en existe plusieurs variétés aux couleurs suivantes : *violet foncé*, *lilas*, *rouge foncé*, *blanc pur*, *rose vif*, *rose lilas*, plus ou moins panachés et à gorge jaune panachée ou pointillée de deux couleurs.

G. pendulina *Lindl. G. Marchii. Mexique*, 1844. — Haut. 1 mètre ; en août fleurs écarlates.

G. polyantha *DC. Brésil*, 1840. — Tige carrée, en été fleurs écarlates à gorge jaune.

G. refulgens. *Hybride horticole*. — Haut. 40 centimètres ; en été fleurs rouge foncé, superbe.

G. refulgens anomala. *Dircæa refulgens anomala*. — Hybride, fleurs en cyme terminale, d'un beau rouge écarlate, à tube très long ; la division supérieure très allongée retombante d'une structure singulière.

G. sceptrum *Mart. Brésil*, 1836. — Haut. 1 mètre, en été fleur blanc pur.

G. Schiedeana *Hook*. — V. *Isoloma Schiedeana*.

G. Seemannii *Hook*. — V. *Isoloma Seemannii*.

G. triflora *Hook*. — V. *Isoloma triflora*.

G. tuberosa *Mart. Brésil*, 1834. — Haut. 20 centimètres ; fleurs d'un beau rouge écarlate.

G. verticillata *Hook.* — V. *G. Douglasii.*

G. zebrina. — V. *Nægelia zebrina.*

Culture et *Multiplication.* — V. *Achimènes* et *Gloxinia.*

GESSE tubéreuse. — V. *Lathyrus tuberosus.*

GETHYLLIS *Lin. Amaryllidées.*

G. ciliaris *Lin. Cap*, 1878. —Bulbe petit, tuniqué; feuilles filiformes, linéaires, paraissant après les fleurs; haut. 15-20 cent. en juin-juillet, fleurs blanches, longues de 4-5 centimètres; de courte durée.

Il existe plusieurs espèces encore peu répandues.

Culture. — Petites plantes bulbeuses ayant le port des crocus; terre légère, sableuse; planter en automne, en pots tenus sous châssis pendant l'hiver ou en pleine terre à exposition chaude et couverture l'hiver.

Multiplication. — Par division des bulbes et par graine.

GINGEMBRE. — V. *Zingiber officinalis.*

G. bâtard. — V. *Canna indica.*

G. d'Egypte. — V. *Colocasia antiquorum.*

GIRAUDE DE MÔINE.
GIRON. } — V. *Arum maculatum.*

GLADIOLUS. *Tourn.* **Glaïeul.** *Iridées.*

La nomenclature des Gladiolus est assez embrouillée; ces plantes ayant été cultivées depuis des siècles, il est probable que beaucoup d'espèces ne sont que des hybrides; je ne décrirai que les principales parmi les 150 espèces connues.

Les bulbes sont de grosseur variable, 2 à 8 centimètres de diamètre, solides, déprimés, ronds ou ovales de couleur variable : blanc, jaune, rose, rouge, ou rouge foncé ; produisant 1, 2 et 3 tiges terminées par un long épi à fleurs distiques ou unilatérales.

G. æquinoctialis. *Herb. Sierra-Leone*, 1842. — Hauteur 30 cent. ; fleur blanche, panachée rouge ; serre tempérée.

G. Adlami *Baker. Transvaal*, 1889.— Feuilles ensiformes, longues de 40 cent. ; tige de 70 centimètres ; fleurs jaune verdâtre, ponctuées de rouge, en épi unilatéral.

G. atroviolaceus *Boiss. Perse*, 1889. — Feuilles de 20-30 centimètres ; tige de 70 centimètres ; fleurs grandes, pourpre noirâtre, en épi unilatéral ; bande médiane blanche sur chaque pétale.

Culture du *G. communis.*

G. blandus. — V. *G. floribundus.*

G. brachyandrus. *Baker. Afrique tropicale*, 1879. — Feuilles courtes ; tige de 60-80 centimètres ; en juillet, fleurs rouge écarlate, longues de 5-6 centimètres, disposées en un long épi ; serre tempérée ; à essayer au printemps en pleine terre.

G. byzantinus. *Mill. G. grandiflorus Hort. Glaïeul de Byzance, G. de Constantinople, G. d'Orient. Turquie*, 1629. — Bulbe moyen, plat, brun ; feuilles étroites ; tiges de 60-80 centimètres ; en mai-juin, fleurs violet pourpre, en épi unilatéral.

Culture du *G. communis*, auquel ressemble, mais beaucoup plus grand.

G. campanulatus. — V. *G. floribundus.*

G. cardinalis. *Curt. Cap*, 1789. — Bulbe petit, rond ou plat, brun ; feuilles ensiformes, épaisses ; tige de 1 mètre ; en juillet-août, fleurs rouge écarlate, avec une tache blanche sur les 3 pétales inférieurs ; disposées en en épi unilatéral ; plante glaucescente.

Culture des G. du Cap ; sous châssis froid ; planter en octobre-novembre ; les bulbes ne se conservent pas arrachés.

G. Colvillei *Sweet. Glaïeul de Colville. Hybride*, 1824. — Hybride horticole du *G. cardinalis* et du *G. tristis* ; feuilles linéaires, ensiformes ; tiges flexueuses, feuil-

Fig. 85. — Gladiolus Gandavensis.

lées, de 60-80 centimètres ; en juin-juillet fleurs violettes, rayées de carmin, maculées de jaune sur les 3 divisions inférieures.

Culture du *G. communis*.

G. C. albus. — Variété à fleurs blanches (en anglais *The Bride*) ; cultivé en grande quantité depuis quelques années pour la fleur coupée et pour forcer ; en avril-mars dernier, les fleuristes de Paris en avaient dans leurs magasins, qui étaient fort appréciés du public, et produisaient un effet charmant.

Culture du *G. communis*.

G. communis *Lin. Glaïeul commun, Glais, Iris nostras, Lis de la Saint-Jean, Petite flambe. Indigène.* — Bulbe ferme, petit, brun, ovale ou déprimé ; feuilles ensiformes, longues de 20-30 centimètres distiques ; tiges de 40-50 centimètres ; en mai-juin, fleurs rose violacé ; divisions inférieures tachées de blanc et bordées d'une ligne pourpre ; ces fleurs sont disposées au nombre de 6-12 en épi unilatéral, et sortent de l'aisselle des bractées.

Culture. — Voir plus loin à l'article *Culture*, la section des Gl. hâtifs ou à forcer.

G. Cooperi *Hooker. Cap*, 1862. — Hauteur 60 cent. ; feuilles érigées de 30 à 40 centimètres ; épis composés de plusieurs fleurs rose carminé, marginé de pourpre, voisin du *G. psittacinus*.

G. crispus. — V. *Tritonia crispa*.

G. crocatus. — V. *Tritonia crocata*.

G. cruentus *Moore. Natal*, 1868. — Bulbe jaune vif ; feuilles de 40-50 centimètres pendantes ; tige de 80 cent. à 1 mètre en septembre ; fleurs rouge écarlate, blanc jaunâtre et moucheté de rouge à la base, larges de 10 cent.

G. Cunonia. — V. *Antholiza Cunonia*.

G. cuspidatus *Jacq. Cap*, 1895. — Tige de 60 à 80 centimètres ; en mars-juin, fleurs fond blanc, tachées de rouge pourpre sur les divisions inférieures.

G. decoratus *Baker. Afrique orientale*, 1890. — Feuilles de 50 centimètres, tige de 80 cent. à 1 mètre ; fleurs rouge vif, à grandes macules jaunes sur les divisions inférieures.

G. dracocephalus *Hook, Glaïeul serpentaire. Natal*, 1871. — Feuilles de 20-30 centimètres ; tige de 1 mètre à 1 m. 50, terminée en août par un épi long de 50 centimètres; fleurs verdâtres, lignées de brun clair, la division externe supérieure repliée en dedans, simulant une tête de serpent quand le bouton est prêt à s'ouvrir.

Culture du *G. communis*.

G. flore pleno. — V. *G. Gandavensis Président de Seydewitz.*

G. floribundus *Jacq. G. blandus Ait., G. campanulatus And., G. grandiflorus And., Glaïeul florifère, G. floribond. Cap*, 1774. — Bulbe gros, déprimé; tige de 60 centimètres, genouillée dans le haut; en juillet-septembre fleurs grandes, blanches, odorantes, à divisions marquées de pourpre rose ou carné sur la nervure médiane; ces fleurs sont disposées en épi lâche distique.

Fig. 86. — Glaïeuls hybridus Lemoinii.

Culture. — Des *G. Gandavensis*, produit peu de

caïeux; employer le semis pour la multiplication en grand.

G. f. formosissimus. — Fleurs rouge clair, maculées de blanc, tachées et bordées de cramoisi.

G. f. insignis. — Fleur rouge vermillon, maculée de pourpre.

G. f. Queen Victoria. — Fleurs rouge vif, maculées de blanc et bordées de carmin.

G. formosissimus. — V. *G. floribundus formosissimus.*

G. Gandavensis *Hort. G. Gandiensis, Glaïeul de Gand.* — Cette belle race, issue du croisement des *G. psittacinus* et *G. cardinalis*, fut obtenue en Belgique en 1840 par *M. Beddinghaus*, jardinier du duc d'Arenberg, et mise au commerce en 1841 par *M. Louis Van Houtte.*

Bulbe gros, déprimé, de couleur variable; produisant une ou plusieurs tiges, hautes de 1 mètre à 1 m. 50, terminées en été, de juillet en octobre, par un épi très long de fleurs distiques, grandes, rouge vermillon maculé de jaune; c'est de cet hybride que sont sorties les belles et nombreuses variétés, aux coloris si variés, si appréciés et si répandus.

G. G. Brencheleyensis. — Belle variété de *Gandavensis*, à épis longs; de belles fleurs vermillon écarlate, très appréciée des jardiniers et cultivée en grande quantité pour la fleur coupée. Le *G. B.* type a les fleurs écarlate vif lavé et flammé de jaune et amarante.

G. G. Président de Seydewitz *Wloczik.* — Variété à fleur double.

La nomenclature des variétés du *Glaïeul Gandavensis* est trop longue pour trouver place ici; consulter à ce sujet les catalogues des spécialistes pour se tenir au courant des belles nouveautés mises au commerce chaque année.

Culture. — Bonne terre, riche, préalablement bien fumée ; planter en mars-mai, en succession à 6-8 centimètres de profondeur et 20-25 centimètres de distance ; en lignes, en corbeilles ou en massifs ; en mai-juin, donner un paillis de fumier gras de 5 centimètres d'épaisseur ; tuteurer et arroser pendant la sécheresse ; couper les tiges après la floraison ; en octobre, avant les fortes gelées, arracher les bulbes, couper les feuilles et la base de la tige à 5 centimètres de longueur ; laisser sécher dans un hangar, nettoyer, couper ou arracher la base de la tige ; séparer les bulbilles et les bulbes, et conserver jusqu'à la plantation sur des tablettes dans un lieu aéré, sec et à l'abri de la gelée.

La plantation en pot est très avantageuse, soit pour forcer, soit pour utiliser les potées pour la décoration des appartements ou pour mélanger dans les massifs.

Les fleuristes parisiens ont l'habitude de planter ensemble un *Glaïeul* et un *Canna* dans le même pot ; ils suppriment les feuilles du glaïeul pour donner à la fleur l'apparence de celle d'un *Canna*.

Multiplication. — 1° Par division des bulbes, à l'automne ; dans ce genre le bulbe qui a fleuri se déssèche et est remplacé par 1 à 4 bulbes de force à fleurir, 2° par les bulbilles qui sont assez nombreuses autour du bulbe ; plantés de suite en pépinière, ils fleurissent la 2e ou 3e année ; 3° par graines semées au printemps en mars, en pleine terre sous châssis ; à l'automne arracher les jeunes bulbes, les replanter de suite en pépinière, dès l'automne suivant ; quelques-uns fleuriront en octobre ; arracher le tout, et traiter ces jeunes bulbes comme des plantes adultes.

Les ognons de semis et les bulbilles ne craignent

nullement la gelée, tant qu'ils ne sont pas de force à fleurir.

G. Gandiensis. — V. *G. Gandavensis.*

G. gracilis *Jacq. Cap*, 1800. — Tige 50-60 centimètres ; en avril, fleurs blanches, teintées de bleu.

G. grandiflorus. — V. *G. floribundus*

G. grandis *Thumb. G. versicolor. Cap*, 1794. — Tiges 70-80 centimètres ; en avril-mai, fleurs rouge brun.

G. imbricatus *Lin. Russie*, 1820. — Haut. 40 cent.; en juin, fleurs rouges. Culture du *G. communis*.

G. junceus. — V. *Anomatheca juncea.*

G. Kirkii *Baker. Zanzibar*, 1890. — Feuilles linéaires, filiformes ; fleurs rose vif.

G. Kotschyanus *Boiss. Afghanistan*, 1836. — Tige de 50-60 cent.; en mai, fleurs violet clair et foncé.

G. Lemoinii *Hort. Glaïeuls de Lemoine, G. à grande macule, G. rustique.* — Race nouvelle, hybride des *G. Gandavensis* et *G. purpureo-auratus*, obtenue en 1878 par *M. Victor Lemoine.*

Plantes vigoureuses ; tubercules moyens ; feuillage d'un beau vert ; tige grêle et flexible, s'élevant de 60 cent. à 1 mètre ; fleurs moyennes de coloris divers, mais ayant sur la division inférieure, une large tache ou macule rouge pourpre ou brune, bordée de jaune clair, produisant un contraste des plus agréables sur le coloris fondamental des fleurs. Ces glaïeuls sont un peu plus hâtifs que les *G. Gandavensis.*

Depuis quelques années cette race a produit beaucoup de variétés, trop nombreuses pour être décrites ici et pour lesquelles je renvoie aux catalogues des spécialistes ; cependant je dois signaler 3 variétés : *Jules Develle*, *Sceptre d'azur* et *Sénateur Volland*, dont les fleurs contiennent des coloris bleuâtre, bleu indigo, bleu violacé et bleu pourpre, coloris tout à fait nouveaux dans le genre *Gladiolus* et qui nous réservent peut-être d'agréables surprises.

Culture. — Plus rustiques que les *G. Gandavensis*, ils peuvent passer l'hiver en pleine terre, avec un léger abri pendant les grands froids ; ils sont peu difficiles

Fig. 87. — Glodiolus Nanceyanus.

et s'accommodent des sols même médiocres ; planter à l'automne à 8-10 centimètres de profondeur et les laisser en place pendant plusieurs années, ce qui leur permet de former des touffes très jolies ; on peut aussi les planter au printemps.

Multiplication. — Par les bulbes, par les caïeux et par graines.

G. lineatus *Salisb.* — V. *Tritonia lineata.*

G. Meriana. — V. *Watsonia Meriana.*

G. Nanceyanus hybridus *Hort. Glaïeuls de Nancy.*

— Race nouvelle, hybride des *G. Lemoinii* et *Saundersii*, obtenue en 1885 par M. V. Lemoine. Ces glaïeuls ont toutes les qualités et sont beaucoup plus vigoureux que les *G. Lemoinii*; la tige atteint 1 m. 50 et parfois 2 mètres de haut; les fleurs ont les coloris les plus variés et toujours avec une grande macule brune sur la division inférieure; mais elles sont très ouvertes et beaucoup plus grandes, atteignant jusqu'à 18 centimètres de diamètre. Il existe déjà beaucoup de variétés.

Culture. — Des *G. Lemoinii*; aussi rustiques.

G. natalensis *Reim.* — V. *G. psittacinus.*

G. oppositiflorus. *Herb. Madagascar, Cafrerie*, 1842. — Bulbe gros; feuilles de 40-50 centimètres; tige de 80 centimètres à 1 mètre; en juillet, fleurs blanches ou rosées, rayées de rouge. Serre tempérée.

G. Papilio *Hook. Cap*, 1866. — Tige de 80 centimètres; fleur pourpre pâle, panachée de pourpre foncé et or; il existe une variété à fleurs blanches.

G. plicatus *And.* — V. *Babiana sulphurea.*

G. plicatus *Thumb.* — V. *Babiana plicata.*

G. psittacinus *Hook. G. natalensis. Glaïeul perroquet. Afrique australe, Natal*, 1830. — Feuilles distiques, longues de 50-60 centimètres; tige de 1 mètre à 1 m. 40; en août-octobre, fleurs grandes, rouges, pointillées de jaune pâle ou verdâtre; ces fleurs sont très belles, les divisions supérieures recourbées en voûte et les inférieures arquées en dessous; belle espèce.

Culture. — Des *G. gandavensis.*

G. punctatus *Thumb. Cap*, 1889. — Feuilles 30-40 centimètres; tiges de 70-80 centimètres; fleurs grandes, jaune verdâtre, striées et ponctuées de pourpre; épi unilatéral.

G. purpureo-auratus *Hook. Natal*, 1872. — Bulbe

brun, petit, déprimé; feuilles étroites, dressées; tige nuancée, grêle, haute de 1 mètre; fleurs peu serrées, jaune pâle ou doré, avec une grande macule brune à l'intérieur.

Culture. — De *G. gandavensis.*

Multiplication. — Par les bulbes qui naissent à l'extrémité des stolons.

G. pyramidatus. — V. *Watsonia rosea.*

G. ramosus *Schneevoght. Cap*, 1838, ou Hybride des *G. floribundus* et *G. cardinalis.* — Bulbe gros, brun, déprimé, chair jaune; tige grêle, flexueuse, ramifiée., genouillée, de 80-90 cent.; en juin-juillet fleurs grandes, belles, distiques, de coloris divers: car il existe plusieurs variétés de cette race.

Culture des *G. Gandavensis*, cependant en terre saine à bonne exposition et abrité l'hiver, on peut les traiter comme les *G. communis.*

G. recurvus *Lin. G. ringens Andr. Cap*, 1858. — Feuilles arrondies de 20-30 centimètres; tige de 60-80 cent. en avril-mai, fleurs jaunes, ponctuées de bleu, en épilâche, unilatéral; ces fleurs ont une forte odeur de violette, ce sont les plus odorantes du genre.

G. refractus. — V. *Freesia refracta.*

G. resupinatus *Pers.* — V. *Freesia refracta.*

G. ringens *Andr.* — V. *G. recurvus*

G. sambucinus *Jacq.* — *Babiana sambucina.*

G. Saundersii *Hook. Cap*, 1871. — Bulbe rond brun, feuilles de 80 cent. à 1 mètre; tiges de 1 mètre à 1 mètre 30; en automne, fleurs rouge écarlate, maculées de blanc et ponctuées de rouge sur les divisions inférieures, fleurs de 6-9 cent. de diamètre. C'est cette espèce, croisée avec les *G. Lemoinii* qui a fourni les *G. Nanceyanus.* — *Culture* du *G communis.*

G. securiger *Ait.* — V. *Tritonia securigera.*

G. segetum *Ker. Glaïeul des moissons. Europe méridionale*, 1596.—Feuilles de 40-50 cent.; tige de 80 cent.; en juin-juillet, fleur rose ou rouge violet; divisions inférieures maculées de blanc; épi lâche unilatéral.

G. strictus. — V. *Babiana stricta.*

G. Sulphureus. *Jacq.* — V. *Babiana stricta sulphurea.*

G. tenuis. *Taurie*, 1823.— Haut. 30 centimètres, en juin fleurs rouges. —*Culture* du *G. communis.*

G. trimaculatus *Lam. Cap*, 1794. — Haut. 40-50 cent.; en juin, fleurs rouges maculées de blanc.

G. tubiflorus. — *Babiana tubiflora.*

G. tristis *Lin. G. concolor Salisb. Natal*, 1745. — Feuilles engainantes jusqu'à l'épi, subulées, *tétragones*, une seule dépassant la tige; hampe de 60 cent., flexueuse au sommet, en avril-mai épi de 4-6 fleurs, blanc crème, à divisions égales lancéolées, un peu réfléchies, teintées de brun sur la nervure médiane et aux extrémités ; odorantes surtout la nuit ; par la culture forcée, on obtient des fleurs dès le mois de janvier, qui sont très appréciées des fleuristes.

Culture du *G. Communis.*

G. versicolor. *Cap* 1794. —Haut. 60-70 centimètres en juin, fleurs brunes.

G. vittatus *Hornem. Cap*, 1760. — Haut. 50-60 centimètres ; en mai, fleurs roses, striées et maculées.

G. Watsonioides *Baker. Mont Kilimangaro, Afrique australe*, 1884. — Feuilles linéaires de 40-50 centimètres ; tige de 80 centimètres à 1 mètre ; en juin fleurs écarlate vif, en épi unilatéral.

G. Watsonius *Thumb. Cap*, 1791. — Feuilles rigides, linéaires, lancéolées, longues de 8-10 centimètres; tige de 50-70 cent ; en février-mars, fleurs en épi très lâche, unilatéral, rouge vif, quelquefois panachées de jaune.

G. xanthospilus. — V. *Anomatheca xanthospila.*

Les glaïeuls peuvent se diviser en six sections.

1. **G. hâtifs ou rustiques.** Comprennent les espèces indigènes en France et en Europe, et toutes celles qui résistent à nos hivers en pleine terre; la plantation a lieu à l'automne.

2. **G. nains.** — Groupe d'hybrides des *G. blandus*, *cardinalis*, *trimaculatus* et *tristis* à bulbes moyens; feuilles minces, étroites; tige grêle, flexueuse, ne dépassant pas 50-60 centimètres de haut.; fleurs moyennes, coloris très variés, souvent maculées.

3. **G. gandavensis.**

4. **G. Lemoinii ou à grandes macules.**

5. **G. du Cap.** Comprend toutes les espèces des contrées tempérées.

6. **G. de serre.** Comprend toutes les espèces tropicales.

Les G. hâtifs, dont le type est notre *G. communis*, prospèrent en toute terre, même calcaire, mais de préférence en terrain sain, riche et léger; planter en octobre-novembre, à 10-12 centimètres de profondeur et à 15-25 centimètres de distance, selon les espèces; pailler au printemps et tuteurer les tiges; couper les tiges florales et arracher les bulbes quand les feuilles sont jaunes, et les conserver dans un lieu sain, aéré, jusqu'à la plantation; la terre pour la plantation de ces Glaïeuls doit avoir été fumée au moins six mois d'avance; le fumier frais employé à l'époque de la plantation risquerait de faire périr beaucoup de bulbes. La section des G. hâtifs comprend les espèces européennes : *G. communis*, *illyricus*, *palustris*, *segetum*, *tenuis*, qui n'ont besoin d'aucun abri pendant l'hiver; aux espèces ci-dessus, il faut ajouter les *G. atroviola-*

ceus, *byzantinus*, *Colvillii*, *Colvillii albus*, *drococephalus*, *floribundus*, *Saundersii*, *segetum*, *trimaculatus*, *triphyllus* et *tristis*. Toutes ces espèces plantées à l'automne en pleine terre ont besoin d'un abri pendant les fortes gelées, soit une couche de sable recouverte de 20 centimètres de feuilles sèches, soit des paillassons établis sur une charpente en bois, soit enfin des châssis; ces précautions doivent avoir lieu la première année surtout, car il faut remarquer que les Glaïeuls gèleront l'année de plantation et résisteront parfaitement les années suivantes; c'est pourquoi il faut planter à 10-15 centimètres de profondeur et ne relever les bulbes que tous les 3 à 5 ans.

La plantation se fait aussi en pots drainés, tenus sous châssis l'hiver, et mis en pleine terre en place au printemps; parmis les G. hâtifs, certaines espèces sont très précieuses pour forcer, le *G. Colvillii albus* est le plus employé; planter en septembre-octobre 4-5 bulbes par pot plonger dans le sable jusqu'aux gelées; puis tenir sous châssis; 6-8 semaines après mettre en serre à la chaleur; par des forçages répétés, on peut obtenir des fleurs de cette magnifique variété, depuis décembre jusqu'en juin; la floraison terminée, couper les tiges et planter la motte en pleine terre.

Multiplication. — 1° Par la division des bulbes quand on relève les souches tous les 3-5 ans; 2° par les caïeux ou petits bulbes qui, dans certaines espèces, sont produits à l'extrémité de stolons souterrains à 10-20 centimètres des bulbes et que l'on replante en pépinière pendant un an; 3° enfin par graines, semées aussitôt la maturité ou au printemps suivant. A l'automne, arracher les petits bulbes, les replanter en pépinière ; l'année suivante ils commenceront à fleurir.

G. nains. — *Culture* et *Multiplication* des G. hâtifs; cependant on peut attendre février-mars pour la plantation.

G. du Cap. — Ce genre comprend toutes les espèces des contrées tempérées.

Culture. — Planter en pleine terre, en octobre-novembre ; couvrir de châssis pendant l'hiver, et laisser en plein air au printemps, ou planter en pots et hiverner sous châssis en évitant soigneusement l'humidité ; au printemps, ou laisser les plantes en pots ou les mettre en pleine terre.

Multiplication. — Voir *Glaïeuls hâtifs.*

G. de serre. — Ce groupe comprend les espèces tropicales.

Culture. — Planter en pots et tenir en serre tempérée ; après la floraison qui a lieu en été, diminuer les arrosages ; la durée du repos est de 4 à 6 semaines pendant lesquelles on peut laisser les bulbes dans leurs pots.

Les glaïeuls sont précieux pour l'ornement des jardins pendant l'été ; on en fait des corbeilles et des massifs d'un grand effet ; les grands rameaux, couverts de fleurs aux coloris les plus variés et brillants, font des gerbes et des bouquets très élégants ; les tiges coupées et mises dans l'eau avec 2 ou 3 fleurs épanouies continuent leur floraison pendant très longtemps.

GLAIS. — V. *Gladiolus communis.*

GLAND de terre. — V. *Lathyrus tuberosus.*

GLAIEUL à fleurs doubles. — V. *Gladiolus gandavensis Président Seydewitz.*

G. à grandes macules. — V. *Gladiolus Lemoinii.*
G. bleu. — V. *Iris germanica.*
G. corail. — V. *Iris fetidissima.*
G. de Constantinople. — V. *Gladiolus byzantinus.*
G. de Gand. — V. *Glaïeul gandavensis.*
G.des marais. — V. *Iris pseudacorus.*
G. des moissons. — V. *Gladiolus segetum.*
G. florifère. — V. *Gladiolus floribundus.*
G. jaune. — V. *Iris pseudacorus.*
G. perroquet. — V. *Gladiolus psittacinus.*
G. puant. — V. *Iris fetidissima.*
G. rustique. — V. *Gladiolus Lemoinii.*
G. serpentaire. — *Gladiolus dracocephalus.*
G. the Bride. — V. *Gladiolus Colvillii albus.*

GLOIRE des neiges. — V. *Chionodoxa Luciliæ.*
G. du Congo. — V. *Richardia Lutwychei.*

GLORIOSA *Lin.* **Methonica** *H. P.* **Clynostylis**, *Liliacées.*

G. abyssinica. — V. *Methonica Abyssinica.*

G. cærulea — V. *G. virescens.* — Espèce peu connue à fleurs jaune d'or.

G. grandiflora. *Methonica grandiflora. Fernando-Po*, 1860. — Même port que *G. superba*; c'est l'espèce la plus robuste et la plus vigoureuse du genre; pétales longs de 10-15 centimètres, larges de 3, ondulés, révolutés d'un beau jaune canari d'abord et teintés de rouge ensuite.

G. simplex *Lin.* — V. *G. virescens Lindl.*

G. superba *Lin. Methonica superba H. P. Méthonique superbe de Malabar. Afrique tropicale, Indes*, 1690. — Cette espèce a été rencontrée dans l'Afrique tropicale par *Livingstone* et plusieurs autres explorateurs; racine tuberculeuse allongée, jaunâtre, fourchue ou courbée, de la grosseur d'un doigt; feuilles ovales, étroites, acuminées, longues de 15 centimètres et larges de 3, terminées par une vrille; tiges faibles, herbacées, grimpantes, feuillées; hautes de 1 m. 30 à 1 m. 60; de juillet en octobre, à l'extrémité des tiges, fleurs à longs pédoncules, aurore éclatant, à

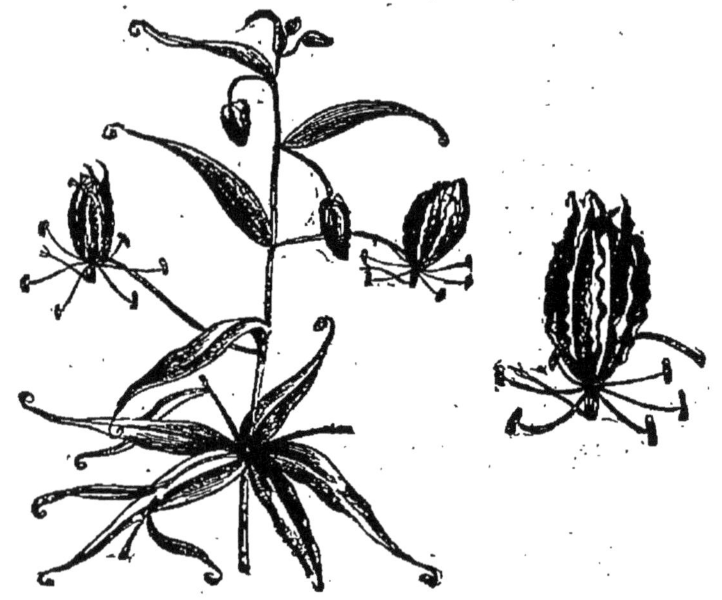

Fig. 88. — Gloriosa superba.

6 divisions réfléchies, ondulées sur les bords; longues de 12 centimètres; larges de 2-3; d'abord jaune canari, un jour ou deux après le tiers supérieur des divisions prend une teinte rosée, qui s'étend graduellement sur toute la fleur, qui devient finalement et uniformément écarlate foncé.

G. Plantii. — V. *Gloriosa virescens*.

G. virescens *Lind. G. cærulea Miller. G. Plantii Loudon. G. simplex Lin. Methonica virescens, Methonica Plantii. Madagascar, Afrique tropicale*, 1756. — Port de la précédente, mais à divisions de la fleur plus larges, ondulées et à peine réfléchies, fleurs jaune verdâtre passant au cramoisi ou jaune panaché de cramoisi. A été rencontrée par l'explorateur *Dybousky* lors de son dernier voyage dans l'Afrique tropicale en 1893.

Culture. — Ces magnifiques plantes sont toutes de serre chaude ; cependant en août-septembre on peut les transporter en serre tempérée, afin de prolonger la durée des fleurs ; planter les tubercules en février-mars, en pots spacieux, bien drainés, dans un mélange de terre substantielle et très poreuse ; arrosages nuls jusqu'à la sortie des tiges, plus fréquents ensuite et beaucoup d'humidité pendant la pleine végétation ; ombrer modérément pour bien faire développer les beaux coloris des fleurs ; palisser les tiges le long des piliers ou sur des treillages ; après la maturité des graines qui sont produites dans des capsules très élégantes, couper les tiges, cesser les arrosages et placer les pots au sec dans la serre chaude, éloignés des tuyaux de chauffage ; les fleurs coupées prématurément s'épanouissent très bien dans l'eau.

Multiplication. — Par graines semées en serre chaude, et à l'époque de la plantation ; par division des racines en ayant bien soin de conserver un œil du collet à chaque division.

GLOXINIA *L. Heri. Ligeria Desn. Sinningia Nees. Gesnériacées.* — Ce genre a été divisé en plusieurs groupes peu distincts.

G. hybrida crassifolia. — Feuilles larges, amples, bombées et charnues ; fleurs maculées.

G. hybrida picta. — A fleurs également pictées ou tigrées.

G. hybrida erecta. — A fleurs érigées.

G. multiflora *Wall.* — Pédoncules multiflores, fleurs moins grandes.

Les espèces sont peu nombreuses.

Fig. 89. — Gloxinia crassifolia.

G. caulescens. *Pernanbuco*, 1826. — Fleurs pourpres.

G. digitaliflora. *Mexico*, 1843. — A fleur de digitale, penchée, violet clair.

G. discolor. *Brésil*, 1843. — Fleur lilas et blanc.

G. fimbriata. — V. *G. Glabrata.*

G. gesneroides. — Hybride horticole du *Gesnera*

Donkelariana et d'un *Gloxinia*; tiges feuillées, hautes de 20-30 centimètres portant plusieurs fleurs érigées, à limbe de diverses couleurs à gorge plus claire.

G. **glabrata** *Zucc. G. fimbriata. Mexique*, 1847. — Fleurs blanches maculées de pourpre ; gorge jaune.

G. **maculata** *L. Her. Amérique du Sud*, 1739. — Fleurs bleu pourpre.

G. **multiflora** *Mart. et Gal.* — V. *Nægelia amabilis*.

G. **pallidiflora** *Hook. Sainte-Marthe*, 1844. — Fleurs bleu pourpre.

G. **speciosa** *Desn. Brésil*, 1816. — Fleur violet pourpre ; type de toutes nos belles variétés hybrides horticoles.

G. **tubiflora**. — V. *Achimenes tubiflora*.

Les *Gloxinias* ont des tubercules assez gros, charnus, unis, ronds ou aplatis, munis de plusieurs bourgeons au sommet ; les feuilles grandes, épaisses, charnues et très fragiles ; pédoncules acaules, droits, hauts de 15-20 centimètres, terminés par une fleur penchée ou érigée, grande : à tube long, et à corolle campanulée, étalée au sommet, de coloris les plus riches et les plus variés, tous les tons du *blanc*, *bleu*, *rose*, *rouge*, *pourpre*, *ponctués* ou *maculés* y sont représentés.

Culture. — Comme toutes les plantes tropicales, il leur faut de la chaleur et de l'humidité ; une terre composée de terre de bruyère, terreau de feuilles, pourri de chêne, sable, charbon de bois pulvérisé et terre franche ; des vases larges et peu profonds sont préférables aux pots ordinaires ; planter en février-mai, ensemble ou en succession, dans des pots de petite dimension et bien drainés ; le collet du bulbe au niveau de la terre ; placer en serre chaude ou sur couche chaude sous châssis, toujours près du verre ;

Fig. 90. — Gloxinia gesnerioides.

arroser modérément ; quand les pots sont remplis de racines, rempoter dans des vases plus grands, de

15 centimètres de diamètre, arroser copieusement, aérer et tenir toujours à l'ombre; espacer les plantes pour éviter l'étiolement; baisser la température et aérer davantage pendant la floraison, pour la prolonger; diminuer les arrosages quand les feuilles jaunissent et les cesser complètement quand elles sont sèches; conserver les tubercules dans leurs pots dans une serre tempérée ou dans du sable sec jusqu'à l'époque de la plantation, en évitant l'humidité.

Multiplication. — 1° Par les tubercules coupés en morceaux, munis de un ou deux bourgeons; saupoudrer les plaies avec du charbon de bois pulvérisé et les laisser exposées à l'air pendant plusieurs jours pour les faire sécher et cicatriser, et planter comme des tubercules entiers; 2° par bouture des bourgeons, faites à l'étouffé, qui s'enracinent facilement; 3° par bouture de feuilles; choisir en été des feuilles bien développées, insérer le pétiole jusqu'au limbe dans des pots bien drainés, cinq ou six feuilles par pot; couvrir d'une cloche, éviter l'humidité et ombrer; les racines se développent très vite, en même temps que des bourgeons et des petits tubercules; on peut aussi sectionner les feuilles comme pour les Begonias Rex; 4° par graines semées en février-mars, en terrines remplies de terre de bruyère sableuse, répandre la graine sans la couvrir, arroser en plongeant la terrine dans une autre pleine d'eau, couvrir le semis d'une feuille de verre, tenir à l'ombre dans une serre chaude ou sous châssis chaud, très près du verre; repiquer en terrine aussitôt que possible, et enfin mettre en pots et traiter comme des plantes adultes, ces semis fleurissent en août-octobre; ils seront composés de belles variétés, mais il s'en trouvera d'inférieures qu'il sera facile d'éliminer.

Les Gloxinias sont des plantes d'une culture facile, à condition d'aérer suffisamment; sinon la maladie nommée *la Grise* s'empare des feuilles et arrête la végétation; les fleurs qui durent très longtemps, sont vraiment belles et les coloris d'une fraîcheur incomparable ; aucune autre plante ne peut rivaliser pour la garniture des tablettes et des serres pendant l'été. Ils se conservent bien dans les jardinières et dans les appartements.

GLYCINE apios. } — V. *Apios tuberosa.*
G. tubéreuse. }

GOMOSCYPHA *Baker. Liliacées.*

G. eucomoides *Baker. Bhotan*, 1886. — Racine rhizomateuse, charnue; feuilles en rosette, longues de 30 centimètres, larges de 10 à 12; tige simple, nue; portant un épi cylindrique de fleurs et terminée par une couronne ou bouquet de bractées, subulées.

Culture. — Des *Anthericum.*

GODVINIA gigas. — V. *Amorphophallus gigas.*

GORGANNE. — V. *Fritillaria meleagris.*

GOUET. — V. *Arum.*
G. à feuilles marbrées. — V. *Arum italicum.*
G. chevelu. — V. *Arum crinitum.*
G. comestible. — V. *Caladium esculentum.*
G. commun. — V. *Arum maculatum.*
G. d'Italie. — V. *Arum italicum.*
G. maculé. — V. *Arum maculatum.*
G. serpentaire. — V. *Arum dracunculus.*

GOUTTE de corail. — V. *Bessera elegans.*

GRAND arum. — V. *Colocasia antiquorum.*

G. giron. — V. *Arum maculatum.*

G. monarque. — V. *Narcissus.*

G. Narcisse. — V. *Narcissus pseudo-narcissus flore-pleno.*

G. primo. — V. *Narcissus.*

G. œil de bœuf. — V. *Adonis vernalis.*

GRANDE Celadine. — V. *Sanguinaria canadensis.*

G. flambe. — V. *Iris germanica.*

G. gentiane. — V. *Gentiana lutea.*

G. jonquille. — V. *Narcissus odorus.*

G. morelle des Indes. — V. *Phytolaca decandra.*

GRELOT blanc. — V. *Nivéole.*

GRENOUILLETTE. — V. *Ranunculus bulbosus fl. pleno.*

GRIFFINIA *Ker. Amaryllidées.*

G. **blumenavia** *Koch. Brésil*, 1866. — Bulbe moyen écailleux; feuilles longues de 15 centimètres, larges de 8; tige forte de 20-30 centimètres portant une ombelle de 8-10 fleurs blanches, striées de rose; jolie plante, fleurit en mars-juin.

G. **dryades** *Rœm. Brésil*, 1868. — Bulbe gros; feuilles longues de 30 centimètres, larges de 10-15; hampe de 50-60 centimètres, terminée par une ombelle de 10-12 fleurs lilas, blanchâtres au centre, larges de 10 centimètres.

G. **hyacinthina** *Herb. Amaryllis hyacinthina Gawl. Amaryllis bleue. Brésil*, 1815. — Bulbe ovale, moyen, 5-7 centimètres de diamètre, écailleux; feuilles larges, ovales, longues de 15-25 centimètres; hampe forte déprimée de 40 centimètres, ombelle de 8-10 fleurs larges de 8 centimètres à segments bleus, blancs à la base; belle plante, les fleurs durent une semaine environ.

G. intermedia *Lindl. Brésil*, 1823. — Hampe de 20-30 centimètres; fleurs bleues en avril.

G. Liboniana *Lem. Brésil*, 1848. — Feuilles sessiles paraissant avec les fleurs; hampe de 30 centimètres,

Fig. 91. — Griffinia blumenavia.

aplatie; en juin, ombelles de 15-20 fleurs violet pâle, petites.

G. ornata *Moore. Brésil*, 1875. — Bulbe très gros, allongé, 10 centimètres de diamètre; feuilles pétiolées, très grandes; hampe de 60 centimètres, ombelle de 20-25 fleurs, bleu lilas passant au blanc, fleurit de février en avril.

G. parviflora *Gawl. Brésil*, 1815. — Feuilles

moyennes paraissant en août, avec les fleurs ; hampe de 30 centimètres ; ombelle de 12-15 fleurs lilas clair.

Culture. — De serre chaude, ou peut-être mieux serre tempérée; terre légère et sableuse, en pots bien drainés; craint l'humidité, tenir au sec pendant la période de repos qui a lieu ordinairement de novembre à mars; la floraison a lieu d'avril en juin, et pendant toute l'année par la culture forcée. Un excellent procédé est de les tenir en serre chaude d'octobre à mai ; de les faire reposer de mai en août à l'ombre dans une serre froide; la floraison a lieu en septembre; rempoter tous les ans, à la fin du repos.

Multiplication. — Par caïeux, que l'on fait reprendre en pot sur couche chaude, et par graines semées, aussitôt récoltées en terre poreuse, en terrine et en serre chaude ; la germination a lieu 2-3 mois après le semis, et la floraison 3-4 ans après.

GRILLA. — V. *Achimenes.*

GROS NAVET. — V. *Bryonia dioica.*

GRUBI. — V. *Amorphophallus Titanum.*

GUERNÉSIENNE. — V. *Amaryllis sarnensis.*

GUTHNICKIA. — V. *Achimenes.*

GYMNADENIA. — *R. Br. Orchidées.* — Orchidées terrestres, très souvent comprises dans le genre *Habenaria.*

G. albida *Rich. Habenaria albida. R. Br. Montagnes de l'Europe.* — Bulbe divisé et fasciculé à la base; feuilles ovales, linéaires, engainantes; hampe de

Fig. 92. — Gymnadenia conopsea.

20-30 cent., en juin-juillet fleurs petites, blanc jaunâtre; pleine terre.

G. conopsea *R. Br. Europe.* — Bulbes palmés; hampe de 30-40 centimètres; en août, épi cylindrique de fleurs odorantes pourpre lilas; pleine terre.

G. flava *Lindl. Forêts des Etats-Unis.* — En juillet, épi serré de fleurs d'un beau jaune orange.

G. odoratissima *Rich. Europe.* — Bulbe comprimé; hampe de 30-40 centimètres, en juin-juillet épi cylindrique de fleurs lilas clair à odeur de vanille; pleine terre, aime beaucoup l'humidité.

Culture. — Voir *Orchidées.*

GYNOXIS. *Asteracées.*

G. fragrans. *Guatemala*, 1840. — Racine tubercu-

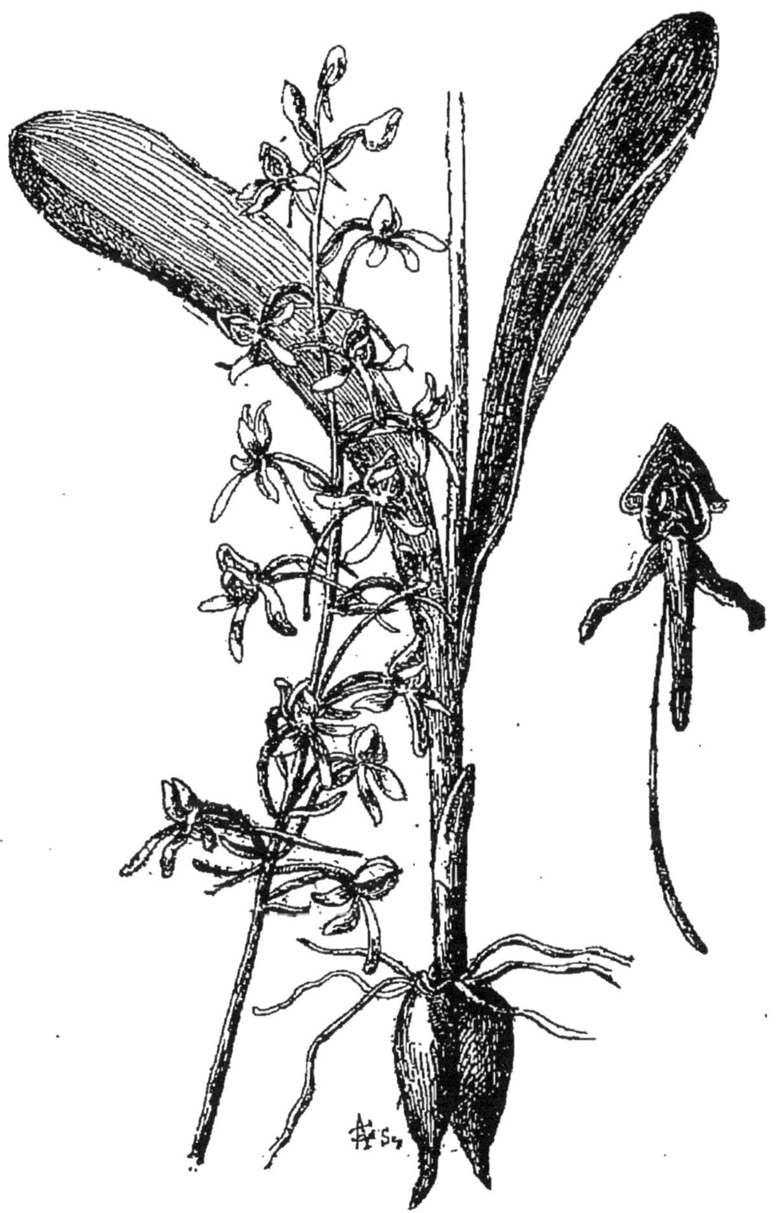

Fig. 93. — Habenaria bifolia.

leuse; plante grimpante, haute de 1 à 2 mètres, en juin fleurs jaunâtres, odorantes.

Culture.—Facile en serre tempérée, pleine terre l'été.

Fig. 94. — Habenaria ciliaris.

Multiplication. — Facile par division des racines et par boutures.

HABENARIA

Wild. Orchidées.

H. bifolia. *R. Br. Platanthera bifolia. Rich. Orchis papillon.* — *Indigène.* — Tubercules napiformes; deux feuilles en gouttière, obtuses; en juin, hampe de 30 cent. anguleuse, terminée par un épi lâche de fleurs blanc verdâtre, à éperon très long.

H. candida *Dolz. Sierra Leone*, 1844. — Haut. 30 cent. en août, fleurs blanches en épi. Serre chaude.

H. ciliaris *R. Br. Amérique du Nord*, 1796. — Tubercules fasciculés; tige de 50 cent, terminée par un épi en bouquet de fleurs jaune orange; labelle rouge plumeux; pleine terre.

Il existe beaucoup d'espèces, rustiques et de serre chaude, mais qui ne sont pas d'une culture générale.

Culture. — Voir *Orchidées.*

HABLITZIA *Bieberstein. Amarantacées.*

Fig. 95. — Hablizia tamnoides.

H. tamnoides *Bieb. Caucase*, 1828. — Racine tuberculeuse, napiforme; tiges volubiles, herbacées, cannelées, hautes de plusieurs mètres; feuilles alternes, larges, entières, cordiformes; en juillet, fleurs jaune verdâtre, en petites cymes, réunies en panicules serrées et axillaires.

Culture. — Pleine terre, aime la fraîcheur. Planter au printemps au pied des murs ou de troncs d'arbres.

Multiplication. — De graines et de boutures.

HABRANTHUS *Herb. Amaryllidées.*

Genre très voisin des Amaryllis.

H. Andersoni. *Herb.* — V. *Zephyranthes Andersonia.*

H. concolor. *Lindl. Zephiranthes concolor. Mexico,* 1844. — Bulbe moyen ; hampe de 30 cent. en avril, fleurs jaune paille. Serre tempérée ou serre chaude.

H. pratensis fulgens. *Chili,* 1840. — Bulbe moyen ; tige de 30 centimètres, portant en juin 3-4 fleurs ; fleurs rouge feu éclatant.

Culture. — Terre riche, saine, profonde, pleine terre. Planter en automne à exposition chaude et abritée.

Multiplication. — Très facile par division des bulbes.

HÆMANTHUS *Lin.* **Fleurs de sang.** *Amaryllidées.* — Belles plantes de serre chaude ou serre froide ; de l'Afrique tropicale et australe ; bulbes gros ou très gros composés de *tuniques distiques* formées [par la base des feuilles, cas qui se présente rarement ; feuilles charnues ; hampe courte de 15 à 30 cent., terminée par une ombelle ou houppe, grosse ou très grosse ; de nombreuses fleurs aux couleurs les plus éclatantes, les filets des étamines, étant très longs, dépassent les fleurs de beaucoup et donnent à ces ombelles une apparence chevelue très singulière. Les couleurs vivides de ces fleurs les ont fait surnommer *fleurs de sang.*

H. albiflos *Jacq. Cap,* 1791. — Feuilles 2-4 paraissant avec les fleurs ; hampe de 15-20 centimètres, en juin, ombelle de fleurs blanches ; serre froide.

H. albo-maculatus *Baker. Afrique australe,* 1878. — Bulbe moyen, comprimé ; feuilles 2, paraissant avec les fleurs ; hampe de 15-20 centimètres, en décembre ombelle de fleurs blanc pur ; serre froide.

H. carneus *Gawl. Cap,* 1869. — Feuilles 2, paraissant après les fleurs ; hampe de 20-30 centimètres; en juin ombelle globuleuse de fleurs roses.

H. Catharinæ *Baker*. *Natal*, 1877. — Feuilles 3-5, paraissant avec les fleurs à nervures fortes; hampe de 30 centimètres terminée par une ombelle large de 20-30 centimètres de fleurs, rouge vif ou foncé; une des plus belles espèces, de culture facile; serre froide.

Fig. 96. — Hæmanthus coccineus.

H. ciliaris. — V. *Amaryllis ciliaris*.

H. cinnabarinus. *Den*. *Afrique australe*, 1857. — Feuilles 4, avec les fleurs; hampe faible de 30 centimètres; en avril, ombelle de fleurs rouge vif; anthère jaune; serre chaude.

H. coccineus *Lin*. *Cap*, 1731. — Bulbe très gros, à tuniques distiques, 10 à 12 cent. de diamètre ; feuilles 2 paraissant quand les fleurs fanent; hampe ponctuée de rouge, haute de 20 cent; en septembre, ombelle de fleurs rouge cramoisi à anthères longues; espèce des plus ornementales; serre froide.

H. deformis *Hook. Natal*, 1869. — Hampe presque nulle ; ombelle de fleurs blanches, paraissant appliquée sur le bulbe ; feuilles 2, avec les fleurs ; curieuse plante.

H. falcatus. — V. *Amaryllis falcata*.

H. hirsutus *Baker. Transval*, 1878. — Feuilles 2 ; en avril, ombelle de fleurs blanc rosé ; serre chaude ou tempérée.

H. Kalbreyeri *Baker. H. multiflorus. Afrique tropicale*, 1888. — Feuilles 3-5, maculées de pourpre, paraissant à l'automne ; hampe de 20-25 centimètres ; en avril, ombelle énorme, composée parfois de cent fleurs, d'un beau rouge écarlate, à anthères jaunes, produisant un contraste singulier ; plante admirable ; serre chaude ou tempérée.

H. magnificus *Herb. H. Rooperi. Natal*, 1841. — Bulbe sphérique, supporté par un gros rhizome court et charnu ; feuilles 4-6, après la floraison ; hampe de 30 centimètres, ponctuée de rouge brun ; spathe bractéiforme ; en été, ombelle énorme de fleurs rouge écarlate, très large ; belle plante ; serre chaude ou froide.

H. multiflorus. — V. *H. Kalbreyeri*.

H. natalensis *Pappe. Natal*, 1862. — Feuilles longues ; hampe de 30 centimètres ; fleurs rouge pourpre, grandes bractées vert pâle à la base de la plante.

H. orientalis. — V. *Amaryllis orientalis*.

H. puniceus. *Lin. Cap*, 1722. — Ancienne espèce ; feuilles 2-4 ; en juin, ombelle de fleurs rouge orange ; serre froide.

H. robustus. — V. *Amaryllis tubispatha*.

H. Rooperi. — V. *H. magnificus*.

H. tigrinus *Jacq. Cap*, 1790. — Feuilles 2, maculées de rouge brun; paraissant après les fleurs; hampe maculée de brun, haute de 60-80 centimètres; en avril, ombelle de fleurs rouge cramoisi foncé; serre chaude ou froide.

H. toxicaria. V. *Buphane distichia.*

H. undulatus. — V. *Amaryllis undulata.*

Culture. — Terre légère, riche, sableuse ou de bruyère; beaucoup d'eau pendant la végétation et la floraison ; cesser graduellement les arrosages, afin de provoquer un repos de 6 à 8 semaines ; ce repos a lieu après la végétation des fleurs et des feuilles; ne rempoter que tous les 3-4 ans, car ces plantes n'atteignent leur beauté que lorsque les bulbes ont acquis toute leur grosseur ; excepté les espèces tropicales, qui ont absolument besoin de la serre chaude, tous les autres s'accommoderaient de la serre froide et supporteraient même nos hivers en pleine terre, avec couverture ; mais on ne les obtient belles qu'en serre chaude, ou au moins en serre tempérée.

Multiplication. — Par les caïeux qui se développent autour des bulbes.

HEBEA. — Petites plantes bulbeuses du Cap ; ayant le port et se cultivant comme les *Ixias.*

HEDYCHIUM *Kœn. Zingibéracées.* — Belles plantes herbacées, ornementales, ayant le port des *Cannas* ; racines rhizomateuses ou tuberculeuses; fleurs en épis terminaux et cylindriques, très odorantes; serre chaude, tempérée ou plein air.

H. angustifolium *Curt. Indes orientales,* 1815. — Feuilles linéaires, lancéolées, longues de 30 centimètres, larges de 5; tiges de 1 à 2 mètres; garnies de feuilles distiques et terminées en juin par de gros épis de fleurs rouge foncé. Serre chaude.

H. coronarium *Kœn. Chine*, 1791. — Rhizomes gros tuberculeux, tiges feuillées, grosses, herbacées, hautes de 1 m. 30; feuilles larges, ovales, lancéolées, longues de 30 centimètres, larges de 15-20, engainantes, distiques; en août-septembre, épi gros, cylindrique, long de 20-25 centimètres; contenant une quantité

Fig. 97. — Hedychium coronarium.

de fleurs singulières, ressemblant à celles des orchidées, blanc pur, très odorantes, à six divisions dont cinq étroites, pendantes, la sixième plus large, proéminente, comme le labelle d'une orchidée; en Chine, ces fleurs sont souvent employées dans la coiffure des dames; envoyées comme présent à un jeune homme par une jeune fille, elles sont un reproche d'inconstance.

Culture. — Pleine terre l'été, serre tempérée l'hiver.

H. chrysoleucum. *Hoock. H. chrysopetalum. Indes*

orientales, 1849. — Port du précédent; tiges de 1 m. 50; en août-septembre, fleurs blanc pur, très odorantes, tachées de rouge orange sur le labelle.

H. chrysopetalum. — V. *H. chrysoleucum.*

H. flavum *Roxb. Népaul*, 1822. — Feuilles de 30-35 centimètres de long; tiges de 1 mètre; en juillet, fleurs rouge orange, très odorantes. Cette espèce résiste en pleine terre.

A. Gardnerianum *Griff. Indes orientales*, 1819. — Feuilles grandes, engainantes, distiques; tige de 1 à 2 mètres; en juillet-août, gros épis cylindriques, longs de 40-50 centimètres, de fleurs jaune citron, à odeur très forte de jonquille; résiste en pleine terre.

H. peregrinum *N. E. Br. Madagascar*, 1885. — Feuilles grandes; tige de 1 mètre; en été, épi de fleurs jaune pâle à labelle blanc; serre chaude.

Culture. — C'est en pleine terre, en serre chaude que ces belles plantes acquièrent tout leur développement; autrement, employer des pots spacieux et bien drainés; planter au printemps, en terre légère, riche et poreuse; beaucoup d'eau pendant la végétation; on peut même immerger les pots dans les bassins des serres pendant l'été.

Ces plantes étant amphibies, après la floraison on diminue les arrosages et on tient les plantes au repos pendant l'hiver après avoir coupé les tiges. Les espèces *flavum* et *Gardenianum* peuvent supporter la pleine terre même pendant l'hiver; on peut en faire des massifs et les cultiver exactement comme les *Cannas*; cependant il est préférable de rentrer les souches pendant l'hiver; les fleurs sont très odorantes; une seule plante suffit pour parfumer une serre; ce sont de jolies plantes très décoratives et pas assez répandues.

Multiplication. — Par division des touffes au printemps; comme les cannas, il leur faut une exposition chaude et abritée.

HELIANTHUS *Lin. Composées.*

H. tuberosus *Lin Artichaut de Jérusalem, Artichaut de terre, Artichaut du Canada, Crompire, Poire de terre, Soleil vivace, Tertefle, Topinambour, Topinamboux. Brésil,* 1617. — Plante potagère et fourragère, cultivée pour ses tubercules alimentaires; peut rendre d'importants services dans les parcs et jardins, par ses tiges hautes de 1 m. 50 à 3 mètres, et son beau feuillage, pour former des rideaux de verdure ou pour garnir les lieux dénudés; en octobre ces fleurs jaunes coupées se conservent bien dans l'eau. — Tous terrains, toute exposition. Il existe une variété à tubercules blancs.

Multiplication. — Très facile par les tubercules, qui ne se conservent pas longtemps hors terre; mais qui résistent aux plus grands froids, tenus en terre; difficile à extirper complètement.

HELIOCORDICERAS crinitus. — V. *Arum crinitum.*

HELLÉBORE blanc. — V. *Veratrum album.*

H. d'hiver. — V. *Eranthis hiemalis.*

HELLEBORINE. — V. *Eranthis hiemalis.*

HELLEBORUS hiemalis. } — V. *Eranthis hiemalis.*
H. monanthus. }

HELONIAS *Lin. Mélanthacées.*

H. bullata. *Lin. H. latifolia. Amérique du Nord,* 1758. — Racine tuberculeuse; tige de 30 cent. en mai-juin, fleurs pourpres en grappes.

H. erythrosperma. *Mich. Amérique du Nord,* 1770. — Haut. 15-20 cent.; en juin-juillet fleurs blanches.

Culture. — Pleine terre, de bruyère ou légère, même à l'ombre, division des touffes et semis.

HÉMÉROCALLE à feuille de plantain.
H. à feuilles en cœur.
H. à grande fleur.
H. à grande fleur blanche. — V. *Funkia subcordata.*
H. bleue. — V. *Funkia cærulea.*
H. de Siébold. — V. *Funkia Sieboldiana.*
H. du Japon. — V. *Funkia subcordata.*
H. jaune. — V. *Hemerocallis flava.*
H. fauve. — V. *Hemerocallis fulva.*
H. de Sibérie. — V. *Hemerocallis Middendorfia.*

HEMEROCALLIS *Lin.* **Hémérocalle.** *Liliacées.* — Racines charnues, fasciculées; hampes rameuses; fleurs jaunes ou jaunâtres.

H. alba. — V. *Funkia subcordata.*

H. cærulea. — V. *Funkia cærulea.*

H. cordata. *Thunb.* — V. *Lilium cordifolium.*

H. crocea. — V. *Hemerocallis fulva.*

H. disticha *Don. Hémérocalle distique. Nepaul, Chine,* 1798. — Feuilles étroites, disposées sur deux rangs; hampe de 60 centimètres; en mai-juin, fleurs jaune pâle, à divisions larges et ondulées; larges de 4-5 centimètres.

H. d. flore pleno — Variété à fleurs doubles.

H. flava *Lin. Hémérocalle jaune, Lis asphodèle, Lis jaune. Europe,* 1596. — Feuilles nombreuses, étroites, lancéolées, de 60-80 centimètres de long; formant de belles touffes; hampe de 1 mètre; en mai-juin, fleurs campanulées, grandes, jaune orange, très odorantes; jolie plante très rustique, ressemblant à un Lis.

H. fulva *Lin. H. crocea Hort. Hémérocalle fauve. Indigène.* — Port du précédent; hampe de 1 mètre à 1 m. 50; en juin-juillet fleurs jaune orange fauve, plus grandes et plus ouvertes que celles de *H. flava*, vieille plante, très rustique; ne produit pas de graines.

H. fulva flore pleno. — Variété à fleurs doubles, c jaune orange et rouge violacé.

H. graminifolia. *Schlecht. Hémérocalle à feuilles de*

Fig. 98. — Hemerocallis Middendorfia.

graminée. Sibérie, 1759. — Feuilles étroites, linéaires, longues, hampe de 40-50 centimètres; en mai-juin, fleurs jaune verdâtre, rougeâtres en dehors.

H. japonica. — V. *Funkia subcordata.*

H. Kwanso *Hort.* — Variété de l'*H. fulva*, à fleurs doubles et à feuilles rubanées de vert et de blanc jaunâtre.

H. lanceolata.
H. lancifolia. } — V. *Funkia lancifolia.*

H. Middendorfii. *Traut et Mey. Hémérocalle de Sibérie. Sibérie.* — Feuilles longues, étroites, pliées en deux, retombantes; tiges nues, longues, flexibles; portant en avril-mai des fleurs grandes, campanulées, très ouvertes, jaune orangé, s'épanouissant en succession; très souvent il se produit une deuxième floraison à l'automne.

H. plantaginea. — V. *Funkia subcordata.*

H. Sieboldiana. — V. *Funkia Sieboldiana.*

Culture. — Tous terrains de bonne qualité, toutes expositions, planter isolément ou par groupes sur les pelouses ou dans les massifs; planter au printemps ou à l'automne.

Multiplication. — Par division des touffes quand elles sont fortes tous les 3-5 ans, ou par graines semées en pleine terre à l'automne ou au printemps et repiquées, jusqu'à la mise en place.

HERBE à la gravelle. — V. *Saxifraga granulata.*

H. à la laque. — V. *Phytolacca decandra.*

H. à la Vierge. — V. *Narcissus poeticus.*

H. à pain. — V. *Arum maculatum.*

H. aux femmes battues. — V. *Tamnus communis.*

H. aux flèches. — V. *Maranta arundinacea.*

H. au gingembre. — V. *Zingiber officinalis.*

H. aux hémorroïdes. — V. *Ranunculus ficaria.*

H. aux panaris. — V. *Polygonum officinale.*

H. aux panthères. — V. *Doronicum Pardalianches.*

H. aux papillons. — V. *Asclepias tuberosa.*

H. aux sonnettes. — V. *Fritillaria imperialis.*

H. aux turquoises. — V. *Ophiopogon japonica.*

H. Sainte Rose. — V. *Pæonia officinalis.*

H. triste. — V. *Mirabilis jalopa.*

HERBERTIA *Sweet. Iridées.*

H. pulchella. *Sweet. Uruguay, Chili.* 1827. — Rhizome bulbeux, feuilles longues de 20-30 cent., étroites, linéraires; hampe de 20-25 centimètres, rameuse, portant en juillet-août 5-6 fleurs violet pourpre, les trois divisions externes grandes, triangulaires, pendantes, tachées de blanc jaunâtre au centre, les trois internes très petites, trilobées; ces fleurs sont très fugaces, elles ne durent que quelques heures, mais se succèdent pendant plusieurs semaines; elles ont une teinte satinée.

Fig. 99. — Herminium Monorchis (Correvon).

Culture. — Bonne terre légère, exposition chaude, planter au printemps; pendant les grands froids il est prudent de garantir les touffes avec du sable ou des feuilles sèches.

H. cærulea. *Texas*, 1842. — Même port, fleurs bleues, serre chaude ou tempérée.

H. pusilla. *Ferraria pusilla. Brésil*, 1830. — Port du précédent, fleurs jaunes, serre tempérée.

HERINEQUIA. — V. *Gesnera.*

HERMINIUM *Lin. Orchidées.*

H. monorchis *R.Br. Orchis musc. Montagnes de l'Europe.* — Bulbe naissant à l'extrémité d'un stolon; feuilles 3-4; tige de 15 centimètres; en mai-juillet épi grêle de fleurs vert jaunâtre, à odeur de miel.

Culture. — Voir *Orchidées*. Pleine terre.

HERMIONE cupularis. — V. *Narcissus Tazetta, Soleil d'or.*

H. jonquille. — *Narcissus jonquilla.*

H. orientalis flore pleno — V. *N. Tazetta fl. pleno.*

H. similis. — V. *N. jonquilla minor.*

H. Tazetta. — V. *Narcissus Tazetta.*

HERMODACTYLUS tuberosus. — V. *Iris tuberosa.*

HERSCHELIA cœlestis. — Orchidée terrestre du Cap à fleurs bleues.

HESPERANTHA *Ker. Iridées.*

Petites plantes du Cap, à bulbes tuberculeux; port des *Ixias*, remarquables par leurs fleurs très odorantes s'épanouissant le soir.

H. angusta. *Ixia angusta. Cap*, 1825. — Haut. 30 centimètres, en juin fleurs blanches odorantes disposées en épi, s'épanouissant le soir.

H. graminifolia. *Cap*, 1808. — Haut. 30 centimètres, en juillet-août fleurs blanches.

H. pilosa. *Cap*, 1811. — Haut. 30 centimètres, en mai fleurs violettes.

Culture des Ixias ou bulbes du Cap.

HESPEROCALLIS. *Liliacées.*

H. undulata *A Gray. Californie*, 1882. — Bulbe gros, globuleux, 3 à 10 cent. de diamètre, chair ferme, blanche, comestible; tige de 30 à 50 cent. portant 20-30 fleurs odorantes, blanches, teintées de vert; fleurit en mars-mai.

Culture des *Hemerocallis.*

On trouve cette plante dans le Colorado et les déserts de la Californie ; les bulbes sont à une profondeur de 15 à 50 cent. dans le sable ; à essayer en pleine terre.

HESPEROSCORDUM hyacinthinum. — V. *Brodiæa lactea.*

H. lacteum. — V. *Brodiæa lactea.*

HESSEA *Herb. Amaryllidées.*

H. stellaris. *Herb. Amaryllis stellaris. Strumaria stellaris. Cap*, 1794. — Port du *Leucoium autumnale* ; bulbe petit ; hampe érigée portant une ombelle de fleurs rose pâle presque blanches, de 2 centimètres de diamètre ; pétales étroits, ondulés sur les bords, arrangés en étoile (d'où son nom) ; la plante ne dépasse pas 15-18 centimètres de haut ; floraison en décembre.

Culture. — Serre tempérée, froide ou châssis ; terre légère ; planter en août-septembre ; mettre au repos en mai-juin.

Multiplication. — Par division des bulbes.

HEUCHERA *Lin. Saxifragées.*

H. americana *Lin. Racine d'alun. Amérique du Nord*, 1656. — Racines tuberculeuses, très astringentes ; feuilles lobées dentées ; tige de 30 centimètres, en mai, fleurs violettes.

H. sanguinea. *Engelm. Mexique*, 1882. — Nouvelle espèce à fleurs campanulées, cramoisi brillant, produites pendant l'été ; pétioles velus ; feuilles cordiformes, orbiculaires, hauteur 30-40 cent., la plus belle espèce du genre.

Culture. — Pleine terre de jardin, division des racines à l'automne ou au printemps.

HEXAGLOTIS *Vent. Iridées.*

Genre très voisin des *Homeria* et *Moræa*; bulbes solides, moyens.

H. longifolia *Vent. H. flexuosa. Homeria flexuosa Lin. Moræa flexuosa. Cap*, 1803. — Feuilles peu nombreuses, linéaires, étroites; hampe grêle, haute de 30-40 cent.; en mai-juin panicules de fleurs jaunes, larges de 2-3 cent.

H. virgata. *Cap*, 1825. — Diffère peu du précédent, moins grand.

Culture. — Des *Ixias* ou *Moræa*.

HIMANTOGLOSSUM *Sprgl. Orchidées.*

H. hircinum *Sprgl. Orchis Bouc. Europe centrale et méridionale.* — Bulbes ovales; feuilles 3-4 engainantes; tige de 40-50 centimètres; en mai-juin épi long, gros, cylindrique, de fleurs blanc verdâtre ou jaunâtre, striées de pourpre en forme de casque; labelle terminé par une division très longue, pendante, enroulée en spirale; la fleur exhale une forte odeur de bouc.

Culture. — Voir Orchidées; terrain calcaire; plante curieuse.

HIMANTHOPHYLLUM *Spreng. Clivia Lind. Himatophyllum, Hymantophyllum. Hymatophyllum. Amaryllidées.*

H. cyrtanthiflorum *Lindl. H. Elisabethæ.* — Hybride du *H. nobilis* et du *H. miniatum*. Belles fleurs rouge orangé, larges, ressemblant à celles du *Cyrtanthus*.

H. Elisabethæ. — V. *H. cyrtanthiflorum*.

H. Gardeni. *Clivia Gardeni Hook. Natal*, 1855. — Feuilles étroites, vert foncé, arquées; longues de 50 cent.; en hiver, fleur rouge orangé; 10-20 par ombelle.

H. miniatum *Hook. Clivia miniata, Regel. Natal*, 1854. — Feuilles grandes, planes, en lanières; longues de 40-60 centimètres, larges de 2-3 centimètres; hampe

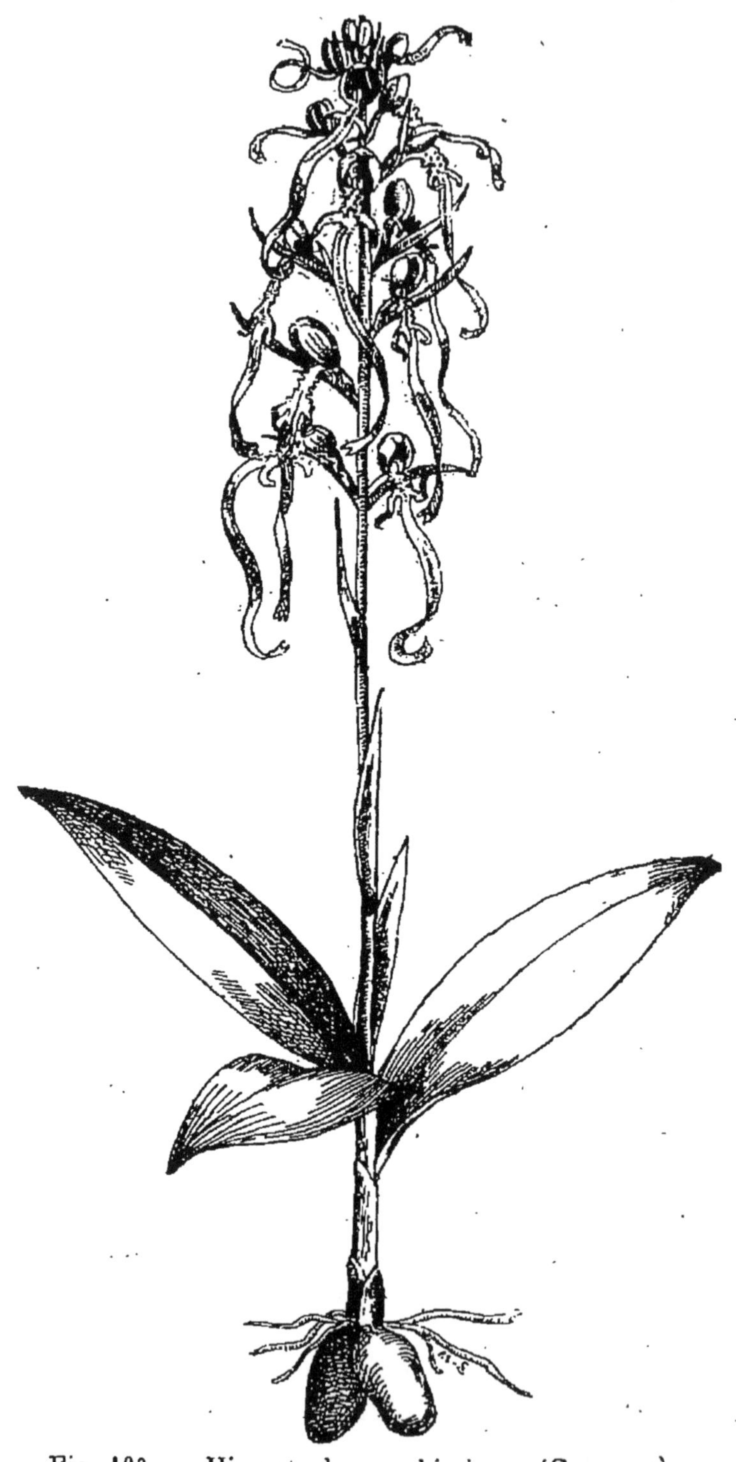

Fig. 100. — Himantoglossum hircinum (Correvon).

droite, raide, haute de 40-50 centimètres; portant au printemps et souvent en été une ombelle de 20 à 40 fleurs, d'un beau rouge orangé, plus ou moins intense.

H. Aitoni. *Clivia nobilis Lindl. Cap*, 1828. —

Fig. 101. — Himantophyllum miniatum.

Feuilles coriaces en lanières, scabres sur les bords; en mai fleurs rouge ponceau à pointes vertes, disposées en larges ombelles.

On trouve plus de cent variétés décrites dans les catalogues; toutes ont le même port, ne diffèrent entre elles que par la disposition, la grandeur et la couleur des fleurs.

Il est nécessaire de couper les tiges aussitôt après la floraison ; sinon, elles produisent des grosses graines rouges, qui fatiguent beaucoup la plante.

Ce sont de belles et nobles plantes, très recherchées pour les décors à cause de leurs larges ombelles de belles fleurs, qui restent dans leur éclat pendant plusieurs mois.

Culture. — Ces plantes se cultivent en pots bien drainés, de 15 à 25 centimètres de diamètre, en terre substantielle; rempoter tous les 2 ans est suffisant; pendant l'été, donner beaucoup d'air; arroser copieusement; ajouter de l'engrais liquide une fois par semaine, bassiner fréquemment pendant la chaleur. Les *Clivias*, n'étant pas réellement bulbeux, n'ont pas de repos absolu, il faut donc les tenir un peu humides pendant l'hiver; on peut les hiverner en serre tempérée, serre froide ou même dans une orangerie; l'été, ils font un très bel ornement dans les appartements par leurs fleurs et leur feuillage. Elles commencent à se répandre chez les fleuristes et sur les marchés.

Multiplication. — Lente, divisions ou éclats, avant ou après la floraison, et par graines semées et non enterrées, aussitôt la maturité; ces graines germent successivement; rempoter les jeunes semis dans des petits pots dès qu'ils ont 2 feuilles; continuer les rempotages dans des vases plus grands et proportionnés à la force des plantes; ces semis fleuriront à la troisième, quatrième et cinquième année.

HIMATOPHYLLUM. — V. *Himantophyllum.*

HIPPEASTRUM — V. *Amaryllis.*

H. procerum *Duchartre. Brésil. Pétropolis*, 1860. — Bulbe gros, collet long, semblable à un *Crinum*. Feuilles distiques, ensiformes ; hampe terminée par une ombelle de fleurs ayant la forme et la couleur du *Griffinia hyacinthina*, grossi; d'une couleur mauve rosé, tirant sur le bleu.

Culture.—Pleine terre en serre chaude pour le faire bien fleurir.

H. purpureum. — V. *Amaryllis equestris.*

HOLLICHERIA. — V. *Achimenes.*

HOMERIA *Vent. Iridées.*

Plantes bulbeuses très voisines des *Moræa;* feuilles ensiformes, linéaires; hampe simple ou ramifiée.

H. collina *Vent. Moræa collina. Cap,* 1768. — Feuilles linéaires, longues de 40-50 centimètres; hampe de 30-40 centimètres portant, en mai-juin, des fleurs rouge vif, pourpres, fasciculées.

H. elegans *Sweet. Cap,* 1797. — Feuille unique, large; hampe de 30 cent.; en mai-juin fleurs rouge orangé; divisions externes, maculées de brun au centre.

H. flexuosa *Lin.* — V. *Moræa flexuosa.*

H. lineata *Sweet.* — Feuilles grandes à bande médiane plus claire; en juin-juillet fleurs rouge cuivré; ou jaunâtre, à divisions maculées de jaune à la base.

H. miniata *Sweet. Moræa miniata And. Cap,* 1799. — Hampe rameuse; en été fleurs rouge orangé ou foncé, maculées de jaune au centre.

Culture des *Ixias* ou des *Moræas.*

HOMME de terre. — V. *Ipomea pandurata.*

HONTOGLOSSUM. — V. *Antholiza.*

HOOKERA coronaria. — V. *Brodiæa coronaria.*

HOUBLON de montagne. — V. *Ornithogalum pyrenaicum.*

HOUTTEA. — V. *Gesneria.*

HOUTTUYNIA *Thumb.* **Honttuynie.** *Saururées.*

H. cordata *Thumb. Houttuynie à feuilles en cœur. Chine,* 1820. — Rhizome rampant, bifurqué, à odeur forte; feuilles pétiolées, à limbe cordiforme, étalé, glabre, vert en dessus, rougeâtre en dessous; en juillet-septembre, fleurs blanc pur, en épi cylindrique au-dessus d'un involucre foliacé; tiges de 30-40 cent.

Culture. — Plante amphibie se plaisant dans l'eau peu profonde des étangs, des bassins, etc., et dans les terres humides ou tourbeuses.

Multiplication. — Par division des rhizomes au printemps.

HYACINTHUS *Lin.* **Hyacinthe. Jacinthe.** *Liliacées.* — La Jacinthe a été cultivée depuis les temps les plus reculés; au XVe siècle on en possédait plusieurs variétés, et cette culture était déjà à la mode. Son origine est obscure ; ce qui est certain, c'est qu'elle nous vient d'une région tempérée de l'Europe méridionale ou d'Orient, et que la plante *type* avait les fleurs bleues. Parmi les inombrables variétés cultivées aujourd'hui, c'est la couleur prépondérante, et les Jacinthes bleues sont plus rustiques, plus vigoureuses et les hampes sont plus fortes que celles des autres coloris ;ce qui est en outre confirmé par la force d'atavisme produite dans les semis des jacinthes, dans lesquels il se trouve toujours une proportion de fleurs bleues supérieure à celle des autres teintes.

De toutes les plantes bulbeuses, la Jacinthe est la plus populaire et la plus répandue, en raison de sa culture facile, de son beau port et du parfum de ses belles fleurs brillantes; aussi est-ce par millions que les Hollandais la cultivent et l'expédient chaque année dans toutes les parties du monde. Les ognons, qui étaient relativement chers, sont devenus à des prix très modérés, ce qui permet d'en faire des plantations importantes à peu de frais.

Malgré les soins les plus assidus et les mêmes pro

cédés que ceux employés par les Hollandais, il a été impossible jusqu'à présent de multiplier en France les Jacinthes de Hollande avec autant d'avantages que les cultivateurs de Haarlem ; certes nous obtenons des gains aussi beaux, mais ils sont rares et dispendieux. Par contre la multiplication des Jacinthes parisiennes et romaines est exclusivement française.

La variation des coloris est indéfinie ; on y trouve les suivants : blanc, blanc crème, jaune pâle, jaune d'or, jaune foncé, jaune orangé, jaune cuivré ; rose tendre, rose foncé, carmin, pourpre, rouge pâle, rouge foncé, magenta écarlate, bleu porcelaine, bleu, bleu foncé, bleu pourpre ; violet clair, violet foncé, violet pourpre et tous les tons intermédiaires.

On estime de 2 à 3000 le nombre des variétés des Jacinthes de Hollande, et dans ce nombre une sélection de 200 variétés comprend tout ce qu'un amateur peut désirer.

Lorsqu'on est pas bien initié à la culture de ces belles plantes, on réclame toujours des Jacinthes à fleurs doubles : c'est une erreur grave, très grave, car celles à fleurs simples sont plus vigoureuses, les bouquets plus gros et les coloris bien plus brillants, donc je répète : *cultivez les jacinthes à fleurs simples.*

Les véritables amateurs n'en cultivent pas d'autres ; aux expositions, on ne voit que des variétés à fleurs simples.

La nomenclature des Jacinthes étant bien définie et les variétés stables, je donne ici une liste des variétés les plus belles et les plus méritantes, choisies parmi les innombrables collections hollandaises.

Des variétés produisent des bulbes très gros, d'autres petits ou très petits et parfois difformes ; ces différences de grosseur n'influent nullement sur la floraison qui est aussi belle chez les uns que chez les autres, le point essentiel, c'est que le plateau des ognons soit lisse, ferme, très large et entouré d'un bourrelet, en outre un bulbe sain et de bonne qualité doit être aussi ferme que possible.

Les Jacinthes se divisent en trois groupes, savoir :

1° Jacinthes de Hollande;
2° Jacinthes parisiennes;
3° Jacinthes botaniques.

JACINTHES DE HOLLANDE

Elles se divisent en deux sections :

Les Jacinthes a fleurs simples;
Les Jacinthes a fleurs doubles.

Liste des principales variétés classées par coloris

G. indique les variétés qui produisent de gros ognons.

P. indique les variétés produisant des ognons petits.

Simples bleu foncé.

Baron von Humboldt; très belle variété.

Bleu mourant, G.; fleur très foncée au centre, bouquet énorme, admirable.

Feruck Khan; bleu très foncé, extra.

King of the blues (*Roi des bleues*), G.; bouquet très gros.

King of the blacks (*Roi des noirs*); noire, grand bouquet.

L'Amie du cœur, G.; très jolie, lilas pourpre.

La Nuit, P. ; bleu noir, beau bouquet.
Marie, G. ; belle et grande fleur.
Masterpiece ; noire très curieuse, extra.
Mimosa (*Tombeau de Napoléon*) ; bleu noir extra.
Roi des bleues. — V. *King of the blues*.
Roi des noires.— V. *King of the blacks*.

Fig. 102. — Jacinthes de Hollande : fleurs doubles et fleurs simples

Tombeau de Napoléon. — V. *Mimosa*.
Uncle Tom, G. ; bleu noirâtre, belle variété.

Simples bleues.

Argus, S. ; bleu à cœur blanc.
Baron van Tuyll, G. ; grand bouquet extra.
Charles Dickens, G. ; hâtive, porcelaine nuancé, extra.
Emilius, très hâtive, très jolie.
Empereur Ferdinand, G. ; plante extra.
Léopold II, grande fleur, gros bouquet.
Léonidas, G. ; bleu panaché, extra.

Nimrod, G. ; bouquet énorme.
Oscar, très jolie, grande fleur, extra.
Pieneman, G. ; cloches énormes, bouquet extra.

Simples, bleu clair ou porcelaine.

Blondin, bleu nuancé extra.
Couronne de Celle, G. ; bouquet énorme, bleu clair.
Czar Peter, G. ; bouquet magnifique.
Général Pelissier, G. ; très fort et grand bouquet lilas.
Grand maître, extra, très vigoureuse, bleu lavande rayé bleu.
Grand vainqueur, G. ; magnifique variété.
Grand lilas, G. ; bouquet énorme, bleu azur, une des plus belles variétés, extra.
La Peyrouse, grand bouquet, extra.
Lord Byron, G. ; grand bouquet, extra.
Lord Derby, G. ; très grand bouquet.
Lord Palmerston, bleu à centre blanc, très jolie.
Orondatus, hâtive extra, bleu porcelaine.
Queen (Reine) **of the blues**; très belle, extra, bleu porcelaine.
Régulus, G. ; très gros bouquet extra, bleu porcelaine.

Simples, rouge foncé.

Agnès; très belle.
Amy; rouge très foncé.
Diebitsch Sabalkansky P. ; cramoisie.
Etna; carmin, ligné de blanc, extra-belle.
Elise; extra-belle, rouge foncé brillant.
Général Garibaldi; extra-hâtive.
Général Pélissier; extra, très foncé, hâtive.
Honneur de Hillegom, P. ; très belle variété.

Howard; hâtive, extra.

Joséphine, P.; rouge cramoisi foncé.

Incomparable; extra, grande fleur.

Lina; extra, rouge très vif, coloris spécial.

Maria Catharina. — V. *Robert Steiger*.

Monsieur de Faesch; très belle et bonne variété.

Queen (Reine); **Victoria Alexandrina**; cramoisi foncé, extra.

Reine des Jacinthes; rouge foncé, une des plus belles variétés.

Robert Steiger, G., magnifique variété, très vigoureuse.

Roi des Belges; bouquet extra.

Veronica; hâtive, très joli coloris carminé.

Von Schiller; extra, fleur énorme.

Vuurbaak; rouge brillant, grande fleur.

Simples, rouges.

Belle Quirinne; très jolie.

Cavaignac; rouge saumoné, grand bouquet, variété extra.

Fabiola (Florence Nightingale); extra très vigoureuse et belle.

Gertrude, G.; rouge pointillé rose.

Homère (Homerus), G.; très belle, extra-hâtive.

L'Amie du cœur, G.; très jolie.

Lord Macaulay; extra-belle, carmin strié.

Madame Hodson; rouge vif saumoné, très belle.

Mrs Beecher Stowe, G.; très grand bouquet, superbe variété.

Princesse Clotilde, P.; extra, rouge carminé.

Solfatare; rouge vif orangé, très belle et distincte.

Simples, roses.

Cardinal Wiseman; très belle et vigoureuse, nouveauté.

Charles Dickens; hâtive, extra, beau bouquet,

Gigantea ; très beau bouquet, rose tendre.

Kenau Hasselaar, G.; rose pâle, panaché rose vif, bouquet extra.

La dame du lac; très jolie, rose tendre.

Lord Wellington, G.; hâtive, grande fleur et gros bouquet.

Maria Cornelia; très hâtive, très jolie.

Moreno; très grand bouquet.

Norma; G.; très hâtive, jolie à très grandes fleurs.

Sultane favorite; fleur striée de rouge et blanc.

Tub flora; rose pâle, fleurs très grandes.

Simples, blanches.

Alba maxima; hâtive, blanc pur, très belle.

Alba superbissima (Theba); blanc pur.

Baronne van Tuylle; hâtive, extra belle.

Belle blanchisseuse, G.; blanc pur, gros bouquet.

Blanchard; hâtive, blanc pur.

Elfride, G.; blanc carné, grandes fleurs.

Grand vainqueur, G.; blanc carné, très hâtive, variété extra.

Grande vedette, G.; hâtive blanc pur.

Grandeur à merveille, G.; blanc crème, très belle variété.

Jenny Lind; hâtive, très jolie.

La candeur; blanc pur, hâtive.

La franchise, G.; blanc soufre, grandes cloches.

La grandesse, G.; blanc pur, très grand bouquet, extra, extra.

L'innocence; blanc pur, extra.

Lord Grey, G.; blanc rosé, hâtive.

Madame Van der Hoop; blanc saumoné, cloches énormes, bouquet magnifique.

Mammouth, G.; blanc pur, fleurs énormes.

Mina; hâtive, blanc pur.

Mont Blanc, G.; blanc pur, bouquet énorme, extra.

Fig. 103. — Canna à grandes fleurs.

Paix d'Europe; blanc pur, extra.

Queen Victoria; hâtive, blanc pur, extra.

Rousseau; vigoureuse très jolie.

Snowball, G.; blanc pur, grande fleur.

Thémistocle; G. blanc pur, bouquet très gros.

Triomph blandine, G.; hâtive, blanc rosé, joli bouquet.

Voltaire; G.; blanc saumoné, bouquet énorme, plante extra.

Simples jaunes.

Anna Carolina; jaune pâle, belle fleur.
Bird of paradise; jaune pur, extra.
Duc de Malakoff, P.; jaune orangé.
Fleur d'or; jaune foncé.
Hermann, G.; jaune crème rosé, variété extra.
Héroïne; jaune pâle.
Ida; jaune d'or, extra.
King of the yellows; jaune foncé, grand bouquet.
Koning von Holland. — V. *Roi des Pays-Bas.*
La citronnière; jaune pur.
La Pluie d'or; jaune pâle.
L'or d'Australie; jaune pur.
Obélisque; jaune pur, extra.
Piet Hein; très belle.
Roi des Pays-Bas (Konig von Holland); jaune cuivré.

Simples violettes et pourpres.

Adelina Patti; magenta lilas.
Arnold Prinsen; violet pourpre.
Haydn; violet clair, grande fleur.
Jeschko; pourpre strié.
Laura; violet extra.
L'honneur d'Overveen; mauve foncé.
L'honneur d'Hillgom; pourpre, cœur blanc.
L'unique; hâtive, pourpre.
Lord Major; belle plante.
Monseigneur van Vree; pourpre foncé.
Sir Edwin Landseer; violet cuivré.
Sir Henry Hovelock; violet foncé, gros bouquet.
Sir William Mansfield; violet pourpre, très belle.

Thackeray; très jolie.
Tollens; lilas ligné de violet, très gros bouquet.

Doubles bleu foncé.

A la mode; bleu, cœur foncé.
Albion, G.; bleu foncé, centre vert.
Charles, Prince royal de Suède; bleu pourpre.
Garrick, G.; bleu foncé nuancé.
Globe terrestre, P.; bleu, cœur foncé.
Laurens Koster; pourpre foncé; plante admirable.
Lord Raglan, G.; extra.
Lord Wellington, G.; bleu noir extra.
Othello; hâtive, noire, très belle.
Prince Albert; bleu noir, fleur magnifique.
Prince de Saxe-Weimar; pourpre foncé.

Doubles bleues.

Bride de Lamermoor; beau bleu.
Charles Dickens, G.; grosse fleur, extra.
Général Antinck; très belle fleur.
Mignon de Dryfhout, G.; bleu pourpre extra.
Murillo; hâtive, beau bleu extra.
Prince Frédéric, G.; bleu cuivré, extra-belle.
Rembrandt, G.; très belle variété.
Van Speyk, P.; bleu améthyste, extra.
Van Siebold, G.; bleu strié extra.

Doubles bleu clair ou porcelaine.

Bloksberg, G.; bleu clair, variété extra.
Envoyé, G,; fleurs énormes, bouquet extra.
Grande Vedette; bleu pâle, bouquet énorme.
Pasquin; très belle.
Richard Steele; très jolie.
Sir John Franklin; beau bleu lilas.

Doubles rouge foncé.

Boulanger; rouge vif foncé, extra.
Bouquet tendre, G.; rouge superbe, hâtive, extra.
Cochenille (Eclipse), très belle.
Belle alliance; carmin foncé, extra.
Endragt; rouge vif foncé, très grande fleur.
Panorama; rouge vif.
Princesse royale; rouge cœur foncé, extra.
Sir Joseph Paxton, P.; très hâtive, très belle.

Doubles rouges.

Acteur, P.; rose à cœur rouge.
Frédéric le Grand, G.; rouge pâle, semi-double.
Ida Pfeiffer; extra, très grande fleur.
Noble par mérite; rouge clair strié, extra.
Prince d'Orange; rouge magnifique.
Regina Victoria; hâtive, très belle.
Susanne Marie; beau rouge, extra.

Doubles roses.

Alida Catharina; rose extra.
Bouquet royal, G.; couleur de chair, bouquet énorme, extra.
Czar Nicolas, G.; rose pâle, très gros bouquet.
Grootvorst, G.; rouge pâle, cœur brun; extra-extra.
Lord Wellington, P.; blanc rose, variété extra.
Madame Zoutmann, P.; très jolie.
Princesse Alexandra; fleur très belle, extra.

Doubles blanches.

A la mode, P.; blanc cœur violet, hâtive.
Anna Bianca; blanc pur, beau bouquet.

Anna Maria, G.; blanc, cœur pourpre, hâtive.
Bouquet royal; blanc crème.
Grand monarque de France; blanc, à cœur grenat.
Grand vainqueur, blanc pur, extra.
Jenny Lind, blanc à cœur pourpre, extra.
La Déesse; blanc pur.
La Tour d'Auvergne, G.; très hâtive, fleur énorme.
La Virginité, G.; blanc carné.
Madame de Stael; hâtive, blanc rosé, extra.
Miss Ketty, G.; couleur chair, cœur brun, extra.
Miss Nightingale; blanc pur, très belle.
Non plus ultra; blanc à cœur violet, extra.
Sir Lytton Bulver; blanc pur, fleurs énormes, extra.
Sphæra mundi, P.; blanc à cœur bleu.
Sultan Achmed, P.; blanc à cœur jaune.
Triomphe Blondina; blanc à cœur rose.

Doubles jaunes.

Bouquet d'orange, G.; jaune nankin, très belle.
Duc de Berry ; jaune à cœur pourpre.
Goethe, G.; hâtive, jaune pur, magnifique.
Héroïne, P.; jaune à cœur foncé.
Jaune suprême, G.; jaune pur, variété extra.
Louis d'or ; jaune à cœur rougeâtre.
Ophir; jaune, cœur pourpre, variété superbe.
Pure d'or ; jaune pâle, semi-double.
Willem III ; jaune à cœur rougeâtre, extra.

Doubles violettes.

Countess of Roseberry; violet foncé.
Grootvorst; lilas rose.
L'Enfant de France; coloris violet, superbe.
Lord Cowley; violet extra.

Culture en pleine terre.

Les Jacinthes de Hollande dégénèrent, dit-on : c'est une erreur, seulement elles ne trouvent pas, dans nos jardins, un sol, une atmosphère et souvent des soins convenables, leur permettant une nutrition aussi copieuse qu'en Hollande : ce qui fait

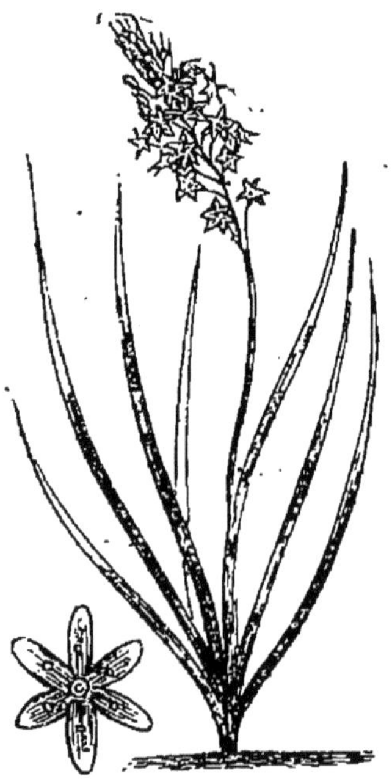

Fig. 104. — Bulbinella Hookeri.

qu'elles deviennent de moins en moins belles les années suivantes, car la première floraison des Jacinthes importées de Hollande offre peu différence, quelle que soit la culture à laquelle on les soumette; cependant on peut pendant 4-5 ans, avec les soins nécessaires, obtenir avec les mêmes bulbes une floraison aussi belle que la première année.

Il faut aux Jacinthes une terre légère, sableuse, très riche, perméable à l'eau et copieusement fumée au moins six mois d'avance; si le sol ne répondait pas à ces conditions, il faudrait creuser l'emplacement de la plantation à 40-50 cent. de profondeur et remplacer la terre enlevée par le mélange suivant : *bonne terre franche, légère*, 2/5 ; *terreau gras bien décomposé*, 2/5 ; *sable fin de rivière*, 1/5 : le tout passé à la claie et bien mélangé quelques mois d'avance. En septembre-octobre, planter les bulbes en quinconce, à 15 centimètres de profondeur et 10-20 centimètres de distance, et couvrir la plantation d'une couche de sable de 2 centimètres d'épaisseur; une bonne précaution est d'entourer le bulbe de sable en le plantant; au printemps tuteurer les tiges et établir un abri en toile pour préserver les fleurs des grandes pluies et du soleil, ce qui prolongera de beaucoup la floraison.

Dès que les fleurs sont fanées, couper les tiges florales à 5 centimètres du sol, afin de ne pas fatiguer le bulbe, car c'est à cette époque que l'ognon grossit et se constitue pour la floraison suivante. Dès que les feuilles sont jaunes, et par un beau temps, arracher les plantes, les faire ressuyer à l'ombre; quelques jours après, nettoyer les bulbes, enlever les caïeux, supprimer les racines, qui doivent être sèches, couper les feuilles au niveau du collet de l'ognon et les conserver dans un lieu tempéré, aéré, jusqu'à l'époque de la plantation.

Culture en pots.

Culture très facile, donnant toujours un beau résultat si l'on opère convenablement; les Jacinthes en pots rendent de réels services pendant l'hiver. Par la culture plus ou moins forcée, on peut les avoir en fleurs depuis novembre jusqu'en avril pour orner les serres et les appartements.

En septembre-octobre, planter les bulbes dans des pots drainés, de 12 cent. au moins et de 15 au plus de diamètre, dans un mélange de *moitié bonne*

Fig. 105. — Vase à Jacinthes ou a Crocus (A. Forgeot.)

terre, moitié terreau et un quart de sable; enterrer complètement l'ognon, arroser à fond et laisser ressuyer pendant un jour; enterrer les pots au nord de préférence en les couvrant de 10 à 20 cent. de terre légère, terreau ou mieux de sable; six ou huit semaines après, quand les racines remplissent bien le pot et que le bourgeon a atteint 2-3 centimètres environ, les transporter dans un châssis ou serre froide, exposés à la lumière; c'est alors qu'on les forcera plus ou moins vite, en petite ou grande quantité selon les besoins et l'époque qu'on les désire en fleur; avant de les forcer, les exposer à une chaleur tempérée pendant une semaine, puis les placer soit dans une serre chaude, soit sur une couche chaude, en leur donnant beaucoup de lumière et des arrosages suffisants ; il faut de 4 à 6 semaines de chaleur pour les faire fleurir. Le transfert subit d'un châssis froid dans une serre chaude est très préjudiciable à la floraison : en forçant successivement par petites quantités, on peut prolonger la floraison pendant très longtemps; un petit tuteur élégant à chaque plante est de rigueur; les variétés à fleurs simples sont préférables aux doubles pour ce mode de culture; en résumé le secret consiste à faire développer les racines de façon à remplir le pot avant le forçage; c'est pourquoi il faut toujours planter avant le 1er novembre; une garniture de mousse verte sur les pots pendant la floraison produit un excellent effet; on peut aussi semer très dru sur la terre des pots, quelques jours avant la floraison, du *Cresson alenois*, ce qui produit en quelques jours une belle garniture verte. La floraison terminée, planter les Jacinthes en pleine terre avec leur motte pour achever la maturité des bulbes qui serviront pour la plantation en pleine terre.

Il existe des vases à pied, en terre poreuse jaunâtre, garnis de trous dans les parois, qui permettent d'y planter de 12 à 20 jacinthes; on remplit le vase de terre en plaçant les ognons horizontalement, le bourgeon en face de chaque trou, on termine en plantant au sommet 1-2 ou 3 bulbes; ces vases soignés comme il est indiqué pour les carafes, produisent le plus bel effet pour l'ornementation des appartements.

Culture sur carafes.

Cette culture est très attrayante, elle se pratique dans les appartements, et, pendant l'hiver, on peut suivre attentivement toutes les phases de la végétation ; le mois d'octobre est l'époque la plus favorable. Employer de préférence les Jacinthes à fleurs simples, choisir les ognons bien sains, de grosseur proportionnée à l'ouverture du vase ; remplir la carafe d'eau de pluie, de rivière, ou distillée, additionnée d'un peu de gros sel ou de blanc de Meudon pour l'empêcher de se corrompre ; renouveler cette eau tous

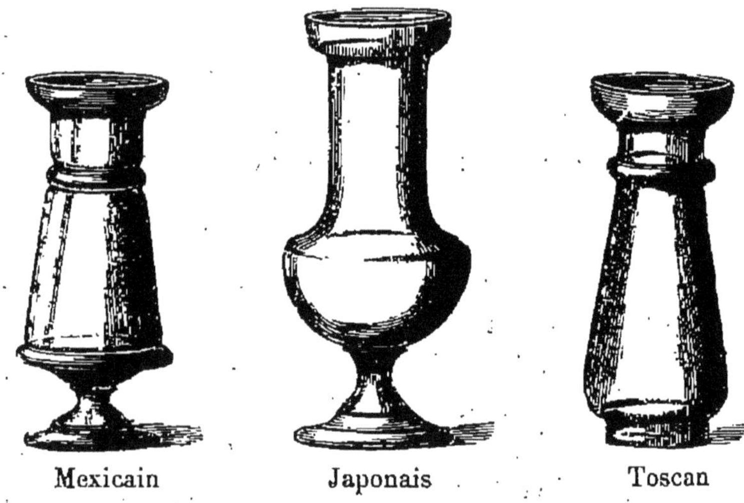

Mexicain Japonais Toscan

Fig. 106. — Carafes à Jacinthes (A. Forgeot).

les 20-30 jours, la base de l'ognon doit toucher à peine l'eau ; tenir ces carafes dans l'obscurité pendant 4-6 semaines pour favoriser le développement des racines qui doivent remplir la carafe quand le bourgeon du bulbe a atteint quelques cent. ; après ce délai, placer ces carafes dans un lieu tempéré à la plus grande lumière possible afin d'éviter l'étiolement ; placées sur une cheminée le résultat est souvent mauvais par suite du trop de chaleur et de manque d'air ; après la floraison les bulbes sont épuisés et n'ont plus de valeur.

Il arrive parfois que les racines se recouvrent d'une

matière sale, verdâtre ; dans ce cas il suffit de renouveler l'eau et de laver les racines à l'eau claire sans les briser.

Récemment les Anglais ont traité de barbare le procédé de cultiver les Jacinthes sur des carafes remplies d'eau, ils remplacent l'eau pure par du sable fin ou des fibres de noix de coco, et remplissent la carafe d'eau distillée : ils obtiennent d'excellents résultats. Il est certain que par ce traitement, les racines trouvent plus de nourriture, et, étant fixées dans ce mélange, les hampes n'ont pas l'inconvénient de tomber lorsqu'on les transporte trop brusquement ; mais en revanche on ne peut pas suivre attentivement le développement des racines, ce qui est aussi curieux qu'attrayant.

Il est bon de solidifier le bulbe au moyen d'un papier brun, attaché autour de la carafe comme on fait pour les pots de confiture, en laissant une ouverture au centre pour le passage de la hampe ; enlever le papier quand les racines sont suffisamment développées.

Dans l'eau d'un aquarium ces carafes sont d'un bel effet. Il existe des carafes de formes diverses, toutes très élégantes pour cette culture. Une entre autres en verre est composée de deux parties superposées, permettant de placer dans la terre du vase supérieur deux ognons en sens inverse, qui poussent l'un à l'air libre, l'autre les feuilles et les fleurs la tête en bas dans le vase inférieur que l'on conseille de tenir plein ou de remplir d'eau à l'époque de la floraison ; j'en ai cultivé avec et sans eau, je n'y ai jamais trouvé de différence ; si possible employer une Jacinthe bleu foncé et l'autre rouge vif, le contraste en sera plus frappant.

Il existe des supports très élégants en fil de cuivre qui s'adaptent au collet des carafes et agrafent les hampes en les tenant très solides.

Culture sur racines.

La culture des jacinthes se prête à toutes les fantaisies, qui varient suivant le goût des amateurs ; un procédé assez répandu consiste à couper l'extrémité inférieure d'une betterave (à feuillage rouge de préférence) ; creuser dans la racine un trou en forme de pot à fleurs dans lequel on introduit une boule de mousse *naturelle* ou *de sable* contenant 1, 2 ou 3 ognons de jacinthe, de couleurs différentes, et on remplit d'eau ce trou, on suspend cette betterave la tête en bas dans un appartement tempéré ; les jacinthes se développent, fleurissent, et la betterave stimulée par l'eau des jacinthes et la chaleur, émet ses feuilles, qui poussent verticalement en entourant et cachant la racine, ce qui produit un effet curieux et bizarre à l'époque de la floraison.

On peut employer des racines de navet, de rutabaga et de carotte.

Culture dans la mousse.

Cette culture présente certains avantages. On remplit de mousse naturelle des pots à fleurs, des verres, ou tout autre récipient (de préférence peu profonds), on y plante les ognons de jacinthe, les racines se développent et forment une motte dans la mousse, qui doit être tenue humide. On soigne ces vases comme les carafes, et à l'époque de la floraison on peut retirer des vases les jacinthes, avec la motte de mousse, et les placer dans des corbeilles sur les tables ou dans tout autre lieu à orner ; la floraison continue en ayant soin de tenir toujours la mousse humide, on peut remplacer la mousse par des fibres de noix de coco ou par de la ouate.

Multiplication. — Se fait généralement par les caïeux qui se développent autour des bulbes ; pour cela, détacher ces caïeux au moment de l'arrachage ou de la plantation, les planter de suite, serrés en lignes à

Syrien Balustre Hollandais

Fig. 107. — Carafes à Jacinthes (A. Forgeot.)

4 centimètres de profondeur en terre à jacinthes ; l'année suivante les relever dès que les feuilles sont sèches et les replanter un peu plus éloignés et plus profonds ; opérer ainsi tous les ans en augmentant la distance et la profondeur jusqu'à ce que les bulbes aient atteint une grosseur suffisante pour fleurir, ce qui a lieu 4-5 ans après ; alors les traiter comme des ognons adultes. Les belles variétés de jacinthes produisent peu de caïeux.

Ce procédé lent est usité pour les variétés ordinaires, mais pour les nouveautés ou les variétés rares les Hollandais emploient un autre système, qui se pratique de deux façons :

1° La multiplication *en croix* qui consiste à diviser la base du bulbe avec un couteau bien tranchant, en 4, 6 ou 8 parties, les incisions se font jusqu'à la moitié de la hauteur de l'ognon, laisser cicatriser ces plaies au soleil pendant quelques jours, puis planter l'ognon à 6–8 cent. de profondeur ; l'année suivante, le bulbe pourrit et a laissé une vingtaine de petits caïeux qui sont traités comme il est dit ci-dessus.

2e Procédé : Couper l'ognon horizontalement et par le milieu, faire sécher la plaie de la partie inférieure (du bulbe) en la laissant exposée au soleil pendant quelques jours, quand la coupe est bien cicatrisée, planter à 6–8 centimètres de profondeur, l'année suivante on trouve une quantité (50 à 100) de caïeux que l'on soigne comme il est dit plus haut. Pour ces opérations il faut avoir bien soin de choisir les bulbes les plus gros et les plus anciens.

3e Procédé : Un oignon de jacinthe est composé d'écailles qui se réunissent toutes à la base sur un plateau commun au milieu duquel se trouve la fleur ; à l'arrachage, par un beau temps, enlever ce plateau avec beaucoup de soin, jusqu'à la base des écailles, laisser cet oignon mutilé, exposé au soleil ; trois semaines après, lorsque la base des écailles est sèche et ferme, on voit déjà un certain nombre de petits caïeux ; planter à 6–7 centimètres de profondeur, et l'année suivante on trouve réunis 50 à 100 petits caïeux que l'on traite comme il est indiqué plus haut.

La multiplication se fait aussi par semis. Ce procédé très lent n'est usité que par les spécialistes dans le but d'obtenir des variétés nouvelles. Le semis se fait en pleine terre ; aussitôt que les graines sont récoltées, on garantit le semis pendant l'hiver avec une couverture de feuilles et au printemps suivant la germination a lieu. On laisse les jeunes plantes en place pendant 3 ans en les chargeant de quelques centimètres de terre tous les ans au mois de septembre. La troisième ou quatrième année on les arrache, on les replante un peu plus distancés et on continue

Italien blanc
Fig. 108. — Carafe à Jacinthe (A. Forgeot).

Fig. 109. — Jacinthe sur carafe (Krelage).

ainsi jusqu'à la floraison qui a lieu 4, 5, 6 et même 7 ans après le semis.

JACINTHES PARISIENNES OU DE PARIS

Ces jacinthes ne sont qu'un diminutif des jacinthes de Hollande, dont elles ont les mêmes caractères et le même port ; elles en diffèrent par les bulbes plus petits et moins réguliers; le feuillage a moins d'ampleur; les fleurons sont plus petits et les hampes aussi élevées, mais moins garnies et plus grêles ; par contre, elles sont d'une résistance à toute épreuve;

aussi sont-elles précieuses pour planter en bordure, plates-bandes, dans les massifs ou sous bois ; une fois plantées, elles ne réclament aucun soin, et si on peut les laisser 5–6 ans sans les arracher, la floraison n'en est que plus belle ; les horticulteurs et jardiniers les cultivent en grande quantité pour la fleur coupée : car les fleurs sont aussi odorantes que celles de Hollande. Leur origine est inconnue, ce sont des variétés très rustiques et parfaitement fixées, on cultive des variétés à fleurs doubles et à fleurs simples.

Jacinthes parisiennes doubles.

Double blanche, bulbe violacé, fleur blanche.

Double bleu clair ou porcelaine, belle variété, hampe bien fournie.

Double bleu foncé, tige élevée, grêle, peu fournie ; fleurs bleu foncé, petites et pendantes.

Double rose, très jolie variété ; hampe moyenne, fleurons larges et nombreux.

Jacinthes parisiennes simples ou passe-tout.

Simple blanche, fleur blanche, légèrement rosée.

Simple bleue, fleur petite.

Simple jaune, feuillage petit, hampe courte, fleur jaune pâle.

Simple rose, vigoureuse, hampe bien fournie, fleurs larges, rose pâle ou couleur chair.

Simple blanche tardive, connue sous le nom de « *La Vierge* » ; bulbe bleu violet ne produisant qu'une tige, hampe forte, bien fournie, fleurs blanc pur à l'épanouissement, prenant une légère teinte rosée en vieillissant ; variété très tardive ; aussi les jardiniers la plantent-ils aux expositions froides du nord pour retarder la floraison le plus longtemps possible.

Culture. — Tous terrains, bien fumés, toutes expositions ; planter en août-novembre à 6-8 centimètres de profondeur et 8-10 cent. de distance, laisser en place pendant plusieurs années, la floraison a lieu en avril ; n'étant pas précoces, elles sont peu employées pour la culture forcée.

Multiplication. —A l'époque de l'arrachage, séparer les caïeux, que l'on replante en pépinière jusqu'à ce qu'ils aient atteint la force de fleurir ; les variétés doubles bleu foncé et simple blanche tardive se multiplient avec une rapidité surprenante.

Les variétés ou espèces suivantes sont cultivées en immense quantité, rapport à leur valeur horticole.

J. blanche hâtive, *J. blanc de montagne. Hyacinthus albulus. Jord.* — Bulbe bleu violacé, gros ou très gros, produisant 1-3 tiges ; feuillage vert clair ; hampes moyennes, vert jaunâtre, atteignant 20-25 centimètres de hauteur, garnie de 8-20 fleurs simples blanc pur, très odorantes. *C'est la plus hâtive de toutes les jacinthes ;* origine inconnue.

Culture. — Aussi rustique que les jacinthes parisiennes ; les jardiniers ont l'habitude de planter les bulbes en terre saine au pied des murs à bonne exposition ; la floraison a lieu en décembre-janvier, même sans abri ; plantée en pots en août, et chauffée en octobre, elle fleurit dès le commencement de novembre ; les fleurs, qui sont petites, imitent assez bien celles du lilas blanc. Les mulots sont très friands des bulbes.

J. romaine blanche. *J. Romaine, Hyacinthus præcox, Jord.* — Origine inconnue ; bulbe blanc argenté, globuleux ou légèrement déprimé, de 10-15 centimètres de circonférence ; tuniques en pellicule très mince quand elles sont sèches; se brisant facilement, et causant une démangeaison insupportable quand elles s'appliquent sur la peau; feuillage vert clair; hampes 2-3, moyennes, vert jaunâtre, garnies de 6-15 fleurs blanc pur très odorantes; variété très hâtive, fleurissant 5-6 jours après la précédente.

Culture. — Cette variété n'étantpas rustique sous le climat de Paris, on ne l'emploie que pour la culture forcée; aussi est-ce par millions que les cultivateurs de Provence en expédient les bulbes chaque année.

La plantation se fait d'août en octobre, en bonne terre riche et légère; 3 ou 6 bulbes par pots bien drainés, que l'on enterre dans du sable ou du terreau, après un arrosage copieux; 4 ou 6 semaines après, on les transporte en châssis froids, puis on commence à les chauffer, par quantité et successivement selon les besoins, en prenant bonne note qu'il faut 4 semaines de forçage, environ, pour obtenir la floraison, qui habituellement commence dans les premiers jours de novembre et continue jusqu'en fevrier-mars.

Les horticulteurs emploient des pots juste assez grands pour contenir les bulbes; parfois on associe des tulipes Duc de Tol, avec ces jacinthes, ce qui produit assez bon effet; mais le procédé des horticulteurs anglais est préférable; il consiste à planter une touffe d'*Adiantum cuneatum* au centre du pot, et 3-4-5 bulbes de jacinthes autour, ce qui constitue des potées vraiment charmantes; pour être certains d'un bon résultat, ils plantent les bulbes d'abord, et n'ajoutent la fougère (qui est cultivée exprès, en très petits pots) qu'au moment de forcer.

J. italienne blanche. *J. Romaine à ognon violet.* — Origine inconnue; bulbe bleu violacé; fleurs simples blanches très odorantes ; cette variété est très hâtive, mais beaucoup moins que la précédente ; cependant elle est employée en grande quantité pour forcer ; la floraison a lieu de décembre en mars. La culture en pleine terre ne présente pas d'intérêt, n'étant pas rustique sous le climat de Paris.

Culture de la précédente.

La *Multiplication* de ces deux variétés se fait par caïeux, que l'on replante en pépinière, aussitôt l'arrachage, c'est-à-dire en juillet.

Il est inutile de conserver les bulbes de ces deux variétés, après leur floraison forcée ; les résultats que l'on obtiendrait ne vaudraient pas la peine de les replanter.

H. amesthystinus *Lin. Indigène, Pyrénées.* — Jolie petite plante ; tige de 15-20 centimètres, terminée en mai-juin par une grappe de fleurs campanulées d'un beau bleu azuré ; feuilles étroites, vert pâle, plus longues que la hampe.

Culture. — Planter en août-septembre, en bordure ou en touffes, en bonne terre saine et légère ; arracher tous les 4-5 ans.

Multiplication. — Par division des bulbes et par graines.

H. azureus *Baker. Muscari azureus Fenzl., Muscari lingulatum Boiss., Jacinthe azurée. Asie Mineure,* 1856. — Bulbe globuleux blanc, de 2-3 centimètres de diamètre, produisant une quantité de stolons ou caïeux à la base ; feuilles (6-8) larges, lancéolées, glauques, canaliculées en dessous ; en janvier-mars, hampe de 15-20 centimètres, terminée par une grappe conique serrée de fleurs campanulées ; les supérieures bleu ciel, les inférieures bleu foncé.

Magnifique plante, ayant un peu l'aspect d'un Muscari; précieuse par sa rusticité et sa floraison précoce; il n'est pas rare de voir ses grappes de fleurs épanouies au-dessus de la neige; une fois répandue, elle pourra être largement employée pour forcer.

Culture. — Du *Scilla sibirica;* cependant il est préférable de laisser les bulbes 2-3 ans sans les arracher.

Multiplication. — Par division de bulbes et caïeux, et par graines semées aussitôt récoltées, en terrines ou pleine terre; la germination a lieu immédiatement.

H. albulus. — V. *Jacinthe blanche hâtive.*

H. candicans. — V. *Galtonia candicans.*

H. botryoides. — V. *Muscari botryoides.*

H. ferrugineus. — V. *Lilium martagon.*

H. monstrosus. — V. *Muscari monstrosum.*

H. moschatus. } — V. *Muscari moschatum.*
H. muscari. }

H. non-scripta. — V. *Scilla nutans.*

H. orientalis *Lin. Orient.* — On présume que cette espèce est le type de toutes les jacinthes cultivées. Voir *Jacinthes de Hollande* et *J. Parisiennes.*

H. patulus. — V. *Scilla patula.*

H. peruviana. — V. *Scilla peruviana.*

H. poetarum. — V. *Lilium martagon.*

H. præcox. — V. *Jacinthe romaine.*

H. racemosus. — V. *Muscari racemosum.*

H. stellaris. — V. *Scilla amœna.*

H. romanus *Lin. Bellevalia romana, Barbary.* — Petite jacinthe à fleurs blanchâtres ou bleu pâle, inodores, de peu d'effet, fleurit en mai.

Culture. — Du *H. amethystinus.*

H. stellaris. — *Scilla amœna.*

HYDROSINE Leopoldina. — V. *Amorphophallus Leopoldina.*

HYMANTOPHYLLUM. | **HYMATOPHYLLUM.** — V. *Imantophyllum.*

HYMENOCALLIS. — V. *Pancratium.*
H. adnata. — V. *Pancratium littoralis.*
H. Borksiana. —V. *Pancratium undulatum.*
H. lacera. — V. *Pancratium rotatum.*

HYPOCYRTA *Martius. Gesnéracées.*
H. brevicalix. — Plante voisine des *Gesneria*, à fleurs d'un beau rouge écarlate, fleurit en juillet.
Culture. — Des *Gesneria.*

HYPOXIS. *Amaryllidées du Cap.* — A fleurs jaunes peu cultivées.
Culture. — Des *Amaryllis*, serre tempérée.

IGNAME. — V. *Dioscorea.*
I. de Chine. — V. *Dioscorea Batatas.*

IMANTOPHYLLUM. | **IMATOPHYLLUM.** — V. *Himantophyllum.*

IMHOFIA. — V. *Strumaria.*

IMPÉRIALE. — V. *Fritillaria imperialis.*

IMPERIALIS comosa. | **I. coronata.** — V. *Fritillaria imperialis.*

INCARVILLEA *Juss. Bignoniacées.*
I. Delavayi *Franch. Yunan, Chine*, 1893. — Racines grosses, charnues, pivotantes; feuilles radicales, grandes, longues de 30-50 cent., élégantes, pennées; hampe de 1 mètre et plus, terminées en mai-juin par plusieurs fleurs à tube étroit et à limbe élargi, d'un beau rose carmin, taché de jaune brun à la base.
Culture. — Semer au printemps ou en été, mettre

en place à l'automne : la floraison a lieu l'été suivant, c'est une belle plante, encore nouvelle, qui résiste très bien à nos hivers sans abri.

IPECACUANHA indigène. — V. *Bryonia dioica.*

IPOMEA *Lin.* **Ipomée.** *Convolvulacées.*

I. jalapa. — V. *Exogonium purga.*

I. macrorrhiza. — V. *Exogonium purga.*

I. pandurata *Mey. I. fastigata. Convolvulus panduratus. Mechameck. Pomme de terre sauvage. Vigne de terre. Amérique du Nord,* 1732. — Racines très grosses, charnues, pesant de 1 à 8 kilos, tiges grimpantes, s'enroulant partout, atteignant une grande hauteur; feuilles cordiformes ou pandurées; de juin en septembre, fleurs très nombreuses, grandes, infundibuliformes, blanches à centre pourpre foncé, produites en grappes de 2 à 5, ne s'épanouissant qu'au soleil.

Culture. — Pleine terre, résiste à nos plus grands froids.

I. purga. }
I. Schiedana. } — V. *Exogonium purga.*

IRIS. *Iridées.*

Les Iris surnommés par les Anglais *Orchidées des jardins*, ont été trop longtemps méconnus; ce n'est que depuis quelques années que leur culture a pris une extension très considérable, surtout en Angleterre. Dans ce pays d'amateurs ils sont devenus à la mode comme les *Narcissus*. Les splendides nouveautés introduites récemment ont encore augmenté la richesse de ce beau genre. Qui ne se souvient de ces grosses touffes d'*Iris germanica* garnissant les coins incultes des jardins, formant des monticules de rhizomes charnus qui sont récoltés chaque année par les ménagères; puis coupés en rondelles, enfilés en chapelets, séchés et employés dans la lessive pour parfumer le linge d'une douce odeur de violette : ce qui indique que ces plantes ont été cultivées depuis très longtemps, et avec raison : car elles sont précieuses sous tous les rapports : leur

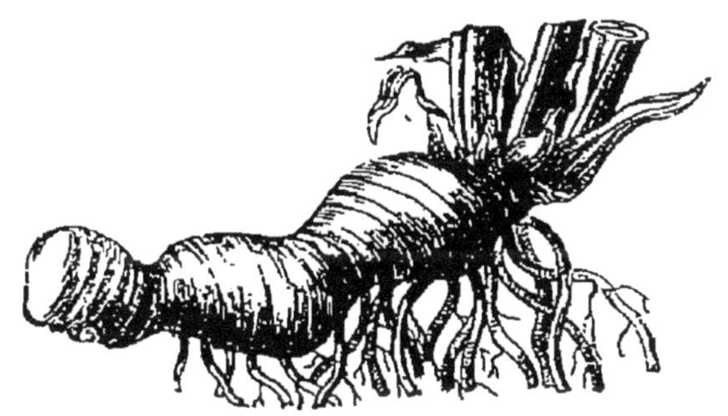

Fig. 110. — Iris (Rhizome).

rusticité est à toute épreuve, beaucoup ne demandent aucuns soins, et les fleurs sont tout simplement admirables ; dans certaines espèces elles mesurent jusqu'à 25 cent. de diamètre, leurs coloris sont des plus tendres et les contrastes des plus élégants. En outre beaucoup de ces fleurs sont très odorantes, et par une sélection d'espèces bien choisies on peut en avoir en fleur pendant toute l'année, et malgré la neige et les rigueurs de l'hiver, on aura une provision de fleurs de décembre à mars, si on cultive les espèces suivantes : *stylosa*, *cretica*, *alata*, *histrio*, *orchioides*, *Vartoni*, etc., même sans abri.

Par leur mode de végétation, on peut les utiliser dans toutes les parties des jardins ; en bordure, les espèces naines, *I. pumila*, *I. verna* qui n'atteignent que 10 centimètres de hauteur ; pour garnir les murailles et les rocailles, les chaumes, l'*I. arenaria*; dans les bassins, l'*I. pseudacorus* et pour l'ornement des massifs, les magnifiques *I. Susiana*, *Saari-nazarensis* et autres du groupe *Susiana;* enfin pour forcer, l'*I. stylosa* est le plus avantageux, sans oublier l'*I. Robinsoniana* qui atteint 2 mètres de hauteur.

Je recommande tout spécialement la culture des Iris; ils ne craignent ni les froids rigoureux ni les sécheresses prolongées, et fleurissent abondamment dans les plus mauvais terrains et à toutes les expositions, mais c'est au bord de la mer qu'ils rendent les plus grands services.

Ce genre se divise en deux groupes, savoir :

1° Iris bulbeux.
2° Iris rhizomateux.

Ces derniers se subdivisent en 2 sections : ceux à fleurs barbues ou garnies de poils à la base des pétales externes et ceux à fleurs imberbes.

Fig. 111. — Iris (Fleurs).

Il existe en outre plusieurs races, n'offrant pas de caractères suffisamment tranchés pour être rapportés ici.

Les fleurs d'Iris se composent de : 3 divisions externes horizontales, penchées ou pendantes, plus ou moins réfléchies, barbues ou imberbes à leur base intérieure ; 3 divisions internes, dilatées au sommet, dressées, plus ou moins recourbées en dedans, 3 petites lames intérieures, qui ne sont que des stigmates dilatés.

La nomenclature des *Iris* laisse encore beaucoup

à désirer; les catalogues les annoncent par centaines, mais beaucoup élevées au rang d'espèces ne doivent être que des variétés. Les principales sont :

I. **à feuilles de jonc.** — V. *Iris juncea.*

I. **à fleurs pâles.** — *Iris pallida.*

Fig. 112. — Iris alata (Dammann).

I. **alata** *Poiret. I. autumnalis purpurea. I. microptera Vahl. I. planifolia. Iris scorpioides Desf. I. transtagana. I. trialata. Thelysia alata Brotero. T. grandiflora Salisb. Xiphion planifolium Miller. Iris scorpion, Iris de Poiret. Algérie*, 1801. — Bulbe gros, de 5-6 centimètres de diamètre; feuilles longues de 30 centimètres, larges de 2; en décembre-février, 2-3 fleurs sessiles sortant des feuilles, à tube long de

10-15 centimètres et le limbe long de 8-9, odorantes, lilas pourpre; divisions externes à ligne médiane jaune lignée de bleu, imitant un scorpion; tout à fait rustique.

La refloraison a lieu quelquefois en octobre et recommence en hiver.

Culture de l'Iris persica. — Tenir très sec pendant le repos, qui a lieu en été.

I. alba. — V. *I. Florentina.*

I. albiensis. — V. *I. pumila.*

I. amœna. *D. C. I. hybrida Retz. Europe centrale*, 1821. — Rhizomateux; tige de 40-50 cent., en mai-juin fleurs barbues; divisions externes blanches, rayées de violet; divisions internes blanches, veinées de bleu; barbes jaunâtres; lames blanches.

Culture. — De l'Iris *germanica.*

I. anglica. — V. *I. Xiphioides.*

I. aphylla. — V. *I. Swertii.*

I. à odeur de sureau. — V. *I. sambucina.*

I. arenaria. *Waldst et Kit. I. des sables. Hongrie*, 1802. — Rhizomateux; espèce naine s'élevant à 15-20 cent., moins haute que l'*I. pumila;* en mars-mai fleurs jaune vif.

Culture. — Terrain sec, exposition chaude; à l'état sauvage cette espèce ne dépasse pas 5-6 centimètres de haut.

I. a. flavissima. — Voisin du précédent, fleurit plus tard, préfère un sol humide.

I. armes de France. — V. *I. Florentina.*

I. atrofusca *Baker. Arménie*, 1893. — Rhizomateux; section de l'*I. susiana;* fleurs très grandes; divisions externes, brun vineux teinté de noir; les internes brun foncé, barbues; tige de 1 mètre; floraison en avril-mai.

Culture. — De l'*I. susiana.*

I. **atropurpurea** *Baker. Arménie*, 1889.— Rhizomateux ; section de l'*I. susiana*, feuilles et hampes de 30 cent. ; en avril-mai, 1-2 fleurs très grandes, brun pourpre foncé, maculé de noir ; divisions externes, garnies de barbes jaunes.

Fig. 113. — Iris atropurpurea (Dammann).

Culture. — De l'*I. susiana*, planter à l'automne, terrain sec.

I. **aurea** *Lindl. Himalaya*, 1826. — Rhizomateux ; espèce vigoureuse ressemblant à l'*I. ochroleuca*, fleurs très grandes jaune vif, à divisions frangées.

Culture. — De l'*I. susiana.*

I. **autumnale purpurea**. — V. *I. alata.*

I. **Bakeriana** *Foster. Iris de Baker. Kurdistan*, 1888. — Bulbeux ; haut. 10-15 centimètres ; en février-mars fleurs très grandes, divisions externes, maculées de pourpre noir sur fond blanc; les internes couleur lavande; se force très bien; mis en pots en août-septembre, on peut l'avoir en fleur en novembre-décembre.

Culture. — De l'*Iris persica.*

I. Belgica *Hort. Iris de Belgique, Iris de Bergues. Belgique.* — Rhizomateux; port de l'*I. variegata;* fleurs barbues à divisions externes jaunâtres, panachées de brun pourpre; divisions externes jaune orange, barbes jaune foncé.

Culture. — De l'*I. germanica.*

I. biflora *Lin. I. fragrans, Salisb. I. nudicaulis, B. M. Europe méridionale,* 1596. — Rhizome épais; feuilles glauques; en avril-mai, hampe biflore, fleurs pourpre vif, divisions externrs réfléchies, couvertes de barbes jaunes.

Culture. — De l'*I. germanica.*

I. Billotti *Baker. Asie Mineure,* 1887. — Port de l'*I. germanica;* fleurs odorantes, très belles divisions externes rouge pourpre, longues de 10 cent.; divisions internes pourpre veiné de bleu, longues de 8-10 cent.

Culture. — De l'*I. de Suze.*

I. Bismarkiana. — V. *I. Saari-Nazarensis.*

I. Bloudovi *Ledebour. Sibérie,* 1832. — Rhizomateux, haut. de 20-30 centimètres; en mai, fleurs jaune pâle.

Culture. — De l'*I. susiana*

I. Bornmüllerii. — V. *I. Dandfordiæ.*

I. brachycuspis. — V. *I. setosa.*

I. brevicuspis. — V. *I. setosa.*

I. candida. — V. *Moræa candida.*

I. caucasica *Hoffm. Xiphion caucasicum Baker. Caucase, Perse,* 1721. — Bulbeux; hauteur de 15-20 cent.;

tige portant en février-mars 2-3 fleurs de 6-7 cent.; jaune pâle, feuilles assez larges, courbées.

Culture. — De l'*Iris persica.*

I. **chalcedonica.** — V. *I. susiana.*

I. **chamæris** *Bertol. Iris faux Iris. Iris petit. Indigène.* — Rhizomateux; feuilles petites; tige de 15-20 cent., feuillée à la base; en mai fleurs barbues, violettes, quelquefois jaunes.

Culture. — De l'*Iris pumila.*

I. **chinensis.** *B. M. Iris fimbriata Vent, Iris japonica, Thunb. Evansia chinensis, Salisb. Ixia chinensis Lin. Moræa fimbriata Hort. Iris de la Chine, Iris fimbrié. Chine*, 1792. — Rhizomes à racines fibreuses; feuilles longues, flexueuses; tiges rameuses, hautes de 60-80 cent., portant de nombreuses fleurs barbues, bleu pâle, divisions externes tachées de jaune; lames bleu ciel, fimbriées; la floraison a lieu en juillet-septembre; les fleurs infundibuliformes diffèrent un peu des fleurs d'Iris, elles s'épanouissent en succession.

Culture. — De l'*Iris susiana.*

I. **crapaud.** — V. *I. susiana.*

I. **cretensis.** — V. *I. cretica.*

I. **cretica** *Herb. I. cretensis Janka. I. pseudo-stylosa, Hort. I. stylosa angustifolia, Boiss. Algérie, Asie Mineure.* — Rhizomateux; feuilles étroites une fois plus longues que les fleurs, de décembre en février fleurs sessiles, hautes de 10-20 centimètres, d'un bleu pâle lavande.

Culture. — De l'*I. stylosa.*

I. **cristata**, *Soland. Amérique du Nord*, 1756. — Rhizomes rampants sur le sol; hauteur 10-12 cent., en mai, fleurs imberbes, solitaires, bleu pourpre, panachées, jaune orange; très rustique.

Culture et emplois de l'*Iris pumila*.

I. d'Allemagne. — *I. germanica*.

I. Dandfordiæ *I. Bornmulleri*, *Xiphion Danfordiæ Boiss. Asie Mineure*, 1889. — Bulbeux ; en février-mars fleurs solitaires, hautes de 10-12 centimètres ; sessiles, jaunes, pointillées de vert, sortant des gaines des feuilles, qui ne se développent qu'après la floraison, pleine terre.

Culture de l'*I. reticulata*.

I. d'Angleterre. — V. *Iris xiphioides*.

I. d'Espagne. — *Iris xiphium*.

I. de Bergues. — V. *Iris belgica*.

I. de Baker. — V. *Iris Bakeriana*.

I. de Crimée. — V. *Iris pumila*.

I. de Florence. — V. *Iris florentina*.

I. de Gibraltar. — V. *Iris filifolia*.

I. de Chine — V. *Iris chinensis*.

I. de Noël. — V. *Iris stylosa*.

I. de Poiret. — V. *Iris alata*.

I. de Portugal. — V. *Iris Xiphioides*.

I. de Suse. — V. *Iris susiana*.

I. des jardins. — V. *Iris germanica*.

I. des marais. — V. *Iris pseudacorus*.

I. Douglasiana. *Herb. Californie*, 1886. — Rhizome rampant ; feuilles linéaires, en touffe de 5-6 ; longues de 30-50 cent. à nervures fortes ; en mai-juin hampe de 20-30 cent. portant 2-3 fleurs ; divisions externes, longues de 4-5 cent., lilas foncé veiné de pourpre.

Culture. — De l'*I. germanica*.

I. des prés. — V. *Iris siberica*.

I. deuil. — V. *Iris susiana*.

I. faux Iris. — V. *Iris chamæiris*.

I. filifolia *Boiss. I. tingitana. I. xiphion tingitanum. B. M. Iris de Gibraltar. Espagne, Algérie*, 1869. — Bulbeux; feuilles étroites, filiformes, longues de 20-50 centimètres; panachées de violet à la base ; en été fleurs grandes, pourpre brillant; divisions externes panachées de jaune à la base.

Culture de l'*I. xiphium*, très jolie espèce, exposition chaude et sèche.

I. fimbriata. — V. *I. chinensis.*

I. flavescens *Red. Iris jaunâtre. Asie Mineure*, 1818. — Rhizomateux; port de l'*Iris germanica;* en mai-juin, fleurs barbues, inodores; divisions externes jaune panaché de pourpre; divisions externes jaune foncé; barbe jaune vif; lames jaune foncé.

Culture de l'*Iris germanica.*

I. fleur de mariage. — V. *I. Robinsoniana.*

I. flexuosa *Murr. Allemagne*, 1810. — Semblable à l'Iris de Sibérie, mais à fleurs blanches.

I. florentina *Lin. I. alba Sav., Iris armes de France, Iris de Florence. Europe méridionale*, 1596. — Rhizomateux ; en avril-mai, fleurs barbues, grandes, blanc pur, très odorantes; barbes jaunes ; port et *Culture* de l' *I. germanica.*

I. fœtida. — V. *I. fœtidissima.*

I. fœtidissima *Lin. I. fœtida Lamk, Iris très fétide, Iris fétide, Espatule, Glaïeul puant, Glaïeul corail, Petit Iris gigot, Petit Glaïeul sauvage, Spatule. Indigène.* — Rhizomateux; feuilles lancéolées, dressées, fermes; tiges de 60 centimètres; en juin-juillet, fleurs imberbes, insignifiantes, à divisions externes jaune taché de violet et de bleu; les internes panachées de jaune et bleu. Les fruits, qui sont gros, s'ouvrent à la maturité et montrent les jolies graines rouge corail, que l'on emploie dans la confection des bouquets de graminées. Toute la plante exhale une odeur fétide quand on la froisse.

Culture de l'*Iris germanica.*

I. fœtidissima variegata. — Semblable au précédent; feuilles rubanées de blanc, en longueur.

Variété très ornementale par ses feuilles moitié blanches et moitié vertes; on en fait des bordures très belles, en plantant les rhizomes à 6-10 centimètres de distance; des potées composées de 8-10 plantes sont un bel ornement pendant l'hiver, dans les appartements.

Culture. — Terre légère, saine et fraîche si possible, à exposition chaude et abritée.

Multiplication. — Par division des rhizomes à l'automne ou au printemps.

I. fragrans. — V. *Iris bifolia.*

I. fulva *Ker. Iris fauve. Louisiane.* — Rhizomateux; feuilles flexueuses; tiges de 60 centimètres; en juillet-août, 4-5 fleurs imberbes, inodores, pourpre foncé, veiné de pourpre violet.

Culture du précédent.

I. furcata. *Bieb. Iris fourchu. Caucase,* 1822. — Rhizomateux; tige de 15 centimètres, rameuse; en mai, fleurs barbues, grandes, violettes; barbes jaune foncé ; lames violettes.

I. furcata fl. alba. Variété à fleurs blanches.

Culture de l'*Iris pumila.*

I. Gatesi *Foster.* — *Arménie,* 1885. — Rhizomateux, port de l'*I. Susiana.* Fleurs énormes; divisions externes longues de 10-12 cent., larges de 8-10, gris clair veiné de pourpre sur fond blanc crème, barbu. Magnifique plante.

Culture. — De l'*I. Susiana.*

I. germanica *Lin. Iris germanique, Flambe, Grande mflabe, Flamme, Glaïeul bleu, Iris d'Allemagne, Iris des jardins. Europe,* 1573. — Rhizome rampant, charnu, noueux; feuilles glauques, ensiformes, distiques; tiges de 80 centimètres à 1 mètre, terminées par des fleurs grandes, odorantes, à divisions externes violet foncé, à barbe jaune; divisions internes violet clair; floraison en mai-juin. C'est l'espèce la plus ancienne et la plus répandue dans les jardins. Les racines, coupées en rondelles et séchées, exhalent une agréable odeur de violette; elles sont employées dans la parfumerie et pour le lessivage du linge.

I. **germanica alba**. — Variété à divisions externes blanc azuré; les internes blanc pur.

I. **germanica cærulea**. — Divisions externes violettes; les internes bleu ciel.

I. **germanica semperflorens** *Dammann*. — Cette variété est annoncée pour avoir une floraison continuelle, ce qui la rendrait précieuse pour la culture en pots.

L'Iris germanique a produit un nombre considérable de variétés aux coloris les plus variés et les plus riches; toutes les couleurs y sont représentées; en outre, ces grandes et belles fleurs panachées, striées, ponctuées, imitent les fleurs d'orchidées, et se conservent longtemps dans l'eau.

Consulter les catalogues spéciaux, pour la description des variétés.

Culture. — Très facile, terre franche, légère, fraîche; tous les Iris rhizomateux réussissent mieux dans un sol frais même humide, à l'ombre ou au soleil; planter à l'automne ou au printemps, à 10-20 ou 30 centimètres de distance, selon les variétés; laisser en place pendant 5-6 ans au moins; quand même les rhizomes courent sur le sol, ils ne craignent pas les plus fortes gelées; à l'automne nettoyer les touffes en enlevant toutes les feuilles jaunes où détériorées.

Multiplication. — Par la division des rhizomes, à l'automne et pendant toute l'année; chaque morceau sectionné produit des bourgeons, mais il est préférable de n'employer que des divisions fortes ayant plusieurs feuilles.

Le semis est peu employé; semer dès la maturité des graines ou au printemps en pleine terre à l'ombre; tenir humide, repiquer quand les semis sont assez forts, et tenir en pépinière jusqu'à la floraison qui a lieu 3, 4 ou 5 ans après.

Fig. 114. — Iris germanica semperflorens (Dammann).

I. gigot. — V. *I. fœtidissima.*

I. glaucopis. — V. *Moræa glaucopis.*

I. graminea *Lin. Iris à feuilles de graminées. Europe centrale et méridionale*, 1597. — Rhizomateux; feuilles rubanées, plus longues que les tiges; hampe de

30 cent. ; en mai-juin, fleurs imberbes, odorantes, bleu violet.

Culture. — De l'*Iris germanica*.

I. **Grand Duffi**. *Arménie*, 1893. — Plante vigoureuse ; haute de 1 mètre, au printemps, fleurs grandes jaune soufre.

I. **Helenæ**. — V. *I. Mariæ*.

I. **hispanica**. — V. *Iris Xiphium*.

I. **Histrio** *Reichb. f. I. Libani Reut. I. reticulata cyanea. Xiphion Histrio Hook. Palestine*, 1871. — Bulbeux; hauteur 10-12 cent. ; en même temps que les fleurs, feuilles linéaires, retombantes, longues de 20 cent. ; en décembre-février, fleurs sessiles, odorantes, très grandes, larges 10-12 cent., divisions externes bleu pourpre, nervure médiane jaune strié de pourpre; divisions internes bleu lilas; plante rare tout à fait rustique.

Culture. — De l'*I. persica*.

I. **hæmatophylla**. — V. *I. sanguinea*.

I. **hybrida**. — Sous cette dénomination, on comprend une immense série d'hybrides de l'*I. germanica* avec d'autres espèces, ce sont des variétés très jolies, de la plus grande rusticité, mais dont la nomenclature laisse beaucoup à désirer; il en existe une magnifique collection au Muséum d'histoire naturelle de Paris et je ne doute pas que M. Max Cornu, l'éminent professeur de culture, ne consacre quelques loisirs à l'épurer et à signaler les synonymies.

I. **hybrida** *Retz*. — V. *Iris albiensis*.

I. **iberica**. *Iris paradoxa. Oncocyclus iberica. Ibérie*, 1820. — Rhizomateux; genre de l'*Iris susiana;* tiges de 30-40 cent. ; en été, fleurs solitaires, barbues ; divisions externes rouge terne, rayé de brun ; divisions internes, violet pâle, rayé de pourpre.

Culture. — De l'*Iris susiana*.

I. japonica. — V. *Iris chinensis*.

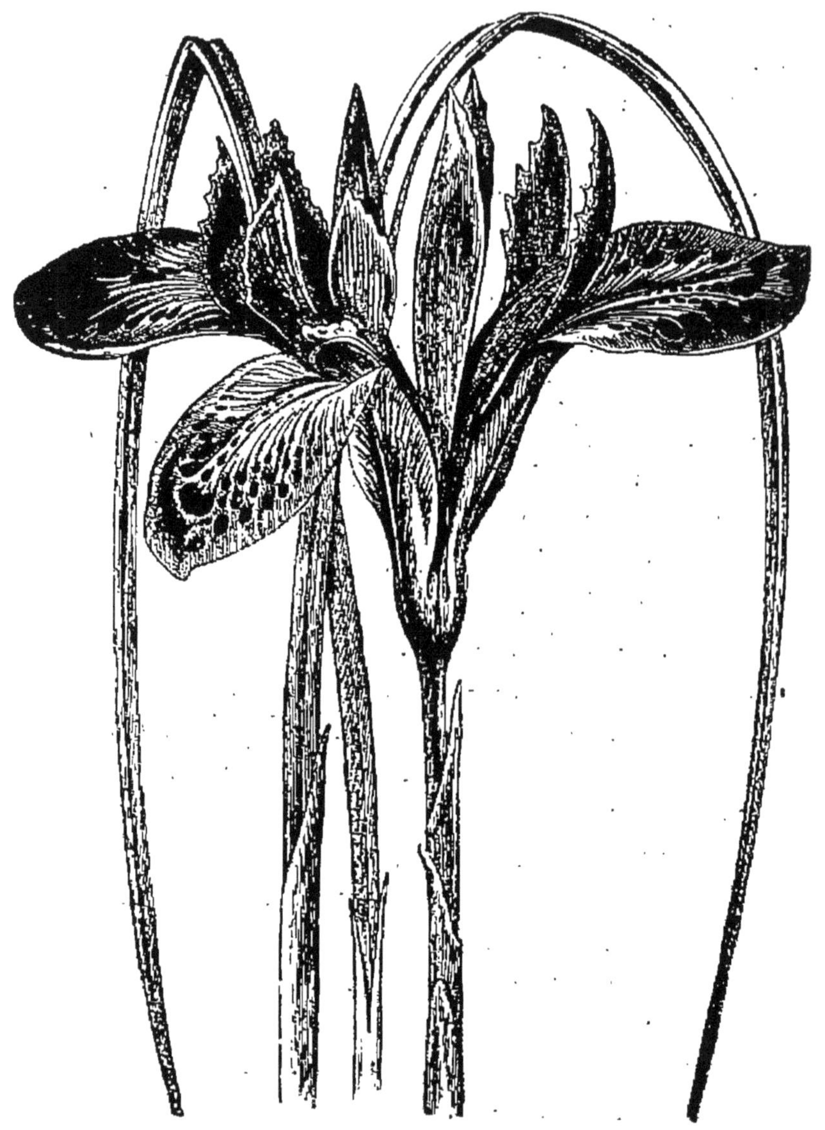

Fig. 115. — Iris Histrio.

I. jaunâtre. — V. *I. flavescens*.

I. jaunâtre. — V. *I. lutescens*.

I. jaunâtre. — V. *I. ochroleuca*.

I. jaune. — V. *I. pseudacorus.*

I. juncea. *I. lusitanica. Moræa juncea. Iris à feuilles de jonc. Portugal*, 1796.— Bulbeux ; feuilles de 60 cent., plus longues que la tige, linéaires, jonciformes, glauques ; tige de 50 cent., produisant en mai-juin une fleur jaune vif, légèrement tachée de violet ; peu répandu.

Culture. — De l'*Iris Xiphioides.*

I. iridiflora. — V. *Moræa iridiflora.*

I. Kæmpferi *Sieb. Iris lævigata. Iris de Kæmpfer. Japon.* — Rhizomes moyens, courts ; feuilles nombreuses, étroites, érigées, lancéolées et pendantes aux extrémités ; tiges cylindriques rameuses, feuillées, hautes de 1 mètre ; en juin-juillet, fleurs imberbes, très grandes, larges de 12 à 25 cent., à divisions externes, amples, horizontales ou penchées, bleu pourpre, avec une tache jaune à la base ; divisions internes bleu pâle ainsi que les lames.

Les semis ont produit une cinquantaine de variétés dont quelques-unes à fleurs doubles ou semi-doubles ; tous les coloris y sont représentés, ces admirables plantes ne sont pas assez répandues.

Culture. — Facile en bonne terre légère, riche et fraîche ; à l'ombre si possible ; ils se plaisent beaucoup au bord de l'eau ; planter à l'automne à 20-30 cent. de distance et ne relever que tous les 3-4 ans ; tout à fait rustique.

Multiplication. — Par division des rhizomes à l'automne ou au printemps et par graines semées au printemps à l'ombre, tenues humides ; repiquer, mettre en place en automne pour fleurir l'année suivante.

I. Kolpakowskiana *Regel. Xiphion Kolpakowskianum Regel. Turkestan*, 1877. — Bulbeux ; port et taille de l'*I. reticulata*; en février-mars fleurs sessiles; divisions externes blanc crème panaché de violet; les internes, lilas pâle maculé de blanc, hauteur 10-20 cent.

Culture. — De l'*I. reticulata*.

I. Korolkowi *Regel. Turkestan*, 1873. — Feuilles linéaires, longues de 50 cent.; hampe biflore, haute de 40-50 cent.; fleurs grandes à divisions externes, barbues, teintées et veinées de brun foncé sur fond blanc.

Culture. — De l'*I. susiana*.

I. latifolia. — V. *I. xiphioides*.

I. lævigata. — V. *I. Kæmpferi*.

I. Leichtlini *Regel. Bokhara*, 1884. — Rhizomateux; groupe de l'*I. susiana*, hauteur 40-50 centimètres; fleurs très grandes, bronze passant au lilas.

I. Libani. — V. *Iris Histrio*.

I. longipetala. *Californie*, 1860. — Rhizomateux; feuilles érigées, ensiformes, longues de 30-40 centimètres; tige de 80 centimètres à 1 mètre; en juin-juillet fleurs imberbes larges de 12-18 centimètres; divisions externes violet lilas; lignées de blanc et de jaune, pointillés de rouge à l'extrémité; divisions internes bleu violet.

Culture. — De l' *Iris germanica*.

I. Loreteti. *Arménie*, 1892. — Rhizomateux; groupe de l'*I. susiana*, port de l'*I. Gatesi*, un des plus beaux *Iris* connus, d'introduction récente; hauteur 30-60 centimètres; en mai, fleurs énormes; divisions externes blanc crème taché et veiné de pourpre cramoisi sur chaque pétale; divisions internes blanc pur veiné de violet.

Culture. — De l'*I. susiana*.

I. Lupina. *Arménie*, 1892. — Rhizomateux, groupe

de l'*I. susiana*, plante très curieuse; hauteur 20-30 centimètres; fleurs immenses, grisâtres, bordées de noir; divisions verdâtres, veinées et tachées de noir, garnies de barbes jaunes.

Culture. — V. *I. susiana.*

I. **lusitanica.** — V. *I. juncea.*

I. **lutea.** — V. *I. pseudacorus.*

I. **lutescens** *Lamk. Iris jaunâtre. Europe méridionale*, 1748. — Rhizomateux; port de l'*Iris pumila;* tiges de 15-20 centimètres; en avril-mai, fleurs barbues, jaunâtres.

Culture et emploi des *Iris pumila.*

I. **magnifique.** — V. *I. spectabilis.*

I. **microptera.** — V. *Iris alata.*

I. **Mariæ.** *Arménie*, 1892. — Rhizomateux; groupe de l'*I. iberica*; belle plante; fleurs très grandes; divisions internes lilas brillant; les externes, pourpre veiné et taché de noir.

Culture. — De l'*I. susiana*, exposition chaude et sèche.

I. **Monnieri** *Dc. Iris de Monnier. Grèce*, 1820. — Rhizomateux; feuilles lancéolées, longues de 60-80 centimètres; tige de 1 mètre, portant en juillet-août 4-5 fleurs imberbes grandes, jaune orange, odorantes, lamées jaune d'or, ne fleurit pas facilement.

Grande et belle plante, un des plus beaux Iris.

Culture. — Terre riche et humide, le bord des pièces d'eau, des étangs; replanter tous les 4-5 ans, à 30-40 centimètres de distance.

Multiplication. — Par division des rhizomes, en automne ou au printemps.

I. **moræoides.** — V. *Moræa iridioides.*

I. **nostras.** — V. *Glaïeul communis.*

I. **nudicaulis.** *Iris à tige nue. Europe méridionale*, 1820.

— Rhizomateux; feuilles très courtes; tige de 10-15 cent., en avril-mai fleurs barbues, grandes; bleu violet; bonne plante très rustique.

Culture de l'*Iris pumila.*

I. ochroleuca *Lin. Iris gigantea, Iris stenogyna, Iris jaunâtre. Russie méridionale,* 1757. — Rhizomateux; feuilles droites, érigées, striées, longue de 50-60 cent: tiges hautes de 1 métre à 1 m. 20; en juillet fleurs imberbes à tube verdâtre et à divisions jaunes, lames blanches.

Plante vigoureuse et rustique.

Culture de l'*Iris germanica.*

I. odoratissima. — V. *I. pallida.*

I. œil de paon. — V. *Vieusseuxia pavonia.*

I. orchioides. *Carr. Perse,* 1880. — Bulbeux; feuilles larges, longues, lancéolées, retombantes; feuilles hautes de 15-20 cent.; en février-mars fleurs jaune d'or, d'une structure particulière; les divisions externes étant dépourvues de limbe ou ailes, qui existent de chaque côté dans les autres variétés; pleine terre.

I. pallida *Lamk. I. odoratissima Jacq., Iris à fleurs pâles. Turquie,* 1596. — Rhizomateux; tige de 1 mètre, rameuse, portant, en mai-juin, 6-10 fleurs barbues, bleu pâle, à odeur de fleur d'oranger; barbe jaune; plante forte et vigoureuse, une des plus grandes.

Culture de l'*Iris germanica.*

I. paludosa. — V. *I. pseudacorus.*

I. panaché. — V. *I. variegata.*

I. paradoxa. — V. *I. iberica.*

I. pavonia — V. *Moræa pavonia.*

I. pavonia. — V. *Vieusseuxia pavonina.*

I. petit. — V. *Schamæris.*

I. persica *Lin. Xiphion persicum Mill. Iris de Perse.*

Perse, 1627. — Bulbe allongé en pointe ; feuilles glauques, linéaires, canaliculées ; en février-mars, fleurs solitaires, très odorantes, sessiles, blanc bleuâtre, hautes de 8-10 cent., se développant avant les feuilles ; divisions externes lignées de jaune et violet sur la partie médiane et tachées de pourpre au sommet.

I. persica purpurea. — Variété à fleurs violet pourpre. Plantes précieuses par la beauté de leurs fleurs, leur odeur suave, leur petite taille et la précocité de leur floraison qui permet de les associer aux *Crocus*, *Tulipe duc de Thol*, etc.

Culture. — Planter en pleine terre en septembre-octobre, à 10 centimètres de distance ; en terre légère sableuse, à exposition chaude et abritée ; garantir des fortes gelées, ou mieux planter en pots 5-6 bulbes ensemble et cultiver comme les *Crocus* ou *Tulipes* pour faire fleurir en serre ou en appartements.

Multiplication. — Par la séparation des bulbes, qui ne se conservent pas après l'automne.

I. planifolia. — V. *I. alata.*

I. plicata *Lamk. Iris plissé.* — Rhizomateux ; tiges de 1 mètre rameuse ; fleurs barbues, grandes, odorantes, blanches, tachées de violet ; divisions externes rouge pourpre ; divisions internes tachées de pourpre ; lames blanches et violettes. *Origine inconnue.*

Culture de l'*Iris germanica.*

I. plumeux. — V. *Moræa virgata.*

I. pseudacorus. *Lin. Iris Pseudo-acorus. Iris lutea Lamk. I. paludosa Pers. Acorus adulterus. Fausse flambe, Faux acorus, Flambe bâtarde, Flambe d'eau, Ganche, Glaïeul des marais, Glaïeul jaune, Iris des marais, Iris jaune, Liaverd, Pavé. Indigène.* — Rhizomateux ; feuilles droites, ensiformes, longues de 80 centimètres ; tige de 1 mètre à 1 m. 30 ; en juin-juillet, fleurs imberbes à divisions externes jaunes, striées de pourpre; les internes jaune pâle.

Multiplication. — Par division des rhizomes au printemps ou à l'automne.

Fig. 116. — Iris persica (Krelage).

I. pseudacorus variegata, à feuilles rubanées de blanc.

I. pseudacorus fol. aur. variegata, à feuilles rubanées de jaune.

Culture. — Se rencontre sur le bord des marais et des étangs à l'état spontané; planter en lieux frais ou humides, ou dans les pièces d'eau peu profondes.

I. pseudo-acorus. — V. *I. pseudacorus.*

I. pseudo-stylosa. — V. *I. cretica.*

I. puant. — V. *I. fetidissima.*

I. pumila. *Lin. Iris nain, Iris de Crimée, Petite flambe Europe centrale et méridionale*, 1596. — Rhizomateux; feuilles étroites, longues de 6-10 centimètres; tiges de 10-15 cent. portant, en mars-mai, 2-3 fleurs barbues, violet foncé ; souvent une deuxième floraison a lieu en automne.

I. **pumila albescens**. *Iris albiensis alba*, variété à fleurs blanchâtres.

I. **pumila cærulea**. *Iris albensis cærulea*, variété à fleurs bleu ciel.

I. **pumila gracilis**, variété à fleur blanc pur, à teinte cuivrée.

I. **pumila lutea**. *Iris pumila lutescens*. *Iris albensis lutea*, variété à fleur jaune vif.

Charmantes petites plantes ; on en fait de très jolies bordures, on les plante aussi sur les chaumes et sur les murailles, où ils réussissent bien, à l'instar des joubarbes.

Culture. — De l'*Iris germanica*, planter à 6-10 centimètres pour faire des bordures.

I. **reticulata** *Bieb*. *Iris réticulé*. *Perse*, 1821. — Bulbe petit, blanchâtre ; feuilles étroites, dressées, plus longues que les tiges qui n'ont que 6-7 centimètres ; en février-mars, fleurs solitaires, à odeur de violette, à divisions violet et violet foncé, taché de jaune et blanc sur les divisions externes ; espèce rustique.

I. **reticulata cærulea**, à fleur bleu azur.

I. **reticulata cyanea**. — V. *Iris histrio*.

I. **reticulata Krelagii**. — Fleurs bleu pourpre, tachées de jaune et inodores.

I. **reticulata histrioides**. — En janvier-février fleurs bleu marin, à odeur de violette ; le feuillage ne paraît qu'après la floraison.

Culture. — De l'*Iris persica*.

I. **Robinsoniana**. *F. Mueller*. *Moræa Robinsoniana*, *Iris fleur de mariage*, *Iles de Lord-Howe*, 1872. — Rhizomateux; feuilles ensiformes, longues de 1 m. 50 à 2 mètres et 10 centimètres de large; tige rameuse de 2 mètre à 2 m. 50; en juin-juillet, fleurs grandes, larges de 10-12 centimètres; blanc pur, maculées de jaune foncé sur les divisions externes. Les fleurs ne

Fig. 117. — Iris reticulata (Dammann).

durent qu'un jour et se succèdent pendant 2 ou 3 mois.

Culture. — Serre chaude, serre tempérée ou jardin d'hiver; magnifique plante, forme des touffes aussi massives que le *Phormium tenax;* jusqu'à ce jour et malgré tous les soins, il est très difficile de la faire fleurir en serre chaude, elle doit fleurir en décembre-janvier, qui correspond à notre mois de juin dans son pays natal.

I. Rosenbachia *Regel. Arménie, Turkestan*, 1884. — Rhizomateux; groupe de l'*I. persica*; tiges de 15-30 cent.; fleurs grandes, blanches et violet foncé; divisions externes bleues à centre jaune; très odorantes, très belles plantes.

Fig. 118. — Iris Saari-Nazarensis (Dammann).

Culture de l'*I. persica*.

I. russe. — V. *I. ruthenica*.

I. ruthenica. *Iris russe. Russie, Sibérie*, 1804. — Rhizomateux; feuilles linéaires deux fois plus longues que la hampe; tiges de 10-12 centimètres; fleurs imberbes, odorantes, à divisions externes, violet pourpre, panachées violet et blanc, gorge jaune, divisions internes moitié plus courtes, bleu violacé.

Culture de l'*Iris germanica.*

La floraison n'a pas d'époque déterminée, il fleurit en avril-mai, septembre ou en février-mars. La floraison normale paraît être à l'automne, elle se renouvelle souvent en hiver; un des plus petits iris.

I. Saari-Nazarensis. *I. Bismarkiana. Arménie.* — Rhizomateux; groupe de l'*I. susiana*; plante très vigoureuse; feuillage érigé, glauque; fleurs très grandes, bleu azur, veiné de pourpre; divisions externes, gris jaunâtre veiné de pourpre brun. Belle nouveauté.

Culture de l'*I. susiana.*

I. sambucina *Lin. Iris à odeur de sureau. Europe méridionale*, 1658. — Rhizomateux; tiges de 80 centimètres; en mai-juin, fleurs grandes, à odeur de sureau; divisions externes, jaunes en dessous, blanches, panachées de violet pourpre en dessus; divisions internes jaune lavé de violet, barbes jaunes.

Culture de l'*Iris germanica.*

I. sanguinea. *Donn. I. hæmatophylla.* — Rhizomateux; semblable à l'*Iris siberica;* à fleurs bleues et à spathe rouge carminé.

I. scorpioides *Desf.* — V. *Iris alata, Lamk.*

I. scorpion. — V. *I. alata.*

I. setosa *Pall. I. brachycuspis Fisch. I. brevicuspis Schult. Sibérie*, 1844. — Rhizomateux; tige de 40 cent.; en mai, fleurs imberbes pourpres; jolie plante et rustique.

Culture. — De l'*Iris germanica.*

I. sibirica *Lin. Iris de Sibérie. Europe, Sibérie*, 1596. — Rhizomateux; tige de 50 cent. portant en juin 4-6 fleurs odorantes imberbes, à divisions externes, jaunes, blanches et bleues, veinées de violet; les internes, bleu violet et lilas, à lames violettes.

Culture. — De l'*Iris germanica*.

I. sibirica alba. — Variété à fleurs blanches, pointillées de violet.

I. sibirica, fl. pleno. — Variété à fleurs doubles.

Fig. 119. — Iris spectabilis.

I. Sindjarensis. *Boiss. et Hanssk. Mésopotamie*, 1865. — Bulbeux; groupe de l'*I. alata*; hauteur de 30-40 cent.; en février-mars, fleurs blanches et bleu azur, à divisions frangées.

I. Sisyrinchium. *Lin. Moræa Tenoreana. Europe méridionale.* — Bulbeux; hauteur 15-20 cent.; en mai, fleur pourpre lilas, à centre blanc crème, large, de 6-8 cent., à odeur de violette.

Culture. — De l'*I. Xiphium*, exposition chaude et sèche.

I. **spectabilis** *Spach.* — Bulbeux, espèce ou variété de l'*Iris Xiphium* à fleurs plus grandes, d'une couleur spéciale olive jaune brun.

Culture et *Multiplication.* — De l'*Iris Xiphium.*

I. **spuria.** *Lin.* *Sibérie*, 1759. — Rhizomes gros, garnis d'écailles rouillées; feuilles ensiformes, glauques; tiges de 50-60 cent.; en mai-juin, fleurs à divisions externes, bleu violet, à bande médiane jaune; divisions internes bleu violet.

Culture. — De l'*Iris germanica.*

I. **squalens** *Lin.* *Europe méridionale*, 1768. — Rhizomes gros, ressemble beaucoup sinon synonyme de l'*Iris Sambucina*; divisions externes violet pourpre, les internes pourpre au sommet, jaune à la base.

I. **stenogyna.** — V. *I. ochroleuca.*

I. **stylosa** *Desf.* *Iris unguicularis Poir.* *Iris de Noël.* *Algérie*, 1844. — Rhizomateux; feuilles vert foncé en lanières plus longues que les fleurs, fleurs sessiles, solitaires, imberbes, odorantes, très grandes, portées sur un long tube, à divisions lilas; les externes, tachées de jaune à la base, à gorge blanche, veinée de lilas; filet des étamines non soudé à la base des divisions externes; la floraison a lieu en décembre-janvier, selon la température; les fleurs sont produites en succession; le feuillage persiste presque toute l'année.

Charmante petite plante à floraison hivernale, d'une culture facile, tout à fait rustique.

Culture. — 1° Planter en septembre-octobre en pleine terre saine et sèche à exposition chaude, à

6 centimètres de profondeur, 10 centimètres de distance; protéger des grands froids; 2° planter à même époque 5-6 rhizomes par pot, placer sous châssis et transporter en serre tempérée ou chaude quand le pot est bien rempli de racines et que les fleurs paraissent.

Fig. 120. — Iris Susiana.

Multiplication. — Par division des rhizomes.

I. **stylosa alba.** — Variété à fleurs blanches.

I. **stylosa speciosa.** — Variété nouvelle, haute de 20-30 centimètres; fleurs bleu foncé veiné blanc.

I. **stylosa angustifolia.** — V. *I. cretica.*

I. **subliflora** *Brot. Portugal*, 1596. — Rhizomateux; feuilles courtes, celles de la tige engainantes; tige de 30-40 cent.; en juin-juillet fleurs barbues, violettes veinées de jaune, barbes jaunes.

Culture. — De l'*I. germanica*

I. **susiana** *Lin. I. chalcedonica. Alaia susiana. Iris de*

Suse. Fleur de Suse. Iris crapaud. Iris deuil. Iris tigré. Perse, 1596. — Rhizomes courts, noueux, moyens; feuilles glauques, étroites, lancéolées ; tige de 60-80 centimètres, uniflore ; en mai-juin fleur barbue, grande, blanc grisâtre, pointillé, moucheté de pourpre noirâtre, barbes violet foncé.

Espèce singulière et belle par la grandeur et le coloris sombre des fleurs.

Culture. — Dans le midi de la France un terrain frais et humide lui convient bien, mais dans le nord il faut choisir un sol sain, léger, sec à exposition chaude et abritée, une couche de feuilles sèches est même nécessaire pendant les grands froids ; planter en octobre-novembre à 6 centimètres de profondeur et à 20 centimètres de distance ; la plantation faite au printemps donne une floraison moins belle ; il est préférable d'arracher les rhizomes 1 mois après la floraison, de couper les feuilles et les tenir au sec jusqu'à la plantation pour les sécher complètement afin d'assurer une bonne floraison.

Multiplication. — Par division des rhizomes, qui se conservent bien arrachés, pendant l'hiver.

I. **Swertii** *Lamk. Iris aphylla. Iris de Swert. Europe méridionale*, 1819. — Rhizomateux ; tiges de 60 centimètres, terminées en mai-juin par 4-6 fleurs, barbues, petites, odorantes, blanches ; divisions teintées de bleu ; divisions internes panachées violet clair.

Culture de l'*Iris germanica*.

I. tête de sepent. — V. *I. tuberosa*.

I. tigré. — V. *I. susiana*.

I. tingitana. — V. *I. filifolia*.

I. transtagana. — V. *I. alata*.

I. très fétide. — V. *I. fœtidissima*.

I. trialata. — V. *I. alata*.

I. **tricuspidata.** — V. *Moræa tricuspidata.*

I. **tripetala.** — *Moræa tripetala.*

I. **tuberosa** *Lin. Hermodactylus tuberosa. Salisb. Iris tubéreux. I. Guêpe. I. tête de serpent, Provence, Italie. Espagne,* 1597. — Souche composée d'un rhizome vertical pourvu de 2 ou 4 autres rhizomes symétriques, le tout surmonté d'un faux bulbe, garni d'écailles courtes, desquelles sortent 3-4 feuilles engainantes, étroites, plissées; érigées tétragones, vert foncé, glauques, plus longues que la tige; hampe cylindrique, haute de 30-40 cent., spathe uniflore; fleur légèrement odorante, imberbe, verdâtre, les 3 divisions externes vertes, à extrémité réfléchie, noir velouté; les intérieures vert clair; plante aussi singulière que curieuse.

Culture. — Pleine terre, à exposition chaude et sèche, fleurit en février-avril, elle se force très bien, est souvent employée par les fleuristes. Planter peu profond sinon elle ne fleurit pas.

I. **unguicularis.** — V. *I. stylosa.*

I. **variegata** *Lin. Iris panaché. Hongrie,* 1597. — Rhizomateux; tiges de 40-50 centimètres; en mai-juin, 6-10 fleurs barbues, peu odorantes; divisions externes, jaunes panachées brun, divisions internes jaune foncé strié violet, barbes jaune foncé; lames jaune vif.

Culture de l'*I. germanica.*

I. **Vartani** *Foster. Arménie, près de Nazareth,* 1885. — Bulbeux; charmante petite plante du groupe de l'*I. reticulata*; en novembre-décembre, tige de 10-15 centimètres, terminée par des fleurs bleu azur, inodores.

Culture. — En raison de sa floraison précoce, il faut la planter en terre très sèche et à exposition chaude et abritée ou cultiver en pots.

I. **verna.** *Sweet. Virginie,* 1748. — Rhizomateux,

un des plus beaux Iris à floraison hâtive ; fleurs très odorantes, bleu clair ; la base des divisions externes barbues, jaune brillant, entouré de noir ; fleurit en mars-avril ; les hampes atteignent 10-12 centimètres et les feuilles le double ; espèce très rare.

Culture de l'*I. pumila*.

I. versicolor *Lin. Iris à plusieurs couleurs. Amérique Septentrionale*, 1732. — Rhizomateux ; tige de 50 centimètres rameuse, en mai-juin, fleurs imberbes pourpre panaché jaune blanchâtre.

Culture de l'*Iris germanica*.

I. virgata. — V. *Moræa virgata*

Fig. 121. — Iris versicolor.

I. virginica *Lin. Iris de Virginie. Amérique septentrionale*, 1758. — Rhizomateux ; tige de 50 centimètres, rameuse ; en juin, 2-3 fleurs imberbes ; divisions externes bleu, panaché jaune, blanc et violet ; divisions internes, bleu pourpre.

Culture de l'*Iris germanica*.

I. Xiphioides *Ehrbr. Iris Anglica. I. latifolia, Iris*

d'Angleterre. Iris Xiphioïde. Lis de Portugal. Espagne. 1571. — Bulbe ovale, brun ; feuilles longues, flexibles, linéaires, canaliculées; tiges de 50 cent., sortant des feuilles engainantes, portant en juin-juillet 2-3 fleurs, bleu clair, veiné de bleu foncé; tache jaune sur le milieu des divisions externes, qui sont *dentées* ainsi que les internes. Les semis ont produit un grand nombre de variétés, de couleurs très variées, panachées, pointillées, marbrées, etc. Ce sont de jolies plantes pas assez cultivées ; elles sont précieuses pour orner les plates-bandes et pour la fleur coupée;

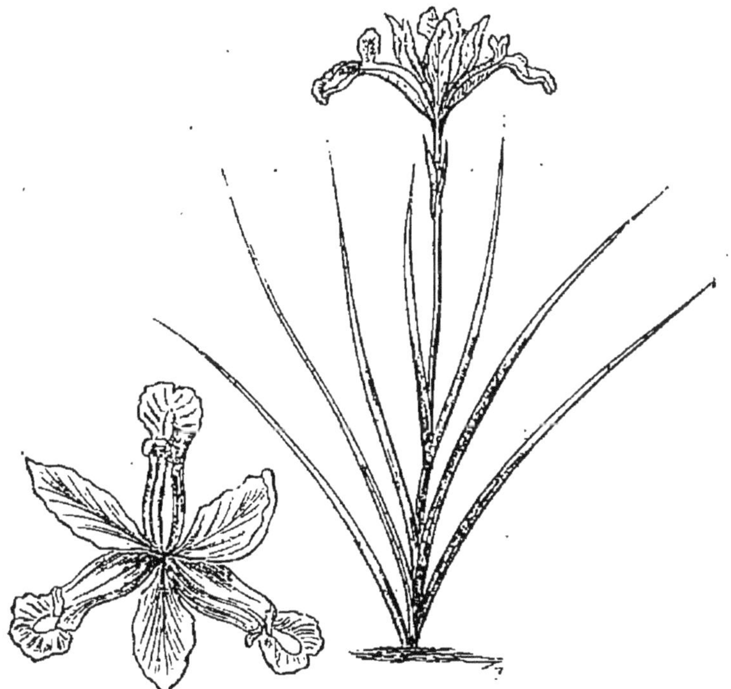

Fig. 122. — Iris Xiphium.

la couleur bleue est prédominante. Consulter les catalogues spéciaux, pour la description des variétés.

Culture. — Terre franche légère sableuse, mais fraîche ; planter en septembre-novembre, à 6-

8 cent. de profondeur et 10 cent. de distance; ou mieux: 11-12 bulbes ensemble pour former des touffes qui sont très jolies; arracher les bulbes tous les 4-5 ans quand les feuilles sont sèches et replanter. La plantation après décembre donne de mauvais résultats et les bulbes se conservent difficilement aussi tard. Il est prudent sous le climat de Paris, de couvrir la plantation avec des feuilles ou du sable pendant les grands froids, les plantes réussissent très bien au bord de la mer.

Multiplication. — 1° Par division des bulbes à l'arrachage; planter les caïeux en pépinière pendant un an ; 2° par graines semées en pleine terre aussitôt la maturité ou au printemps; repiquer et attendre la floraison qui se produit 3-5 ans après.

I. xiphion. — V. *Iris xiphium.*

I. xiphium *Lin. Iris Hispanica, Iris xiphion I. d'Espagne, Lis d'Espagne. Espagne,* 1596. — Bulbe ovale, jaune ou roux, plus ou moins comprimé; port du précédent, plus grêle; en mai-juin, fleurs odorantes, à divisions arrondies, *non dentées.*

Il existe aussi un grand nombre de variétés de couleurs très variées : panachées, striées, etc., où la couleur jaune domine; ces fleurs, quoique belles ne sont pas aussi élégantes que celles de l'*Iris xiphioides.*

Culture et *Multiplication* du précédent.

Consulter les catalogues spéciaux pour la description des variétés.

Culture générale.

Tous les Iris qui précèdent sont d'une culture très facile, si on les plante dans les conditions qui leur conviennent.

Les **I. bulbeux** réclament une bonne terre, riche,

légère, fraîche, à l'ombre ou au soleil, mais pas d'humidité stagnante.

Les **Iris à floraison hivernale**, dont l'*I. stylosa* est le plus important, préfèrent un sol très léger, sableux, riche quand même; une exposition chaude et abritée; étant originaire de la région méditerranéenne, il est bon de leur donner une bonne couverture de sable fin, de mousse ou de feuilles sèches pendant l'hiver, afin de garantir leurs rhizomes, qui cependant ne craignent point le froid.

Les **Iris germanica** ou à **Rhizomes** et leurs alliés sont les plus rustiques, tous terrains, toute exposition, beaucoup de fraîcheur, sans humidité stagnante, et si l'on voit de belles touffes dans des coins humides et à l'ombre, au pied des murailles, c'est que l'humidité surabondante s'infiltre dans les fondations des constructions, ce qui constitue un excellent drainage.

Les **Iris Kæmpferi** qui sont les plus beaux du genre, ont reçu jusqu'à présent beaucoup trop de soins, il leur faut absolument la même culture que l'*I. germanica*. Je les ai cultivés pendant plusieurs années avec un résultat ordinaire, lorsque par inadvertance je mélangeai des rhizomes d'*I. Kæmpferi* avec ceux d'*I. germanica*; l'été suivant, je fus agréablement surpris de constater que ces *Iris Kæmpferi* avaient fourni une végétation et une floraison extra-belles; depuis, j'ai toujours obtenu ce beau résultat en les traitant comme l'*I. germanica*.

L'*I.* **de Suse** et ses congénères sont les plus récalcitrants; il leur faut absolument un terrain très léger, riche, chaud, bien perméable, et une sécheresse absolue pendant deux mois après la floraison, pour faire mûrir leurs rhizomes; à l'état de repos, la moindre humidité ou les pluies abondantes les contrarient et compromettent la floraison suivante ; en Angleterre, il arrive souvent qu'on les couvre de châssis après la floraison ; si le sol était trop humide, il faudrait y établir un bon drainage ; c'est ainsi qu'un amateur anglais, M. Ewbanck de l'Isle of Whight, ne pouvant cultiver ces Iris avec succès, fit creuser une plate-bande, et garnir le fond avec de gros pavés, comme une rue, la terre enlevée fut rapportée sur ce pavé, et les Iris plantés dans ce terrain surélevé d'au moins 20 ou 30 centimètres ; le résultat fut merveilleux.

En résumé, il faut aux Iris beaucoup de fraîcheur, pas du tout d'humidité, et le plus possible de sécheresse après la floraison, pour aoûter les rhizomes.

La plantation se fait en août-novembre et à une distance qui varie de 10 centimètres à 1 mètre, suivant les variétés, à 8-10 cent. de profondeur pour les *Iris bulbeux* et 5-6 cent. pour les rhizomateux.

La multiplication se fait par la division des bulbes et des rhizomes à l'époque de l'arrachage, qui ne doit avoir lieu que tous les 5 ou 6 ans, et par graines semées en pleine terre aussitôt la maturité ou au printemps suivant; on repique les jeunes plants dès qu'ils sont assez forts, et la floraison a lieu 2, 3 et 4 ans après le semis.

ISMENE amançaes. — V. *Pancratium amançaes.*
I. calathinum. — V. *Pancratium calathinum.*

ISOLOMA Deppeanum. — V. *Gesnera Deppeana.*
I. Hondense. — V. *Gesnera Hondense.*
I. picta. — V. *Achimenes picta.*
I. ocella. — V. *Achimenes ocella.*
I. Seemannii. — V. *Gesnera Seemannii.*
I. Schieldeana. — V. *Gesnera Schieldeana.*

IXIA. *Lin. Morphixia, Iridées.*

Charmantes plantes bulbeuses du Cap; tubercules très petits; feuilles étroites, ensiformes; tiges grêles, filiformes, simples ou rameuses, hautes de 20 à 60 cent.; fleurs en épi, en entonnoir, de couleur et dimensions très variables, mais toujours très jolies et élégantes, odorantes parfois, *étamines insérées à la base des pétales, tiges non entourées d'une gaine déchiquetée*, graines *renfermées dans une baie.*

I. **acuta.** — V. *Nemestalys geminiflora.*

I. **anemoneflora.** — V. *Sparaxis anemoneflora.*

I. **aristata.** — V. *Sparaxis grandiflora.*

I. **bulbocodium,** *Lin. Romulea bulbocodium. Trichonema bulbocodium Ker. Europe méridionale*, 1739. — Tiges de 30 centimètres; fleurs en entonnoir de toutes couleurs; seule espèce indigène en Europe.

I. **chinensis.** — V. *Iris chinensis.*

I. **conica** *Cap*, 1757. — Fleurs jaune citron, centre brun.

I. **craterioides** *Cap*, 1778. — Fleur jaune foncé.

I. **crocata.** — V. *Tritonia crocata.*

I. **erecta** *Cap*, 1757. — Fleurs blanches.

I. **excisa.** — V. *Geissorhiza excisa.*

I. **grandiflora.** — V. *Sparaxis grandiflora.*

I. **maculata** *Cap*, 1780, — Tiges de 30 cent.; fleurs vertes; jaunes et pourpres, rayées de blanc et jaune.

I. **pendula.** — V. *Dierma pendula.*

I. **plicata.** — V. *Babiana plicata.*

I. **Rochense.** — V. *Geissorhiza Rochense.*

I. **scillaris.** — V. *Babiana plicata.*

I. **secunda.** — V. *Geissorhiza secunda.*

I. **tricolor.** — V. *Sparaxis tricolor.*

I. **tubiflora.** — V. *Babiana tubiflora.*

I. **villosa.** — V. *Babiana plicata.*

I. **viridiflora.** *Cap*, 1780. —Fleurs larges vert émeraude, œil noir, et beaucoup d'autres espèces toutes très jolies.

Par suite de l'hybridation, les semis ont produit un grand nombre de variétés horticoles, dans lesquelles on rencontre tous les coloris et les panachures les plus diverses, entre autres :

I. **bucephalus**; magenta pourpre.

I. **Faunus**; jaune orange, œil rouge brun.

Fig. 123. — Ixia variés.

I. **goldendrop**; jaune d'or, pourpre en dehors, œil marron.

I. **nosegay**; blanc, rose cramoisi en dehors, œil lie de vin.

I. **lilas**; jaune pâle, rose et pourpre.

I. **Sunbeam**; orange, panaché cramoisi, magenta en dehors.

I. **titonia**; blanc lilas, œil pourpre noir, cramoisi en dehors.

I. **wonder**; *fleurs doubles odorantes*, rouge cerise, paraît être issu du *I. craterioides*.

Culture. — En pleine terre; planter en octobre, en terre très légère, sableuse et très perméable, à 10-15 cent. de profondeur; à exposition chaude et abritée; pendant l'hiver garantir des grands froids avec des feuilles sèches ou de la mousse, et de la pluie avec des planches ou paillassons, ou mieux avec des châssis; au printemps quand les feuilles paraissent, enlever les abris.

La floraison a lieu en mai-juin; tuteurer les plantes et garantir des gelées printanières et des vents de nord-est.

Culture. — En pots, planter 5-6 bulbes dans des pots drainés de 10 centimètres de diamètre; les plonger sous châssis ou sur les tablettes d'une serre tempérée, donner peu d'eau avant la végétation, tuteurer, tenir près du jour, et arroser copieusement pendant la floraison qui a lieu en mars-avril; cesser graduellement les arrosages, quand les feuilles jaunissent; quand les bulbes sont secs, les retirer des pots et les conserver jusqu'à la plantation.

Les bulbes étant très petits, il est urgent d'employer de la terre finement tamisée, afin de pouvoir les trier avec un crible,

Multiplication. — Facile et rapide par la division des bulbes et par graines semées sous châssis aussitôt la maturité, elles fleurissent la deuxième, troisième et quatrième année après.

Ces plantes sont cultivées en grand pour l'exportation des fleurs coupées.

IXIOLIRION *Fisch. Amaryllidées.*

I. **montanum** *Herb. I. Ledebouri. I. Pallasii, F.*

I. tartaricum. Amaryllis montana. A. tartarica. Asie Mineure, 1844. — Bulbe de la grosseur d'un gland, brun, ferme; feuilles canaliculées, glauques, ondulées; tiges grêles, sinueuses, dressées, feuilles de 50-60 centimètres, terminées en avril-juin par un bouquet de 10-12 fleurs d'un beau bleu violet, avec une bande plus foncée en dessus et en dessous de la nervure médiane des 6 divisions, qui sont longues et pointues, donnant à la fleur la forme d'un lis blanc; les étamines jaunes sont d'un très bel effet sur le fond

Fig. 124. — Ixiolirion montanum.

bleu de la fleur. Très jolie plante, pas assez répandue, d'une culture facile; les fleurs sont excellentes pour couper. Il existe plusieurs autres espèces ou variétés non encore bien déterminées.

Culture. — Planter en septembre-octobre, en bonne terre à exposition chaude à 10-15 centimètres de profondeur; en juillet arracher les bulbes, ou les laisser en place pendant 2 ou 3 ans, sans aucun abri pendant l'hiver.

Multiplication. — Par division des bulbes à l'arrachage et par les caïeux qui se développent sur un court rhizome ; enfin par graines semées aussitôt mûres, qui fleurissent la première et la deuxième année après le semis. Je crois qu'il n'existe encore qu'une espèce en culture.

JACINTHE blanc de montagne. — V. *Hyacinthus albulus.*
J. **de Hollande.** — V. *Hyacinthus orientalis var.*
J. de mai. — V. *Scilla amœna.*
J. de Paris. — V. *Hyacinthus orientalis var.*
J. des bois. — V. *Scilla nutans.*
J. de Sienne. — V. *Muscari monstrosum.*
J. des Indes. — V. *Polianthes tuberosa.*
J. du Cap. — V. *Galtonia candicans.*
J. du Pérou. — V. *Scilla peruviana.*
J. étoilée. — V. *Scilla sibirica.*
J. grimpante. — V. *Brodiæa volubilis.*
J. italienne. — V. *Hyacinthus orientalis var.*
J. la Vierge. — V. *Hyacinthus orientalis var.*
J. parisienne. — V. *Hyacinthus orientalis var.*
J. passetout. — V. *Hyacinthus orientalis var.*
J. romaine. — V. *Hyacinthus præcox.*
J. romaine bleue. — V. *Hyacinthus orientalis var.*
J. des jardiniers. — V. *Scilla italica.*
J. musquée. — V. *Muscari suaveolns.*
J. petite. — V. *Scilla nutans.*

JACQUEROTTE. — V. *Lathyrus tuberosa.*

JALAP. — V. *Exogonium purga.*
J. du **Mexique.** — V. *Mirabilis longiflora.*

JATEORHIZA. — V. *Ménispermées.*
J. palmata *Miers*, *J. Columba.* — *Cocculus palmatus.*

Forêts du Mozambique. — Tubercules gros, charnus, ayant la forme de ceux du Dahlia, mais beaucoup plus gros; feuilles palmées ayant la forme de celles du Marronnier; tiges volubiles atteignant plusieurs mètres de haut, en été, fleur en grappes, blanc verdâtre; fournit la racine de *Colomba*.

Culture. — Serre tempérée. — *Multiplication* de graines et par division de la racine munis de bourgeon.

JEANNETTE. — V. *Narcissus poeticus*, — V. *Narcissus pseudo-narcissus*.

JEAUNEAU. — V. *Ranunculus bulbosus flore pleno*.

JEAUNET d'eau. — N. *Nymphæa lutea*.

JONC fleuri. — V. *Butomus umbellatus*.

JONQUILLE. — V. *Narcissus jonquilla*.
J. grande. — V. *Narcissus odoratus*.
J. double. / **J. odorante.** — V. *Narcissus jonquilla fl. pleno*.

KŒHLERIA. — V. *Gesneria*.

KŒLLEA hiemalis. — V. *Eranthis hiemalis*.

KŒLLIKERIA. — V. *Achimenes*.

KOROLKOWIA Sewerzowii. — V. *Fritillaria Sewerzowii*.

KRUBI. / **KRUBUT.** — V. *Amorphophallus Titanum*.

LACHENALIA *Jacq. Liliacées.*

Les espèces principales sont :

L. aurea *Lindl. L. tricolor lutea. L. doré. Cap*, 1774. — Bulbe ovale; feuilles larges, succulentes, canaliculées, ondulées, étalées sur le sol, pendantes à leur extrémité ; hampe de 20-30 cent. portant un épi de nombreuses fleurs jaunes ; la tige et les feuilles sont un peu pointillées de brun ; floraison en avril.

L. contaminata *Ait. Cap*, 1774. — Belle espèce à fleurs grandes ; divisions externes (tube) blanches ; divisions internes rouge vif ; floraison en avril.

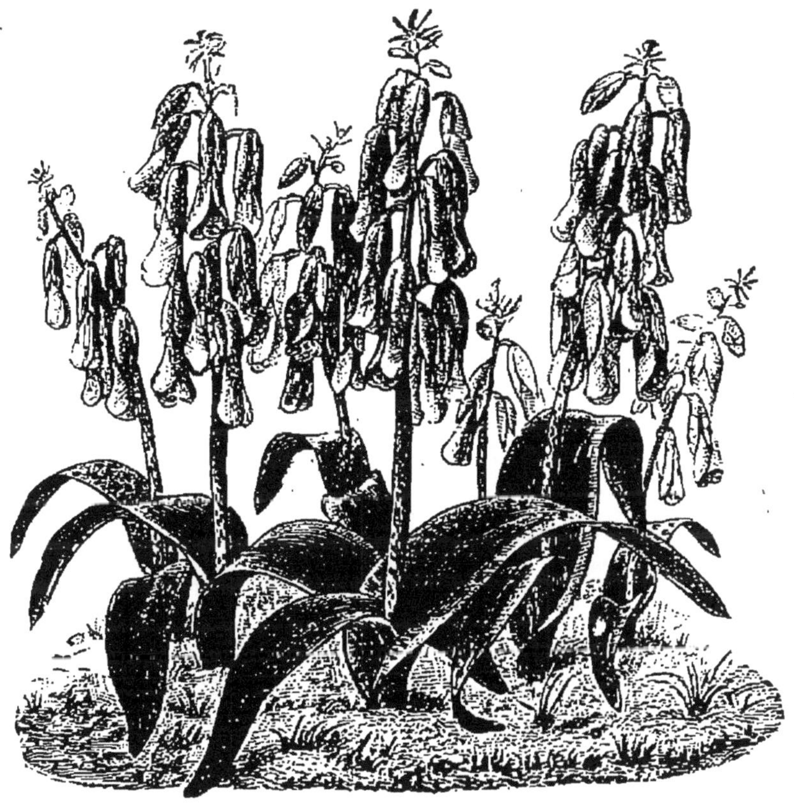

Fig. 125. — Lachenalia aurea (Dammann).

L. fragrans. *Cap*, 1798. — Beaux bouquets de fleurs rougeâtre et vert.

L. luteola *Jacq. Cap*, 1774. — Fleurs grandes, à divisions externes jaune bordé vert ; divisions internes verdâtres, jaunes à l'extrémité.

L. orchioides. *Cap*, 1752. — Deux feuilles longues de 20 centimètres, larges de 3, épaisses pointillées de brun en dessus, violettes en dessous; hampe de 30 centimètres pointillée; portant 20 à 40 fleurs, jaune rouge et bleuâtre.

L. Nelsoni. *Hybride de L. aurea et lutea.* — Végétation plus robuste et épis plus longs que chez ses

Fig. 126. — Lachenalia orchioides (Dammann).

parents; fleur jaune-citron; pétales verts à l'extrémité; une des plus belles variétés obtenues en Angleterre.

L. pendula *Ait. L. à fleurs pendantes. Cap*, 1789. — Bulbe ovale; feuilles 2; épaisses non pointillées; en avril, fleurs pendantes à tube renflé à la base, jaune orangé, bordé de vert; divisions internes vertes et violet.

L. pendula aureliana. — Variété vigoureuse et grande; fleurs rouge foncé très rustique.

L. quadricolor. *Cap*, 1774. — Hampe de 30-40 cent.; en mars-avril, fleurs vert jaune, écarlate et pourpre foncé; feuilles fortement tachées de brun.

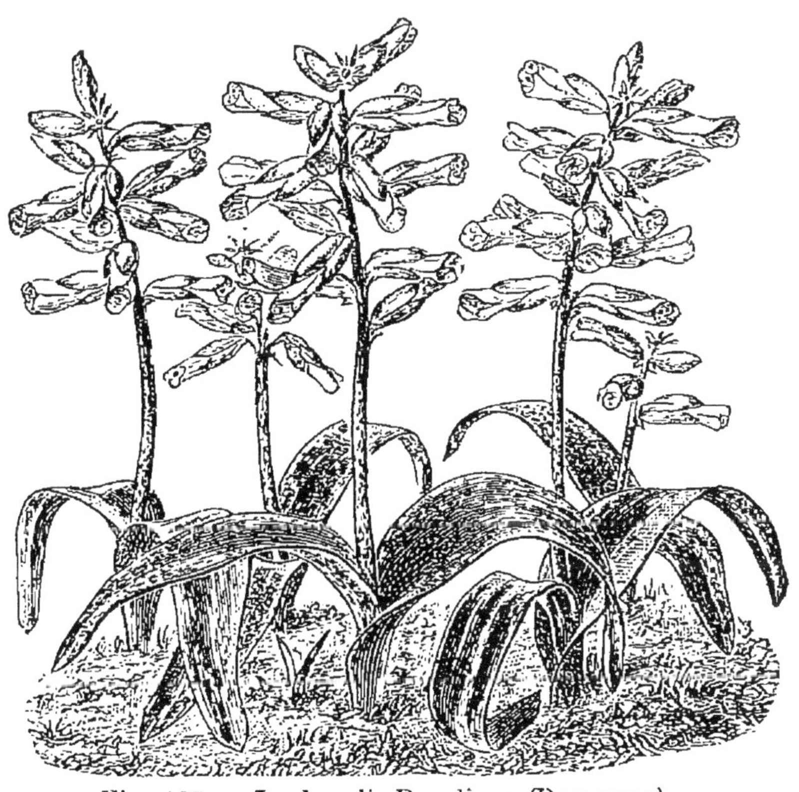

Fig. 127. — Lachenalia Regeliana (Dammann).

L. Regeliana, 1891. — Fleurs horizontales, feuilles 2, pointillées.

L. rubida. *Cap*, 1803. — Feuilles pointillées de brun; hampe panachée, de 20 cent.; en septembre, 10-12 fleurs à tube rouge rubis.

L. reflexa. — V. *Drimia lanceolata.*

L. tricolor *Jacques*. *Cap*, 1774. — Deux feuilles de 25 cent., pointillées de brun, glauques; hampe de

30 cent.; portant 15-18 fleurs jaunes, bordées rouge et vert.

L. tricolor lutea. — V. *L. aurea.*

Culture. — Terre légère, terreau et sable; planter en septembre, en pots drainés, de 15 cent. 5-6 bulbes, à 2 cent. de profondeur; placer sous châssis froid; arrosages très modérés avant la végétation, mais beaucoup d'eau pendant la floraison; plonger les pots dans le sable ou terreau et tenir près du verre; quand les plantes sont développées, transporter les pots en serre tempérée pour avancer la floraison, qui aura lieu suivant la température et les époques de plantation de mars en juin; cesser les arrosages dès que les feuilles sèchent, conserver les bulbes en pots jusqu'à la plantation. Il n'est pas possible de planter en pleine terre, vu le mode de végétation, et l'époque de la floraison.

Fig. 128. — Lapeyrousia corymbosa.

Multiplication. — A la plantation par les caïeux.

LANGUE de bœuf. — V. *Arum maculatum.*

LAPEYROUSIA *Ker. Ovieda Spreng. Peyrousia D. C. Iridées.* — Genre très voisin des *Anomatheca.*

L. corymbosa *Ker. Ovieda corymbosa, Spreng. Cap,* 1791. — Bulbe tuberculeux; tige simple haute de 20-30 cent., à feuilles engainantes, terminée en juin par un épi terminal de fleurs axillaires d'un beau bleu.

L. fissifolia *Ker. Cap,* 1809. — Port du précédent, fleurs violettes.

L. grandiflora. — V. *Anomatheca grandiflora.*

Culture. — Des *Anomatheca* ou des *Freesias.*

LAQUE. — V. *Phytolaca decandra.*

LATHYRUS *Lin.* **Gesse.** *Papillonacées.*

L. tuberosus *Lin. Gesse tubéreuse, Anette. Anotte de*

Fig. 129. — Lachenalia Beccazeana (Dammann).

Bourgogne, Arnoute, Chourles, Favouette, Gland de terre, Jacquerote, Louisette, Macion, Macusson, Magion, Marcasson, Megason, Méguson, Minson, Mitrouillet. Indigène, — Tubercules rampants, longs de 4-5 cent.; gros à la base; feuilles stipulées à folioles oblongues; tiges quadrangulaires grimpantes ou rampantes, hautes de 60 cent. à 1 mètre; en mai-juin, pétioles longs, portant 4-6 fleurs rose vif. La plante abandonnée à elle-même forme de jolies touffes compactes, qui se couvrent de fleurs, et produisent d'un bel effet.

Culture. — Toute terre, bordures, rochers, massifs; planter à l'automne ou au printemps.

Multiplication. — Par division des tubercules et par graines, semées en pleine terre aussitôt récoltées.

Fig. 130. — Léontice altaica.

LÉONTICE *Lin. Berberidées.*

Plantes de peu d'importance à racines tuberculeuses et de culture très facile.

L. Altaica. *Pall. Sibérie*, 1822. — Hauteur 20 cent.; en avril petites fleurs jaunes; pleine terre. Voir *Bongardia Rauwolfi* qui doit être la même plante.

L. chrysogonum. — V. *Bongardia Rauwolfi.*

L. **Leontopetalum**. *Lin. Levant*, 1597. — Tubercules gros, vulgairement nommés *Navet de Lion* et parfois employés pour savonner les étoffes de laine, et enlever les taches sur les châles de cachemire; feuilles à long pétiole, formées de 6 divisions, composées chacune de 3 folioles; par suite de leur ressemblance avec l'empreinte d'un pied de Lion, on les appelle: *Feuille de Lion*; en été, fleurs jaunes, plante vigoureuse; châssis froid ou pleine terre avec couverture.

L. **triphylla**. — V. *Achlys triphylla*.

L. **vesicaria**? *Sibérie*, 1821. — En février-mars-avril fleurs jaune brillant; plante à étudier, qui pourrait devenir populaire; pleine terre.

Culture. — Planter à l'automne en pleine terre ou en pots selon les espèces.

Multiplication. — Par division des racines à l'époque de la plantation.

LEUCOIUM *Lin*. **Nivéole**. *Amaryllidées*.

L. **æstivum** *Lin*. *Nivaria æstivalis Mœnch*. *Nivéole d'été*. *N. à bouquet*. *Indigène*. — Bulbe ressemblant à un de Narcisse; feuilles en lanières, longues de 40 cent.; hampe de même longueur, portant, en mars-juin, 3-6 fleurs pendantes, à 6 divisions blanches, tachées de vert à leur extrémité.

Culture. — Planter à l'automne, 10-12 centimètres de profondeur, 6-10 de distance, terre sèche, replanter que tous les 4-5 ans.

Multiplication. — Par division des bulbes et caïeux pleine terre.

L. **autumnale** *Lin*. *L. bulbosum minus autumnale*, *Clusius*. *Acis autumnalis*, *Salisb*. *Europe méridionale*, 1629. — Bulbe relativement gros, feuilles peu nombreuses, engainantes, paraissant après la fleur, en automne ou même au printemps ; tige, portant, en septembre, 2-4 fleurs pendantes blanches, légèrement rosées à la base ; la plante entière ne dépasse pas 15 cent. de haut.

Culture. — Terrain sec, exposition chaude, arracher tous les 4-5 ans.

Multiplication. — Par division des bulbes.

L. Hermandezii. — V. *L. pulchellum.*

L. hiemalis. — V. *Galanthus autumnalis.*

L. pulchellum. *Salisb. Europe méridionale.* — Hauteur 30-40 cent. ; fleurs très élégantes, pendantes, blanches tachées de vert à l'extrémité des divisions. Fleurit en été.

L. tricophyllum. *Schousb. Acis tricophyllus Salisb. Espagne,* 1820. — Hauteur 15-20 cent. en avril, fleurs blanc pur, campanulées, très jolie petite plante.

L. roseum. *Mart. Acis roseus. Corse,* 1820. — Hauteur 15-20 cent. ; en août fleurs rose vif.

Culture. — Terre légère ; pleine terre avec protection pendant les grands froids.

L. vernum *Lin. Galanthus vernus All. Erinosma verna Herb. Nivaria verna Mœnch. Grelot blanc, Nivéole de printemps. Indigène.* — Bulbe petit ; 2-3 feuilles longues de 10 cent. en février-mars ; hampe de 12-20 cent., penchée, enveloppée d'une gaine membraneuse ; terminée par une, rarement deux fleurs penchées, à six divisions égales, blanches, tachées de vert à l'extrémité, odorante ; charmante petite plante, à associer avec les *Galanthus*, *Crocus*, *Scillias*, etc.

L. vernum carpathicum. *Monts Carpathes,* 1816. — Port du précédent, plus grand et plus vigoureux ; fleurs plus amples, souvent 2-3 par tige.

L. vernum flore pleno. — Variété à fleurs doubles qui se rencontre rarement dans les jardins. Ces plantes ont le port et l'aspect des *Galanthus* avec lesquels elles pourraient être facilement confondues; elles en diffèrent par les 6 divisions qui sont égales, tandis que chez les *Galanthus* les 3 internes sont moitié plus courtes que les externes, toutes ont une odeur douce de violette.

Culture et *emploi* des *Galanthus*.

LEWISIA. *Pursh. Cactacées. Portulacées.*

L. rediviva *Pursh. Racine amère ou Bitter root des*

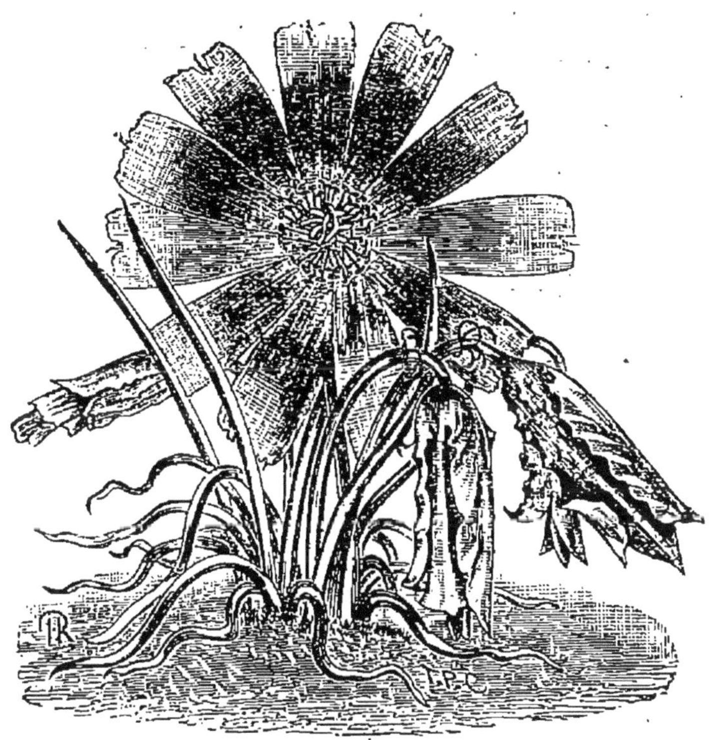

Fig. 131. — Lewisia rediviva.

Canadiens. Spatlum. Spætlum. Orégon, Canada, 1826. — Racines tuberculeuses, longues, charnues; peau brun foncé; chair rouge vif, blanche quand elle est desséchée; feuilles étroites, vertes, charnues, longues de 3-5 centimètres, du centre desquelles sort un pédoncule charnu, portant une fleur solitaire, rose, entourée d'un involucre; calice persistant. Cette fleur est composée de 8-10 pétales pendants ; elle se s'épanouit qu'au soleil, douze ou quinze fleurs sont produites successivement, chacune ne dure que 3-4 jours; après la floraison, les feuilles se dessèchent; la période de végétation de cette plante ne dure que quelques semaines, de mai en juin.

Plante extrêmement curieuse, la racine est employée comme nourriture par les Indiens.

Culture. — Terre fraîche, aime le soleil et l'humidité; mais la moindre humidité stagnante pendant l'hiver fait périr la plante; pleine terre.

Multiplication par racines, qui ont la faculté de végéter même après 1 ou 2 ans d'arrachage.

LIATRIDE. — V. *Liatris*.

LIATRIS *Schreb.* **Liatride. Etoile de feu. Etoile brillante.** *Composées.* — Plantes peu répandues, qui méritent une culture bien plus générale, toutes sont originaires de l'Amérique du Nord. Les racines sont grosses, tuberculeuses, brunes, nommées par les Américains *Racine aux serpents*, parce que les tubercules pilés sont considérés comme un spécifique contre les morsures de ces reptiles; les tiges sont terminées par de longs épis de fleurs ayant un peu l'aspect de nos *Asphodèles*.

L. Chapmani. *Torr. et Gray. Floride.* — Feuilles longues, étroites, élégantes; tige de 1 mètre, terminée en août-septembre par un épi de fleurs pourpre violet. Il est prudent d'arracher les tubercules après la floraison et de les conserver à l'instar des *Cannas* ou *Dahlias*.

L. cylindrica *Mich. Amérique du Nord*, 1811. —

Tiges de 1 m. 50 ; en septembre fleurs violettes.

L. elegans *Wild. Amérique du Nord*, 1787. — Tiges de 1 m. 20, en août-septembre, fleurs pourpres.

L. graminifolia *Pursh. L. à feuilles de graminée. Amérique du Nord.* — Tiges de 1 mètre, en août; fleurs violettes. Racine tuberculeuse.

L. odoratissima. *Caroline*, 1786. — Tiges de 1 m.30,

Fig. 132. — Liatris spicata.

en septembre fleurs pourpres; les feuilles sèches de cette espèce ont une forte odeur de vanille.

L. pycnostachya *Mich. Amérique du Nord*, 1732. — Tiges de 1 à 2 mètres, en septembre-octobre épi lâche de 30 centimètres de fleurs sessiles, rouge pourpre, belle plante; réintroduite en 1874.

L. punctata *Hook. Arkansas et Texas.* — Tubercules gros; feuilles et tiges ponctuées de brun, hampe de 60-80 centimètres; en août-septembre, fleurs violet pourpre.

L. scariosa *Wild. Amérique du Nord*, 1739. — Tiges de 1 m. 20, en juillet-août épi serré de fleurs rose poupre; espèce très répandue.

L. spicata *Willd. Amérique du Nord*, 1732. — Tiges raides de 60-70 centimètres; en juillet-septembre, épi de fleurs rouge pourpre.

L. squarrosa *Willd. Amérique du Nord*, 1732. — Tiges de 1 mètre, à 1 m. 50, en juillet-septembre fleurs pourpres.

Pendant les automnes pluvieux, la floraison est souvent retardée et se prolonge jusqu'en octobre-novembre, il n'est pas nécessaire alors de rentrer ou d'abriter les plantes, la gelée n'ayant aucun effet sur les fleurs.

Culture. — Planter au printemps, à 50-80 centimètres de distance, en terre fraîche même humide, à l'ombre et au nord si possible; ne replanter que tous les 5-6 ans afin d'obtenir des touffes fortes.

Multiplication. — Au printemps, division des racines, et par graines semées au printemps en pleine terre, qui fleurissent 1-2 et 3 ans après le semis.

LIAVERD. — V. *Iris pseudacorus.*

LIBERTIA *Spreng. Iridées.*

Plantes peu répandues, très ornementales; souche rhizomateuse, rampante; feuilles longues de 50-80 cent., formant de jolies touffes, représentant un *Gynerium* en miniature, du centre desquelles sortent de nombreuses hampes, garnies de fleurs; ayant de l'analogie avec celles des *Iris*.

Les plus belles espèces sont :

L. formosa *Grah. Chili*, 1831. — Feuilles linéaires, longues de 30 cent. ; en mai, hampes de fleurs blanches, s'épanouissant successivement.

L. grandiflora *Sweet. Nouvelle-Zélande*, 1821. —

Fig. 133. — Libertia formosa.

Feuilles linéaires, de 60-80 cent. ; en avril, hampe de 1 mètre, garnie de fleurs blanc pur.

L. ixioides. *Spreng. Nouvelle-Zélande*, 1865. — Feuilles rigides, linéaires, longues de 1 mètre ; tiges de 1 m. 30, terminées par des grappes denses de fleurs blanc pur ; fleurit en avril-mai.

L. magellanica. *Amérique du Sud.* — Petite plante haute de 50 centimètres ; fleurs blanc pur en épis très serrés.

L. paniculata *Spreng. Australie*, 1823. — Feuilles longues de 50 cent. ; tiges de 80 cent. ; en mai fleurs blanches.

L. tricolor. — V. *Sisyrnichium versicolor*.

Culture. — Planter en massif ou en groupe sur les pelouses, en terre riche, fraîche, non humide ; beaucoup d'eau pendant la végétation ; en octobre-novembre, réunir les feuilles en faisceau (ne pas les couper) ; garnir la souche de sable, et couvrir le tout avec des feuilles sèches ou avec de la paille comme pour les ruches d'abeilles ; dans ces conditions, ils n'auront rien à craindre des grands froids ; on peut aussi les planter en pots et les hiverner sous châssis, mais les plantes ne sont pas aussi belles.

Multiplication. — Par graines et drageons munis de rhizomes, que l'on fait reprendre en pots en serre ou sous châssis.

LIGERIA. — V. *Gloxinia.*

LILAS de terre. — V. *Muscari monstrosum.*

LILIORHIZA. — V. *Fritillaria recurva.*

LILIUM *Lin.* **Lis.** *Liliacées.*

Ce genre comprend les plus belles plantes bulbeuses cultivées dans nos jardins, il est inutile d'en faire l'éloge.

Les Lis ont été cultivés depuis la plus haute antiquité ; les espèces les plus anciennes sont les *L. candidum* et *croceum* qui, dit-on, étaient cultivés sous le règne de Charles-Quint. Mais ce n'est que depuis un demi-siècle que les botanistes voyageurs et amateurs nous ont enrichi de merveilleuses espèces, maintenant en culture.

En 1697 La Quintinie en indique sept espèces douteuses.

En 1706 Louis Léger n'en mentionne que quatre espèces.

En 1811 Dumont de Courcet en signale dix-huit

espèces et variétés; enfin en 1833 le *Bon Jardinier* n'en décrit que vingt espèces et variétés. Les lecteurs qui s'intéresseraient à l'histoire des Lis peuvent consulter les ouvrages suivants :

CHARLES MORREN. *Histoire littéraire et scientifique des Tulipes, Jacinthes, Narcisses, Lis*, etc. Bruxelles, 1842.

D. SPAE. *Mémoire sur les espèces du genre Lis* publiés dans le dix-neuvième volume de l'Académie royale de Belgique, 1847.

DE CAMART D'HAMALE. *Histoire du Lis*, publiée par Ch. Morren, dans sa *Belgique horticole*, 1851.

DUCHARTRE. *Observations sur le genre Lis. Annales de la Société centrale d'horticulture de France*. Paris, 1870.

CAMART D'HAMALE. *Monographie historique et littéraire des Lis*. Malines, 1870.

P[r] DR. K. KOCH. *Das Geschlect der Lilied*, in *Vochenschrift* 1870.

I. G. BAKER. *A new synopsis of all known Lilies*, in *Gardners chronicle*. 1874.

J. H. KRELAGE. *Notice sur quelques espèces et variétés de Lis*. Harlem, 1874.

Dr WALLACE. *Notes on Lilies and their culture*. Colchester, 1879.

ELWES H. J. *Monograph of the genus Lilium*, 1880. — *The genus Lilium*, published in *The Garden* volume 17. n° 692. 1885.

La description des Lis est très embrouillée; un certain nombre décrits comme espèces ne sont probablement que des variétés, car beaucoup ont été introduits en Europe, provenant des jardins de la Chine et du Japon, sans que jamais on les ait rencontrés à l'état spontané.

La classification la plùs adoptée est celle de M. Baker : elle divise ce genre en six groupes, savoir :

1er GROUPE. — **Cardiocridium.** Fleurs en forme de trompette ; feuilles pétiolées, cordiformes. Exemple : *L. giganteum.*

2e GROUPE. — **Eulirion.** Fleurs en forme de trompette. Exemple : *L. candidum*, *L. longiflorum.*

3e GROUPE. — **Archelirion.** Fleurs très ouvertes et un peu réfléchies, horizontales ou pendantes. Exemple : *L. auratum*, *L. speciosum.*

4e GROUPE. — **Isolirion.** Fleurs érigées. Exemple : *L. croceum.*

5e GROUPE. — **Martagon.** Divisions du périanthe distinctivement réfléchies, en forme de turban. Exemple : *L. martagon.*

6e GROUPE. — **Notholirion,** *Baker.* **Ambilirion,** *Endlicher.* Bulbe tuniqué ; fleurs pendantes, tubulaires ou campanulées, intermédiaires entre les *Lis* et les *Fritillaria.* Exemple : *L. Thompsonianum.*

Mais il existe une autre classification que je n'ai vue indiquée nulle part ; elle est aussi simple que naturelle, rapport aux caractères, à la culture et à l'origine des Lis qu'elle divise en deux groupes.

1er GROUPE. — **Lis à feuilles éparses,** comprenant toutes les espèces et variétés de la Chine, du Japon, et d'Europe, excepté le *L. martagon.*

2e GROUPE. — **Lis à feuilles verticillées,** comprenant toutes les espèces et variétés originaires de l'Amérique septentrionale, et une d'Europe, le *L. martagon.*

Un seul Lis fait exception : c'est le *L. Hansoni* à feuilles verticillées, que l'on indique comme étant du Japon, mais qui doit être originaire de l'Amérique du Nord.

Par sa simplicité, cette classification peut rendre

d'importants services, même étant combinée avec celle de M. Baker.

La liste suivante, comprend les principales espèces et variétés, cultivées et offertes par le commerce.

L. abchasicum. — V. *L. longiflorum.*

L. album. — V. *L. candidum.*

L. album multiflorum. — V. *L. speciosum album multiflorum.*

L. andrinum. — V. *L. philadelphicum.*

L. angustifolium. — V. *L. pomponium.*

L. armeniacum. — V. *L. Thunbergianum.*

L. atrosanguineum. — V. *L. fulgens.*

L. aurantiacum. — V. *L. Thunbergianum*

L. aurantiacum Thunbergianum. — V. *L. Thunbergianum.*

L. auratum *Lindl. L. Dexteri, Hovey. L. speciosum impériale Siebold, Lis à bandes dorées. Lis doré du Japon. Japon*, 1860. — Bulbe de 6-10 cent. de diamètre piriforme ou déprimé, à écailles jaunes ; tige cylindrique glabre feuillée de 1 m. à 1 m. 50 cent., terminée par 2-8 fleurs, portées sur de longs pédoncules naissant à l'aisselle d'une feuille. Les fleurs sont évasées en entonnoir, de 15 à 25 cent. de diamètre sur 10-14 de long, étalées, très odorantes, à divisions larges lancéolées, réfléchies et recourbées en dehors, ponctuées à la face interne de taches ou points rouge pourpre ou violet pourpre ; chaque division a sur sa nervure médiane une large bande jaune d'or produisant le plus bel effet ; à l'intérieur de la fleur se trouvent des soies pourpres ; les anthères sont rouge orange ou rouge pourpre ; les feuilles sont d'un beau vert, lancéolées étroites ; la floraison a lieu de juin en septembre suivant la plantation.

J'ai vu à Nantes pendant 5 ans un *L. auratum*

planté au pied d'un mur, dont la tige mesurait 2 m. 50 de haut et portait 90 fleurs environ.

L. auratum pictum *Hort.* Pétales teintés de carmin aux extrémités seulement.

L. auratum rubro-vittatum *L. Parkmani.* — fleurs blanches pointillées de carmin avec une bande médiane rouge foncé.

L. auratum virginale. *L. aurat. Whitei.* — Fleurs grandes blanches avec une bande médiane jaune pâle.

On trouve parmi les bulbes importés une quantité de plantes à fleurs variables de coloris et de dimension, mais qui ne sont pas stables.

Culture et *Multiplication* du *L. speciosum.* Le *L. auratum* craint surtout l'humidité ; c'est pourquoi les bulbes plantés dans les massifs, au pied d'un mur, ou entre les racines des arbres donnent toujours de beaux résultats ; l'humidité surabondante étant absorbée par les racines des autres plantes. Les bulbes produisent de 1 à 3 tiges. Cultivés en pots ils fleurissent bien pendant 2 ou 3 ans seulement.

L. avenaceum *Fischer. L. Medioloides. Japon*, 1865. — Port du *L. Martagon*, fleurs orange écarlate.

Le nom spécifique est dérivé de la forme des écailles du bulbe qui ressemblent à des grains d'avoine.

L. Bakeriana *Elwes. Burmah?* — La description est comme suit : espèce nouvelle, très voisine du *L. Lowi;* feuilles courtes, linéaires ; fleurs pendantes d'un beau rose, pointillées de pourpre vineux, très odorantes ; ayant la forme de celles du *L. candidum*, fleurit en juillet, feuilles éparses.

L. Bartrami. — V. *L. Washingtonianum.*

L. Batemanniæ. — Du Japon, floraison tardive, port du *L. croceum* à fleurs rouge abricot.

L. Belladona. — V. *L. Krameri.*

L. **Blomerianum.** — V. *L. Humboldtii.*

L. **Broussarti.** — V. *L. speciosum album.*

L. **Bolandri** *S. Wats. Californie.* — Espèce petite, très jolie, feuilles verticillées, vert métallique; tige de 60 cent. à 1 mètre; 1-2 fleurs rouge brun, ponctuées de plus foncé.

L. **Brownii** *E. Brown. L. japonicum verum. Variété ou espèce de la Chine ou du Japon*, 1840. — Bulbe étroit à la base, renflé au milieu, déprimé au sommet; feuilles éparses d'un beau vert, lancéolées, étroites; tige droite de 80 centimètres à 1 mètre, feuillée, et à base nue, teintée de pourpre brun, terminée, en juin-juillet, par 1 à 4 fleurs odorantes, grandes, blanc pur à l'intérieur, fortement teinté de chocolat à l'extérieur; filet des étamines et parfois le style pubescents.

Culture. — Supporte la pleine terre, à condition d'être planté dans un sol sec et perméable, trop d'humidité faisant pourrir les écailles.

Multiplication. — Par les caïeux ou les écailles.

L. **bulbiferum** *Lin. Lis bulbifère. Italie, Europe méridionale*, 1596. — Bulbe petit, piriforme; écailles petites serrées; feuilles petites, glabres, luisantes, éparses; tige de 50 cent. à 1 mètre, anguleuse, garnie de bulbilles noires à l'aisselle des feuilles; terminée en mai-juin par une cyme de fleurs jaune orangé, ponctué de rouge brun.

Culture. — Jolie petite plante, s'accommodant de tous terrains légers et sains.

Multiplication. — A l'automne au moment de la plantation par division des bulbes, par les caïeux et par les bulbilles.

L. **Buschianum.** *L. pulchellum Fisch. L. concolor pulchellum Bak. L. concolor Buschianum Bak. Lis mignon.*

Sibérie. — Bulbe petit, à multiplication lente; feuilles petites, trinervées éparses; tige de 50 cent.; en juin, fleurs d'un beau rouge vif, légèrement ponctuées de brun; divisions faiblement recourbées.

Culture du *L. canadense.*

L. callosum *Sieb et Zucc. Japon*, 1840. — Feuilles longues, étroites; tige de 60-90 cent. portant en été une cyme de 10-12 fleurs pendantes, écarlate vif, larges de 3-4 cent.

L. Camtchatcense *Gawl. Fritillaria Camtchatcensis Torr. Lilium nigrum Sieb. Lis du Kamtchatka, Lis noir. Lis sarana. Fritillaire du Kamtchatka, Alsaka. Amérique du Nord, Sibérie et Japon.* — Bulbes petits; feuilles en verticilles de 5 jusqu'aux deux tiers de la tige qui s'élève à 30-40 cent.; terminée par 1-2 et 3 fleurs penchées, à divisions pourpre brun à l'extérieur, et brun foncé ponctué de brun clair à l'intérieur; fleurit en mai. Plante rare, intéressante, curieuse par la couleur presque noire de ses fleurs.

Culture. — Terre légère, riche, perméable, mais fraîche; au nord si possible; planter à 10 cent. de profondeur; transplanter tous les 2 ou 3 ans, sinon les jeunes caïeux finissent par détruire les anciens bulbes.

L. canadense *Lin. L. canadense flavum. L. penduliflorum Red. Lis du Canada, Martagon du Canada. Amérique septentrionale*, 1629. — Bulbe petit, blanc, émettant des rhizomes; feuilles verticillées, ovales, lancéolées; tige de 1 mètre, garnie de verticilles jusqu'au sommet, terminée, en juin-juillet, par 2-8 fleurs campanulées, inodores, pendantes, de 6-8 cent. de diamètre; divisions jaune orange au sommet, jaune maculé de pourpre au centre, un peu réfléchies; anthères noires.

L. canadense flavum. — V. *L. canadense.*
L. canadense **Humboldtii**. — V. *L. Humboldtii.*
L. canadense parviflorum. — V. *L. maritimum.*
L. canadense parviflorum. — V. *L. columbianum.*
L. canadense parvum. — V. *L. parvum.*
L. canadense puberulum. — V. *L. Humboldtii.*

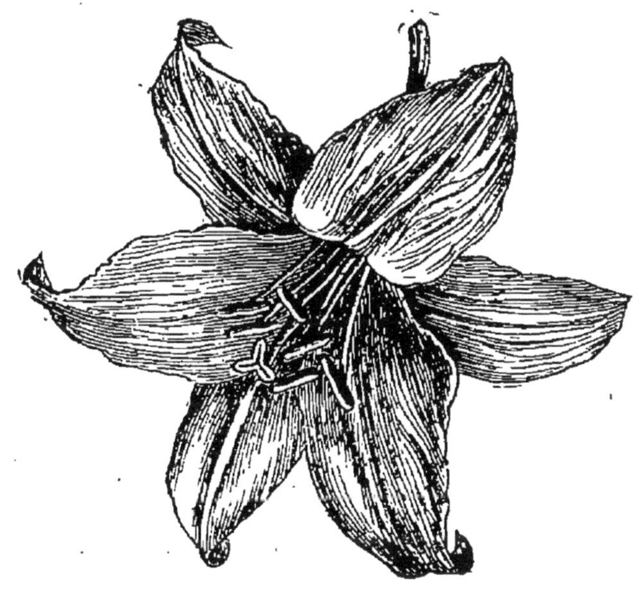

Fig. 134. — Lilium candidum (fleur).

L. canadense rubrum *Hort. Lis du Canada à fleurs rouges. Amérique du Nord*, 1629. — Port du précédent; fleurs plus nombreuses, rouge acajou ou color cciné à l'extérieur, jaune violacé à l'intérieur; divisions réfléchies, enroulées en dehors.

Culture. — Terre de bruyère ou terre légère, toujours fraîche, mais non humide ; planter à 15-20 cent. de profondeur; choisir un endroit ombré et bien aéré; tous les ans les bulbes émettent des rhizomes longs de 10 à 20 cent., à l'extrémité desquels se produisent les bulbes reproducteurs.

L. canadense Walkeri. — V. *L. parvum.*

L. candidum *Lin. L. album. Lis blanc, Lis candide, Lis commun. Lis de Saint-Joseph. Orient.* — Bulbe piriforme de 5-8 cent. de diamètre, à écailles nombreuses, blanches, violacées quand elles sont exposées à l'air; feuilles lancéolées, ondulées en touffe, paraissant dès l'automne; tige de 1 mètre à 1 m. 50, garnie de feuilles caulinaires, décroissantes; en juin, panicule de 5 à 20 fleurs très odorantes, pétiolées, horizontales (érigées avant la floraison), en cloche large de 10-12 cent. à divisions légèrement réfléchies, d'un beau blanc pur; anthères jaunes, pourvues de pollen abondant. Ces fleurs sont très décoratives et se conservent longtemps coupées et mises dans l'eau. Les pétales conservés dans l'alcool sont réputés pour guérir les coupures; supprimer les anthères, qui répandent le pollen jaune sur toute la fleur, quand on les coupe pour les mettre dans l'eau.

Fig. 135. — Lilium candidum.

L. c. byzantinum. — V. *L. candidum peregrinum.*

L. c. flore pleno. *L. c. monstrosum. L. c. spicatum. Lis monstrueux, Lis blanc à fleurs doubles.* — Fleurs inodores, composées de nombreux petits pétales, réunis au sommet de la tige.

L. c. foliis aureo-variegatis *Hort*; variété à feuilles panachées de jaune.

L. c. foliis argenteo-variegatis *Hort.*; variété à feuilles panachées de blanc.

L. c. maculatum. — V. *L. candidum purpureo-variegatum.*

L. c. monstrosum. — V. *L. candidum fl. plen.*

L. c. peregrinum *Red. Lis peregrinum. L. candidum byzantinum Lob. Lis Sultan-Zambach.* — Semblable au *L. candidum*, mais plus petit dans toutes ses parties; ancienne variété se rencontrant rarement.

L. c. purpureo-variegatum *Hort. L. c. maculatum Hort. L. c. striatum Hort. L. c. rubro-lineatum Hort. Lis ensanglanté.* — Plus petit que le *L. candidum*; bulbe, feuilles, tige et fleurs ponctués et lavés de pourpre.

L. c. rubro-lineatum. — V. *L. candidum purpureo-variegatum.*

L. c. spicatum. — V. *L. candidum fl. pleno.*

L. c. striatum. — V. *L. candidum purpureo-variegatum.*

Culture. — Prospère dans tous les terrains, même calcaires; craint l'ombre et l'humidité; arracher les bulbes en juillet, les replanter de suite à 15-20 centimètres de profondeur et 30 centimètres de distance ou mieux 5 ou 6 ensemble; si la plantation a lieu en octobre-novembre, ou si les bulbes restent longtemps arrachés, la floraison de l'été suivant n'a pas lieu; laisser les bulbes en place pendant 4-5 ans au moins; couper les tiges aussitôt après la floraison; souvent la larve rouge d'un *criocère* détruit les feuilles et les fleurs, il n'existe d'autre remède que de détruire à la main la larve et l'insecte, le matin à la fraîcheur, quand ils sont immobiles.

Multiplication. — Par la division des bulbes à l'époque de la plantation, en juillet-août. Les écailles détachées des bulbes à l'époque de l'arrachage et semées aussitôt en rayons à 6 centimètres de profondeur émettent une feuille la première année et produisent un petit bulbe, qui fleurit 5 à 6 ans après. Les tiges coupées pendant la floraison, couvertes de terre légère ou de sable frais, sans les fleurs, produisent une quantité de petits bulbes sur toute leur longueur. Le *L. candidum* produit *rarement* des graines, on peut les semer en terre légère, mais c'est un procédé très lent et peu usité.

L. carniolicum *Bernh. Lis de Carniole. Carniole.* — Bulbe petit; écailles pointues; feuilles éparses, linéaires; tige feuillée de 40-70 cent. terminée, en juin, par des fleurs rouge ponceau ligné de brun à la base.

Culture. — Facile au nord en terre légère et saine; charmante petite plante qui a besoin d'être plantée profondément à 15-20 centimètres.

L. carolinianum. — V. *L. Catesbæi.*

L. Catesbæi *Walt. L. Carolinianium Catesb. L. spectabile Salisb. Amérique du Nord, Kamtchatka.* — Bulbe long, étroit, moitié plus haut que large, composé d'écailles blanches, très longues, charnues; feuilles linéaires, lancéolées, verticillées par cinq; tige de 40-60 centimètres, feuillée jusqu'en haut, terminée, en juin, par une hampe de quatre fleurs dressées en forme de coupe, partant ensemble de la tige; divisions larges, réfléchies, rouge vif pointillé de pourpre; anthères jaunes.

Culture. — Terre de bruyère ou légère, fraîche, au

nord et à l'ombre ; craint l'humidité ; châssis ou abri pendant l'hiver.

Multiplication. — Par division des bulbes, par les caïeux et écailles.

L. chalcedonicum *Lin. L. græcum. Lis de Chalcédoine. L. de Constantinople. Martagon d'Orient. Martagon écarlate. Orient*, 1796. — Bulbe gros, globuleux ; écailles jaunes ; feuilles éparses, lancéolées, obtuses ; tige de 1 mètre environ ; en juin-juillet, ombelle de fleurs pendantes, rouge vermillon ; divisions réfléchies, enroulées, rejoignant le pédoncule ; papilles brunes ; anthères rouges.

Culture. — Du *L. speciosum.*

L. claptonense. — V. *L. primulinum.*

L. colchicum. — V. *L. monadelphum.*

L. columbianum *Hanson. L. canadense parviflorum Hook. L. lucidum Kellog. Californie*, 1872. — Bulbe petit, de 4-5 cent., de diamètre ; écailles blanches, serrées ; feuilles en verticilles de 5 ou 9 et davantage ; tige de 80 cent. à 1 mètre ; fleurs longues de 10-14 cent. ; divisions fortement réfléchies, enroulées, rouge orange, ponctuées de pourpre ; pédoncules courbés ou pendants.

Culture du *L. canadense.*

L. concolor. *Salisb. L. coridion Sieb. Japon, Chine*, 1806. — Bulbe petit, ovale, parfois 5-6 réunis en paquets ; écailles blanches ; tige de 50-60 centimètres, garnie de feuilles éparses, étroites, linéaires ; terminée en juillet par une fleur dressée, rouge brique, légèrement maculée de brun à la base.

Culture du *L. Martagon.*

L. concolor Buschianum. — V. *L. Buschianum.*

L. concolor pulchellum. — V. *L. Buschianum.*

L. cordifolium *Thunb. Hemerocallis cordata, Thunb.*

Lis à feuilles en cœur. Japon, 1863. — Bulbe très gros, composé d'écailles, larges, charnues, semblables à celles du *L. giganteum;* feuilles cordiformes, éparses, longues et larges de 15 à 18 cent. à limbe étalé, obtus, acuminé; tige de 50 cent. à 1 m. 30, portant en juillet quelques fleurs horizontales, tubuleuses, blanches; divisions étroites, ovales, arrondies, évasées au milieu, incurvées au sommet; les inférieures maculées de violet à la base.

Culture du *L. giganteum*.

L. cordifolium. *Don*. — V. *L. giganteum*.

L. coridion. — V. *L. concolor*.

L. corymbiflorum album. — V. *L. speciosum album multiflorum*.

L. croceum *Choix. Lis orangé. L. safrané. Alpes, Indigène.* — Bulbe globuleux, déprimé à rhizomes bulbifères; écailles blanches, charnues, feuilles éparses, lancéolées, linéaires, serrées; tige de 60 centimètres à 1 mètre, un peu laineuse, terminée en juin-juillet par 6-12 fleurs sortant d'un verticille de feuilles; ces fleurs sont grandes, larges de 8-10 centimètres, à divisions larges, évasées en cloche, rouge orangé, ponctuées de pourpre à la base; anthères brunes.

L. C. biligulatum. — Fleurs rouge orangé ponctué de pourpre; divisions très étroites à la base.

L. C. umbellatum. *L. umbellatum*. — Ombelle de 8-12 fleurs, plus grandes que celles du *L. croceum;* divisions pointillées de pourpre.

L. C. umbel. punctatum. — Fleurs plus grandes et moins ponctuées, coloris plus foncé.

Culture. — Tout terrain, toute exposition; dans une terre riche et profonde, ces Lis acquièrent toute leur beauté; planter en octobre à 20 centimètres de profondeur plusieurs bulbes ensemble; laisser en place pendant 5-6 ans.

Multiplication. — Facile par la séparation des bulbes et par les caïeux. Les bulbes se conservent arrachés, de l'automne au printemps stratifiés dans du sable.

L. dalmaticum. — V. *L. Martagon purpureum.*

L. dauricum. — V. *L. davuricum.*

L. Davidi *Ducha. Thibet*, 1869. — Petit lis de la section du *L. Concolor ;* fleurs étoilées, jaune orange pointillé de poupre.

L. davuricum *Fischer. L. dauricum. Gawl. L. pensylvaticum Gawler, L. spectabile Fischer. Sibérie*, 1745. — Bulbe petit et délicat; les fleurs, qui ressemblent à celles du *L. croceum*, sont cotonneuses avant l'épanouissement ; floraison en mai.

L. Dexteri. — V. *L. auratum.*

L. elegans. — V. *L. Thunbergianum.*

L. elegans bicolor. — V. *L. Thunbergianum bicolor.*

L. elegans flor. plen. — V. *L. Thunbergianum flor. plen.*

L. Elisabethæ. — V. *L. Krameri.*

L. excelsum. — V. *L. testaceum.*

L. eximium. — V. *Lilium longiflorum.*

L. fasciculatum album. — V. *L. speciosum album multiflorum.*

L. fasciculatum corymbiflorum rubrum. — V. *L. speciosum corymbiflorum rubrum.*

L. floribundum. — V. *L. longiflorum Harrisii.*

L. Fortunei *Lindl. Lis de Fortune. Japon*, 1860. — Bulbe petit ; feuilles petites, étroites, courbées en dedans ; tige de 50-70 cent., terminée, en juin-juillet, par une grappe de fleurs jaune orange, maculée de brun. Feuilles éparses.

Culture du *L. canadense.*

L. fulgens *Morr. L. sanguineum Hort. L. atrosanguineum Hort. L. Thunbergianum atrosanguineum. Lis éclatant. Japon*, 1835. — Bulbe petit, piriforme, blanc rosé ; feuilles ovales, lancéolées, velues sur les bords ; tige de 60 cent., brune, terminée, en juin-juillet, par 2-5 fleurs érigées, en ombelle, rouge vif ; étamines jaunes ; anthères pourpres ; feuilles éparses.

Les *L. f. atrosanguineum maculatum. L. f. maculatum* et plusieurs autres sont des variétés vraiment belles et très ornementales.

Culture et *Multiplication* du *L. croceum*.

L. giganteum *Wallich. L. cordifolium Don. Lis gigantesque. Népaul*, 1846. — Bulbe très gros, conique, allongé ; écailles larges, blanche ou gris verdâtre ; tige robuste de 2-3 mètres ; feuilles éparses, radicales, pétiolées, ovales, aiguës, cordées ; celles de la tige presque sessiles ; en juillet-août, fleurs au nombre de 10 à 20, pendantes, odorantes, longues de 16-20 centimètres, campanulées, à divisions un peu réfléchies, teintées de violet à l'intérieur, blanc verdâtre à l'extérieur.

Admirable plante, le plus grand de tous les Lis, propre à isoler sur les pelouses.

Culture. — Craint beaucoup l'humidité, tout à fait rustique ; planter en février-mars, en bonne terre, riche et légère ; n'enterrer que la moitié du bulbe (c'est pourquoi il est prudent de le couvrir pendant l'hiver) ; pailler et arroser copieusement pendant l'été.

Multiplication. — Par division du bulbe au printemps (quand cela a lieu), et par les œilletons qui se développent à la base de l'ognon ou des écailles, qui fleurissent 3-4 ans après ; enfin par graines semées comme il est indiqué pour le *L. speciosum*.

Il est prudent d'opérer la fécondation artificielle. Le bulbe ne fleurit qu'une fois, il meurt après la floraison.

L. glabratum. — V. *L. martagon album.*

L. græcum. — V. *L. chalcedonicum.*

L. Grayi. *S. Watts. Amérique du Nord*, 1840. — Ressemble à *L. canadense;* feuilles verticillées ; tige de 1 mètre à 1 m. 30, fleurs pendantes, rouge cramoisi pointillé de brun.

L. Hansoni *Baker. L. maculatum. B. M. Lis martagon doré, Japon?* 1860. — Bulbe gros; écailles blanches; tige de 1 mètre à 1 m. 50, garnie de 4-5 verticilles de grandes feuilles souples, lancéolées ; terminée par une cyme pyramidale de 6-15 fleurs grandes, souples, pendantes, à divisions d'un beau jaune d'or foncé, mouchetées de brun et réfléchies ; boutons ovales, renflés, très gros ; fleurit dès le 15 mai ; c'est le plus hâtif des Lis.

Culture. — Bonne terre, franche, légère et humide ; ne craint pas l'ombre, planter en octobre à 15 centimètres de profondeur ; tout à fait rustique.

Multiplication. — Lente par caïeux qu'il donne en très petit nombre ; par les écailles, qui ne fleurissent que 5-6 ans après, et par graines, si on pouvait s'en procurer.

Je doute que ce lis soit indigène au Japon, il a dû y être importé, sa patrie doit être l'*Amérique septentrionale.*

L. Harrisii. — V. *L. longiflorum Harrisii.*

L. Henryi. *Schang. Chine*, 1889. — Feuilles de la base longue de 15-20 centimètres, larges de 4, celles de la tige éparses, sessiles, ovales arrondies ; tige faible de 1 m. 30 à 1 m. 60 ; portant en août 5-8 fleurs solitaires, de couleur spéciale rouge ocreux ou rouge brique, pointillé de noir au centre et à la base de chaque division, ayant exactement la forme et les dimensions des fleurs de *L. speciosum*.

Culture. — Facile en pleine terre.

L. Horsemanni. — V. *L. Thunbergianum cruentum.*

L. Humboldtii *Rœzl. L. Bloomerianum Kell. L. canadense Humboldtii Baker. L. canadense puberulum Torr. Californie*, 1872. — Bulbe très gros, ovale, rhizomateux, irrégulier; feuilles en 4-6 verticilles de 10-20, lancéolées, ondulées; tiges de 1 à 2 mètres feuillées, robustes; fleurs jaune orange, 10-15 cent. de long à divisions ouvertes, réfléchies, striées de brun en dedans, jaune pâle en dehors.

Culture. — Du *L. canadense*; planter à 15-20 centimètres de profondeur ; ne craint pas la sécheresse.

L. isabellinum. — V. *L. testaceum.*

L. jama-juri. — V. *L. longiflorum.*

L. japonicum *Lin.* — V. *Funkia subcordata.*

L. japonicum *Thunb. L. japonicum Colchesteri. L. odorum. Japon, Chine*, 1804. — Bulbe petit, piriforme; feuilles étroites, longues; tige cylindrique, glauque, de 60 à 90 cent., teintée de brun à la base, terminée en juin-août par 1-3 belles fleurs, grandes, larges de 15 cent. à divisions amples très ouvertes, réfléchies, blanc pur, anthères brunes ; un des plus beaux lis, mais délicat.

Culture. — Difficile, terre de bruyère ou légère, très perméable, pleine terre, craint l'humidité.

L. japonicum Colchesteri. — V. *L. japonicum.*

L. japonicum purpureo-vittatum. — V. *L. longiflorum.*

L. japonicum roseum. — V. *L. Krameri.*

L. japonicum verum. — V. *L. Browni.*

L. kamtschaticum. — V. *L. camtchatcense.*

L. Krameri *Hook. L. Belladona Baker. L. Elisabethæ Leichtl. L. japonicum roseum. L. de Kramer. L. du Japon à fleurs roses. Lis Belladone. Japon*, 1872. — Bulbe moyen, globuleux ou ovale, rosé; feuilles étroites, linéaires, étalées, éparses; tige cylindrique, brunâtre, feuillée, faible, haute de 60 centimètres à 1 mètre; en juin-juillet-août 1-2 ou 3 fleurs horizontales, longues de 10-12 centimètres, larges de 7-8 divisions faiblement réfléchies, odorantes, d'un beau rose uni.

Culture. — J'ai cultivé ce beau Lis en terre de bruyère pure, il m'a donné d'excellents résultats, il réussit très bien en terre légère, mais résiste moins longtemps; craint l'humidité, et résiste bien au froid.

Sur cent bulbes plantés, 96 ont produit 1 à 3 fleurs.

C'est une bien jolie plante.

L. lancifolium album. — V. *L. speciosum album.*

L. lancifolium corymbiflorum rubrum. — V. *L. speciosum corymbiflorum rubrum.*

L. lancifolium punctatum. — V. *L. speciosum punctatum.*

L. lancifolium roseum. — V. *L. speciosum roseum.*

L. lancifolium rubrum. — V. *L. speciosum rubrum.*

L. Landrath. — V. *Lilium tigrinum flore pleno.*

L. Leichtlini. *Hook. Pseudo-tigrinum, Carr. Japon*, 1867. — Bulbe petit, compact, déprimé; tiges parfois souterraines, sortant à 10-15 cent. du bulbe; tige de 1 mètre à 1 m. 30.; fleurs élégamment disposées sur la tige, pendantes à divisions réfléchies, comme celle du *L. tigrinum*, jaune pâle, pointillées de rouge vers le centre; extérieur des pétales teinté de la même couleur, floraison en mai-juillet.

L. linifolium. — V. *L. tenuifolium.*

L. liu-kiu. — V. *L. longiflorum.*

E. liu-kiu præcox. — V. *L. longiflorum.*

L. Loddigesianum. — V. *L. monadelphum.*

L. longiflorum. *Thumb. Lis à longues fleurs. Japon*, 1819. — Les lis suivants décrits comme espèces ou variétés, par certains auteurs, ne présentent pas des caractères distinctifs suffisants et doivent être considérés comme *synonymes. L. abchasicum Leicht, L. eximium, Court., L. Jama-Juri, L. Japonicum purpureo-vittatum, L. liu-kiu, L. liu-kiu præcox, L. longif. Mme van Siebold, L. longif. suavolens L. longif. uniflorum, L. long. Wilsoni Leicht, L. odorum Planch., L. Takesima Sieb., Lis à grandes fleurs.* On trouve parmi les *L. longiflorum* des plantes possédant tous les caractères distinctifs des variétés ci-dessus.

Bulbe moyen, aplati, à écailles nombreuses, jaunâtre ; tige de 30-40 centimètres, garnie de feuilles éparses, lancéolées, aiguës, horizontales ; en juin-juillet, fleurs dressées d'abord, puis horizontales au nombre de 2 ou 3 ; blanches, très odorantes, en entonnoir ; longues de 10-15 centimètres à divisions évasées et un peu réfléchies ; *filet des étamines et parfois le style glabres.*

Culture et *Multiplication* du *L. candidum*, en observant de planter à 7-8 centimètres de profondeur et 20 centimètres de distance ; en outre, les bulbes peuvent rester arrachés pendant plusieurs mois, et n'être plantés qu'en octobre-novembre, sans causer de préjudice à la floraison.

Cette espèce tout à fait rustique s'emploie beaucoup et réussit très bien plantée en pots ; par le forçage, on obtient des fleurs dès la fin de décembre ; supprimer les anthères dans les fleurs coupées.

L. longifl. variegatum. — Variété à feuilles panachées de blanc jaunâtre.

L. longifl. Harrisii *Hort. L. Harrisii Hort.*, *L. floribundum Hort.*, 1880. — Ce lis nous est venu des États-Unis; il diffère du *L. longiflorum* par les bulbes plus gros, les tiges plus fortes, plus trapues et moins hautes, les feuilles plus amples, et la floraison qui se compose de 4 à 8 fleurs, semblables à celles du

Fig. 136. — Lilium longiflorum Harrisii.

L. long. Cette variété a une végétation très rapide et se prête admirablement à la culture forcée; elle a été obtenue sans doute par un choix judicieux des bulbes, et par une culture toute spéciale; pendant la floraison il se développe de nouvelles tiges qui produisent une floraison successive.

L. longiflorum Mme van Siebold.
L. longiflorum suavolens.
L. longiflorum uniflorum.
L. longiflorum Wilsonii. } — V. *Lilium longiflorum*.

L. longifolium. — V. *L. Thompsonianum*.

L. Lowi *Burmah*, 1889. — Nouvelle espèce; feuilles étroites, éparses, vert luisant; tige grêle terminée par 2-3 fleurs pendantes ou penchées très odorantes, blanches, ponctuées de brun à l'intérieur, longues et larges de 10-15 centimètres; par leur forme, ces fleurs sont intermédiaires entre le *L. candidum* et le *L. auratum*. La couleur des fleurs varie du blanc pur au rose, elles sont verticales ou horizontales.

L. lucidum. — V. *L. columbianum.*

L. maculatum. — V. *L. Hansoni.*

L. maritimum *Kell. L. canadense parviflorum Bolander. Lis maritime. Californie*, 1872. — Bulbe conique de 3-5 cent. de diamètre; écailles serrées; feuilles éparses et verticillées, linéaires, lancéolées, longues de 6-10 centimètres; tige de 50 centimètres à 1 m. 50, faible, portant de mai en août 3-5 fleurs horizontales, à pédoncule long, rouge, orange foncé, ou rouge cramoisi, pointillé pourpre; divisions lancéolées, réfléchies au sommet.

Culture du *L. canadense*; terre de bruyère ou légère, fraîche, de l'ombre et pas d'humidité; laisser en place le plus longtemps possible.

L. martagon *Lin. Asphodelus fœmina Fuchs. Hyacinthus ferrugineus Virg. Hyac. poetarum Tragus. Lilium sylvestre Dodoens, Lis martagon, Lis turban, Lis turc, Lis de Cavalery. Indigène.* — Bulbe moyen, piriforme; écailles jaune citron; feuilles verticillées, elliptiques, lancéolées; tige glabre, luisante, ponctuée de noir, haute de 60-80 centimètres; en mai-juin, grappe lâche, pyramidale de 5-15 fleurs pédonculées, pendantes, à odeur désagréable, larges de 6-8 centimètres à divisions recourbées en dehors, violettes, ponctuées de carmin à l'intérieur; anthères brunes.

L. martagon album. *Hort. L. m. flor. albis, Hort. L. glabrum Spreng. Lis martagon à fleurs blanches.* — Variété à feuilles glabres et à fleurs blanches; magnifique plante, pas assez répandue, très rustique, se multipliant lentement et ne donnant une belle floraison (30-40 fleurs) que 2 ou 3 ans après la plantation.

L. m. album flore pleno. *Hort.* — Variété à fleurs blanches doubles.

L. m. Cattanæ *Visconi.* — V. *L. martagon purpureum.*

L. m. dalmaticum. — V. *L. martagon purpureum.*

L. m. flore pleno. — Semblable au L. Martagon, mais à fleurs doubles.

L. m. luteum. — V. *L. pyrenaicum.*

L. m. purpureum *Hort. L. m. Cattaneæ, Visconi. L. m. dalmaticum. L. dalmaticum. Montenegro.* — Variété à fleurs violet foncé, pourpre, brillant; le plus foncé des Lis.

Culture. — Tous terrains sains, riches, profonds, même frais et à l'ombre; planter en août-octobre à 20 centimètres de profondeur et 30 centimètres de distance ou plusieurs bulbes ensemble; n'arracher que tous les 5-6 ans; les bulbes se conservent arrachés jusqu'au printemps, mais ils ne fleurissent pas la même année plantés aussi tard.

Multiplication. — En août-octobre, au moment de la plantation par la division des bulbes; par les caïeux plantés en pépinière; par les écailles comme le *L. candidum* et par graines qui fleurissent 5-6 ans après le semis.

C. Maximowiczi. — Variété du *L. Leichtlini* à fleur rouge.

L. medeoloides. — V. *L. avenaceum.*

L. monadelphum *Bieb. L. colchicum, L. Loddigesia-*

num, *L. Szovitsianum*. *Caucase*, 1820. — Bulbe gros, irrégulier, ovale; écailles jaunâtres; feuilles éparses, lancéolées; tige de 1 mètre, droite, cylindrique, feuillée jusqu'en haut, terminée, en juin, par un bouquet de 20-25 fleurs, campanulées, jaune citron, à divisions longues, un peu réfléchies.

Fig. 137. — Lilium monodelphum.

Culture. — Du *L. auratum*, châssis ou abri pendant les grands froids.

Cette espèce varie beaucoup. *L. Loddigesianum* et *Szovizianum* ne sont que des formes peu distinctes.

L. monstrosum album. — V. *L. speciosum album multiflorum*.

L. neilgherrense *Robt. L. Metzii Steudel. L. neilgherricum Lemaire. L. tubiflorum majus Duch. Neilgherrie. Hymalaya*, 1863. — Bulbe de grosseur variable; tige de 50 cent. à 1 m. 30, garnie de feuilles éparses, solides, vert foncé, longues de 6-10 centimètres; fleurs, 1 à 7 par tige, à tube long, étroit; pétales réfléchis, de couleur variable, blanc pur ou jaune primevère, parfois légèrement teinté de violet à l'extérieur. Les fleurs qui ont 10 à 14 centimètres de diamètre se produisent en août, septembre, octobre.

Culture. — Terre de bruyère ou terre légère très sableuse, fraîche, mais très perméable; réussit bien planté dans un massif entre les racines des plantes; parfois la tige s'allonge dans le sol avant de sortir, ce qui retarde la végétation; ne supporte la pleine terre qu'avec une couverture de sable et de feuilles sèches ou de mousse pendant l'hiver.

Multiplication. — Par les bulbes qui se développent sur les tiges souterraines, ou par écailles.

L. **neilgherricum**. — V. *L. neilgherrense.*

L. **nepalense**. — V. *L. ochroleucum.*

L. **nigrum**. — V. *L. camtchatcense.*

L. **ochroleucum** *Wall. L. Nepalense. Népaul, Burmah*, 1855. — Bulbe globuleux; écailles serrées; tige robuste de 1 à 2 mètres, garnie de feuilles très nombreuses, pourvues de bulbilles à leur base; ces feuilles sont teintées de brun et sont plus grandes vers le sommet de la tige; fleurs blanches, larges, ponctuées de jaune verdâtre; espèce rare.

Culture. — Terre ordinaire, légère; serre tempérée ou châssis; devra donner de bons résultats, planté en massifs de terre de bruyère et protégée pendant l'hiver.

L. **odorum**. — V. *L. japonicum.*

L. **oxypetalum** *Baker. L. triceps Klatsch. Fritillaria oxypetala Royle. Himalaya*, 1845. — Bulbe petit, étroit, allongé; fleurs violet pâle ponctué de pourpre à la base; feuilles presque linéaires.

L. **pardalinum** *Kell. L. Rœzli Reg. Lis tigré de Californie. Californie*, 1863. — Bulbes à rhizomes sur lesquels se produisent de nouveaux bulbes espacés de 10 centimètres environ; feuilles ovales, allongées, verticillées; tige feuillée de 80 centimètres à 1 m. 50, terminée, en juin-juillet, par de grandes fleurs à divisions jaunes, pointillées de rouge à la base et au milieu, rouge vif au sommet; ces divisions sont réfléchies, enroulées, donnant à la fleur l'aspect d'un turban.

L. **pardalinum luteum**. — Variété à fleur jaune

orange, pointillée de brun à la base seulement. *Culture* du *L. canadense.*

L. **Parkmannii.** — V. *L. auratum rubro-vittatum.*

L. **Parryi** *Wats. Californie*, 1876. — Ce lis a fleuri pour la première fois à Colchester en Angleterre en 1880. Bulbe petit rhizomateux; écailles blanches, très fragiles; feuilles étroites, lancéolées, verticillées à la base, éparses au sommet; tige feuillée, glabre, faible, haute de 80 centimètres à 1 m. 50; en juin, 4-8 fleurs odorantes, d'un beau jaune, ponctuées de rouge brun, à divisions réfléchies.

Culture. — Planter à l'automne en terre de bruyère ou en terre légère et humide, à l'ombre, à 20 centimètres de profondeur; supporte bien la pleine terre.

Multiplication. — Par la division des rhizomes.

L. **parvum** *Kell. L. canadense parvum Baker. L. canadense Walkeri, Wood. Amérique septentrionale*, 1863. — Tige de 1 mètre à 1 m. 30; feuilles oblongues lancéolées, verticillées; en juin-juillet, fleurs longuement pédonculées, très nombreuses, rouge orange ponctué de brun à la gorge.

Culture. — Terre de bruyère ou légère, fraîche, non humide, exposition ombragée, châssis ou couverture l'hiver.

L. **penduliflorum.** — V. *L. canadense.*

L. **pennsylvaticum.** — V. *L. davuricum.*

L. **peregriuum.** — V. *L. candidum peregrinum.*

L. **persicum.** — V. *Fritillaria imperialis.*

L. **philippinense** *Baker. Iles Philippines*, 1871. — Feuilles longues de 10-12 cent.; tige de 50-60 cent.; en août fleurs horizontales, solitaires, odorantes, longues de 20-25 cent., à tube long, blanc, teinté de vert à l'extrémité externe.

Culture.

L. philadelphicum *Lin. L. Andinum Nutt., L. umbellatum Pursh. Canada, Etats-Unis*, 1757. — Bulbe de la grosseur d'un marron; rhizomateux globuleux, déprimé; écailles courtes, ovales pointues au sommet; feuilles verticillées; tige de 50 à 80 centimètres; en juillet fleurs érigées rouge orange, pointillé de brun.

Culture difficile du *L. canadense.*

L. pictum. — V. *L. Thunbergiannm bicolor.*

L. pinifolium. — V. *L. pomponium.*

L. polyphyllum. *Royl. L. punctatum Jacquemont. Fritillaria polyphylla. Himalaya*, 1862. — Bulbe long, pointu; feuilles longues de 10-15 cent.; tige de 1 mètre à 1 m. 50; fleurs petites, pendantes en turban, divisions réfléchies jaune pâle ou crème, pointillées de pourpre.

Culture. — Planter en terre de bruyère ou légère, très perméable, tout à fait de pleine terre; ne craint que l'humidité.

L. Pomponium *Lin. L. angustifolium Miller. L. pinifolium. Lis de Pompone. Lis turban. Martagon de Pompone. France méridionale.* — Bulbe petit, de la grosseur d'un marron; écailles blanc crème; feuilles petites éparses, linéaires; tige feuillée ferme, haute de 50 centimètres; 6-10 fleurs pendantes à divisions réfléchies, roulées en turban, rouge orange, pointillée de noir; anthères rouge pourpre; cette espèce ressemble à un jeune pin quand la tige sort de terre.

Ce lis est très variable dans la couleur des fleurs qui sont jaune foncé ou rouge cuivré.

Il existe une variété à fleur double.

Culture du *L. Candidum.*

L. pomponium flavum. — V. *L. pyrenaicum.*

L. pomponium luteum. — V. *L. pyrenaicum.*

L. primulinum. *Baker. L. claptonense. Burmah*, 1891. — Espèce nouvelle, paraissant avoir beaucoup d'analogie avec le *L. Neilgherrense.*

L. pseudo-tigrinum. — V. *L. Leichtlini.*

L. pudicum. — V. *Fritillaria pudica.*

L. pulchellum. — V. *L. Buschianum.*

L. pumilum. — V. *L. tenuifolium.*

L. punctatum. — V. *L. polyphyllum.*

L. pyrenaicum. *Gouan. L. Martagon luteum. L. pomponium flavum. L. pomponium luteum. Lis des Pyrénées. Lis de Pompone jaune. Lis Duc jaune. Pyrénées.* — Bulbe gros; écailles jaunâtres; feuilles éparses, linéaires, ciliées; tige de 50-80 centimètres; en mai-juin, grappe feuillée, de fleurs pendantes, très odorantes, à divisions réfléchies recourbées en dehors; jaune ponctué de rouge; anthères rouges.

Culture. — Craint l'humidité, terre légère sableuse; planter à 20 centimètres de profondeur, laisser en place pendant plusieurs années.

L. Rœzli. — V. *L. pardalinum.*

L. roseum. — V. *L. Thompsonianum.*

L. rubescens. *Watson. L. Washingtomonium purpureum Masters. Californie.* — Bulbes plus petits que ceux du *L. Washingtomonium* (5 cent. de diamètre); feuilles glabres, glauques en dessous, ondulées; les inférieures éparses, les supérieures verticillées, 6-10 cent. de long.; tige de 50 cent. à 1 m. 50, terminée par plusieurs fleurs érigées, pédonculées, blanc pur taché de pourpre, passant au rose pourpre, parfois pointillé de brun; divisions réfléchies au tiers supérieur.

L. sanguineum. — V. *L. fulgens.*

L. sarniensis. — V. *L. Amaryllis sarniensis.*

L. Schrymakersii. — V. *L. speciosum rubrum purpureum.*

L. sinensis. — V. *L. tigrinum.*

L. speciosum album *Hort. L. lancifolium album Hort. L. Broussarti Morren. L. Tametone Zucc.* — Variété à fleurs blanc pur, teintées de violet en dessous; papilles blanches; écailles du bulbe roses.

L. speciosum album multiflorum. *L. corymbiflorum album Hort. L. album multiflorum. L. fasciculatum album. L. Monstrosum album.* — Tige plus vigoureuse, fleurs blanches, papilles blanches, plus nombreuses que dans les variétés précédentes et disposées en corymbe ou candélabre.

L. speciosum album Krœtzeri. *L. spec. album vestale, Lis Teppo.* — Semblable au *L. spec. album*, mais à fleurs blanc pur, avec une bande vert jaunâtre au milieu de chaque division.

On trouve dans le commerce un grand nombre d'autres variétés qui ne diffèrent que par des teintes plus ou moins foncées.

L. speciosum album vestale. — V. *L. speciosum album Krœtzeri.*

L. speciosum corymbiflorum rubrum. *L. lancifolium corymbiflorum rubrum. L. fasciculatum corymbosum rubrum. L. spec. monstrosum rubrum.* — Port du *L. speciosum multiflorum;* fleurs blanc rosé, ponctuées de carmin et souvent avec une bande carmin au milieu de chaque pétale.

L. speciosum impèriale. — V. *L. auratum.*

L. speciosum monstrosum rubrum. — V. *L. speciosum rubrum purpuratum.*

L. speciosum monstrosum rubrum. — V. *L. sp. corymbiflorum rubrum.*

L. speciosum punctatum *Hort. L. lancifolium punctatum Hort.* — Variété à fleur carnée ou blanche, tachée de rose.

L. speciosum roseum *Thunb. L. lancifolium roseum Hort. L. superbum roseum Thunb. Lis brillant, Lis rose à feuilles lancéolées. Japon*, 1832. — Bulbe gros, déprimé ; écailles charnues, rougeâtres ; tige rameuse, haute de 60 cent. à 1 m. 20, garnie de feuilles éparses, réfléchies, oblongues, sessiles, d'un beau vert luisant ; en juillet-septembre, fleurs grandes, au nombre de 2 à 15, pendantes, très odorantes, larges de 12-15 cent., à divisions révolutées, ondulées, luisantes, émaillées, blanc rosé, tachées et ponctuées de carmin, garnies à l'intérieur de soies ou papilles carminées.

L. speciosum rubrum *Hort. L. lancifolium rubrum Hort.* — Semblable au *L. speciosum ;* fleurs roses, ponctuées de carmin ; papilles pourpres, écailles du bulbe rouges.

L. speciosum rubrum atropurpureum. — V. *L. speciosum rubrum purpuratum.*

L. speciosum rubrum cruentum. — V. *L. speciosum rubrum purpuratum.*

L. speciosum rubrum purpuratum. *L. spec. Schrymakersi, L. spec. rubrum atropurpureum. L. sp. rubrum cruentum. L. spec. monstrosum rubrum.* — Fleurs roses, tachées de pourpre ; papilles rouge pourpre.

Culture. — Ces Lis sont tout à fait rustiques et de culture facile, ils aiment une terre riche, franche, sableuse, perméable à l'eau ; le terreau pur et la terre de bruyère pure ; ils craignent l'humidité ; planter de novembre à mars à 15 centimètres de profondeur et 40 centimètres de distance, ou en touffe en mettant plusieurs bulbes ensemble ; en ne les relevant que tous les quatre ou cinq ans, la floraison n'en sera que plus belle ; les bulbes peuvent rester un ou deux mois arrachés sans nuire à la floraison; ils réussissent très bien en pots.

Multiplication. — Par division des bulbes de novembre à mars, par les caïeux ou petits bulbes, mis en pépinière en attendant qu'ils soient de force à fleurir; par les bulbilles qui se produisent à l'aisselle des feuilles, plantées en pleine terre comme de petits caïeux elles fleurissent 3-5 ans après; par écailles des bulbes traitées de la même façon; enfin par graines semées aussitôt récoltées, en terrine en terre légère ou de bruyère. La germination commence au printemps et n'est complète que 12 mois après; les jeunes plantes sont repiquées en terrines et tenues en végétation sous châssis ou en serre pendant l'hiver; à la troisième année on les livre à la pleine terre, on les traite comme les caïeux, jusqu'à leur floraison; c'est le moyen d'obtenir des variétés nouvelles, surtout si les fleurs ont été fécondées dans ce but.

L. spectabile. — V. *L. davuricum.*

L. spectabile. — V. *L. Catesbæi.*

L. staminosum. — V. *L. Thunbergianum flore pleno.*

L. sulphureum *Baker. L. Wallichianum superbum. Baker. Burmah*, 1889. — Bulbe gros compact; feuilles étroites, éparses, teintées de brun à l'état jeune, plus grandes au sommet de la tige; hampe de 1 m. 50 à 2 mètres; fleurs blanches, teintées de violet à l'extérieur, ombrées de jaune à l'intérieur; la floraison est tardive, elle a lieu en août-septembre; sur la tige il se produit des bulbilles à l'aisselle des feuilles.

Culture. — Pleine terre.

L. superbum *Lin. L. superbum pyramidale. Lis superbe. Amérique septentrionale*, 1727. — Bulbes à rhizome souterrain, semblable au *L. canadense*; feuilles lancéolées, linéaires, étalées, verticillées, d'un beau vert; tige brune de 1 m. 50 environ; en juillet-août, 20-30 fleurs rouge cocciné en dehors, jaune taché de pourpre en dedans, pendantes, disposées en verticilles et éparses, formant un beau bouquet; divisions réfléchies, enroulées; belle plante, pas assez répandue.

Culture du *L. canadense*. Aime la fraîcheur et l'ombre, craint l'humidité stagnante.

L. superbum pyramidale. — V. *L. superbum*.

L. superbum roseum. — V. *L. speciosum rubrum*.

L. sylvestris. — *L. martagon*.

L. Szowitsianum. *Fisch. L. Loddigesianum*, 1836. — Diffère du *L. monadelphum* par ses fleurs jaune citron ponctuées de pourpre. Produit peu de caïeux, mais se multiplie aisément de graines.

L. Takesima. — V. *L. longiflorum*.

L. Tametone. — V. *L. speciosum album*.

L. tenuifolium *Fisch. L. linifolium Hornem*, *L. pumilum Red.*, *Lis à petites feuilles. Sibérie, Daourie*, 1820. — Bulbe petit, piriforme, blanc; feuilles éparses, linéaires; tige feuillée au milieu, haute de 40 centimètres; portant en mai-juin 4-5 fleurs pendantes, d'un bel écarlate vif, divisions enroulées en turban.

Culture. — Terre de bruyère ou légère, craint l'humidité et les grands froids; planter profond et plusieurs bulbes ensemble.

L. testaceum *Lindl. L. excelsum Hort. L. isabellinum Kunze. Lis isabelle. Japon*, 1842. — Bulbe gros, globuleux, rougeâtre; feuilles paraissant à l'automne d'un beau vert, lancéolées, ondulées, éparses et érigées contre la tige; hampe de 1 mètre, cylindrique; en juin-juillet 5-6 fleurs, dressées d'abord, pendantes ensuite ; à divisions très ouvertes, réfléchies, un peu enroulées, rouge nankin pointillé orange, avec quelques papilles.

Culture. — Du *L. tigrinum.*

L. Thompsonianum *Lindl. L. longifolium Griff. L. roseum. Fritillaria Thompsonia Royle, Lis de Thompson, Lis rose. Hymalaya*, 1840. — Bulbe rhizomateux, produisant plusieurs petits bulbes pédonculés, diffère des autres *Lis* par son port herbacé ; feuilles très longues (30 centimètres) linéaires, étalées sur le sol, tiges de 50-80 centimètres produisant en avril-mai un long épi de fleurs courtement pédonculées, dressées ; divisions longues, réfléchies, un peu enroulées, d'un rose pâle au rose pourpre ; anthères brunes.

Fig. 138. — Lilium testaceum.

Culture. — Des Lis de l'Hymalaya, terre saine, légère pas d'humidité, avantageux pour la culture en pots par sa floraison précoce.

L. Thunbergianum *Ram. et Schult. L. aurantiacum L. Thunbergianum, L. Thunberg. aurantiacum Sieb. L. elegans Humb. L. aurantiacum Sieb. Lis élégant, Lis de Thunberge, L. armeniacum Baker, L. venustum. Japon*, 1835. — Bulbe petit, piriforme, rouge ; feuilles éparses, ovales, lancéolées, tige de 40-60 centimètres terminées en mai-juin par 2-3 fleurs érigées rouge orange, ponctué de pourpre ; anthères et style pourpres.

L. Thunbergianum atrosanguineum. — V. *L. fulgens.*

Fig 139. — Lilium Thumbergianum.

L. Thunbergianum aurantiacum. — V. *L. Thunbergianum.*

L. T. bicolor. *L. pictum*, *L. elegans bicolor.* — Variété à fleur unique jaune clair maculée pourpre.

L. Thunbergianum, cruentum. *L. Horsemanni.* — Fleurs larges cramoisi vif, superbe variété.

L. Thunbergianum flore pleno. *L. elegans flore pleno. L. staminosum*, *L. transiens flore pleno.* — Variété à fleurs doubles.

L. Thunbergianum sanguineum. — Fleurs larges, rouge cramoisi, ombré de jaune orange ; un des plus hâtifs.

Il existe un grand nombre de variétés peu différentes entre elles.

Culture et *Multiplication* du *L. croceum*,

L. tigrinum *Gawler. L. sinense Hort. L. tigrinum sinense Hort. Lis tigré. Chine, Japon*, 1804. — Bulbe gros, globuleux, déprimé au sommet ; écailles charnues, blanches ; feuilles lancéolées, vert foncé ; tige de 1 mètre à 1 m. 50, laineuse, brunâtre, bulbifère, feuillée jusqu'en haut ; en juin-juillet, 10-20 fleurs en thyrse, d'un beau rouge orangé, ponctuées de pourpre noir à l'intérieur, velues à l'extérieur, à divisions roulées en dehors, papilles brunes ; anthères rouge orange.

L. tigrinum flore pleno *Hort. L. t. Fortunei flore, pleno, L. landrath, Leysner. Lis tigré à fleurs pleines.* 1869. — Variété à fleurs doubles ou semi-doubles.

L. tigrinum Fortunei, flore pleno. — V. *L. t. flore pleno.*

L. tigrinum Leopoldi. — V. *L. tigrinum splendens.*

L. tigrinum sinense. — V. *L. tigrinum.*

L. tigrinum splendens *Hort. L. t. Leopoldi. Lis tigré resplendissant.* — Plante plus vigoureuse que la précédente ; tige plus élevée ; fleurs plus grandes ; plus nombreuses, formant un gros thyrse, plus colorées et ponctuées plus vivement ; magnifique variété.

Culture. — Très rustique ; culture facile ; planter de novembre à mars en bonne terre à 15-20 centimètres de profondeur, et 30 centimètres de distance ; relever les bulbes tous les 4-5 ans ; réussit à l'ombre, aussi en pots sur les fenêtres.

Multiplication. — Par la division des bulbes, et par les bulbilles produites à l'aisselle des feuilles ; traitées comme de petits caïeux.

L. transiens flore pleno. — V. *L. Thunbergianum flore pleno.*

L. triceps. — V. *L. oxypetalum.*

L. tubiflorum. — V. *L. neilgherrense.*

L. umbellatum. — V. *L. croceum umbellatum.*

L. umbellatum *Pursch.* — V. *L. philadelphicum.*

L. venustum. — *L. Thunbergianum venustum.*

L. Wallichianum *Ræmer et Schulter. Népaul, Himalaya*, 1849. — Bulbe compact, pointu; écailles longues et serrées; feuilles longues, étroites, vert clair; tige de 1 à 2 mètres violacée, garnie de feuilles éparses; fleurs blanc pur étroites, très longues; divisions réfléchies, s'ouvrant brusquement au sommet; parfois violacées en dehors; la floraison a lieu en août-septembre.

Culture. — Terre de bruyère ou légère ; serre tempérée ou pleine terre, craint l'humidité; jusqu'à présent, ce beau lis n'a pas atteint tout son développement dans les cultures.

L. Wallichianum superbum. — V. *L. sulphureum.*

L. Washingtonianum *Kellog. L. Bartrami, Nuttall. Lis de Washington. Californie*, 1853. — Découvert dans le Sierra Nevada. Bulbe gros, atteignant 12-14 centimètres de diamètre, à rhizome latéral, sur lequel se produisent les nouveaux bulbes; feuilles vert foncé, glauques, lancéolées, verticillées ; tige feuillée de 70 centimètres à 1 m. 50, terminée en juin-juillet, par 15-20 fleurs très odorantes, ayant la forme du L. *candidum;* division blanc pourpre, violet au sommet extérieur; blanches, passant au violet pourpre à l'intérieur.

Culture assez facile, bonne terre légère, perméable, tout à fait de pleine terre. Comme toutes les espèces de l'Amérique du Nord, les bulbes périssent souvent après quelques années, ce qui n'est dû qu'à l'humidité ; c'est pourquoi il se conserve plus longtemps cultivé en pots.

L. **Washingtonianum purpureum.** — V. *L. rubescens.*

L. **Wittei.** — V. *L. aurantum virginale.*

Voir **Lis.**

LIMODORUM tuberosum. — V. *Bletia acutipetala.*

LIPARIS *Rich. Orchidées.*

Petites Orchidées terrestres.

L. **liliifolia.** *Rich. Amérique Septentrionale.* — Bulbe dur, verdâtre ; feuilles deux, ovales, opposées en juin ; tige de 10 cent., terminée par une grappe de fleurs verdâtres.

L. **Læselii** *Rich. Marécage de l'Europe centrale.* — Tige de 15 centimètres ; en juin, fleurs jaune verdâtre ; vendues parfois pour le *Calypso borealis.*

Culture. — Voir *Orchidées.*

LIRIOPE spicata. — V. *Ophiopogon spicatus.*

LIS Belladone. — V. *Lilium Krameri.*

Fig. 140. — Liparis Læselii (Gorron).

L. **à bandes dorées.** — V. *Lilium auratum.*

L. **à grandes fleurs.** — V. *L. longiflorum.*

L. **asphodèle.** — V. *Hemerocallis flava.*

L. blanc. — V. *Lilium candidum.*
L. brillant. — V. *Lilium speciosum roseum.*
L. commun. — V. *Lilium candidum.*
L. crapaud du Japon. — V. *Tricyrtis hirta.*
L. d'Afrique. — V. *Agapanthus umbellatus.*
L. d'Amboine. — V. *Eurycles amboinensis.*
L. damier. — V. *Fritillaria meleagris.*
L. d'Angleterre. — V. *Iris xiphioides.*
L. d'Australie. — V. *Eurycles australasica.*
L. d'eau. — V. *Nymphæa alba.*
L. de Brisbane. — V. *Eurycles Cunninghami.*
L. de cavalerie. — V. *Lilium martagon.*
L. de Cuba. — V. *Scilla peruviana.*
L. de Constantinople. — V. *Lilium chalcedonicum.*
L. de Guernesey. — V. *Amaryllis sarniensis.*
L. de Jacob. — V. *Amaryllis formosissina.*
L. de la Saint-Jean. — V. *Gladiolus communis.*
L. de mai. — V. *Convallaria majalis.*
L. de Matthiole. — V. *Pancratium maritimum.*
L. de Pompone jaune. — V. *Lilium pyrenaicum.*
L. de Portugal. — V. *Iris xiphioides.*
L. des Allobroges. — V. *Phalangium liliastrum.*
L. des Barbades. — V. *Amaryllis equestris.*
L. des Bermudes. — V. *Lilium longifl. Harrisii.*
L. de Saint-Joseph. — V. *Lilium candidum.*
L. de Sarana. — V. *Lilium camtchatcense.*
L. des étangs. — V. *Nymphæa alba.*
L. des bois. — V. *Trillium.*
L. des champs. — V. *Sternbergia lutea.*
L. des Incas. — V. *Alstræmeria psittacina.*
L. d'Espagne. — V. *Iris xiphium.*
L. des vallées. — V. *Convallaria majalis.*
L. d'étang. — V. *Nymphæa alba.*
L. de Vénus. — V. *Buphane.*

L. de Virginie. — V. *Amaryllis Atamasco.*

L. doré. — V. *Lycoris aurea.*

L. doré du Japon. — V. *Lilium auratum.*

L. Duc jaune. — V. *Lilium pyrenaicum.*

L du Japon à fleurs roses. — V. *Lilium Krameri.*

L. du Mexique. — V. *Amaryllis Reginæ.*

L. du Nil. — V. *Richardia æthiopica.*

L. élégant. — V. *L. Thumbergianum.*

L. ensanglanté. — V. *L. cand. purpureo-variegatum.*

L. géant d'Australie — V. *Doryanthes excelsa.*

L. isabelle. — V. *Lilium testaceum.*

L. jacinthe. — V. *Scilla italica.*

L. jacinthe des jardins. — V. *Scilla italica.*

L. jaune. — V. *Hemerocallis flava.*

L. jaune des étangs. — V. *Nymphæa lutea.*

L. Martagon doré. — V. *Lilium Hansoni.*

L. Matthiole. — V. *Pancratium.*

L. mignon. — V. *Lilium Buschianum.*

L. monstrueux. — V. *Lilium candidum flore pleno.*

L. narcisse. — V. *Amaryllis lutea.*

L. narcisse. — V. *Pancratium maritimum.*

L. noir. — V. *Lilium camtchatcense.*

L. orangé. — V. *Lilium croceum.*

L. rose. — V. *Lilium Krameri.*

L. rose. — V. *Lilium Tompsonianum.*

L. rose à feuilles lancéolées. — V. *L. speciosum rubrum.*

L. rose d'Egypte. — V. *Nelumbium speciosum.*

L. rouge. — V. *Amaryllis equestris.*

L. sacré des Bouddhistes. — V. *Nelumbium speciosum.*

L. safrané. — V. *Lilium croceum.*

L. Saint-Bruno. — V. *Phalangium liliastrum.*

L. Saint-Jacques. — V. *Amaryllis formosissima.*

L. sultan Zambach. — V. *L. candidum peregrinum.*
L. Teppo. — V. *Lilium speciosum rubro-vittatum.*
L. tigré. — V. *Lilium tigrinum.*
L. tigré de Californie. — V. *Lilium pardalinum*
L. turban. — V. *Lilium martagon.*
L. turban. — V. *Lilium pomponium.*
L. turc. — V. *Lilium martagon.*

Fig. 141. — Littonia modesta.

L. vert. — V. *Colchicum autumnale.*

LISSOCHILUS *R. Brow.* — Orchidées terrestres, originaires du Cap: peu cultivées, serre tempérée ou châssis froid.

LITTONIA *Hook. Liliacées.*
L. modesta *Hook. Port-Natal*, 1853. — Plante voisine

et ayant le port des *Gloriosa*; tiges grimpantes; fleurs axillaires, pendantes, verticillées par trois, jaune orange vif.

Culture et *Multiplication* des *Gloriosa;* seulement elle s'accommode très bien de la serre froide et même de la pleine terre pendant l'été.

LOBELIA volubilis. — V. *Cyphia volubilis.*

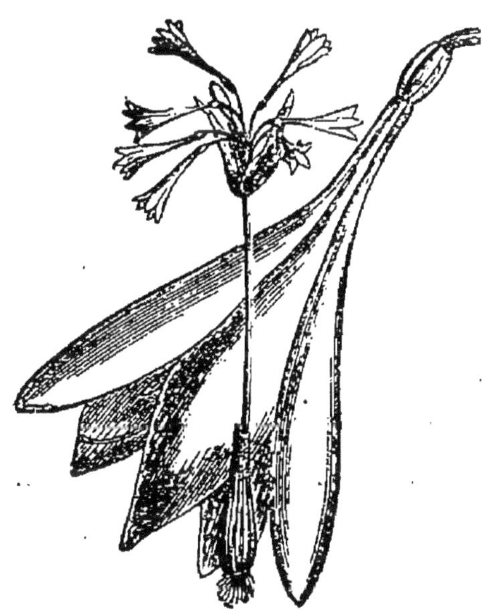

Fig. 142. — Lycoris Swerzowi.

LOCHERIA hirsutus. — V. *Achimenes hirsuta.*

LOUISETTE. — V. *Lathyrus tuberosus.*

LUNE d'eau.
LUNETTE d'eau. } — V. *Nymphæa alba.*

LUNON. — V. *Asphodelus ramosus.*

LYCORIS *Herb. Amaryllidées.*

L. aurea. *Herb. Amaryllis aurea L'Herit. Nérine aurea, Lis doré. Chine,* 1777. — Bulbe rond, brun, port d'un *Amaryllis;* hampe de 60 centimètres; en octobre, ombelle de 5-10 fleurs jaune d'or, à divisions crispées ou ondulées ; serre tempérée, châssis froid.

L. radiata *Herb. Nerine radiata. Japon, Chine*, 1758. — Port du précédent ; en juin fleurs rouge cramoisi ; divisions ondulées, serre tempérée, châssis froid.

L. sanguinea *Maxim. Japon*, 1885. — En juin, ombelle de 4-8 fleurs érigées, rose foncé, divisions non ondulées ni crispées.

Culture. — Pleine terre sèche, à bonne exposition.

L. Sewerzowi *Regel. Ugernia trisphæra. Turkestan*, 1877. — Originaire du Turkestan ; en juin ombelle de fleurs jaune brun foncé.

Culture. — Ce genre n'est qu'un démembrement des *Amaryllis* ; excepté *L. sanguinea* qui est de pleine terre, les autres espèces se cultivent comme les *Amaryllis* ou les plantes du Cap.

MACION. }
MACUSSON. } — V. *Lathyrus tuberosus.*

MADRIETTE. — V. *Aconitum Napellus.*

MAGION. — V. *Lathyrus tuberosus.*

MALAXIS *Sw. Orchidées.*

M. paludosa *Sw. Ophrys paludosa Lin. Indigène.* — Pseudo-bulbes vert clair, émettant 3-4 feuilles elliptiques ; en juillet, tige de 10 centimètres, terminée par une grappe de petites fleurs verdâtres.

Culture. — V. *Orchidées.*

MALE-FOU. — V. *Orchis mascula.*

MALVA involucrata. }
M. papaver. } — V. *Callirhoe involucrata.*

MALVASTRUM Gilliisei. — V. *Modiola geranioides.*

MANDIROLA. — V. *Achimenes.*

MANTEAU de la Sainte Vierge. }
M. de Sainte-Marie. } — V. *Arum maculatum.*

MARANTA *Lin. Marantacées.*

Plantes herbacées, à souche plus ou moins tuberculeuse; feuilles pétiolées, ovales, obtuses ou lancéolées, longues de 10 à 60 cent., larges de 5 à 20; tiges peu élevées; au printemps et en été fleurs en épis, garnis de larges bractées, diversement colorées. Ces plantes sont connues dans le commerce sous les noms génériques de *Calathea* et de *Phrynium;* elles sont cultivées pour leur beau feuillage, qui est coloré en dessous, vert velouté et élégamment ligné, marbré, taché ou zébré de vert, brun ou blanc argenté en dessus. Ces feuilles forment des touffes très jolies qui sont un des plus beaux ornements des serres chaudes; mais malheureusement elles résistent peu dans les appartements. Diverses espèces, notamment le *M. arundinacea*, sont cultivées en quantité dans les régions tropicales, pour l'amidon contenu dans leurs tubercules, et connu dans le commerce sous le nom d'*Arrow-root.*

Fig. 143. — Malaxis paludosa (Correron).

La dénomination des espèces et variétés est très confuse; je n'indiquerai que les principales.

M. albicans *Brongn.* — Petite espèce à feuilles vert pâle, argentées sur les bords.

M. argyrea *Hort.* — Feuilles grandes, rouge pourpre en dessous, vert luisant rayé de blanc d'argent en-dessus.

M. arundinacea *Lin. Amérique du Sud*, 1732. — Touffes de 60 cent. de hauteur; cette espèce est la plus cultivée pour la production de l'*Arrow-root.*

M. arundinacea variegata. *Phrynium variegatum.* — Belle variété à feuilles panachées, mais peu constante ; si les touffes ne sont pas souvent divisées, le feuillage disparaît pendant l'hiver.

Fig. 144. — Maranta Veitchii.

M. bicolor *Ker. Calathea bicolor Steud. Brésil*, 1823. — Feuilles ovales, obtuses, moyennes, pourprées en dessous ; vert velouté foncé à centre gris, et bordé de gris foncé en dessus.

M. eximia *Regel. Calathea eximia Koch*, 1858. —

Feuilles ovales, gaufrées, luisantes, rayées de blanc porcelaine ; pourpres et velues en dessous.

M. fasciata *Linden.* — Feuilles très grandes, ondulées, vert foncé, marquées de bandes blanc pur.

M. glumacea *Van-Houtte. Amérique tropicale.* — Feuilles grandes, ovales, ondulées, jaune roussâtre en dessus, jaune d'or sur fond vert au centre.

M. hieroglyphica *Linden. Nouvelle-Grenade*, 1873. — Plante naine ; feuilles elliptiques, mucronées, vert foncé, à nervure vert émeraude.

M. Jagorania *Hort. Beral. Phrynium jagoranum Koch. Malacca*, 1879. — Petite plante à feuilles étroites, longues de 15-30 centimètres ; vert pâle, maculé de vert foncé velouté au centre.

M. Lindeniana *Wallis. Amazone*, 1870. — Peut-être le plus beau de tous les Marantas ; feuilles étalées sur un pétiole de 80 centimètres, présentant un disque blanc, transparent sur fond pourpre ; admirable plante.

M. Makoyana. *Ed. Morren. M. olivaris Hort. Amérique tropicale.* — Plante naine ; feuilles oblongues, obtuses, irrégulières, vert foncé sur fond gris transparent.

M. Massangeana *Ed. Morren*, 1875. — Belle plante à feuilles ovales, horizontales, d'une riche couleur vert olive velouté, veiné de lignes grisâtres.

M. metallica *C. Koch. Phrynium metallicum. Forêts de Choca*, 1858. — Feuilles grandes à longs pétioles, limbe vert pâle à reflets métalliques, à disque vert foncé, bordé de vert clair.

M. micans *Hort. Calathea micans Koch. Pérou.* — Petite miniature ; feuilles ondulées, vert foncé luisant lavé de blanc argenté en dessus, pourpre satiné en dessous.

M. Morreni *Jacob Makoy.* 1878. — Feuillage très beau, richement coloré.

M. olivaris. — V. *M. Makoyana.*

M. ornata *Hort. Phrynium ornatum C. Koch. Colombie*, 1849. — Feuilles ovales, lancéolées, vert glauque ligné de vert foncé en dessus, rouge cuivre en dessous.

M. o. alba lineata. — Feuilles à bandes blanches.

M. o. rosea lineata. — Feuilles à bandes roses.

M. picturata *Hort. Calathea picturata C. Koch. Phrynium picturatum Hort. Chili-Pérou.* — Belle plante, feuilles vert clair et brun en dessous, vert clair traversé par des veines blanc argenté en dessus.

M. pubescens *Hort.* — Petite plante élégante; feuilles vert foncé, zonées et marbrées de blanc et vert pâle en dessus, vert foncé en dessous.

M. pulchella *Lindl. Calathea pulchella Nob. Brésil.* — Ressemble à *M. Zebrina*, mais de dimensions plus petites.

M. Porteana *Hort. Philippines.* — Feuilles moyennes, vert foncé zébré de blanc porcelaine en dessus, pourpre en dessous.

M. regalis. *Lima.* — Feuilles grandes, vert foncé ligné de bandes roses ou blanchâtres.

M. sanguinea *Hort. Calathea sanguinea. Brésil.* — Feuilles à long pétiole, limbe dressé, lancéolé, vert clair ponctué de rouge sang en dessus, rouge pourpre satiné en dessous.

M. splendida *Hort. Para.* — Plante naine; feuilles à longs pétioles vert foncé luisant, orné de bandes, vert clair en dessus, rouge pourpre en dessous.

M. tubispatha *J. D. Hook. Amérique tropicale occidentale.* — Belle plante à grandes feuilles ovales, pointues, arrondies à la base, vert foncé aux bords et à la nervure médiane, le reste vert clair, taché de macules brun noirâtre.

M. variegata *Hort. Amérique du Sud*, 1825. — Feuilles grandes, à longs pétioles; limbe vert foncé luisant, panaché de vert jaunâtre en dessus, vert glauque en dessous.

M. Veitchiana *Hook. Amérique tropicale occidentale.* — Magnifique espèce, feuilles grandes, belles, elliptiques, à limbe vert clair, orné de chaque côté de la nervure médiane de larges taches en forme de croissant vert foncé; riche coloris; fleurs en épi, blanches, à labelle pourpre, entourées de larges bractées.

M. vittata *Hort. Phrynium elegans Koch. Amérique tropicale.* — Feuilles grandes, vert clair, vert noirâtre au centre et veiné de la même teinte vers les bords.

M. Warscewzii. *L. Matthieu. Calathea Nob. Prhynium Warscewiczii Klotz. Amérique centrale.* — Belle espèce à beau et noble feuillage, très ornemental; fleurs en épi, blanc pur, entourées de larges bractées blanc pur, le coloris des fleurs varie souvent au blanc violacé; plante peu délicate, réclamant une position ombragée.

M. Zebrina *Sims. Calathea Zebrina Lindl. Brésil*, 1815. — Feuilles longuement pétiolées, arquées, ondulées, longues de 1 mètre sur 30-40 cent. de large, d'un beau vert foncé velouté, zébré de bandes obliques vert clair en dessus; rouge pourpre en dessous.

Grande et belle plante, pour l'ornementation des serres chaudes, et assez rustique pour résister pendant quelque temps dans les appartements.

C'est à dessein que je n'ai pas parlé de la floraison

qui est insignifiante, il est même préférable de supprimer les fleurs dès qu'elles paraissent.

Culture. — Tous les *Marantas* sont de haute serre chaude; il leur faut beaucoup d'humidité et de l'ombre, les serres à orchidées ou à fougères leur conviennent parfaitement; la terre de bruyère gros-

Fig. 145. — Maranta Zebrina.

sièrement concassée, additionnée de terre franche légère, siliceuse, et de charbon de bois est le plus souvent employée ; ils forment de belles-touffes en pots bien drainés; mais ils acquièrent tout leur développement en pleine terre, où ils profitent de toute l'humidité de la serre ; une terre trop riche est sujette à faire disparaître les riches coloris des feuilles, dans ce cas il faut s'empresser de relever les souches et de les diviser.

Multiplication. — Au printemps par division des souches et par éclats munis de tubercules, que l'on fait reprendre sous châssis chaud ; après la floraison les bractées, qui sont à l'état foliacé, peuvent servir aussi à la multiplication, traitées comme boutures sous cloche à la chaleur.

MARCASSON. — V. *Lathyrus tuberosus.*

MARICA *Ker. Iridées.*

M. californica, annoncé comme ayant les fleurs jaunes et supportant le châssis froid ou pleine terre à bonne exposition, avec abris pendant l'hiver.

M. cærulea *R. Brow. Cipura Cærulea, Aubl. Brésil.* 1818. — Cette espèce, la plus grande du genre, produit des feuilles érigées, ensiformes, longues de 1 mètre à 1 mètre 50, formant des touffes moins garnies que le *M. Gracilis.* Ces feuilles, par leur disposition, forment un éventail plat; la tige de 1 mètre environ est plate et terminée par des spathes horizontales d'où sortent les fleurs qui ont la forme et la dimension de celles du *Lis tigré.* Ces belles fleurs sont bleu veiné de blanc, pointillé de jaune et de brun; elles sont très éphémères, ne durant qu'un jour, mais se succèdent pendant 10-15 jours. La floraison a lieu en mars en serre chaude, en avril en serre tempérée.

M. gladiata. — V. *Bobartia gladiata.*

M. gracilis. *Herb. Brésil*, 1830. — Port du *M. cærulea*, mais de dimensions plus petites; fleurs de 5-7 cent. de diamètre, divisions externes blanc pur, les 3 internes sont érigées, bleu foncé rayé de brun. Une particularité de cette espèce est de produire, au sommet de la tige, après la floraison, des petites plantes vivipares qui servent à la multiplication. La floraison a lieu de décembre en avril, selon la culture; serre chaude ou bonne serre tempérée.

M. Northiana. *Ker-Gawl. Brésil, introduit de Portu-*

gal en 1789. — Port du précédent; feuilles longues de 50-60 cent.; divisions externes blanc ivoire, divisions internes érigées, panachées de bronze, veinées de bleu; serre chaude ou tempérée.

M. paludosa. — V. *Cipura paludosa.*

Culture. — Ces plantes réussissent bien en serre tempérée, mais en serre chaude on peut les avoir en fleur pendant tout l'hiver de novembre à mai; il leur faut beaucoup d'humidité et de lumière, une terre légère, substantielle, en pots bien drainés.

Multiplication. — Par divisions des rhizomes ou par les plantes vivipares pour le *M. Gracilis*; comme toutes les *Iridées* il faut cesser les arrosages après la floraison et les laisser pendant 1 ou 2 mois avant de les rempoter. Il existe encore 10 ou 12 espèces qui sont rarement cultivées.

MARIPOSA Lily. } — V. *Calochortus.*
M. Tulip. }

MARQUETTE. — V. *Arum maculatum.*

MARTAGON. — V. *Lilium martagon.*
M. de Pompone. — V. *Lilium Pomponium.*
M. d'Orient. — V. *Lilium Chalcedonicum.*
M. du Canada. — V. *Lilium Canadense.*
M. écarlate. — V. *Lilium Chalcedonicum.*

MARTEAU. — V. *Narcissus pseudo-Narcissus.*

MASSONIA *Lin. Liliacées.* — Petites plantes bulbeuses, de peu d'importance; toutes sont originaires du Cap; ordinairement la plante se compose de 2 feuilles étalées sur le sol, d'une hampe très courte, terminée par un involucre d'où sortent les fleurs.

M. corymbosa; au printemps fleurs roses.

M. grandiflora; fleurs blanc verdâtre.

M. latifolia; au printemps fleurs blanchâtres. Toutes les autres espèces sont à fleurs blanches.

Culture sous châssis comme les *Ixias*; à essayer en pleine terre.

MAULHIA linearis. — V. *Agapanthus umbellatus.*

MECHAMECK. — V. *Ipomea pandurata.*

MECHOACAN noir. — V. *Exogonium purga.*

M. du Canada. — V. *Phytolaca decandra.*

MEGARRHIZA. *Cucurbitacées.*

M. californica. *Californie*, 1880. — Racine tuberculeuse, très grosse, pesant jusqu'à 10-20 kilos; feuilles à 7-8 lobes pointus, d'une belle couleur argentée; tiges grimpantes de 5-6 mètres; fleurs petites, blanches; les stériles en grappes, les fertiles solitaires; fruits longs de 5 centimètres épineux; graines de la grosseur d'une fève.

Culture. — Plante grimpante, vigoureuse; planter à exposition chaude, pleine terre.

Multiplication. — Par graines, comme les plantes annuelles.

MEGASON. }
MEGUSON. } — V. *Lathyrus tuberosus.*

MELANTHIUM *Lin. Mélanthacées.*

Petites herbes bulbeuses de peu d'intérêt; feuilles linéaires ou lancéolées, engainantes à la base; hampe petite, de 15 à 25 cent., terminée par un épi de fleurs blanches, jaunes ou violettes.

M. capense. *Lin. Cap*, 1768. — Hauteur 20 cent.; en juin, fleurs jaunes.

M. ciliatum. *Cap*, 1810. — Haut. 20 centimètres; en juillet, fleurs jaune pâle.

M. eucomoides. — V. *Androcymbium eucomoides.*

M. gramineum. *Cav. Madagore*, 1823. — En juin, fleurs blanches.

M. sibericum. *Lin. Sibérie*, 1823. — Haut. 30 cent.; en septembre, fleurs blanc violacé, pleine terre.

M. uniflorum. *Jacq. Tulipa Bregniana. Cap*, 1787. — Hauteur 20 cent.; en juin, fleur blanc jaunâtre. — V. *Baeometra.*

Culture. — Des *Ixias.*

Multiplication. — Par division des bulbes et par graines.

MELASPHÆRULA *Ker. Iridées.*

Petites Iridées du Cap, peu cultivées.

M. graminea *Ker. Cap*, 1787. — En juin, fleurs jaune verdâtre.

Culture. — Des *Ixias.*

Multiplication. — Par division des rhizomes.

MÉLÉAGRE. — V. *Fritillaria meleagris.*

MEMBRE-d'Évêque. — V. *Arum maculatum.*

MERENDERA *Ramon. Mélanthacées.*

Démembrement du genre *Colchicum* et qui en diffère par la base brusquement onguiculée des six divisions du périanthe. Ce genre contient une quinzaine d'espèces originaires de la région méditerranéenne. Les fleurs, qui ont le port d'un crocus, se montrent à l'automne; les feuilles ne paraissent qu'après la floraison, et l'ovaire porté sur une hampe ne sort de terre qu'au printemps pour achever sa maturité.

M. bulbocodium. — V. *Bulbocodium autumnale Lap.*

M. caucasica. *Bulbocodium trigynum*, *Colchicum caucasicum*. *Caucase*, 1825. — En août-septembre, fleurs pourpres, feuilles filiformes ne paraissant qu'en hiver.

M. ruthenica. — En automne fleurs grandes rose vif.

M. Sobolifera. — V. *Colchicum procurrens*.

Culture et *Multiplication* des *Colchicum* ou *Crocus*.

MERTENSIA virginica. — V. *Pulmonaria virginica*.

MERVEILLE du Pérou. — *Mirabilis Jalapa*.

METAPLEXIS. *Asclépiadées*.

M. Stauntoni. *Schult. Chine.* — Racine tubéreuse; tige grimpante en septembre fleurs blanc pur.

Culture. — Pleine terre riche et légère à exposition chaude.

METHONICA. — V. *Gloriosa*.

M. Plantii. — V. *Gloriosa virescens*.

MÉTHONIQUE superbe du Malabar. — V. *Methonica superba*.

MICRANTHUS plantagineus *Eckl.* — Plante bulbeuse du Cap produisant en avril des fleurs bleues; châssis ou pleine terre légère à bonne exposition.

MILLA. *Cavanilles.* **Millæa,** *Liliacées*.

M. aurea. — V. *Brodiæa aurea*.

M. biflora *Cav. M. à deux fleurs. Mexique*, 1826. — Plante voisine des *Tritelia;* bulbe petit, feuilles étroites, formant des touffes compactes; hampe de 15-20 centimètres terminée en avril-mai par deux fleurs blanc de neige à côtes vertes en dessous, excellentes pour bouquets.

M. capitata. — V. *Brodiæa capitata.*
M. ixioides. — V. *Brodiæa ixioides.*
M. hyacinthina. — V. *Brodiæa lactea.*
M. laxa. — V. *Tritelia laxa.*
M. uniflora. — V. *Tritelia uniflora.*

Culture et *Multiplication* du *Tritelia uniflora.* — Il est prudent de couvrir légèrement pendant les grands froids ; éviter l'humidité pendant l'hiver.

MINSON.
MITROUILLET. } — *Lathyrus tuberosus.*

MIRABILIS *Lin.* **Belle-de-nuit,** *Nyctaginées.*

M. Jalapa *Lin. Nyctago hortensis Juss. Nyctago Jalapa, Dc. Belle de nuit, Faux Jalap, Fleur admirable, Herbe triste, Merveille du Pérou, Nyctage. Vivace Pérou.* — Racine napiforme, longue noire, tige noueuse, buissonnante, haute ; feuilles alternes, obtuses en cœur ; de juin jusqu'aux gelées, la plante se couvre de fleurs odorantes, longues de 4 centimètres et larges de 1 1/2 cent. Ces fleurs fermées pendant le jour s'épanouissent un peu avant le coucher du soleil jusqu'au lendemain matin.

Il existe de nombreuses variétés à fleurs roses, rouges, blanches, jaunes, panachées, striées, etc.

M. Jalapa foliis variegata. — Variété à feuilles panachées de jaune.

M. Jalapa nana. — Variétés naines de 30 centimètres de haut, de coloris très variés et à feuillage panaché de jaune.

M. longiflora *Lin. Nyctago longiflora, Dc. Belle-de-nuit à longues fleurs, Belle-de-nuit odorante, Jalap du Mexique.* — Plante plus forte que la précédente, à feuilles plus longues et plus larges, très odorante.

M. hybrida *Lepel.* — Intermédiaire entre les deux

espèces précédentes, a produit des variétés de coloris variés.

M. multiflora *Hort.* — Variété à fleurs violettes en bouquets.

Culture. — Les racines laissées en pleine terre ne craignent pas les gelées, elles repoussent au printemps et fleurissent dès les premiers jours de juin. — Arrachées à l'automne, elles se conservent tout l'hiver à l'air libre comme les dahlias; ces plantes préfèrent une bonne terre et beaucoup d'eau pendant l'été. — Planter à 80 centimètres de distance.

Multiplication. — Par tubercules et par graines semées au printemps pour fleurir en juillet-octobre.

MODIOLA. — *Malvacées.*

M. geranioides. *Walp. Malvastrum Gilliesii. Amérique du Nord? Chili?* — Petite plante tubéreuse, à rameaux traînants, produisant en été des fleurs bleu violet à centre bleu foncé; très convenable pour garnir les rocailles aux expositions chaudes et sèches.

MONTBRETIA *DC. Iridées.*

Plantes relativement nouvelles, répandues dans les jardins vers 1880; leur culture très facile, deviendra rapidement générale; elles sont très ornementales et précieuses pour la fleur coupée, la confection des gerbes et des bouquets.

M. aureo-Pottsii. — V. *M. crocosmiæflora.*

M. crocosmiæflora *Hort. C. aureo-Pottsii, Ed. Morr.* — Cette belle plante est le résultat du croisement du *Montbretia Pottsii Baker*, avec le *Crocosmia aurea Planch.*; elle a le port d'un Glaïeul.

Bulbe un peu allongé, brun, difforme, émettant plusieurs stolons; feuilles ensiformes, longues de

40-60 centimètres, larges de 3-4, engainantes; tiges feuillées jusqu'aux deux tiers, haute de 70-80 centimètres, ramifiées en plusieurs épis, garnis chacun d'un grand nombre de fleurs horizontales ou légèrement inclinées, larges de 3-4 centimètres, à 6 divi-

Fig. 146. — Montbretia crocosmiæflora.

sions profondes, d'un beau rouge orangé vif, à base plus claire tachée de brun; étamines et pistil jaune d'or.

La floraison normale a lieu de juillet en novembre, et de mai en octobre par une culture spéciale.

D'habiles semeurs, notamment M. Lemoine, ont obtenu de nouvelles variétés très méritantes; j'en donne la description, parce qu'elles sont encore peu répandues, mais elles seront bientôt remplacées par d'autres nouveautés et, finalement, il faudra les cultiver en mélange.

M. C. aurea. — Fleurs grandes, bien ouvertes, jaune d'or.

M. C. auricule. — Fleurs grandes, jaune foncé, gorge cerclée de pourpre.

M. C. aurore. — Orange jaunâtre.

M. C. bouquet parfait. — Jaune foncé au centre, vermillon au sommet.

M. C. drap d'or. — Fleurs grandes, jaune de chrome.

M. C. Eldorado. — Plante naine de 30-35 centimètres ; fleurs grandes jaune d'or.

M. C. elegans. — Jaune vif ; bouton vermillon, jaune à la base.

M. C. étincelant. — Fl. larges; segments bien ouverts, ondulés rouge sang, à fond soufre, couronne de pourpre à l'intérieur, jaune et rouge à l'extérieur.

M. C. Etna. — Orange à l'intérieur, vermillon à l'extérieur.

M. C. étoile de feu. — Vermillon à l'intérieur, centre jaune, rouge sang à l'extérieur.

M. C. fantaisie. — Épis grands, fleurs moyennes, centre jaune, vermillon au sommet, rouges en dehors.

M. C. feu d'artifice. — Fleurs jaune brillant, rouge aux extrémités.

M. C. gerbe d'or. — Fleurs d'un beau jaune d'or.

M. C. météore. — Fleurs jaune brique en dedans, rouge sang en dehors.

M. C. nankin. — Fleurs ocre à l'intérieur, orange à l'extérieur.

M. C. phare. — Rouge minium à centre jaune, rouge vif à l'extérieur, belle variété.

M. C. pyramidalis. — Fleurs érigées, abricot saumoné.

M. C. rayon d'or. — Fleurs grandes, jaune ocre, maculé de brun à la base.

M. C. soleil couchant. — Plante naine, très florifère, fleurs jaune d'or.

M. C. talisman. — Fleurs érigées, rouge vermillon, parsemé de taches pourpres.

M. C. tigridie. — Fleurs érigées, jaune orangé, maculé de brun à la gorge.

M. C. transcendant. — Fleurs grandes, sépales larges, vermillon clair à gorge jaune à l'intérieur, vermillon orangé à l'extérieur, le plus florifère de tous.

M. croscosmiæflora flore pleno. *M. C. à fleurs doubles.* — Obtenue par M. Lemoine; plante vigoureuse; feuilles larges, longues, un peu réfléchies; panicules droites, garnies de fleurs grandes érigées, parfaitement doubles, d'un jaune orangé brillant.

M. Pottsii *Baker. Tritonia Pottsii Benth. Cap.* — L'introduction de cette belle plante rustique est due à M. G. H. Potts, de Fettes Mount, Lasswade, Angleterre, qui vers 1875 reçut un envoi de *Tritonia aurea*, parmi lesquels se trouva un petit bulbe de *M. Pottsii*. Chaque bulbe produit 3-4 tiges, garnies chacune de 10-20 fleurs rouge orangé; la floraison a lieu de juillet en octobre ; tout à fait rustique.

M. Pottsii grandiflora *Lem.* — Variété obtenue en 1886; port du précédent, fleurs jaunes à l'intérieur, rouge minium à l'extérieur.

M. rosea *Voigt. Tritonia rosea. Cap*, 1793. — Tiges dressées, nombreuses, élégantes, de juillet en août, fleurs d'un beau rose pâle.

Culture. — Terre légère siliceuse, riche, bien drainée, à bonne exposition; planter en novembre, à 6-10 centimètres de profondeur ; 5-6 bulbes espacés de 4-5 centimètres, afin de former des touffes ; garnir d'une mince couche de sable si possible ; couvrir légèrement pendant les grands froids avec des feuilles sèches; enlever la couverture dès que les froids ne sont plus à craindre; préserver des gelées printanières; tuteurer et arroser copieusement pendant la

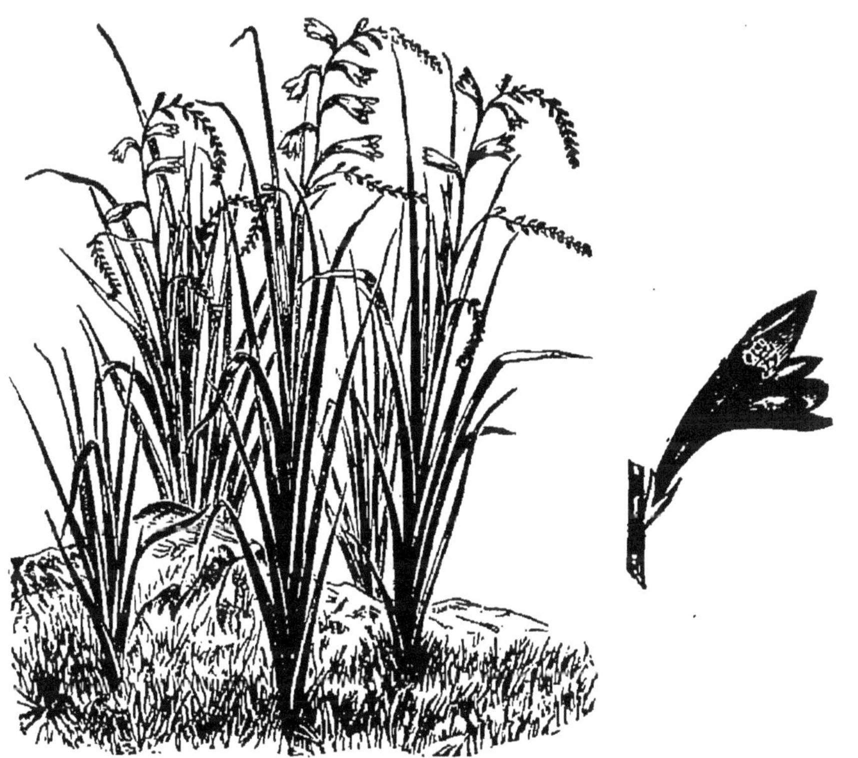

Fig. 147. — Monbretia Pottsii.

sécheresse, l'engrais liquide produit un excellent effet.

Pour hâter la floraison, on plante en novembre 5-6 bulbes par pots, que l'on tient sous châssis. A la fin de mai on les plante en pleine terre, en corbeille ou en massif; les fleurs se montrent dès le mois de juin; en tenant les potées en serre tempérée pendant l'hiver, on peut obtenir une floraison en avril-mai.

Multiplication. — En novembre par division des

bulbes, par les caïeux et par graines semées au printemps. Dans les terrains forts ou humides, la plantation peut se faire au printemps, mais les résultats sont bien moins beaux.

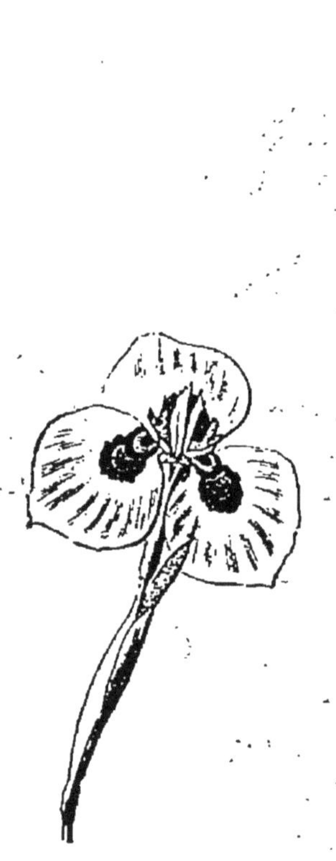

Fig. 147 *bis*. — Moræa pavonia.

Fig. 148. — Moræa iridioides.

MORÆA *Lin.* **Morée.** *Iridées.*

Ce genre très voisin des *Iris* n'en diffère que par quelques caractères botaniques.

M. candida. *Iris candida.* — Feuilles de 1 mètre; tige de 60 centimètres; fleurs blanches, très grandes, divisions externes tachées de jaune, bordées de pourpre, belle plante.

M. collina. — V. *Homeria collina.*

M. edulis. *Ker. M. longifolia. M. lutescens. Cap,*

1792. — Fleur violette, divisions externes tachées de jaune à la base.

M. ferrariola. — V. *Ferraria ferrariola.*

M. fimbriata. — V. *Iris chinensis.*

M. fulgens *Lin. M. Melaleuca. Wild. Morée, demi-deuil. Cap.* — Fleurs grandes; divisions externes pourpre blanc à la base, les internes blanches à la base, brun noir au sommet.

Fig. 149. — Moræa sinensis.

M. flexuosa. — V. *Hexaglottis longifolia.*

M. glaucopis. *Drapiez. Iris glaucopis.* — C'est le *Moræa* des jardins.

M. Herbetii. — V. *Cypella Herbetii.*

M. Huttoni. — V. *Dietes Huttoni.*

M. iridioides. *Lin. Iris iridioides. I. moræoides. Dietes iridoides. Morée faux iris. Cap.* — Haut. 30 cent.; fleurs blanches, grandes; divisions externes ponctuées de jaune.

M. juncea. — V. *Iris juncea.*

M. longifolia. } — V. *M. edulis.*
M. lutescens. }

M. melaleuca. — V. *M. fulgens.*

M. miniata. — V. *Moræa miniata.*

M. pavonia. *Ker. Iris pavonia. Vieusseuxia glaucopis. Cap*, 1805. — Bulbeux, haut. 30-40 cent.; en mai-juin, fleurs blanches, avec une tache bleue sur chaque division.

Culture. — Produit bon effet avec plusieurs plantes dans un pot; culture des *Ixias;* les bulbes sont assez difficiles à conserver pendant l'hiver, si on ne les met pas au sec.

M. Robinsoniana. — V. *Iris Robinsoniana.*

M. sinensis *Thunb. Pardanthus Sinensis Ker. Morée de la Chine. Chine.*, — Rhizome rampant; tige de 60 cent., feuillée, rameuse; feuilles distiques; en juillet-août, fleurs étoilées, jaune orange vif, taché de pourpre foncé; les graines noires ayant la forme du fruit de la ronce, persistantes pendant tout l'hiver.

Culture. — Des *Iris*, pleine terre.

M. spathacea. — V. *Bobartia spathacea.*

M. tenoreana. — V. *Iris Sisyrinchium.*

M. tricuspis. *Ker. Iris tricuspidata. Vieusseuxia aristata. Cap*, 1776. — Feuilles linéaires; tige de 4 cent., rameuses; fleurs de 4-5 cent. de diamètre; lilas pâle, ponctué de pourpre; fleurit abondamment en plein soleil.

M. tripetala. *Ker. Cap.* — Jolie plante, fleurs petites, bleu pâle, ponctué de jaune, pourpre à la base.

M. undulata. — V. *Ferraria undulata.*

M. virgata. *Jacq. Iris virgata. Iris plumeux. Cap.* — Fleurs très grandes, blanchâtres, teintées de bleu, tachées de jaune à la base.

La floraison a lieu en mai-juin; les fleurs ont peu de durée, elles se succèdent pendant longtemps.

Culture. — Quoique un peu moins rustiques, on peut leur appliquer la culture des *Montbretia*, ou les tenir en pots ou en pleine terre, sous châssis, si le sol est humide.

Multiplication. — Au printemps par division des bulbes ou rhizomes.

MORÉE demi-deuil. — V. *Moræa fulgens.*

MORD-CHEVAL. — V. *Ranunculus bulbosus fl. pl.*

MORD-CHIEN. — V. *Colchicum autumnale.*

MORELLE en grappe. — V. *Phytolaca decandra.*

MORPHIXIA. — V. *Ixia.*

MORT aux chiens. — V. *Colchicum autumnale.*
M. aux panthères. — V. *Doronicum pardalianches.*

MOULIN A VENT. — V. *Narcissus poeticus.*

MOURIDE. — V. *Arum maculatum.*

MOUSSONIA. — V. *Gesnera.*

MUGUET de mai. } —. V. *Convallaria majalis.*
M. des Parisiens. }
M. du Japon. — V. *Ophiopogon japonicus.*
M. sceau de Salomon. — V. *Polygonatum vulgare.*

MUSCARI. *Tourn. Liliacées.*
M. à grappes. — V. *M. racemosum.*
M. ambrosiacum. — V. *M. moschatum.*
M. à raisin. — V. *M. botryoides.*

M. armeniacum. *Leichtl. Asie Mineure*, 1878. — Feuilles de 30 cent., étroites, glauques, arquées; hampe de 15 cent.; épis de 5 cent. serré, fleurs bleu foncé ou lilas plus larges que longues; périanthe à dents blanches, légèrement réfléchies; floraison en juin: le plus tardif.

M. azureus. — V. *Hyacinthus azureus.*

M. botryoides. *Mill. Hyacinthus botryoides Lin. Botryanthus vulgaris Kth., Muscari raisin. Indigène.* — Bulbe ovale, blanc; feuilles canaliculées, vert luisant, dressées, glauques, longues de 30 centimètres; hampe de 30 centimètres, terminée en mars-avril par un épi serré, long de 3 centimètres de fleurs bleu vif inodores, en grelot. . . . .

M. botryoides alba. — Variété à fleurs blanches.

M. botryoides pallida. — Variété à fleur bleu pâle.

M. chevelu monstrueux. — V. *M. monstrosum.*

M. comosum monstrosum. — V. *M. Comosum.*

M. concinum *Baker, M. contaminatum.* — Ancienne variété, ayant le port du *M. racemosum;* feuilles étroites, à bords récurvés, longues de 15 centimètres, glauques, nervures saillantes ; hampe de 10 centimètres portant des fleurs plus longues que larges, très odorantes, bleu vif ; floraison en mars-avril.

M. contaminatum. — V. *M. Concinum.*

M. Heldreichi. — V. *M. Szowitzianum.*

M. lingulatum Baker. — V. *Hyacinthus azureus Baker.*

M. monstrosum. *Herb. de l'Am. M. comosum monstrosum Mill. Hyacinthus monstrosus Lin. Muscari plumosum, Muscari chevelu monstrueux, Jacinthe de Sienne. Faux Muscari. Lilas de terre, Panache de Vénus.* — Bulbe globuleux, gris brun ; feuilles linéaires, dressées, arquées, vert foncé, teintées de brun ; hampe de 40 centimètres, terminée, en mai-juin, par une grosse grappe de 10 centimètres de petites lanières frisées ; bleu violacé (tenant lieu de fleurs). Plante curieuse, rustique, produisant beaucoup d'effet.

M. moschatum *Vild. Hyacinthus moschatus. Hyacinthus Muscari Lin. Muscari suaveolens. M. ambrosiacum. Mœnch. Muscari odorant. Dipcads, Dupcadé, Jacinthe musquée. Muscari musqué. Oignon musqué. Asie Mineure,* 1597. — Bulbe ovale, jaune ; feuilles larges, linéaires, en gouttière ; hampe de 20-30 centimètres en mars-avril, fleurs cylindriques plus longues que larges, penchées, jaune vert violacé, à odeur de musc.

M. musqué. — V. *M. moschatum.*

M. neglectum. *Gruss. Italie.* — Bulbe large, produisant plusieurs tiges; feuilles planes, vert foncé; hampe de 6-8 cent., terminée par une grappe serrée de 40-50 fleurs plus longues que larges, d'un beau bleu foncé à dents blanches, réfléchies; ces fleurs durent longtemps et sont toujours couvertes d'une

Fig. 150. — Muscari.
1. Comosum monstrosum. — 2. Comosum. — 3. Botryoides.

poussière glauque; la floraison a lieu en mars-avril.

M. odorant. — V. *M. moschatum.*

M. paradoxum *Regel. Caucase.* — Feuilles de 30 cent.; larges de 3, à nervures saillantes; épi long de 5 cent., conique, serré, de fleurs bleu très foncé, à odeur suave; floraison en avril.

M. parviflorum *Desf. Europe méridionale.* — Fleurit en automne, fleurs plus larges que longues.

M. plumosum. — V. *M. monstrosum.*

M. racemosum *Wild. Hyacinthus racemosus. Lin. Botryanthus odorus Kth Muscari à grappes. Europe.* — Bulbe ovale, petit, blanc; feuilles linéaires, jonciformes, étalées, retombantes; hampe de 20-25 cent., terminée en mars-avril par un épi court, serré, de fleurs odorantes, sessiles, en grelot bleu foncé, plus clair au sommet.

M. suaveolens. — V. *M. moschatum*.

M. Szowitzianum *Baker. M. Heldreichi. Perse*, 1875. — Feuilles étroites, linéaires, presque rondes; hampe de 30-40 cent., élevée au-dessus des feuilles, terminée par un épi gros de 3-5 cent. de fleurs d'un beau bleu lilas, moins longues que larges, corolle à dents blanches, réfléchies, très odorantes; la floraison a lieu en mars-avril, chaque bulbe produit 3-4 tiges. Belle variété pour la culture en pots.

Culture. — Les *Muscaris* sont des plantes favorites et très répandues par leur odeur pénétrante; elles sont tout à fait rustiques et d'une culture très facile; tous terrains sains, toute exposition, chaude de préférence; planter en août-octobre à 6-8 cent. de profondeur et plusieurs bulbes ensemble, pour former des touffes que l'on arrache tous les 4-5 ans; plantés en pots à l'instar des *Scilla* ils fleurissent pendant l'hiver, en serre ou sous châssis.

Multiplication. — Par division des bulbes à l'époque de la plantation; aussi par graines qui sont produites en quantité; c'est le moyen le plus rapide.

NÆGELIA *Reg. Gesneriacées.*

Section du genre *Gesneria;* corolle obliquement insérée sur le calice, à gorge large à cinq lobes inégaux.

Les *Nægelia* diffèrent des *Gloxinia* par leurs souches, à rhizomes écailleux, en chatons, comme celles des *Achimenes*. Tiges herbacées, érigées, vigoureuses, tomenteuses; feuilles amples, larges, opposées, veloutées, d'un beau vert marbré, strié de brun ou de rouge. Les fleurs, qui sont de coloris très éclatants, sont produites en belles grappes pendant l'été.

Ce sont des plantes très avantageuses pour la garniture des serres pendant la belle saison.

Les *N. zebrina Reg.* (*Gesnera zebrina Paxt.*) et *N. cinnabarina Lindl.* (*Gesnera cinnabarnia Hook.*) sont les deux principaux de cette section.

La culture a produit un grand nombre de belles variétés.

Culture. — Des *Gesneria* et *Achimenes.*

NARCISSUS *Lin.* **Narcisse.** *Amaryllidées.*

Le Narcisse était connu et cultivé dans les temps les plus reculés; les ouvrages les plus anciens en font mention ; dès le dix-septième siècle on en trouve plus de cent variétés bien décrites; depuis cette époque il s'est répandu dans tous les jardins d'Europe et la quantité de variétés obtenues est innombrable.

Ce n'est que depuis un quart de siècle que la culture de cette plante a pris une extension considérable, en Hollande et principalement en Angleterre; elle est devenue tout à fait à la mode, et c'est par millions qu'elle est cultivée annuellement. Botanistes, amateurs, horticulteurs et voyageurs ont mis un véritable acharnement à découvrir, obtenir, récolter et importer des espèces ou variétés nouvelles; cette mode est passée en France et tous nos amateurs tendent à imiter ou à dépasser les Anglais, ce qui leur sera facile, notre sol et le climat étant très favorables à cette culture.

C'est avec raison que ces belles plantes sont devenues aussi populaires; leur culture est facile; au printemps elles font le plus bel ornement des bois, des prés et de nos jardins.

Plantées en pots, elles ornent nos serres pendant tout l'hiver, et, cultivées dans l'eau, dans des vases, dans la mousse ou sur des carafes, elles égayent nos appartements pendant la saison triste.

Il est impossible d'évaluer le nombre des Narcisses cultivés, décrits ou connus jusqu'à ce jour et malgré les savants et récents travaux des Baker, Peter Barr, Burbidge, Herbert et Ware, nous ne connaîtrons jamais exactement les espèces des variétés; aucun genre de plantes n'est aussi inconstant; même à l'état spontané il se produit naturellement des variations et cela depuis des siècles, d'où il résulte que la nomenclature est des plus embrouillées, surtout pour des plantes dont la couleur des fleurs ne varie que du blanc au jaune d'or.

Il existe plusieurs classifications; toutes laissent à désirer; je ne mentionnerai que la plus récente, celle de Baker qui les divise ainsi :

Groupe I. — **Magni-coronati.** — *Couronne aussi longue ou plus longue que les divisions du périanthe.* Ce groupe comprend les *N. Ajax* ou *Pseudo-Narcissus* et toutes ses belles variétés, *N. corbularia*, etc. On pourrait les désigner, les premiers, sous le nom de *Narcisse trompette*, en raison de la couronne qui est allongée et parfois évasée comme le pavillon d'une trompette, et les deuxièmes sont vulgairement connus sous le nom de *Narcisse crinoline.*

Groupe II. — **Medio-coronati.** — *Couronne moitié (dans 2 ou 3 cas trois quarts) aussi longue que les divisions du périanthe.* Ce groupe comprend les beaux *N. incomparabilis* et autres, on pourrait le désigner sous le nom de *Narcisses à calice*, la couronne en ayant la forme.

GROUPE III. — **Parvi-coronati.** — *Couronne plus de la moitié moins longue que les divisions du périanthe*, dont le type est le *Narcissus poeticus* que l'on pourrait désigner sous le nom de *Narcisse à tasse*, en raison de la forme de la couronne.

Dans ces 3 groupes, ne sont pas compris naturellement les *Narcissus à fleurs doubles.*, qui forment un quatrième groupe.

En outre il existe un grand nombre de dénominations : Barri, Backhousi, Burbidgi, Humei, Leedsi, Maclayi, qui n'indiquent que des formes spéciales aux obtenteurs ; *Bicolor* signifie que le périanthe est d'une couleur et la couronne d'une autre ; *unicolor* indique un coloris unique ; cependant, et fait très curieux, il paraît qu'il n'existe pas de fleurs de Narcisse absolument *unicolores*.

La liste suivante comprend les espèces et variétés les plus ornementales, curieuses et intéressantes et les plus recommandables.

N. abscissus. — V. *Narcissus muticus.*

N. albicans. — V. *Narcissus cernuus.*

N. albo-aureus plenus.—V. *N. pseudo-narcissus fl. pl.*

N. apodanthus. — V. *N. juncifolius rupicola.*

N. autumnalis. — V. *N. elegans.*

N. autumnalis major. — V. *Sternbergia lutea.*

N. autumnalis minor. — V. *Sternbergia conchiciflora.*

N. Backhousei *Hort.* — *Hybride des N. pseudo-narcissus* et *N. incomparabilis.* Port du *N. pseudo-narcissus;* fleur solitaire, horizontale; divisions du périanthe étalées, imbriquées, longues de 3-5 centimètres, jaune soufré, couronne jaune citron, un peu plus courte que le périanthe; à lobes plissés.

N. Backhousei Joseph Lakin. — Périanthe jaune soufré; couronne jaune.

N. Bakhousei Williams Wilks. — Périanthe étalé, imbriqué, jaune pâle; couronne frangée, jaune, orange.

N. Backhousi Wolley Dod. — Périanthe étalé, jaune primevère; couronne jaune foncé.

N. Barrii *Hort. Hybride des N. incomparabilis* et *N. poeticus.* Ce groupe comprend environ cinquante variétés dont quelques-unes très jolies.

N. Barri conspicuus. — Magnifique variété, divisions très grandes, blanches; couronne jaune orange teintée de rouge écarlate; le plus beau de ce groupe.

N. Barrii Crown Prince. — Forte plante; périanthe blanc; couronne blanche bordée écarlate.

N. Barrii Doroty. E. Wemeyss. — Périanthe blanc; couronne jaune canari, bordée rouge.

N. Barrii Flora Wilson. — Périanthe blanc; couronne jaune canari bordé rouge orange.

N. Barrii Général Murray. — Périanthe blanc crème, couronne jaune canari bordé rouge.

N. Barrii Golden Gem. — Périanthe jaune vif, couronne jaune bordée orange.

N. Barrii Golden Mary. — Périanthe et couronne jaune d'or.

N. Barrii Maurice Vilmorin. — Périanthe large blanc crème; couronne jaune citron bordée orange écarlate.

N. Bernardi *Henon. Diomedes Parkinsoni Haw. France méridionale.* — Plante assez robuste, feuilles larges, obtuses, glauques; divisions du périanthe étalées, un peu ondulées, blanc crème; couronne moitié moins longue, cylindrique, dentée, variant du jaune foncé au jaune orange; variété tardive.

N. bicolor grande. — V. *N. maximus.*

N. biflorus *Curt. Narcisse biflore. Indigène.* — Bulbe

moyen, piriforme, brun ; hampe, de 30-40 centimètres terminées en avril-mai par 2, rarement 3 fleurs penchées, à divisions grandes, blanc crème, à couronne petite, jaunâtre, espèce très variable, dont il existe un grand nombre de formes.

Plante très rustique, réussit à toutes expositions, même à l'ombre ; excellent pour la fleur coupée.

N. bifrons. — V. *N. Tazetta intermedius.*

N. Broussonnetii *Lag. N. obliteratus Willd. Hermione Broussonnetii. Narcisse de Morocco. Morocco.* — Feuilles longues de 40-50 centimètres, larges de 2, vert pâle, glauques, contournées en spirale de gauche à droite ; tige de même longueur que les feuilles, portant 6-10 fleurs de 2-3 centimètres de diamètre fleurissant successivement, celles du milieu les dernières ; ces fleurs sont composées : d'un tube blanc long de 4-5 centimètres ; des divisions du périanthe, minces, blanc pur, et d'une couronne presque nulle.

Jusqu'à présent cette plante a fleuri pendant l'hiver, sa floraison étant excessivement rare, on n'est pas fixé sur sa culture ; cependant elle résiste en pleine terre, mais elle ne fleurit que sur couche chaude ou en serre ; en résumé, c'est une plante de collection.

N. Bulbocodium *Lin. Corbularia Bulbocodium Haw. Corbularia conspicua. Narcisse Bulbocode, N. conspicuus, N. crinoline jaune, Crinoline jaune, Trompette de Méduse. Indigène.* — Bulbe de la grosseur d'une noisette, produisant 2-3 feuilles très étroites, d'un beau vert, longues de 10-20 centimètres, dressées ou retombantes sur le sol ; hampes de 5-15 centimètres, érigées ou obliques, uniflores, terminées en avril par une spathe lancéolée, de laquelle sort un pédicelle long de 2-3 centimètres, portant une fleur horizontale d'un beau jaune d'or, à 6 divisions obliques, aiguës, très étroites, longues de 3–4 centimètres; la couronne plus longue que les divisions, est grande, entière, à bords unis et s'évase régulièrement en forme de crinoline; les étamines et le style soudés à la partie inférieure du tube, sont réfléchis, et ne dépassent pas la gorge.

Culture. — Planter en août-octobre, à exposition chaude, en terre riche, légère, sableuse et sèche, à 8-10 centimètres de profondeur, et à 4-5 centimètres

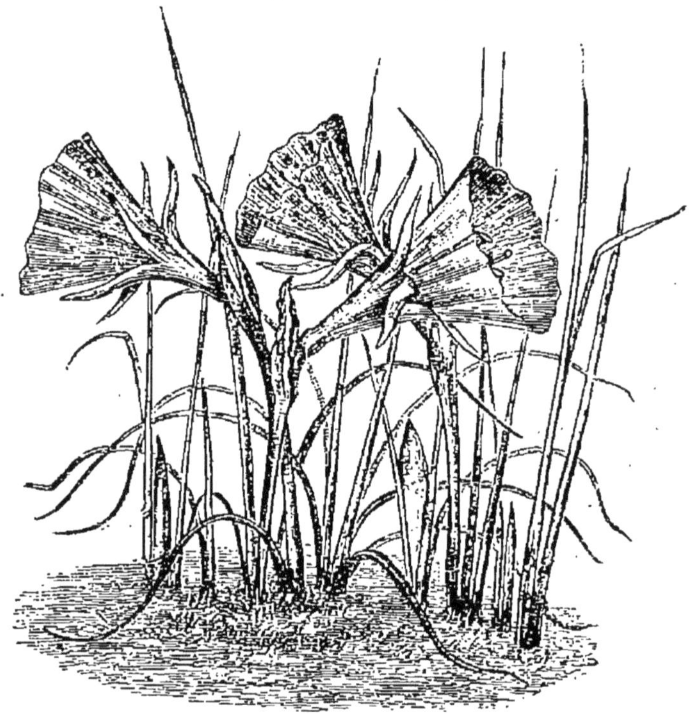

Fig. 151. — Narcissus Bulbocodium (Dammann).

de distance, ou, ce qui est préférable, 5-6 bulbes ensemble. Si les bulbes restent exposés à l'air pendant longtemps, les tuniques deviennent dures et coriaces et empêchent l'air et l'humidité de pénétrer jusqu'au bulbe. C'est pourquoi il arrive souvent que les bulbes plantés en cet état restent à l'état dormant pendant 2-3 ans, avant de se mettre en végétation; pour obvier à cet inconvénient, il faut les faire tremper dans l'eau pendant plusieurs jours, ou enlever ces tuniques coriaces, si on ne peut planter aussitôt, ou peu de temps après l'arrachage; réussit bien cultivé en pots sous châssis froids. Des amateurs se trouvent bien de les cultiver en sol humide au bord l'eau.

Multiplication. — Par division des bulbes et des caïeux et par graines.

N. Bulbocodium, *var.* **citrinus** *Baker. Corbularia citrina. Indigène* près *Biarritz*. — Port du *N. bulbocodium*; feuilles longues de 20-30 centimètres; fleurs jaune pâle citron; divisions étalées, étroites, longues de 2 centimètres; couronne longue, très grande, de 3 et 4 centimètres de diamètre; fleurit en mars; intermédiaire entre *N. Bulbocodium* et *N. monophyllus*.

Culture du *N. Bulbocodium*.

N. Bulbocodium conspicuus. Narcissus conspicuus. *Espagne*. — Plante vigoureuse, couronne en cloche dentée, légèrement évasée, de même longueur que le périanthe.

N. Bulbocodium, *var.* **Graellsii** *Webb. N. Graellsii, Corbularia Graellsii. Crinoline d'Espagne. Espagne.* — Port du *N. Bulbocodium*, tube long de 3-4 centimètres; divisions obliques, moins longues que la couronne qui est évasée à bords légèrement réfléchis et dentés; la fleur est jaune citron, ou jaune verdâtre; étamines aussi longues que la couronne; floraison en mars-avril; parfois la fleur est jaune vif dans certaines plantes.

Culture du *N. Bulbocodium*.

N. Bulbocodium, *var.* **monophyllus**. *N. monophyllus. N. cantabricus. N. Clusii, Dun. Corbularia monophylla Durieu. Crinoline blanche. Algérie.* — Connu depuis plus de 200 ans; port du *N. Bulbocodium*, mais plus grand; feuilles junciformes d'un beau vert foncé, retombantes, appliquées sur le sol, longues de 20-30 centimètres; hampe uniflore, haute de 15-20 centimètres; fleurs obliques ou horizontales, à tube très développé; les 6 divisions obliques, réfléchies, aussi longues que la couronne qui est évasée en crinoline,

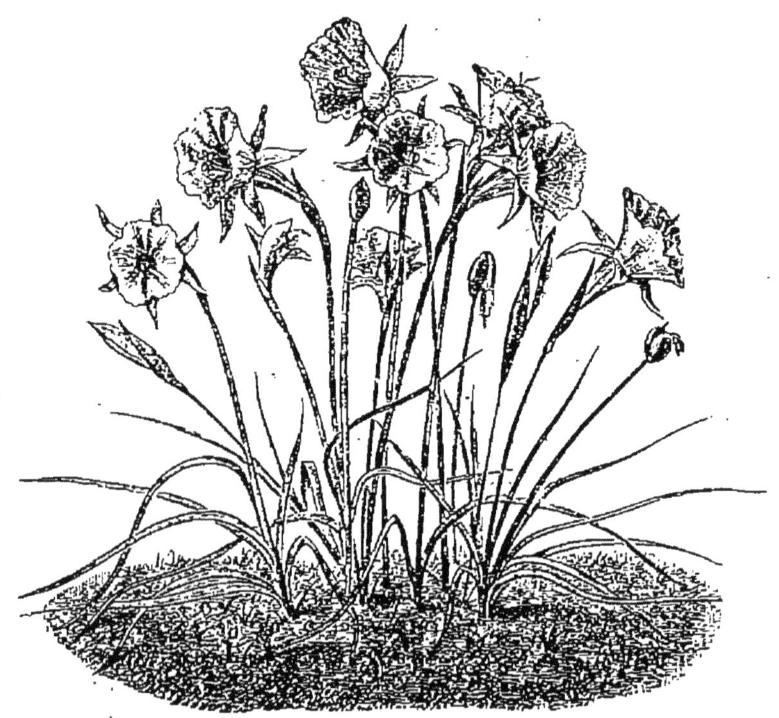

Fig. 152. — Narcissus Bulbocodium monophyllus (Dammann).

à bords dentés en scie; la fleur est d'un beau blanc de neige satiné; floraison en mars-avril, étamines et styles dépassant la couronne; chaque bulbe produit 2-3 hampes.

Culture du *N. Bulbocodium*. — Excellente plante à forcer.

N. Bulbocodium, *var.* **nivalis**. *Graells. Corbularia nivalis.* — Port des précédents; jolie petite plante à fleurs jaune d'or; floraison très hâtive, la hampe atteint 6-8 cent. se rencontre à l'état sauvage en Espagne.

Culture du *N. Bulbocodium.*

N. Bulbocodium, *Var.* **serotinus** *Sweet. Corbularia serotina. Barbarie,* 1629. — Port des précédents ; le

Fig. 153. — Narcissus Bulbocodium nivalis (Nivalis).

plus grand et le plus tardif du groupe; feuilles linéaires, tortillées, étalées sur le sol; longues de 40-50 centimètres; hampe de 15-20 centimètres; en avril fleurs jaune d'or brillant.

Culture du *Bulbocodium.*

N. Bulbocodium, *var.* **tenuifolius** *Corbularia tenuifolia Haw. Narcissus tenuifolium Slisb. Biscaye.* —Très jolie plante, la plus hative du groupe; feuilles jonciformes vert foncé, longues de 30 centimètres; hampes, au nombre de 3-4; haute de 8-12 centimètres; en février-mars, fleurs petites, jaune très pâle; les plus petites et les plus pâles du groupe.

Culture du *N. Bulbocodium.*

N. Burbidgei. — Ressemble beaucoup au *N. poeticus*, en diffère par la couronne qui est un peu plus longue et par sa floraison précoce, plus hâtive même que le *N. p. ornatus ;* il en existe plusieurs belles variétés dont les plus jolies sont *Agnès Barr.*, *Baronne Heath*, *Beatrice Heseltine*, *Edith Bell*, *Ellen Barr*, *Falstaff*, *John Bain*, *Little Dirk*, *Model*, *Ossian*, *Vanessa.*

N. calathinus. — V. *Narcissus Triandrus calathinus.*

N. candidissimus. — V. *N. tortuosus.*

N. cambricus. — Très hâtif, nain, très florifère, périanthe jaune pâle ; couronne jaune vif ; n'est qu'une forme du *N. Pseudo-Narcissus.*

N. cantabricus. — V. *N. Bulbocodium monophyllus.*

N. capax plenus. — V. *N. pseudo-narcissus eystellensis.*

N. cernuus. — *N. Albicans. Narcisse blanc. Pyrénées.* — Plante naine ; hampe de 15-25 centimètres, terminée par une fleur entièrement pendante ; divisions du périanthe larges, recourbées en dedans, d'un beau blanc argenté ; couronne cylindrique, évasée, dentée, un tiers plus longue que les divisions, d'un jaune citron passant au blanc.

N. cernuus plenus. — Plante curieuse et distincte ; seule la couronne est duplex et entièrement remplie de segments formant une rosette d'un beau jaune crème ; tandis que les divisions du périanthe ont la forme d'un Narcisse ordinaire.

N. citrinus. — V. *N. Bulbocodium citrinus.*

N. Clusii. — V. *N. Bulbocodium monophyllus.*

N. conspicuus. — V. *N. Bulbocodium conspicuus.*

N. cupanianus. — V. *N. elegans.*

N. cupularis. — V. *N. Tazetta Soleil d'or.*

N. cyclameneus *Baker.* — *N. Triandrus cyclamenus. N. Pseudo-Narcissus cyclameneus Haw. Espagne.* —

Cette jolie petite plante a le port des *N. Triandrus*. Bulbe petit; feuilles jonciformes, longues de 20 centimètres; hampe de même hauteur portant 1-2-3 fleurs, pendantes comme celles du *N. calathinus*, à divisions réfléchies et à couronne cylindrique, très

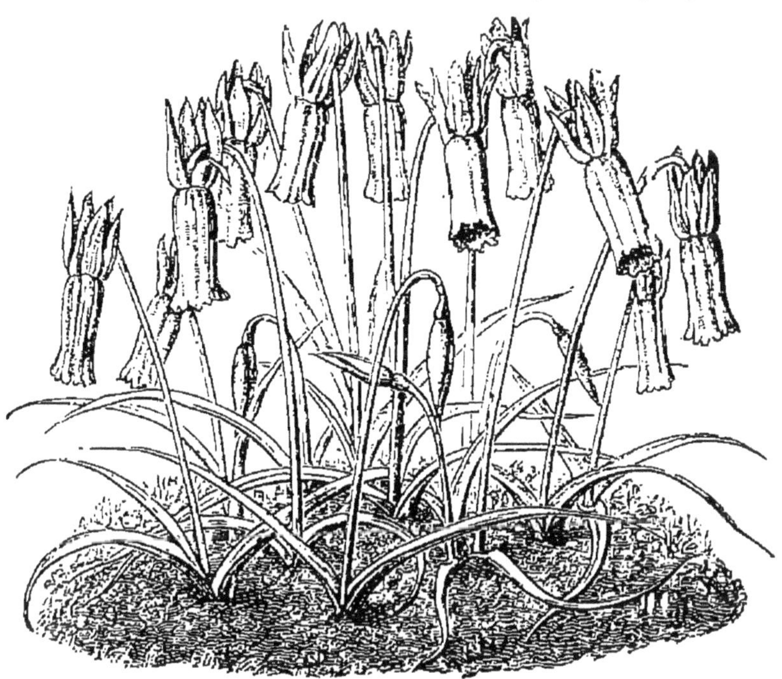

Fig. 154. — Narcissus cyclameneus (Damman.)

longue, terminée par des petits lobes légèrement réfléchis; toute la fleur est unicolore jaune soufre.

Culture des *N. Triandrus*. — Cependant on conseille de le cultiver en terre humide ou fraîche, près de l'eau.

N. damier. — V. *Fritillaria*.

N. des Chinois. — V. *N. Tazetta orientalis var.*

N. dubius. — V. *N. Tazetta dubius*.

N. elegans *Spach*. — *N. autumnalis Link. N. cupanianus Gurs. Italie, Algérie et Sicile.* — Port du *N. viridiflorus* et voisin du *N. serotinus*. Fleurs, plusieurs sur la même tige, larges de 2-3 centimètres, à divisions du périanthe étroites, pointues, tortillées, blanches; couronne très petite jaune citron; fleurit en octobre-novembre.

Culture du *N. Triandrus.*

N. Gouani. — V. *N. incomparabilis.*

N. Graellsii. — V. *N. Bulbocodium Graellsii.*

N. Humei. — Hybride des *N. incomparabilis* et *N. Pseudo-Narcissus*, fleurs pendantes.

N. Humei Giant. — Fleur extraordinaire, d'un beau jaune uniforme.

N. Humei Katherine Spurell. — Divisions très grandes, imbriquées, blanc pur brillant; couronne jaune vif.

N. incomparabilis. — Ce groupe est supposé hybride des *N. pseudo-Narcissus* et *N. poeticus*, il appartient au groupe **II** ou **Medio-Coronati**; il comprend tous les hybrides connus sous les noms de *Barri*, *Backhousi*, *Bernardi*, *Humei*, *Leedsi*, *Nelsoni*; il contient un grand nombre de belles variétés dont les plus méritantes sont :

N. incomparabilis *Mill. N. Gouani Roth. Queltia incomparabilis How. N. incomparable. Europe.* — Bulbe moyen, piriforme, brun; feuilles larges, plus longues que la tige qui atteint 40 centimètres, terminée par une fleur odorante à divisions du périanthe larges, un peu imbriquées, blanc crème; couronne jaune foncé, très évasée, fimbriée, plus courte que la moitié des divisions du périanthe.

N. incomparabilis Autocrat. — Périanthe jaune large, couronne ouverte.

N. incomparabilis Albert Victor. — Périanthe blanc soufre, couronne évasée.

N. incomparabilis Beauty. — Périanthe jaune soufre, couronne marginée rouge.

N. incomparabilis Bertie. — Périanthe blanc soufre, couronne bordée orange.

N. incomparabilis C. J. Backhouse. — Belle plante vigoureuse; périanthe jaune; couronne d'un beau rouge orange.

N. incomparabilis commander. — Périanthe jaune soufre; couronne jaune, fortement marginée de rouge orange; plante extra.

N. incomparabilis Cynosure. — Divisions grandes, jaune pâle, passant au blanc; couronne large bordée de rouge orange, bonne variété pour forcer.

N. incomparabilis Duchesse de Westminster. — Nouveauté; divisions grandes blanc pur; couronne grande, jaune pâle teinté orange.

N. incomparabilis Duchesse de Brabant. — Divisions du périanthe étalées en étoile blanc pur transparent, ainsi que la couronne qui est moins de la moitié plus courte que les divisions périgonales.

N. incomparabilis D. Gorman. — Divisions grandes, amples, blanc pur; couronne très évasée, jaune pâle.

N. incomparabilis Figaro. — Divisions jaunes; couronne bordée orange.

N. incomparabilis Gloria Mundi. — Divisions très grandes, jaunes; couronne large, rouge orange, extra.

N. incomparabilis Princesse Mary. — Fleur très grande blanche; couronne immense, très évasée, jaune orange, magnifique variété.

N. incomparabilis Sir Watkin. *N. Sir Watkin.* — Magnifique variété trouvée accidentellement en Angleterre, dans une localité où elle était répandue et cultivée depuis de nombreuses années. Divisions du périanthe très ouvertes en étoile, amples, très larges, jaune citron; couronne plus courte, très évasée en coupe, jaune foncé, jaune orange sur les bords; excellent pour la fleur coupée.

Peut-être le plus grand et le plus beau des *N. incomparabilis*.

N. incomparabilis stella. — Fleurs très grandes, blanches; un des plus beaux, des plus hâtifs et très florifères.

N. incomparabilis superbus. — Divisions grandes, blanc pur; couronne jaune pâle passant au blanc.

N. incomparabilis double de Saint-Pandelon. *N. de Pandelon.* — Belle variété recommandée par la maison Vilmorin; hampe de 40 centimètres, terminée par une fleur très grande, odorante, très double et régulière d'une couleur jaune pâle; toutes les pièces florales sont superposées et forment une étoile à six branches.

N. incomparabilis aurantius plenus. *N. incomparable jaune double.* — Fleur pleine et odorante, divisions du périanthe jaunes, mélangées de celles de la couronne rouge orange.

N. incomparabilis flore pleno orange Phœnix. — Fleur double, blanc crème, odorante, divisions longues mélangées de plus courtes, rouge orangé.

N. incomparabilis flore pleno Sulpherkron.—Fleur double, odorante, à divisions jaune soufre ou jaune vif à couronne jaune orange.

N. jonquilla *Lin. Hermione jonquilla Haw. Queltia jonquilla Herb. Jonquille, jonquille odorante, jonquille simple, Narcisse jonquille. Europe méridionale*, 1596. — Bulbe petit, piriforme, brun; feuilles jonciformes, canaliculées, longues de 20-25 cent.; hampe de 30-35 cent., plus longue que les feuilles, portant en avril

2-5 fleurs jaune d'or, très odorantes, rappelant la délicieuse odeur de fleur d'oranger, divisions étalées en étoile; couronne très petite, dentelée.

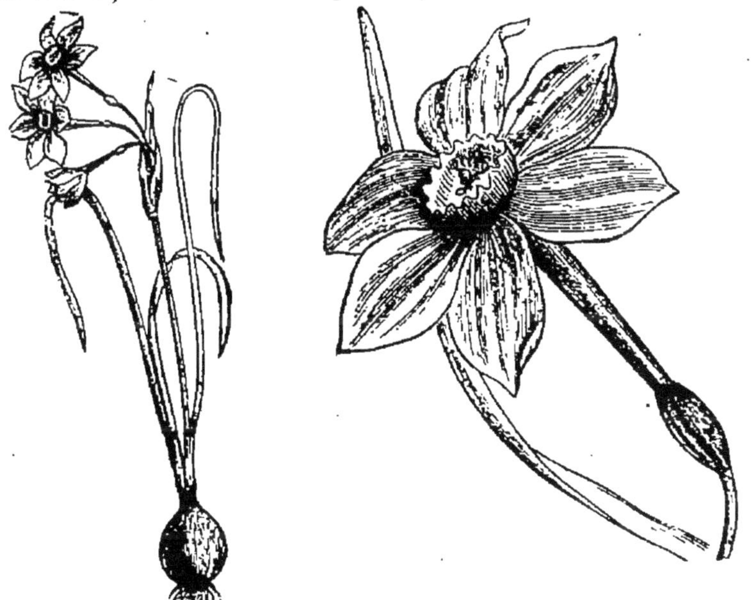

Fig. 155. — Narcissus jonquilla.

N. jonquilla flore pleno *Hort. Jonquille à fleurs pleines, Jonquille double, Jonquille double jaune.* — Variété à fleurs pleines, jaune d'or, délicieusement odorantes.

Culture. — La jonquille à fleurs simples se rencontre rarement dans les jardins; elle est cultivée en quantité en Provence et en Italie pour la parfumerie; celle à fleur double est une de nos meilleures plantes, il lui faut un terrain très riche, profond, frais, exempt d'humidité; la plantation se fait en septembre-octobre à 6-8 cent. de profondeur, plusieurs bulbes ensemble, car la plante est grêle; pendant les grands froids, il est prudent de couvrir le sol avec du sable ou des feuilles sèches, car les bulbes souffrent du froid quand le thermomètre descend au-dessous de 10° centigrades; parfois les bulbes prennent une forme anormale cylindrique; on peut aussi les cultiver en pots, 4-5 bulbes par potées.

Multiplication. — Par division des bulbes, relevés tous les 3-4 ans.

N. jonquilla minor *Spach. Jonquille Minor Haw. Hermione similis Salisb. Narcisse jonquille petit. Petite jonquille. Espagne, Algérie.* — Variété plus petite; hampe de 20 cent., portant 2 fleurs jaunes et odorantes de 1 1/2 à 2 cent. de diamètre; divisions 3-4 fois plus longues que la couronne. Il existe une variété à fleurs doubles.

N. juncifolius *Lagasca. N. Requenii Ræm. Philogyne minor Haw. Queltia juncifolia Herb. Narcisse à feuilles de jonc. Espagne, Portugal, France méridionale.* — Un des plus petits narcisses; couronne en forme de coupe; feuilles jonciformes, d'un vert foncé, formant de jolies touffes; en avril-mai, fleurs petites, jaune d'or, deux à quatre par tige, qui ont 15 cent. de haut; couronne frisée sur le bord. Planter à exposition chaude, en terrain sec; la saison de repos pour les bulbes doit durer un mois au moins, sinon la floraison est compromise. — *Culture.* Du *N. triandrus.*

N. juncifolius rupicola *Dufour. N. Apodanthus Boiss. et Reut. Queltia apodantha Kunth. France méridionale, Espagne, Portugal.* — Variété du *N. juncifolius*; feuillage glauque, plus érigé; hampe uniflore, haute de 15 cent.; fleurs plus grandes que celles du *N. juncifolius*, à pédoncule très court ou nul; divisions du périanthe étoilées, jaunes, couronne courte, jaune plus foncé; fleurit en avril.

N. Leedsi. *Narcisse de Leeds. N. à fleurs d'Eucharis.* — Hybride des *N. poeticus* et *N. cernuus*; fleurs pendantes à tube long, de couleur pâle, odorantes.

Beau *N. concolor*, périanthe et couronne blanc pur.

N. Leedsi Beatrice. — Le plus blanc des *N. hybrides;* fleur extra.

N. Leedsi Duchess of Westminster. — Périanthe très large; couronne longue, jaune canari, bordée orange; extra.

N. Leedsi elegans. — Fleur pendante, couronne bordée orange.

N. Leedsi minnie Hume. — Divisions très larges, blanc pur; couronne très évasée, jaune citron, passant au blanc.

Les variétés les plus remarquables sont :

Amabilis, Acis, Ceres, Fanny Mason, Flora, Gem, Grande Duchesse, Mrs Barton, Katherine Spurell, Mrs Langtry, Magdaline de Graaff.

N. lobularis. *N. Pseudo-narcissus lobularis.* — Petite plante, hâtive; divisions jaune pâle, couronne jaune plus foncé, voisin du *N. Minor;* n'est qu'une forme du *N. Pseudo-Narcissus.*

N. lobularis plenus. — V. *N. nanus plenus.*

N. lorifolius. — Forme du *N. Pseudo-Narc. bicolor.* — Voir *N. empereur.*

N. Macleaii *Hort.* — Hybride des *N. Pseudo-Narcissus* et *N. Tazetta.* Bulbe de 3 cent. de diamètre; feuilles 5-6, linéaires, vert clair; hampe de 30 cent., portant une fleur solitaire, horizontale, inodore; divisions du périanthe blanc de lait, imbriquées, longues de 2-3 cent.; couronne jaune vif 1-2 cent. de long, à bords crénelés; cette variété a été trouvée en France en 1819.

N. majalis. — V. *Narcissus poeticus.*

N. marinus. — V. *Pancratium maritimum.*

N. maximus. — V. *N. Pseudo-Narcissus maximus superbus.*

N. minimus. *N. pumilus. N. Pseudo-Narcissus minimus. Espagne.* — Le plus petit de tous les Narcisses, une véritable miniature. Bulbe piriforme brun long de 1 centimètre, large de 6 millimètres, feuilles au nombre de 3 ou 4, longues de 6-7 centimètres, dressées; une hampe de même longueur,

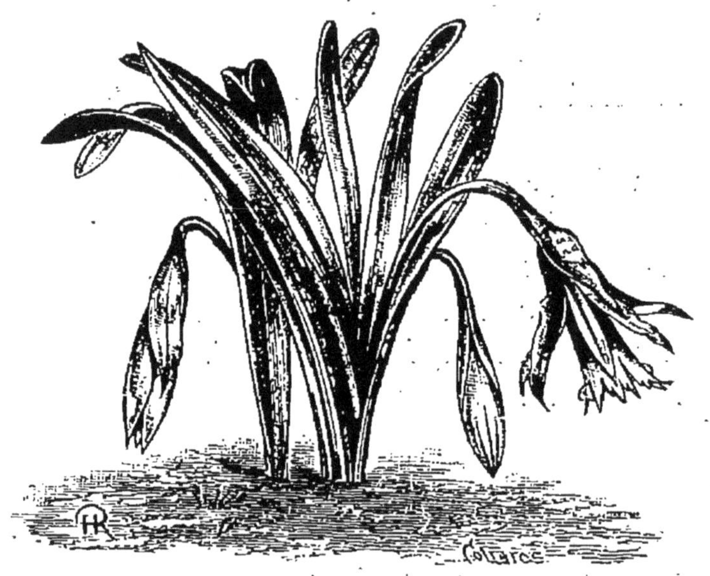

Fig. 156. — Narcissus minimus.

terminée par une fleur jaune, penchée; divisions du périanthe obliques longues de 5 millimètres; couronne cylindrique bordée de dents frangées, légèrement réfléchies, le tout d'une longueur de 1 centimètre et 6 millimètres de diamètre.

N. minor. — V. *Narcissus nanus.*

N. monophyllus. — *Bulbocodium monophyllus.*

R. montanus. — V. *N. poculiformis, Oileus abscissus Haw.*

N. muticus. *Gar. N. abscissus. Pyrénées.* — Variété du *N. Pseudo-Narcissus;* divisions, du périanthe très ouvertes, d'un jaune soufre pâle; couronne cylindrique, longue de 4-5 centimètres, d'un beau jaune.

N. nanus. *N. Minor Lin. Ajax minor Herb. Pyrénées.* — Petite plante rare, fleurissant en avril; hampe

Fig. 157. — Narcissus minor nanus.

faible comprimée; divisions du périanthe jaunes, moitié étalées; couronne lobée et dentée plus longue que le périanthe et d'un jaune plus foncé.

N. Nanus flore pleno. — *N. Rip Van Winckle.* — Variété à fleurs pleines, c'est un petit bijou très rare.

N. Nelsoni. — Groupe de variétés à fleur solitaire, horizontale, tardive, excellente à couper; couronne cylindrique.

N. Nelsoni Aurantius. — Périanthe blanc large; couronne plissée bordée rouge orange.

N. Nelsoni major. — Fleurs très grandes, divisions blanches; couronne jaune bordé orange.

N. Nelsoni minor. — Peu élevé, périanthe blanc; couronne jaune; pistil plus long que la couronne.

Fig. 158. — Narcissus obliquus (Dammann.

N. Nelsoni Mrs C.-J. Backhouse. — Périanthe blanc; couronne jaune.

N. Nelsoni pulchellus. — Fleurs pendantes, divisions blanches; couronne jaune.

N. Nelsoni William Backhouse. — Périanthe blanc imbriqué; couronne jaune pâle.

N. niveus. — V. *Narcissus Tazetta papyraceus.*

N. obliquus. — V. *N. Tazetta obliquus.*

N. obliteratus. — V. *N. Broussoneti.*

N. obvallaris. — *Narcisse de Tenby.* — Variété du

N. Pseudo-Narcissus. Plante naine, robuste, hâtive; fleurs horizontales, d'un beau jaune vif; divisions étalées, un peu tortillées, plus courtes que la couronne qui est cylindrique terminée par six lobes légèrement dentés et réfléchis.

N. ochroleucus. — V. *N. Tazetta ochroleucus*.

N. odorus *Lin. Wild. — Philogyne odora Haw. Narcisse odorant, Campernelle, Grande jonquille, Grosse jonquille. Europe méridionale*, 1629. — Bulbe moyen, oblong, brun foncé; feuilles jonciformes, canaliculées, longues de 25-30 centimètres; hampe de 30-40 centimètres, portant, en avril-mai, 1-2 fleurs unicolores jaunes, odorantes, à divisions étalées en étoile; couronne très courte, largement dentée.

Culture. — Plante tout à fait rustique, terre riche, non humide; croît partout à toutes expositions; planter en septembre-octobre à 15-20 centimètres de profondeur, à 6-10 centimètres de distance, laisser en place pendant 5-6 ans. Après la floraison, couper les feuilles dès qu'elles commencent à jaunir, labourer le sol et planter à nouveau d'autres plantes pour garnir pendant l'été; les bulbes ne souffrent nullement de cette culture.

N. orientalis. — V. *Narcissus Tazetta*.

N. orientalis flore pleno. — V. *Narcissus Tazetta flore pleno*.

N. ornatus. — V. *Narcissus poeticus ornatus*.

N. pallidulus. — V. *N. triandrus pallidulus*.

N. pallidus præcox *Hort. N. Pseudo-Narcissus pallidus præcox*. — Fleurs plus grandes que celles du *N. Pseudo-Narcissus;* couronne plus longue et plus large; divisions étalées, moins penchées sur la couronne; toute la fleur, large de 6 centimètres, est d'une couleur uniforme, jaune canari soufré, peu odorante; couronne terminée par des lobes réfléchis; fleurit en janvier-février, le plus hâtif du groupe.

N. Panizzianias. — V. *N. Tazetta Panizzianias.*

N. papyraceus. — V. *Narcissus Tazetta papyraceus.*

N. persicus. — V. *Sternbergia conchiciflora.*

Fig. 159. — Narcissus des poètes à fleurs doubles et à fleurs simples.

N. poculiformis *Salisb.* — *N. Montanus Ker. Vallées humides des Pyrénées* (?) — Bulbe de 3-5 centimètres de diamètre; feuilles 3-5, linéaires, glauques, longues de 30 centimètres; hampe aussi longue que les feuilles, portant 1-2 fleurs odorantes, blanc pur; divisions du périanthe étalées, imbriquées, longues de 3-4 centimètres; couronne en forme de coupe, moitié moins longue que le périanthe à bords crénelés; fleurit en avril.

N. poeticus *Lin. N. majalis Curtis. N. uniflorus*

Hall. Cou de chameau, Genette, Jeannette, Narcisse des jardins, Narcisse des poètes, Narcisse étoilé, N. œil de faisan. Indigène. — Bulbe piriforme, brun fauve; feuilles d'un beau vert, longues de 30-35 centimètres, hampe uniflore, de même longueur que les feuilles, terminée en avril-mai, par une fleur penchée, à divisions blanches, étalées; couronne petite en coupe, jaune orangé, bordée de rouge vif.

N. poeticus angustifolius. — V. *N. poeticus radiiflorus.*

N. poeticus flore pleno *Hort. Narcisse à fleur de Gardenia, Narcisse des poètes à fleurs doubles.* — Variété du *N. poeticus* à fleurs très doubles, blanc pur et très odorantes, ayant la forme d'une fleur de *Gardenia.*

N. poeticus grandiflorus *Hort. Narcisse des poètes à grandes fleurs.* — Variété du *N. poeticus* à fleurs plus large, blanc pur; couronne marginée de rouge plus ou moins vif; fleurit à la même époque.

N. poeticus ornatus. *N. ornatus. Narcisse des poètes simple hâtif.* — Port du *N. poeticus*, fleurs blanc pur, à divisions amples, larges, étalées, d'une belle forme; couronne petite, bordée de rouge vif; fleurit trois semaines plutôt que le *N. poeticus.* Belle plante, cultivée en immense quantité pour la fleur coupée, en raison de sa précocité.

N. poeticus poetarum. — Fleurs larges, blanc pur; divisions en étoile, dilatées au milieu, à extrémité aiguë; couronne petite, rouge cramoisi; plante intermédiaire entre les *N. poeticus* et *P. ornatus.* Ne produit jamais de graines.

N. poeticus radiiflorus. *N. poeticus angustifolius.* — Plante maigre; feuilles étroites; divisions du périanthe ovales, étroites non imbriquées; couronne petite.

N. primulinus. — V. *N. Pseudo-Narcissus.*

N princeps. — V. *N. Pseudo-Narcissus vars.*

N. propinquus. — V. *N. Pseudo-Narcissus vars.*

N. Pseudo-Narcissus *Lin. N. Sylvestris Lam. Ajax Pseudo-Narcissus How. Aiault, Aiaut, Chaudon, Chaudron, Clochette des bois, Coquelourde, Faux-Narcisse, Fleur de coucou, Jeannette, Marteau, Narcisse des prés, Narcisse jaune, Narcisse sauvage, Porillon, Porion. Indigène.* — Bulbe moyen, piriforme, brun; feuilles linéaires, érigées, planes, glauques, longues de 20-30 cent.; hampe comprimée, haute de 25-30 cent., terminée par une spathe très longue engainante d'où sort, en mars-avril, une fleur horizontale ou penchée, à divisions jaune pâle; la couronne est évasée, dentée et lobée. C'est une de nos plus jolies plantes indigènes, très répandue en France dans les bois et les prés; ses grandes et belles fleurs jaunes nous rappellent le retour de la végétation et du soleil.

N. Pseudo-Narcissus cyclameneus. — *N. cyclameneus.*

N. Pseudo-Narcissus flore pleno. *N. Jaune double.* — Port du type à fleurs simples, fleurs très pleines composées d'une multitude de divisions pétaloïdes inégales; la fleur est jaune pâle autour, jaune foncé au centre.

N. Pseudo-Narcissus, flore pleno eystellensis. *N. Capax plenus.* — Fleur double jaune citron, divisions imbriquées et superposées simulant une étoile à 6 branches.

N. Pseudo-Narcissus lobularis. — V. *N. lobularis.*

N. Pseudo-Narcissus major flore pleno. — *Ajax grandiflorus fl. pl. Narcisse grand double, Ajax double.* — Plus grand et plus vigoureux que le *N. P. N. fl. pl.*; fleurs très pleines à divisions irrégulières, les extérieures un peu réfléchies, jaune teinté de verdâtre, celles du centre jaune foncé.

N. Pseudo-Narcissus pallidus præcox. — V. *N. pallidus præcox.*

Ce groupe de *N. Pseudo-Narcissus* ou *N. trompette*, comprend des variétés splendides, comme coloris et grandeur de fleurs; toutes ont la couronne aussi longue que les divisions du périanthe; les plus remarquables sont :

N. Pseudo-Narcissus bicolor. — Périanthe blanc; couronne jaune d'or; tardif.

N. Pseudo-Narcissus Dean Herbert. *N. primulinus.* — Divisions jaune primevère; couronne énorme jaune; très belle variété.

N. Pseudo-Narcissus Empereur (*Emperor*). Un des plus beaux Narcisses trompettes; feuilles d'un beau vert aussi longues que la hampe qui a 20-25 centimètres de haut., terminée par une belle fleur large de 8-10 centimètres à divisions étalées, larges, planes, d'un beau jaune vif; couronne de 5 centimètres, évasée, dentée, d'un jaune plus foncé que le périanthe.

N. Pseudo-Narcissus I. W. Burbidge. — Périanthe blanc pur; couronne frangée, jaune soufre passant au blanc.

N. Pseudo-Narcissus Général Gordon. — Magnifique variété, encore rare; divisions jaune soufre; couronne jaune foncé; très hâtif.

N. Pseudo-Narcissus Gertrude Jekyll. — Belle variété; fleur pendante; divisions du périanthe, amples, larges, ovales, inclinées sur la couronne qui est très longue, cylindrique, à bords dentés, un peu évasés.

N. Pseudo-Narcissus Glory of Leyden. — Magnifique nouveauté, plante vigoureuse; fleurs larges amples; divisions du périanthe très larges, ovales, longues de 45 centimètres, étalées, un peu obliques; jaune pâle; couronne aussi longue, cylindrique, évasée, lobée, jaune d'or pâle; la fleur épanouie mesure 11 centimètres de diamètre.

N. Pseudo-Narcissus Golden Spur. — Divisions de grandeur moyennne, couronne très longue, très évasée à l'extrémité, d'un beau jaune d'or.

N. Pseudo-Narcissus Henry Irwing. — Fleurs énormes, d'une belle forme, d'un beau jaune foncé.

N. Pseudo-Narcissus Horsefieldi. — Plante majestueuse, fleur énorme, une des plus grandes; divisions blanches; couronne jaune d'or riche; a été obtenu vers 1857, très haut et florifère; excellent pour forcer et pour la fleur coupée.

N. Pseudo-Narcissus impératrice (*Emperess*). — Port *du N. empereur*. Division du périanthe blanchâtre; couronne jaune vif; un des plus beaux *N. discolor*.

N. Pseudo-Narcissus Johnstoni. — Variété portugaise; fleur d'un beau jaune; couronne très longue, cylindrique, légèrement teintée de jaune; très rustique.

N. Pseudo-Narcissus Johnstoni Queen of Spain (*Reine d'Espagne*). — Port du précédent, mais à divisions réfléchies et d'un jaune très pâle.

N. Pseudo-Narcissus Maximus. *N. Maximus superbus. N. bicolor grande.* — Feuilles longues de 60-80 centimètres, larges de deux, d'un vert glauque, un peu tortillées, hampe de même longueur, spathe rugueuse, coudée; fleur horizontale; divisions du périanthe bien étalées, longues de 5 centimètres, blanc pur, couronne longue de 5 centimètres, à bords profondément dentés, crénelés, de 5 centimètres de diamètre jaune citron.

Un des plus grands et des plus beaux narcisses; il est difficile de se procurer la variété *vraie*.

N. Pseudo-Narcissus P. R. Barr. — Un *N. Empereur* nain, divisions jaune primevère; couronne d'un beau jaune.

N. Pseudo-Narcissus Princeps. — Divisions blanches; couronne immense, jaune soufre; excellente variété pour la culture horticole.

N. Pseudo-Narcissus Weardale perfection. — Variété nouvelle d'origine anglaise, décrite comme étant la plus grande et ayant la fleur la plus large des Narcisses trompette, à fleur blanche, offerte en 1894 pour être livrée en 1895 au prix fantaisiste de 315 francs le bulbe.

N. Pseudo-Narcissus Regina Marghareta. — Nouvelle variété italienne; divisions jaune primevère, lignées de jaune soufre; couronne longue, jaune.

N. Pseudo-Narcissus Roi des jaunes. — V. *Yellow king*.

N. Pseudo-Narcissus Santa Maria. — Variété nouvelle, très belle; divisions blanches; couronne jaune d'or; hâtif.

N. Pseudo-Narcissus William Goldering. — Divisions longues, blanc de neige; couronne jaune pâle; belle variété bien distincte.

N. Pseudo-Narcissus Yellow king. *Roi des Jaunes.* — Un des plus beaux et des plus grands; fleur énorme, d'un coloris uniforme jaune d'or foncé.

N. pulchellus. — V. *N. Triandrus pulchellus.*

N. pumilus. — V. *N. minimus.*

N. radiatus. — V. *N. Tazetta intermedius.*

N. recurvus. — V. *N. Poeticus recurvus.*

N. reflexus. — V. *N. Triandrus calathinus.*

N. Rip van Winckle. — V. *N. nanus fl. pleno.*

N. rugilobus. — V. *N. Pseudo-Narcissus bicolor.*

N. rupicola. — V. *Narcissus juncifolius rupicola.*

N. requienii. — V. *N. Juncifolius.*

N. serotinus *Lin. Méditerranée, Espagne, Grèce, Palestine.* — Port du *N. elegans*; fleurs plus grandes, divisions du périanthe blanc pur; couronne jaune citron; fleurit à la même époque, en octobre-novembre.

N. spurius coronatus. — V. *N. P. N. général Gordon.*

N. sylvestris. — V. *N. Pseudo-Narcissus.*

N. pulchellus. — V. *N. Triandrus pulchellus.*

N. Tazetta *Lin. N. orientalis Hort. Hermione Tazetta Hort. N. de Constantinople, N. à bouquets. Europe méridionale*, 1759. — Bulbe gros, piriforme, brun foncé; feuilles de 30-40 centimètres, larges de 2-4; hampe déprimée de même longueur, portant 4 à 10 fleurs très odorantes, réunies en bouquets, larges de 2 centimètres; elles sont composées de 6 divisions étalées; les 3 intérieurs moins larges, toutes d'un blanc jaunâtre; couronne très petite en coupe.

N. Tazetta aureus. *N. aureus Lois. Alpes Maritimes, Algérie.* — Petite plante du groupe Tazetta; fleurs 3-4 par hampe, plus grandes que celles du *N. juncifolius*; divisions du périanthe imbriquées, jaune primevère; couronne jaune orange.

Culture du *N. de Constantinople.*

N. Tazetta canariensis *Herb. N. canariensis. Iles Canaries, Toulon?* — Ressemble beaucoup au *N. papyraceus*, sinon identique.

N. Tazetta dubius. *N. Dubius. France Méridionale.* — Petite plante; hampe portant 3-5 fleurs blanc pur, à divisions imbriquées, couronne trilobée.

N. Tazetta flore pleno *Hort. N. orientalis fl. pl. Hermione orientalis fl. pl. Narcisse de Constantinople double. N. de Marseille.* — Fleurs très doubles, très odorantes, formant de beaux bouquets; elles sont jaune orange au centre, jaune pâle ou blanchâtre à la circonférence, parfois les 2 coloris mélangés.

Fig. 160. — Narcissus Tazetta.

Cette variété est cultivée et expédiée en immense quantité chaque année, elle est de grande valeur pour forcer et pour la fleur coupée.

Culture. — Résiste en pleine terre à Paris avec abris et encore ne donne pas de beaux résultats; il lui faut le climat de la Provence.

N. Tazetta floribundus. *Bords de la Méditerranée.* — Abondant au mont Saint-Michel; divisions du périanthe blanc pur; couronne jaune.

C'est un des plus hâtifs, les fleurs se montrent très souvent en décembre.

N. Tazetta Grand Monarque. *Narcisse Grand Monar-*

que. Bulbe très gros, hampe forte, terminée par 8-10 fleurs grandes, à divisions crème; couronne jaune pâle.

N. Tazetta Grand Primo. — Bulbe gros; bouquet de 6-12 fleurs, divisions jaune crème, couronne plus petite jaune citron.

N. Tazetta La Favorite. — Belle variété; fleurs blanc pur; couronne jaune pâle; se force très bien.

N. Tazetta obliquus. — Belle variété hâtive à fleurs blanc pur.

N. Tazetta ochroleucus. *N. ochrolocus B. M.* — Feuilles vert foncé canaliculées; hampe comprimée; fleurs larges de 2-4 centimètres, divisions imbriquées, blanc de lait; couronne entière jaune citron.

N. Tazetta Panizzianus. *N. Panizzianus. France méridionale.* — Petite plante, fleurs en bouquets serrés, divisions et couronnes blanc pur.

N. Tazetta papyraceus. *N. papyraceus. N. unicolor. N. niveus. N. totus albus. Europe méridionale.* — Un des plus beaux, cultivé en immense quantité pour la fleur coupée et l'approvisionnement des marchés. Bulbe gros, piriforme, brun foncé; 10-20 fleurs très odorantes, à hampe et couronne d'un blanc pur.

Sur les marchés de Paris on voit de ces fleurs fraîches teintes de diverses couleurs, principalement en rose, ce qui détruit toute leur fraîcheur et leur beauté.

N. papyrus grandiflorus. *N. totus albus grandiflorus, Narcisse blanc à grandes fleurs.* — Variété du précédent à fleurs blanc pur, mais bien plus grande, excellente variété.

N. Tazetta Scilly white. — Fleurs larges, blanc pur; couronne blanc crème; un des meilleurs pour forcer.

N. Tazetta Soleil d'or. *N. cupularis Bertol. Hermione cupularis. Narcisse doré, N. Soleil d'or.* — Bulbe gros, hampe de 30-35 centimètres, terminée par un bouquet de 6-12 fleurs très odorantes, à divisions étalées, d'un jaune très pâle; couronne beaucoup plus petite que le périanthe, jaune orange.

Ne doit être qu'une grande forme du *N. aureus*.

Culture. — Tous les *N. Tazetta* sont des plantes de valeur pour la culture forcée, sur carafes, en pots et pour la fleur coupée. Ils sont un peu délicats et sensibles au froid; on devra les planter à exposition chaude et abritée, et couvrir le sol de feuilles sèches pendant les grands froids; autrement leur culture est identique avec celle des autres Narcissus, de pleine terre.

N. Telamonius. —Divisions du périanthe grandes, jaune soufre, couronne grande, cylindrique, jaune pur; parfois la fleur est d'un jaune uniforme, ressemble au *N. Pseudo-Narcissus*, mais plus vigoureux.

N. Telamonius plenus. — Belle et ancienne variété à fleurs bien pleines, de couleur jaune pâle et jaune foncé mélangés.

N. tenuifolius. — V. *N. Bulbocodium tenuifolius*.

N. tortuosus. *N. candidissimus* (?). *Espagne*, 1629. — Plante vigoureuse, très rustique; bulbe moyen produisant 2-3 hampes; fleurs très odorantes, horizontales; divisions du périanthe blanc soufré, tortillées, d'un aspect singulier; couronne plus longue, jaune citron verdâtre, crénelée, un tiers plus longue que les divisions; cultivées en serre, les fleurs deviennent blanc pur.

N. totus albus. — V. *N. Tazetta papyraceus*.

N. totus albus grandiflorus. — V. *N. Tazetta papyrus grandiflora*.

N. triandrus albus. *Espagne*. — Variété à fleurs blanches; divisions du périanthe réfléchies verticalement, moitié plus longues que la couronne.

Culture du *N. calathinus.*

N. triandrus calathinus. *N. calathinus Lin. N. reflexus Lois. Assaracus capax Haw. Ganymedes reflexus Herb. Narcisse à fleurs penchées, N. réfléchi. Iles des Glénans.* — Bulbe petit, ovale, piriforme, brun fauve, ressemblant à un gros *Galanthus nivalis;* feuilles très étroites, planes, linéaires, aussi longues ou plus longues que la hampe; dressées, pendantes ou serpentant sur le sol; hampe 1-2, cylindrique, haute de 15-40 centimètres, portant 1-2, rarement 3 fleurs pendantes, inodores, longues de 4 centimètres environ; divisions du périanthe entièrement réfléchies; couronne légèrement évasée, *aussi longue que le périanthe;* toute la fleur est d'un coloris uniforme, blanc ivoire, ou blanc crème, jamais blanc pur.

Parmi les plantes peu vigoureuses, il se trouve parfois que la couronne est plus courte que le périanthe; la floraison a lieu la deuxième quinzaine d'avril et dure pendant un mois.

Je ne connais pas de figure représentant fidèlement cette plante; il y a quelques années, j'ai envoyé à M. W. Robinson et à M. Peter Barr une photographie que j'avais faite aux îles des Glénans, d'un groupe de plusieurs de ces plantes en fleur; il est regrettable que la reproduction n'en ait pas été faite.

Cette plante diffère complètement des *N. triandrus* récoltés en Espagne ou en Portugal; il est impossible de les confondre, quand ils sont cultivés comparativement.

Ce petit bijou est indigène dans les îles des Glémans et croît dans les anfractuosités arides des rochers granitiques, dans la terre que le vent y a transporté; c'est une terre de bruyère composée de un quart de détritus végétaux, et trois quarts de sable de mer très fin.

Culture. — Depuis 12 ans, je cultive à Nantes cette jolie petite plante, sans aucune difficulté, au pied d'un mur, exposé au sud, dans une plate-bande de terre granitique très légère et très sèche; je plante en septembre-octobre à 5-6 centimètres de profondeur et 6-8 de distance; les fleurs paraissent fin avril, et j'arrache les bulbes en juillet, et cela chaque année, et ceux récoltés aux Glénans sont bien plus beaux et plus vigoureux après une ou deux années de culture. Je sème les graines en juillet en pleine terre, ou au printemps suivant, 2 ans après, je replante les jeunes bulbes, et 4 ans après le semis, les fleurs se produisent; je n'ai jamais eu de variations dans les plantes de semis, excepté dans un lot que j'avais récolté aux Glénans, il s'est trouvé un bulbe qui a produit une fleur intermédiaire entre le *N. calathinus* et le *N. pseudo-narcissus.*

N. triandrus cernuus *B. M. Portugal*, 1777. — Port du *N. E. nutans*, plus rustique et plus vigoureux.

N. triandrus concolor. — Variété à fleurs jaune pâle.

N. triandrus cyclameneus. — V. *N. cyclameneus.*

N. triandrus nutans. *N. trilobus.* — Très ancienne variété à fleurs jaune pâle; couronne crénelée; divisions réfléchies.

N. triandrus pallidulus *B. M. N. pallidulus. Ganymedes pallidulus Graells. Espagne.* — Voisin du *N. calathinus;* hampe de 15-20 centimètres, uniflore; fleur pendante d'un jaune pâle ou verdâtre; divisions du périanthe réfléchies verticalement, une fois plus longues que la couronne, qui est cylindrique; fleurit en avril.

Culture du *N. Bulbocodium* ou *N. calathinus.*

N. triandrus pulchellus. *N. pulchellus. Ganymedes pulchellus Haw. Espagne.* — Variété du *N. triandrus;* divisions du périanthe réfléchies, jaune citron; couronne d'une teinte blanc crème, deux fois plus courte que le périanthe; chaque hampe produit 2-4 fleurs pendantes.

N. triandrus reflexus. — V. *N. Triandrus calathina.*

N. trilobus. — V. *N. triandrus nutans.*

N. Trimon. — Genre nouveau, résultant probablement du croisement des *N. Bulbocodium* avec les *N. triandrus;* le feuillage est intermédiaire entre ces deux groupes; les fleurs sont relativement petites, le périanthe blanchâtre en étoile à divisions étalées, étroites, pointues; la couronne jaune pâle ou jaune soufre, ayant la forme d'un petit *N. Bulbocodium monophyllus;* hampe de 20-30 cent. uniflore ou biflore.

Culture. — En pots sous châssis ou en serre tempérée on obtient un bon résultat; la culture en pleine terre n'a pas encore réussi.

N. unicolor. — V. *N. Tazetta papyraceus.*

N. uniflorus. — V. *N. poeticus.*

N. viridiflorus *Schomb. Chloraster fissus Haw. Espagne, Gibraltar.* — Fleurs à divisions étoilées de 2-3 cent. de diamètre; couronne très petite, le tout d'un vert olive sombre. Fleurit en octobre-novembre, la floraison est assez capricieuse.

N. Tazetta orientalis. — *N. de Chine. N. des Chinois. N. sacré des Chinois.* — Sous cette dénomination on vend depuis quelques années des bulbes de Narcisses à bouquet, de diverses variétés, simples ou doubles, que l'on cultive d'après une méthode chinoise qui consiste à placer ces bulbes dans l'eau dans des vases peu profonds, en verre, au fond desquels se trouvent une certaine quantité de petits cailloux qui servent de soutien aux racines ; placés en serre ou en appartement, la floraison se produit en hiver à des époques déterminées par la chaleur.

Liste des Narcissus flore pleno.

Narcisses à fleurs doubles.

N. Capax plenus. (*Queens Aune double daffodil.*)
N. Cernuus plenus.
N. incomparabilis plenus.
N. incomparabilis orange Phœnix.
N. incomparabilis sulphur Crown.
N. Jonquilla flore pleno.
N. Jonquilla minor plenus.
N. lobularis (*N. pumilus plenus.*)
N. lobularis grandiplenus. (*N. tratus cantus.*)
N. lobularis minor plenus.
N. poeticus flore pleno.
N. Pseudo-Narcissus flore pleno.
N. Pseudo-Narcissus grandiplenus.
N. Pseudo-Narcissus eystettentis.
N. Pseudo-Narcissus telamonius plenus.
N. Tazetta flore pleno.

Culture. — Tous les Narcisses dont la culture n'est pas spécifiée, s'accommodent du même traitement ; ce sont des plantes très rustiques, résistant à nos hivers les plus rigoureux ; ils aiment une terre riche, franche, profonde, plutôt fraîche que sèche ; toute exposition leur convient même à l'ombre, en bordure, en massifs entre les arbustes, sous les arbres, mélangés aux racines, au pied des murs, enfin dans les gazons, où ils produisent un effet splendide.

La plantation doit se faire en août-octobre, aussitôt que les bulbes sont arrachés ; cependant on peut les conserver à l'état sec pendant plusieurs mois, mais c'est à leur détriment; planter à 10-20 cent. de distance et 10-20 de profondeur en ligne, en bordure, ou 10-12 bulbes ensemble, pour former des touffes; on les laisse 5-6 ans sans les relever, car la floraison n'atteint toute sa beauté que 2-3 ans après la plantation; l'arrachage se fait dès que les bulbes sont au repos. Pour ne pas laisser les corbeilles ou bordures dénudées après la floraison, il faut en février-mars semer parmi les narcisses des plantes annuelles, pour fleurir pendant l'été, ou en mai-juin y planter des plantes molles; en ayant bien soin d'appliquer une bonne couche de fumier, chaque année, au mois d'octobre.

La culture en pots, forcée, ou sur carafe, se fait exactement comme pour les *Jacinthes*. Voir cet article.

Multiplication. — A lieu par division des bulbes et par graines semées en pleine terre ou sous châssis, aussitôt récoltées, ou au printemps, la floraison a lieu 4-5 ans après le semis.

NARCISSE. — V. *Narcissus.*

N. à bouquet. — V. *N. Tazetta.*

N. à feuilles de jonc. — V. *Narcissus juncifolium.*

N. à fleur d'Eucharis. — V. *N. Leedsi.*

N. à fleur de Gardenia. — V. *N. Poeticus flore pleno.*

N. à fleurs penchées. — V. *Narcissus triandrus calathinus.*

N. blanc. — V. *N. cernuum.*

N. blanc à grande fleur. — V. *N. Tazetta papyrus grandiflorum.*

N. Bulbocode. — V. *Narcissus Bulbocodium.*

N. chinois. — V. *N. Tazetta orientalis vars.*

N. Crinoline jaune. — V. *N. Bulbocodium.*

N. d'automne.
- — *Amaryllis aurea.*
- — *Colchicum autumnale.*
- — *Narcissus elegans.*
- — *N. serotinus.*
- — *N. viridiflorus.*

N. damier. — V. *Fritillaria meleagris.*

N. de Constantinople. — *V. Narcissus Tazetta.*

N. de Constantinople double. — V. *Narcissus Tazetta flore pleno.*

N. grand Primo. — V. *N. Tazetta grand Primo.*

N. de Leeds. — V. *N. Leedsi.*

N. de Marseille. — V. *Narcissus Tazetta.*

N. de Morocco. — V. *N. Broussonetii.*

N. des Chinois. — V. *N. Tazetta orientalis vars.*

N. des poètes. — V. *Narcissus poeticus.*

N. des poètes simple hâtif. — V. *Narcissus poeticus ornatus.*

N. des poètes à fleurs doubles. — V. *N. Poeticus fl. pl.*

N. des prés. — V. *N. Pseudo-Narcissus.*

N. de Saint-Pandéléon. — V. *incomparabilis de Saint-Pandéléon.*

N. de Tenby. — V. *N. obvallaris.*

N. doré. — V. *Narcissus Tazetta soleil d'or.*

N. d'hiver. — *Amaryllis lutea.*

N. du Japon. — V. *Nerine Sarniensis.*

N. du Pérou. — V. *Pancratium amancaes.*

N. grand monarque. — V. *N. Tazetta grand monarque.*

N. grand Primo. — V. *N. Tazetta grand Primo.*

N. incomparable. — V. *Narcissus incomparabilis.*
N. jaune. — V. *N. Pseudo-Narcissus.*
N. jaune double. V. *N. Pseudo-Narcissus fl. pl.*
N. jonquille. — V. *Narcissus jonquilla.*
N. jonquille petite. — V. *N. jonquilla minor.*
N. maritime blanc. — V. *Pancratium calathinum.*
N. odorant. — V. *Narcissus odorus.*
N. rouge. — V. *Pentlandia miniata.*
N. sacré des Chinois. — V. *Tazetta orientalis vars.*
N. Sauvage. — V. *N. Pseudo-Narcissus.*
N. sir Watkin. — V. *N. incomparabilis sir Watkin.*
N. soleil d'or. — V. *N. Tazetta soleil d'or.*

NARD. — V. *Muscari suaveolens.*

NAVET de Lion. — V. *Leontice Lepetalumon.*

NAVEAU-bourge.
NAVET de parc.
N. du Diable.
N. galant.
} — V. *Bryonia dioica.*

NELUMBIUM *Juss.* **Nélombo Nelumbo.** *Nymphæacées.*

N. asiaticum.
N. formosum.
N. indica.
N. nelumbeo.
N. nucifera.
} — V. *N. speciosum.*

N. speciosum *Wild. N. nelumbo Lin. N. asiaticum Rich. N. formosum. N. indica Poiret. N. nucifera Goertn. Lis sacré des Bouddhistes, Fève d'Egypte, Lis rose des Égyptiens. Nelumbo élégant. Nélombo d'Orient, Rose du Nil. Indes, Asie méridionale,* 1787. — Rhizome gros, charnu, rampant sur la vase; feuilles vertes, glauques, orbiculaires, ondulées, larges de 40 cent., les premières flottantes, les autres s'élevant de 10 à

80 cent. au-dessus de l'eau, portées sur des pétioles fermes, cylindriques; en août-septembre magnifique

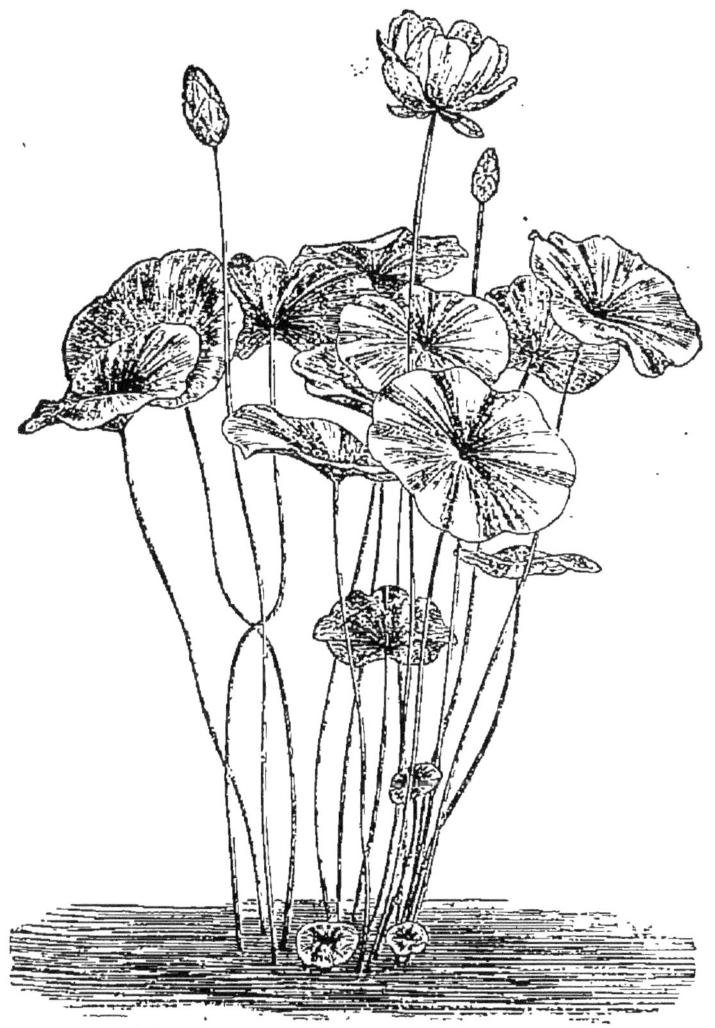

Fig. 161. — Nelumbium speciosum.

fleur solitaire, large de 20-25 cent., blanche, rosée sur les bords, très odorante, composée d'un grand nombre de pétales, portée sur des pédoncules fermes, plus hauts que les feuilles; à la maturité, le fruit a la forme une pomme d'arrosoir percée de trous dans lesquels sont logées les graines qui sont grosses comme un gros pois. C'est une de nos plus belles plantes aquatiques.

N. speciosum album. *Indes*, 1787. — Variété à fleurs blanches, énormes, larges de 25 cent.

En Chine les rhizomes du *N. speciosum* sont alimentaires, on les trouve en quantité sur les marchés ainsi que les graines grillées qui sont très estimées.

N. luteum. *Willd. Caroline*, 1810. — Port du *N. speciosum*; en août-septembre, fleur jaune; feuilles larges, cordiformes, pétioles et pédoncules glabres; serre tempérée.

N. Caspicum *Fisch. — Mer Caspienne*, 1822. — Port du *N. speciosum*, moins grand; en août-septembre, fleurs roses. N'est peut-être qu'une variété du *Speciosum*, serre tempérée.

N. jamaicense *Dec. — Jamaïque*, 1824. — Port du *N. speciosum*, moins grand; en août-septembre, fleurs bleu pâle, serre chaude ou au moins tempérée.

N. nuciferum *Gærtn. Japon.* — Sous ce nom les Japonais cultivent une vingtaine d'espèces ou variétés à fleurs simples ou doubles, au sujet desquelles les renseignements font défaut.

Culture. — Un bassin spacieux en serre chaude ou en serre tempérée est nécessaire pour que ces belles plantes atteignent toute leur beauté.

Planter au printemps dans un mélange de bonne terre, de sable et de charbon de bois, une épaisseur de 20-25 centimètres est suffisante; donner 10-15 centimètres d'eau pour commencer et élever le niveau graduellement avec la végétation; après la floraison, le fruit plonge au fond de l'eau pour mûrir ses graines; il faut donc, avant sa disparition, l'introduire dans un sac de crin (sac à raisin) muni d'une ficelle, terminée par un morceau de liège pour marquer sa place, sous peine de perdre les graines. Après la végétation, enlever les tiges et les feuilles.

Il est encore possible de cultiver les *N. speciosum*, *caspicum* et *luteum*, à l'air libre ; en bacs ou bassins, placés à une exposition chaude, en ayant soin de les soustraire à l'action de la gelée pendant l'hiver ; on active la végétation en les couvrant au printemps avec des châssis.

Multiplication. — Assez facile par le sectionnement des rhizomes ; chaque division doit être munie d'un bourgeon terminal ou au moins d'un renflement. Le semis se fait en pots tenus sous quelques centimètres d'eau, et sur couche chaude ; la germination se fait assez vite si on a eu la précaution d'user sur une meule les deux extrémités de l'enveloppe de la graine ; dès que les jeunes plantes ont quelques feuilles, on les met en place.

Souvent on plante les rhizomes en pots spacieux que l'on fixe au fond des aquariums ou bassins. Ce procédé est pratique, mais les plantes n'y sont pas aussi à l'aise qu'ayant leurs rhizomes libres dans la vase.

NELOMBO.
NELUMBO. } — V. *Nelumbium.*

N. d'Orient.
N. élégant. } — V. *Nelumbium speciosum.*

NEMASTYLIS. Nemostyllis. *Iridées.*

N. acuta. — V. *N. geminiflora.*

N. Cœlestina *Nutt. États-Unis*, 1882. — Feuilles radicales allongées, engainantes ; hampe de 60 cent.

en mai-juin, fleurs terminales solitaires, d'un beau bleu.

N. cœrulea. — V. *N. geminiflora.*

N. geminiflora *Nutt. L. acuta Herb. N. cœrulea. Ixia acuta. Sud-ouest des États-Unis*, 1837. — Port des *Tigridia*, bulbe moyen, feuilles linéaires, plissées; tiges feuillées, hautes de 60 centimètres; en mai, d'une spathe bifoliée sortent des fleurs bleu pourpre, elles sont très fugaces ne durant que quelques heures.

N. Pringlii. — Hauteur 20 centimètres en juin, fleurs bleu azur, larges de 5 cent.

Culture. — Planter au printemps en terre riche, légère, à exposition chaude; pas d'humidité pendant l'hiver; se plaît dans les rocailles.

Multiplication par division des bulbes.

NEMOSTYLIS. — V. *Nemastylis.*

NÉNUFAR.
NÉNUPHAR. } — V. *Nymphæa.*

N. blanc.
N. grand. } — V. *Nymphæa alba.*

NÉNUPHAR jaune. — V. *Nymphæa lutea.*

N. nain.
N. nain de Chine. } — V. *Nymphæa pygmæa.*

NÉRINE *Herb. Amaryllidées.*

N. aurea *Sweet.* — V. *Lycoris aurea Herb.* (*Amaryllis aurea L'Hérit.*).

N. atro-sanguinea. *Hybride.* — Feuilles courtes, vert clair; hampe courte, forte; en septembre-octobre avant, les feuilles, jolies fleurs rouge sang.

N. curvifolia *Herb.* — *Amaryllis curvifolia.*

N. corusca major. *Cap*, 1809. — Feuillage large, court, vert pâle; hampe déprimée; en octobre-novembre, avant les feuilles, ombelles larges de fleurs orange écarlate; graine facilement.

N. elegans cærulea. *Hybride.* — Feuilles longues, étroites, vert clair; hampe élevée; en octobre-novembre, avant les feuilles, fleurs grandes, cramoisi teinté de bleu.

N. flexuosa *Herb. Nerine flexueuse. Cap*, 1795. — Feuilles longues, arquées, vert foncé; hampe courte; en novembre-décembre, quand le feuillage est presque développé, fleurs rose vif, pétales ondulés ayant une bande médiane plus foncée; ces fleurs sont pendantes, tandis que les divisions de la fleur sont érigées, laissant les étamines isolées.

N. Fothergilli. — Feuilles longues, larges, vert foncé; hampe de 60 cent., terminée en septembre par une large ombelle de fleurs rouge écarlate; divisions réfléchies. Ressemble beaucoup à *N. curvifolia.*

N. Guerneseniana. — V. *Amaryllis sarniensis.*

N. Manselli. *Hybride.* — Bulbe gros, long; feuilles longues, larges, glauques; hampe forte de 60 centimètres portant une ombelle de 12-15 fleurs; pétales crispés, d'une belle teinte rose belladone; la floraison a lieu en novembre-décembre quand le feuillage est à moitié développé; belle plante à floraison régulière.

N. Plantii. — Feuilles longues et étroites; en septembre-octobre, hampe érigée terminée par une ombelle de fleurs rouge cerise.

N. pudica *Hook. Afrique australe.* — Feuilles petites étroites; hampe faible; en octobre-novembre, fleurs monoïques blanc pur, panaché de rose foncé au milieu de chaque pétale.

N. pulchella *Herb.* — V. *N. flexuosa.*

N. radiata. — V. *Lycoris radiata Amaryllis radiata.*

N. rosea crispa. *Cap*, 1818. — Hampe de 20-25 centimètres; en septembre-octobre fleurs petites bien ouvertes, d'un beau rose tendre; divisions ondulées.

N. sarniensis. — V. *Amaryllis sarniensis.*

Fig. 162. — Nérine rosea-crispa (Dammann).

N. Sewerzowi. — V. *Lycoris Sewerzowi.*

N. undulata. — V. *Amaryllis undulata.*

N. venusta. *Cap*, 1806. — En septembre-octobre, fleurs rose pourpre. Ressemble à *Amaryllis sarniensis.*

Culture. — Alliée aux Amaryllis ces plantes sont très jolies et d'une culture facile; planter en pots en août, tenir en châssis pour stimuler la végétation; la floraison a lieu de septembre à janvier, pendant laquelle les plantes peuvent être tenues en châssis; serre froide, tempérée ou en appartements; en avril diminuer les arrosages, et les supprimer complètement pendant le repos qui a lieu de mai en août.

La culture en serre chaude est encore préférable quand c'est possible.

Les bulbes ont une endance à sortir du sol.

Multiplication. — Par la séparation des caïeux en août et par graines qui fleurissent 5-6 ans après le semis.

NIGRITEALL *Roichb* — *Orchidées*.

N. angustifolia *Reichb.*—*Orchis Nigra Scop.*, *Satyrium nigrum Lin.*, *Orchis vanille*, *Brunette*.

Fig. 163. — Nigritella angustifolia.

Alpes, *Pyrénées*. — Bulbes comprimés, palmés; feuilles linéaires, étroites; hampe de 10-20 centimètres; terminée en juin-juillet par un épi très dense, pyramidal, de fleurs petites brun pourpre foncé, segments lancéolés, labelle un peu plus long, éperon très court. Répand un délicieux et pénétrant parfum de vanille.

Il en existe plusieurs variétés, de coloris variables

du blanc pur au rouge cuivré, toutes très odorantes.
Culture. — Voir *Orchidées*, pleine terre.

NILOUFA. — V. *Nymphæa cærulea.*

NIPHÆA *Lindl. Gesnéracées.*

N. oblonga *Lindl.* — *Guatémala*, 1841. — Petite plante à tiges décombantes, rhizomes en chatons; feuilles souvent réunies en touffes; en été fleurs blanc pur.

On cultive aussi les *N. Albo-lineata* et *N. Rubida;* toutes les deux ont le même port et les fleurs blanc pur.

Culture des *Achimènes.*

NIVARIA æstivalis. — V. *Leucojum æstivum.*
N. verna. — V. *Leucojum vernum.*

NIVÉOLE. — V. *Galanthus nivalis.* — V. *Leucojum.*
N. à bouquet. / **N.** d'été. — V. *Leucojum æstivum.*
N. de printemps. — V. *Leucojum vernum.*

NOPAL. — V. *Opuntia.*

NOTHOSCORDUM fragrans. — V. *Allium fragrans.*

NUPHAR lutea. / **N.** luteum. — V. *Nymphæa lutea.*

NUTTALIA grandiflora. / **N.** papaver. — V. *Callirhoé involucrata.*

NUNON. / **NUNU.** — V. *Asphodelus ramosus.*

NYCTAGE. / **N.** hortensis. / **N.** jalapa. — V. *Mirabilis jalapa.*

N. longifolia. — V. *Mirabilis longifolia.*

NYMPHÆA *Neck.* **Nénuphar, Nénufar,** *Nymphæacées.*

N. advena. — V. *N. advenum.*

N. advenum *Ait. Nenuphar advena. Amérique du Nord*, 1772. — Feuilles grandes, ovales, plus ou moins sagittées ; fleurs plus grandes que celles du *N. luteum*,

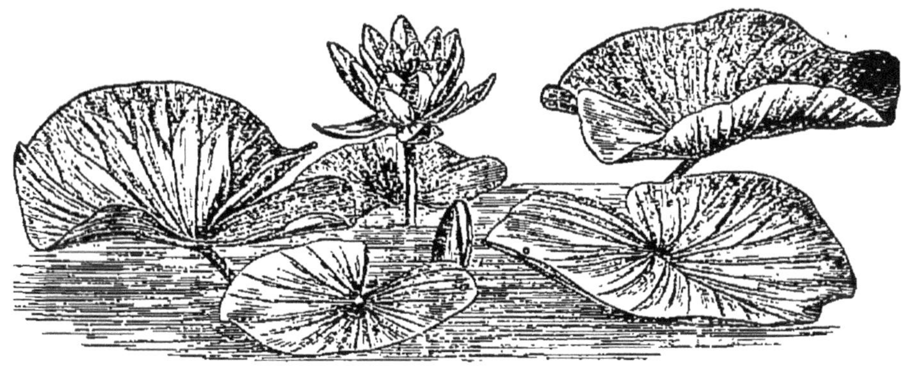

Fig. 164. — Nymphæa alba.

jaune d'or à étamines rouge brun, fleurs et feuilles émergées d'une certaine hauteur, dans le genre du *N. tuberosa.*

N. alba *Lin. Syn. : N. officinalis Gater, Castalia speciosa Salisb., Nénuphar blanc, Baratte, Blanc d'eau, Crugeon, Cruchon, Lis d'eau, Lis des étangs, Lune d'eau, Lunette d'eau, Nénuphar grand, Nymphæa blanc, Plateau à fleurs blanches, Volant d'eau, Volet blanc. Indigène.* — Cette belle plante aquatique est répandue dans toute la France, dans les étangs et les eaux à faible courant où elle étale ses belles fleurs blanches au milieu de son beau feuillage. Rhizome immense, charnu, grisâtre, rameux, long de plusieurs mètres et atteignant la grosseur d'un litre, rampant sur la vase ; au printemps, belles feuilles d'un beau vert luisant, à limbe large orbiculaire flottant sur l'eau; pétiole plus long que la profondeur de l'eau; pédoncules cylindriques, terminés par une belle fleur flottante, large de 6-10 cent. composée d'une quantité de pétales blanc pur, disposés en rangées, donnant l'aspect d'une fleur double; les extérieurs (sépales) plus grands, verts en dehors; anthère jaune d'or, d'un bel effet.

La floraison a lieu de mai en octobre.

La fleur se ferme le soir, rentre sous l'eau pendant la nuit, réapparaît le matin et s'épanouit de nouveau.

La floraison terminée, le pédoncule s'enroule jusqu'au fond de l'eau, pour y mûrir les graines et y enfouir la capsule dans la vase.

N. alba *var.* **purpurea.**
N. alba *var.* **rosea.** } — V. *N. sphærocorpa*
N. alba *var.* **rubra.**

N. alba sphærocarpa rubra. — V. *N. sphærocarpa.*

N. amazonica *Mart. N. blanda Hook. Jamaïque*, 1832. — Feuilles sub-orbiculaires, cordées, obtuses, dentées ou entières, violacées en dessous; fleurs petites, odorantes, larges de 7-9 cent. d'un blanc jaunâtre, s'épanouissant le soir.

Culture. — Serre chaude.

N. blanda. — V. *N. amazonica.*

N. Caspary. — V. *N. sphærocarpa.*

N. cærulea *Savign. N. cyanea. Niloufar, Egypte*, 1792. — Fleurs odorantes d'un beau bleu azuré.

N. cyanea. — V. *N. cærulea. Lotus bleu.*

N. flava *Leitner. Floride*, 1878. — Rhizome vertical, cylindrique, émettant des stolons vivipares; feuilles immergées, sagittées; les émergées grandes vertes, tachées de rouge, les 2 lobes de la base pointus, se joignant, donnant une forme ovale à la feuille; en été fleur jaune pâle, large de 10 cent., pétales externes rougeâtres; les fleurs ne s'épanouissent que de midi au soir.

Culture. — Du *N. alba.*

N. gigantea *Hook. Victoria Fitzroya, Moreton Bay. Australie*, 1848. — Feuilles très larges 40-60 cent. de diamètre, fleurs d'un beau bleu très grandes, mesurant 20-30 cent. de diamètre ; étamines courtes.

Culture. — Serre tempérée, ou plein air pendant l'été, il est assez difficile de l'obtenir dans toute sa beauté.

N. lotus *Lin. Castalia mystica Salisb. Egypte*, 1802. — Cette espèce à fleurs roses est le célèbre *Lis du Nil* ou *Lotos sacré* des Egyptiens.

N. lutea *Lin. N. umbilicatus Salisb. Nuphar lutea Dc. N. luteum Smith., Nyphozanthus vulgaris Rich. Nénuphar jaune, Jaunet d'eau, Lis jaune des étangs, Petit nénuphar, Plateau à fleurs jaunes, Ribard, Ribarde, Volet jaune. Indigène.* — Rhizome semblable à celui du *N. alba ;* feuilles d'un beau vert foncé, à limbe coriace flottant ; fleurs à odeur vineuse jaune vif ; sépales grands, entourant les pétales qui sont beaucoup plus petits ; fleurit de mai en octobre.

N. Marliacea chromatella. *Hybride.* — Rhizome court, charnu ; feuilles très grandes, violacées en dessous ; fleurs très larges, bien ouvertes, larges de 15 centimètres ; pétales grands, jaune soufre ; étamines jaune d'or ; fleurit de juin en octobre.

Culture. — Résiste en pleine terre, dans une eau assez profonde pour protéger les rhizomes de la gelée.

N. Marliacea carnea. *Hybride horticole.* — Fleurs très grandes, larges de 20 centimètres, rose carné.

N. M. rosea. *Hybride horticole.* — Fleurs très grandes larges de 20 centimètres, rose vif.

G. odorata *Ait. Castalia pudica Salisb. Nenuphar odorant, N. d'Amérique. Etats-Unis*, 1786. — Rhizomes rampants, minces; ressemble à ceux du *N. alba;* feuilles rouge violet en dessous quand elles sont jeunes, les adultes vert très foncé en dessus, et bordées de brun; fleurs blanc pur, odorantes, parfois légèrement teintées de rose; fleurit de juin en octobre.

Culture du *N. Marliacea.*

N. odorata exquisita. *Hybride.* — Magnifique variété; feuilles grandes, pourpre foncé en dessous; fleurs larges de 15 centimètres; d'un beau rose vif.

N. odorata sulphurea. *Hybride* — Feuilles abondantes, vertes, marbrées de pourpre brun en dessus, rouge vif en dessous; fleurs grandes, très doubles, jaune soufre; pétales réfléchis, donnant à la fleur un aspect globuleux.

N. officinalis. — V. *N. alba.*

N. pygmæa *Ait. N. tetragona, Georgi, Castalia pygmæa Salisb. Nénuphar nain, N. nain de Chine. Chine*, 1805. — Espèce petite; feuilles larges de 5 centimètres; fleurs blanches, larges de 4 centimètres; pétioles et pédoncules courts.

Culture. — En eau peu profonde ou mieux en baquets ou aquarium, où l'eau s'échauffe davantage. Le plus petit des *Nymphæas.*

N. pygmæa rosea. — Variété à fleurs roses.

N. scutifolia *DC. Castlia scutifolia Lunan. L. cærulea. Cap*, 1792. — Rhizome arrondi, de la grosseur d'une pomme de terre. Fleurs bleu pâle, odorantes.

N. sphærocarpa *Carr. Syn. N. alba, var. rosea*

Hartman, *N. alba, var. rubra*, *Caspaz*, *N. alba, var. purpurea Freis*, *N. alba sphærocarpa, var. rubra; N. Caspary*, *Carr. N. rose de Suède.* — Cette belle plante aquatique fut découverte en 1856, par M. Kjellmark dans le *Lac Fagerärn près de Hammar en Suède* ; elle diffère de notre Nénuphar blanc, par la gran-

Fig. 165. — Nymphæa sphærocarpa.

deur des fleurs qui ont 15 centimètres de diamètre, et par la couleur qui est rose carmin.

Culture. — Il lui faut beaucoup d'espace, 60 à 80 centimètres de profondeur d'eau; ne réussit pas bien en serre.

N. stellata, *Willd. N. Zanzibarensis. Casp. Zanzibar*, 1874. — Feuilles très grandes, vert foncé, dentées; fleurs énormes de 30 cent. de diamètre, bleu violet pourpre, taché de rouge à la base de chaque segment; la floraison a lieu à des époques indéterminées. Serre chaude.

N. Tetragona. — V. *N. pygmæa.*

N. tuberosa *Payne. Etats-Unis.* — Rhizomes gros, charnus, tuberculeux, agglomérés; se divisant naturellement; diffère du *N. alba* par les feuilles qui émergent au-dessus de l'eau et les fleurs, inodores, qui ne prennent jamais une teinte rosée.

Culture. — Du *N. Sphærocarpa.*

N. zanzibarensis. — V. *N. stellata.*

Culture. — Les *N. advenum, alba, lutea, odorata*

Fig. 166. — Nymphæa stellata.

et *sphærocarpa* sont tout à fait rustiques, et supportent nos hivers les plus rigoureux. Les autres espèces réclament un abri, la serre tempérée ou la serre chaude. Les espèces et variétés de pleine terre sont d'une culture facile : il suffit de se procurer des sections de rhizomes munies du bourgeon terminal et de les fixer au fond de l'eau dans la vase des bassins ou des étangs ; il n'y a pas d'autres soins à leur donner ; les eaux courantes ne leur conviennent pas.

Les espèces de serre se cultivent comme les *Nelumbium* (voir cette culture). Cependant tous, excepté ceux de serre chaude, peuvent se cultiver à l'air libre en lacs ou en bassins pendant l'été ; on emploie un mélange de terre franche, terreau et sable par tiers, additionné de charbon de bois ; au printemps, on active la végétation en les couvrant de châssis ; pendant l'hiver on les tient à l'abri de la gelée et en maintenant la terre presque sèche.

Multiplication. — Se fait par division des rhizomes et par graines, semées au printemps en terrines recouvertes de 1 ou 2 cent. d'eau; dès que les jeunes plantes sont germées, on les repique en pots que l'on submerge peu profondément et que l'on met en place aussitôt que les plantes ont quelques feuilles; les graines étant très fines, observer les mêmes précautions indiquées pour les *Nelumbium*, pour la récolter.

NYPHOSANTHUS vulgaris. — V. *Nymphæa lutea.*

ŒIL-DE-FAISAN. — V. *Adonis autumnalis.*

ŒIL-DE-PAON. { — V. *Tigridia grandiflora.*
— *Anemone pavonia.*

ŒIL-DU-DIABLE. — V. *Adonis vernalis.*

ŒIL-DU-SOLEIL. — V. *Tulipa oculus solis.*

ŒUFS de vanneau. — V. *Fritillaria meleagris.*

OILEUS abscissus. — V. *Narcissus muticus.*

ONCOCYCLUS iberica. — V. *Iris iberica.*

OGNON de scille.
O. marin. } — V. *Scilla maritima.*

OPHIOPOGON *Ker. Liliacées.*

Petites plantes herbacées à rhizomes rameux.

O. Jaburan *Lodd. Japon*, 1830. — Plus forte que l'*O. Japonicus*, feuilles de 30 cent.; en été, fleurs blanches.

O. J. foliis variegatis. — Feuilles rubanées de blanc jaunâtre; très jolie pour orner les rocailles et former des potées, on le dit originaire du Chili.

O. Japonicus *Garvl. Convallaria. Japonica. Fluggea Japonica. Rich. Herbe aux turquoises. Muguet du Japon. Japon*, 1784. — Feuilles radicales, linéaires, dressées, d'un beau vert, formant un gazon touffu, haut de 10 à 20 centimètres, persistant en été comme en hiver; en juillet-août, hampes petites de 5 à 15 centimètres terminées par un épi de petites fleurs bleu lilas, auxquelles succèdent des baies, d'abord vertes, et passant au bleu de turquoise en hiver; d'où son nom vulgaire. Ne résiste pas en pleine terre sous le climat de Paris; mais dans l'ouest et le midi on en forme des bordures très jolies.

O. muscarioides *Dcsne.* — Le plus beau du genre, fleurs grandes, bleu pourpre brillant, réunies en grappes, rappelant celles des *Muscari*.

O. spicatus *Gawl. Convallaria spicata, Liriope spicata. Népaul*, 1821. — Port de l'*O. Jaburan*; en septembre-octobre fleurs violettes.

O. S. variegatus. — Feuilles rubanées de blanc.

Culture. — Planter au printemps à 4-5 cent. de distance en bonne terre saine, mais fraîche, pas d'humidité stagnante. La plantation en pots a lieu toute l'année; avec une couverture de sable et de feuilles sèches; ils résistent aux gelées, même sous le climat de Paris.

Multiplication. — Au printemps, par éclats munis d'un tronçon de rhizome.

OPHRYS *Lin. Orchidées.*

Les Ophrys ont le port et tous les caractères des *Orchis* terrestres; ils en diffèrent par l'absence de l'éperon, leurs fleurs sont moins brillantes, mais elles sont bien plus intéressantes par les formes singulières qu'affecte le labelle; les bulbes sont peu profonds, généralement entiers et globuleux.

Je n'indiquerai que les espèces principales.

O. **abeille.** — V. *O. apifera.*

O. **anthropophora.**— V. *Aceras anthropophora.*

O. **apifera** *Huds. O. Abeille. Coteaux secs. Indigène.* — Bulbes entiers, globuleux; feuilles oblongues; tige de 20-30 cent.; en mai-juin, fleurs violet lilas, maculées brun velouté au centre en forme d'une abeille.

O. **arachnites** *Murr. Orchis arachnites Scop. Ophrys Frelon. Prés et coteaux. Indigène.* — Bulbe globuleux; hampe de 20-30 centimètres; en mai-juin, épi lâche de fleurs rose clair; labelle brun pourpre foncé et strié de jaune, rappelant un Frelon.

O. **araignée.** — V. *O. aranifera.*

O. **aranifera** *Huds. O. Araignée. Coteaux. Indigène.* — Bulbes entiers; feuilles lancéolées; tige de 20-30 centimètres; en mai-juin, fleurs jaune verdâtre; labelle brun, noirâtre velouté, jaunâtre sur les bords ayant la forme d'une araignée.

O. **atrata** *Lindl. O. noirâtre. Bords de la Méditerranée.* — Tige de 30-40 cent.; en avril-mai, fleurs blanc verdâtre, labelle brun velouté, strié de bleu foncé.

O. **Bécasse.** — V. *O. scolopax.*

O. **Bertoloni** *Moret. Méditerranée. Indigène.* — Tige de 20-30 cent.; en avril-mai fleurs roses carmin; labelle large, brun foncé verdâtre, maculé et strié de pourpre, à reflets bleuâtres.

O. **bombylifera** *Bert. O. Bombyx. Sud de la France.* — Tige courte de 10-20 cent; fleurs verdâtres; labelle pourpre noir et maculé.

O. **Bombyx.** — V. *O. bombylifera.*

O. **Brun.** — V. *O. fusca.*

O. **frelon.** — V. *O. arachnites.*

O. **fusca** *Link. O. brun. Bords calcaires de la Médi-*

terranée. — Bulbes ovales; épi court; en mars-avril, 2-6 fleurs vert jaunâtre; labelle brun velouté et maculé.

O. f. tricolor. — Labelle noirâtre, maculé de gris et de bleu.

O. homme pendu. — V. *Aceras anthropophora.*

O. lutea *Car.* *O. jaunâtre. Europe méridionale.* — Tige de 20-40 cent.; en mars-avril, épi de 2-6 fleurs vertes; labelle brun velouté, bordé de fauve.

Fig. 167. — Ophrys muscifera (Correron).

O. miroir. — V. *O. speculum.*

O. Mouche. — V. *O. muscifera.*

O. muscifera *Huds.* *O. myodes. Ophrys Mouche, Indigène.* — Bulbe globuleux; feuilles oblongues, lancéolées; épi grêle, garni en mai-juin de 10-20 fleurs à divisions lancéolées, obtuses, verdâtres, les deux internes filiformes, brunes; labelle pendant, brun velouté, noirâtre, taché de gris bleu au centre; divisé en 3 lobes; le tout ayant la forme d'une petite Mouche.

Cette intéressante petite plante est spéciale aux collines calcaires.

O. myodes. — V. *O. muscifera.*

O. noirâtre. — V. *O. Atrata.*

O. paludosa. — V. *Malaxis paludosa.*

O. porte-scie — V. *O. tenthredinifera.*

O. scolopax *Car. O. Bécasse. France méridionale.* — Bulbe ovale; tige de 20-40 cent; en mars-mai, fleurs blanches ou roses; labelle trilobé, pourpre, bariolé de vert; muni au sommet d'un appendice recourbé en dessus; abriter pendant l'hiver.

O. speculum *Link. O. miroir. Indigène.* — Tige de 30-40 cent.; épi grêle; en avril 2-8 fleurs vert jaunâtre; labelle brun bleuâtre, hérissé de poils roux; plante rare, spéciale aux collines calcaires.

O. tenthredinifera *Wild. O. porte-scie. Indigène.* — Bulbes gros; feuilles lancéolées, mucronées; tige de 20-30 cent.; épi grêle; en mars-avril, 2-8 fleurs rose strié de vert; labelle brun clair velouté, ligné de vert jaunâtre; en losange; se trouve sur les coteaux calcaires du littoral méditerranéen, de l'Europe méridionale et du nord de l'Afrique.

Culture. — Les *Ophrys* réclament les mêmes soins et précautions que les *Orchis*; il leur faut le plein soleil, dans un sol parfaitement drainé, léger, composé de terre franche, terreau et sable par tiers, sans aucun engrais, en observant qu'ils affectionnent spécialement les terrains calcaires. Planter à 2-3 cent. de profondeur; couvrir le sol de mousse ou de cailloux ou de gazon; la plantation se fait quand les bulbes sont au repos, ce qui a lieu en août-septembre; ne jamais arracher les bulbes avant que les tiges soient sèches ; arrosements copieux pendant la végétation, nuls pendant le repos. La culture en pots, tenus sous châssis froid l'hiver, réussit bien.

OPORANTHUS luteus. — V. *Amaryllis lutea.*

ORCHIDÉE bouffon. — V. *Orchis Morio.*
O. brune. — V. *O. fusca.*
O. de Provence. — V. *O. provincialis.*
O. des boutiques. — V. *O. Morio.*
O. des jardins. — V. *Iris.*
O. des marais. — V. *O. palustris.*
O. faux sureau. — V. *pseudo-sambucina.*
O. mâle. — V. *O. mascula.*
O. homme pendu. — V. *Aceras anthropophora.*
O. ondulée. — V. *O. longicruris.*
O. Papillon. — V. *O. papillonacea.*
O. Papillon. — V. *Platenthera chloranta.*
O. Pentecôte. — V. *Orchis latifolia.*
O. Punaise. — V. *O. coriophora.*
O. Singe. — V. *O. simia.*
O. tipule. — V. *Tipularia discolor.*
O. verdâtre. — V. *Oelaglossum viride.*

OPUNTIA *Dc. Cactées.*

O. Rafinesquiana. *Engelm., O. macrorhiza, Figue de Barbarie, Nopal, Raquette, États-Unis,* 1868. — Racines charnues imitant la Pomme de terre, feuilles nulles, tige formée de rameaux articulés, ovales comprimés, épineux ; en été fleurs jaunes ; fruits rouges charnus.

Culture. — Exposition chaude ; sol sec et pierreux, ne résiste pas à 10° de froid.

Multiplication. — De boutures des articulations de la tige et par semis.

ORCHIS. *Lin.* **Orchidée.** — V. *Aceras, Anacamptis, Aplectrum, Arethusa, Bletia, Calopogon, Calypso, Celoglossum, Cephalanthera, Chamæorchis, Cypripedium, Gymnadenia, Herminium, Himantoglossum, Limodorum, Liparis, Lissochilus, Malaxis, Nigritella, Ophrys, Phajus, Platanthera, Satyrium.*

Genre très nombreux, comprenant une centaine d'espèces et plusieurs centaines de formes ou variétés. Les Orchidées terrestres ont à peu près la même structure : bulbes entiers divisés ou palmés, ovales, arrondis, longs ou cylindriques; feuilles plus ou moins larges, ovales, lancéolées, aiguës ou mucronées; tige simple de 10 à 70 cent. ; épi grêle ou serré, conique ou oblong, garni de bractées d'où sortent les fleurs à éperon long.

Les bulbes séchés donnent le *salep* du commerce.

O. alpina. — V. *Chamæorchis alpina.*

O. arachnites. — V. *Ophrys arachnites.*

O. atropurpurea *Tausch. Autriche.* — Bulbes palmés; tige de 30-40 centimètres; épi ovale; en mai-juin, fleurs pourpre foncé, labelle ovale.

O. bifolia. — V. *Platanthera bifolia.*

O. bouffon. — V. *O. Morio.*

O. cilié. — V. *Platanthera ciliata.*

O. coriophora *Lin. O. punaise. Indigène.* — Dans les prairies ; rare. Bulbes entiers; épi court; en mai-juin, fleur à odeur de punaise; segments pourpre foncé veiné de vert, en casque; labelle pourpre ponctué de rouge; éperon conique.

O. ensifolia. — V. *O. laxiflora.*

O. foliosa *Soland. Ile de Madère,* 1829. — Bulbes entiers; feuilles larges, lancéolées, longues de 20-30 centimètres, maculées de brun ; tige de 50-60 centimètres, feuillée jusqu'en haut; en mai-juin, fleurs d'un beau rose pourpre, larges de 2 cent., formant un bel épi dense de 15-20 cent.; labelle pourpre clair maculé de taches foncées. Cette espèce, une des plus belles du genre, a produit plusieurs variétés. (Voir *The Garden* 16 Déc. 1882.) Couverture en hiver.

O. fusca. *Jacq. O. brun. Indigène.* — Lieux ombragés et boisés; bulbes entiers, ovales, gros; feuilles amples, oblongues; tige forte de 50-70 cent.; épi conique, brun foncé avant la floraison; bractées petites; en mai-juin, fleurs en casque, brun foncé, les 2 segments internes petits, blanc rosé; labelle pointillé de pourpre, éperon cylindrique, pendant. C'est la plus belle et la plus grande de nos espèces ndigèn es; il en existe plusieurs variétés, planter les bulbes à 15 cent. de profondeur.

O. globosa. *L. Indigène. Montagnes.* — Bulbes petits; tige de 40-50 cent., en juin-juillet, épi court de fleurs rose lilas, campanulées; labelle ponctué, éperon descendant

O. incarnata *Lin. Indigène. Marécages.* — Bulbes palmés; tige élevée, *pleine*; feuilles immaculées, en mai-juin; fleurs rose carné, labelle maculé de pourpre.

O. lactea *Poir. Littoral méditerranéen.* — Bulbes entiers; tige courte; en mars-avril, fleurs blanches ou rose pâle en casque, éperon recourbé.

O. latifolia. *Lin. O. à larges feuilles. Pentecôte. Indigène.* — Bulbes palmés; feuilles souvent maculées de brun noir; les inférieures oblongues, lancéolées, horizontales; les supérieures lancéolées; tige fistuleuse, haute de 30-40 cent., feuillée jusqu'au sommet; en mai-juin, épi cylindrique de fleurs rose pourpre, labelle trilobé, strié de pourpre; éperon court, cylindrique descendant; bractées dépassant les fleurs.

Fig. 168. — Orchis latifolia (Correvon).

C'est une de nos plus belles espèces; il en existe plusieurs variétés.

O. laxiflora *Lam. O. ensifolia Willd. Indigène. Marais.* — Bulbes entiers; feuilles étroites canaliculées; tige de 30-40 cent.; en mai-juin, fleurs d'un beau rose pourpre.

O. longicalcarata *Durand. Algérie.* — Magnifique espèce; les fleurs au nombre de 10-20 forment un bel épi cylindrique; elles sont blanches, lilas ou pourpre; labelle pourpre brillant.

Culture. — Châssis froid, pendant l'hiver.

O. longicornu *Poiret. Barbarie, Sardaigne,* 1815. — Port de l'*O. Morio;* en février-mars; fleurs pourpre foncé; labelle violet foncé; lobe médian, blanc ou rose; éperon long et dilaté.

O. longicruris *Link. O. ondulé. Portugal.* — Bulbes entiers; tige de 20-40 cent.; en avril-mai, fleurs en casque, lilas veiné de pourpre; labelle rose strié de pourpre.

O. maculata *Lin. Indigène.* — Bulbes palmés; feuilles maculées de brun noirâtre; oblongues, lancéolées, les supérieures étroites; tige grêle, de 40-60 cent.; en juin-juillet, épi oblong, de fleurs roses, lilas ou lilas clair; labelle large, ponctué de pourpre foncé, éperon cylindrique; bractées dépassant l'ovaire. On rencontre souvent des plantes à fleurs blanches, l'*O. maculata* est une de nos belles espèces indigènes, très répandue dans les bois et les prés humides; il en existe un grand nombre de variétés ou formes.

O. Mascula. *Lin. O. mâle, mâle fou. Satirion mâle. Testicule de chien. Indigène.* — Bulbes entiers; feuilles oblongues, lancéolées; tige dressée, purpurine, haute de 40-50 cent., en mai-juin, épi conique allongé de fleurs pourpres; labelle ponctué de pourpre foncé; éperon cylindrique, horizontal; bractées purpurines.

Belle espèce très répandue dans les bois, les haies

et les prairies fraîches et ombragées; on rencontre souvent des formes à fleurs blanches, rose clair ou d'autres teintes, il en existe beaucoup de formes.

O. militaris *Lin. O. militaire. Indigène.* — Bulbes entiers, gros, ovales; feuilles larges, oblongues; tige de 40-50 cent. en mai-juin épi oblong de fleurs en casque rose clair à l'extérieur, tachées de pourpre à l'intérieur; labelle trilobé, pourpre foncé, éperon courbé. Il existe plusieurs formes et hybrides.

O. Morio. *Lin. O. Bouffon, Orchidées des boutiques, Satirion femelle. Indigène.* — Bulbes entiers, presque ronds; feuilles lancéolées, étroites; tige de 15-30 cent. en avril-mai épi cylindrique de fleurs en casque pourpre foncé à segments veinés; labelle dentelé, trilobé, plus clair moucheté au centre; éperon cylindrique; commun dans les prés argileux et calcaires, Plante polymorphe, se rencontrant sous de nombreuses formes, à fleurs variant du blanc pur, blanc strié rose, au pourpre foncé.

Fig. 169. — Orchis militaris.

O. nigra. — V. *Nigritilla angustifolia.*

O. pallens *Lin. O. sulphurea Curt. Indigène.* — Bulbe entier, ovale; feuilles larges; tige de 20-30 cent. en mai-juin, épi ovoïde dense de fleurs d'un beau jaune soufre à odeur de sureau.

Espèce rare, se rencontre dans les bois calcaires.

O. palustris *Jacq. O. des marais. Indigène.* — Bulbes

oblongs, feuilles étroites; tige de 30-40 cent. en mai-juin épi allongé, grêle, de 6-10 fleurs rose pourpre; labelle trilobé; éperon cylindrique droit.

Belle espèce des lieux tourbeux et humides.

O. Papillon. { — V. *Platanthera chloranta.* — V. *Orchis papillonacea.*

O. papillonacea L. *O. Papillon. France méridionale.* — Bulbes ronds; feuilles courtes lancéolées; tige de 15-30 cent., épi lâche; en mai-juin, fleurs grandes rose écarlate à segments purpurins; labelle grand; éperon pendant.

O. pauciflora *Ten. France méridionale.* — Variété de l'*O. provincialis*, à épi plus court, fleurs plus grandes.

O. provincialis *Balb. O. de Provence. Littoral méditerranéen.* — Bulbes entiers; feuilles maculées de brun foncé; tige de 20-30 cent.; bractées vertes; en avril-mai, fleurs jaune pâle ponctué de brun.

O. pseudo-sambucina *Ten. O. faux sureau. Europe méridionale.* — Bulbes palmés; feuilles spatulées, linéaires, étroites; tige de 30-40 cent.; en avril-juin, fleurs jaune pâle ou rose lilas.

O. pyramidalis. — V. *Anacamptis pyramidalis.*

O. sambucina *Lin. Indigène*, lieux secs. — Bulbes bilobés; tiges de 10-20 cent.; épi court, serré; bractées plus longues que les fleurs; en avril-juin, fleurs inodores, jaune pâle; labelle ponctué de rose.

Variété à fleurs pourpres (*O. Schleicheri Sweet*).

O. simia *Lam. O. tephrosanthos Will. Orchis Singe. Indigène, terrains calcaires.* — Bulbes entiers, ovales, feuilles oblongues; tige de 30-40 cent.; épi compact; en mai-juin, fleurs blanc rosé, moucheté de rose; labelle ponctué de rose pourpre; les fleurs s'épanouissent du sommet à la base. Variété à fleurs blanches.

O. spectabilis *Lin. Canada*, 1801. — Racine fibreuse;

2 feuilles; en avril-mai, fleurs violet foncé. Cette espèce n'est pas bulbeuse, c'est la seule américaine.

O. sulphurea. — V. *O. pallens*.

O. tephrosanthos. — V. *O. simia*.

O. tridentata *Scap. O. variegata Jacq. Indigène.* — Bulbes entiers; en février-avril, fleurs rose purpurin, labelle trifide, lacinié, lilas rouge.

O. ustulata *Lin. O. brûlé. Indigène.* — Bulbes entiers, petits; tige de 20-30 cent.; épi cylindrique noirâtre avant la floraison; bractées purpurines; fleurs petites, pourpre foncé; labelle blanc pointillé de pourpre; éperon blanc. On rencontre parfois une variété à fleurs blanches.

O. vanille. — V. *Nigritella angustifolia*.

O. variegata. — V. *O. tridentata*.

Culture. — En France ces plantes sont peu cultivées jusqu'à présent; chez nos voisins les amateurs sont bien plus nombreux.

Cette culture est moins difficile qu'on ne le pense. Pour toutes les espèces il faut un sol bien drainé, exempt de tout engrais ou fumier, un mélange de terre légère, de terreau de feuilles et de sable par tiers, pour les espèces ordinaires; additionner d'un tiers de calcaire pour les Ophrys et pour les Orchis qui croissent dans ces terrains; supprimer le terreau et le remplacer par de la terre de bruyère pour les espèces marécageuses; ces dernières seront plantées dans des bas-fonds, sur le bord des ruisseaux, où autres lieux humides, les autres en plein soleil; celles qui préfèrent l'ombre trouveront place sous les arbres; planter en août-septembre, quand les bulbes sont bien au repos, à 10-15 cent. de profondeur; garnir le sol de mousse ou de gazon, arroser copieusement pendant la végétation, tenir au sec le plus possible après la végétation, laisser en place le plus longtemps possible.

Les espèces marécageuses se trouvent bien, plantées dans une plate-bande gazonnée, au milieu de laquelle on creuse un petit fossé dans lequel on établit un mince cours d'eau quand c'est possible.

Il faut remarquer que le bulbe meurt après la floraison, et est remplacé par un nouveau qui n'est mûr que lorsque les feuilles sont sèches ; c'est pourquoi les plantes arrachées pendant la floraison ou la végétation, même avec une motte de terre, sont souvent perdues, ou ne donnent que de mauvais résultats. Il faut marquer les plantes quand elles sont en fleur et ne les arracher qu'à l'état de repos.

La culture en pots est très avantageuse et réussit bien ; les pots doivent être bien drainés, et remplis de terre mélangée comme il est indiqué ci-dessus ; placer les pots sous châssis froid pendant l'hiver ; aérer le plus possible ; au printemps, plonger les pots dans des plates-bandes gazonnées ou recouvertes de mousse ; on arrose pendant la végétation, et on abandonne les plantes quelque temps après la floraison jusqu'à la rentrée sous châssis.

Cette culture est sujette aux déboires et aux déceptions ; cependant les amateurs persévérants arriveront certainement à un bon résultat, avec l'attention et les soins nécessaires.

La *Multiplication* s'opère par le semis ; elle se fait naturellement à l'état sauvage ; en culture elle a besoin de trop de soins pour trouver place ici.

OREILLE D'ÉLÉPHANT. — V. *Caladium.*

O. d'homme. — V. *Asarum europæum.*

ORNITHOGALUM *Lin. Liliacées.*

O. arabicum *Lin. Etoile de Bethléem. France méridionale. Algérie, Egypte*, 1629. — Bulbe gros, blanchâtre, arrondi; feuilles épaisses, linéaires, canaliculées, longues, paraissant en octobre; tige de 30-40 cent. terminée, en mars-avril, par une ombelle de fleurs pédonculées, blanc pur, larges de 3-5 cent.; au centre de la fleur se trouve l'ovaire vert foncé.

Culture. — Planter en pots sous le climat de Paris, en pleine terre, à bonne exposition, dans l'Ouest et dans le Midi. Se prête bien à la culture sur carafe à l'instar des Jacinthes. Les bulbes arrachés à leur maturité, en juin-juillet, se conservent bien à l'état sec jusqu'au printemps.

Multiplication de caïeux et de graines.

O. armeniacum *Baker. Arménie*, 1879. — Feuilles vert grisâtre, longues de 15-20 cent.; en mai, fleurs en ombelle, blanc pur; jolie plante très florifère.

O. aureum *Curt. Cap*, 1790. — Hampe de 40-50 cent. de juin en août, fleurs jaune orangé en épi corymbiforme.

Culture de l'*O. arabicum*.

O. autumnale. — V. *Scilla autumnalis*.

O. capense. — V. *Eriospermum latifolium*.

O. caudatum *Jacq. Cap*, 1774. — Hampe de 60-80 cent.; en mai fleurs blanc verdâtre.

Culture du précédent.

O. comosum *Lin. Autriche*, 1596. — Bulbe petit; feuilles épaisses, étroites, très nombreuses; en mai, corymbe de fleurs blanc de lait, anthères jaunes, charmante petite fleur produisant des touffes ne dépassant pas 15 cent. de haut.

Culture. — Pleine terre, rocailles, bordures.

O. divaricatum. — V. *Chlorogalum pomeridianum*.

O. exscapum *Tenore. Europe méridionale*, 1824. —

Peut-être la plus petite de toutes les espèces en culture, ne dépassant pas 5-6 cent. de haut, feuilles

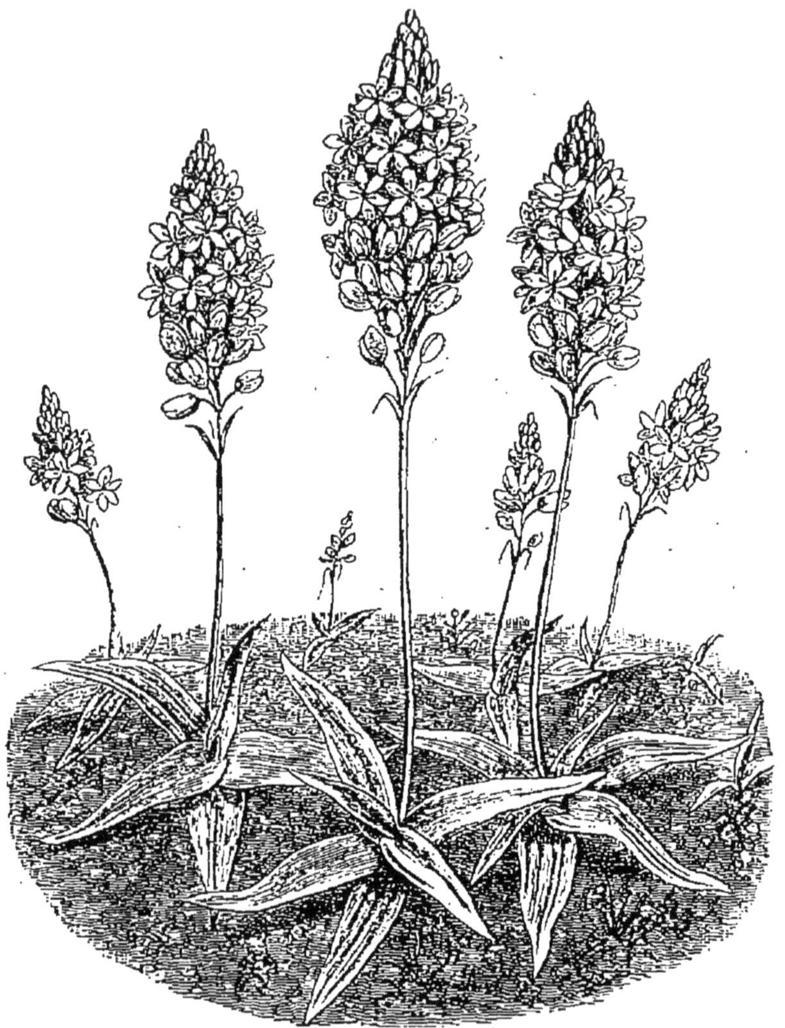

Fig. 170. — Ornithogalum lacteum (Dammann).

étroites réfléchies; en mars-avril ombelle de fleurs larges blanches, produites immédiatement au-dessus du bulbe.

Culture. — Pleine terre, sèche en plein soleil.

O. glaucophyllum *Baker. Asie Mineure*, 1875. —

Port de l'*O. umbellatum*; feuilles étroites, glauques, plates, vert uni, non ligné au centre; en mai, corymbe d'une vingtaine de fleurs blanc pur à l'intérieur; vertes à l'extérieur.

Culture de l'*O. arabicum*.

O. latifolium *Lin. Asie Mineure. Egypte*, 1929. — Bulbe gros, blanc; feuilles nombreuses, ensiformes, retombantes; tige 50 cent. à 1 mètre, terminée, en mai-juin, par un long épi de fleurs blanches, très nombreuses.

Culture. — Pleine terre.

O. longibracteatum *Jacq. Cap*, 1817. — Bulbe piriforme, vert clair luisant, atteignant 15 cent. de diamètre; *toujours sur le sol;* feuilles longues de 40-50 cent., étroites, retombantes; en mai-juin, hampe grêle, haute de 1 mètre à 1 m. 50, terminée par un long épi de petites fleurs blanches. Cette plante est beaucoup cultivée en pots, que l'on tient sur les fenêtres pour son beau bulbe, qui en fait tout l'ornement; elle est très résistante dans les appartements, elle peut y rester plusieurs années sans souffrir.

Culture. — Planter en pots drainés, en terre riche, légère; serre froide; ne résiste pas en pleine terrre.

Multiplication. — Par les petits caïeux, qui se développent à l'air libre sur le bulbe; il faut 4-5 ans pour obtenir une belle plante; ne fleurit pas régulièrement et est toujours en végétation.

O. maritimum. — V. *Scilla maritima*.

O. narbonense *Lin. Europe méridionale*, 1810. — Variété de l'*O. pyrenaicum*, tige moins haute; ombelle plus large, peut-être préférable, pleine terre.

O. nutans *Lin. Indigène.* — En avril-mai, tige terminée par une ombelle de fleurs pendantes, verdâtres à l'extérieur, blanchâtres à l'intérieur; plante très répandue, se multipliant avec la plus grande facilité par ses innombrables caïeux; propre à naturaliser sous bois ou dans les terrains incultes.

O. pyramidale *Lin. Épi de lait, Épi de la Vierge. Espagne*, 1752. — Bulbe blanc, gros, en forme de jacinthe; feuilles lancéolées, souvent desséchées avant la floraison; tige de 60 cent. à 1 m. 20, terminée, en juin-juillet, par une longue grappe de fleurs blanc pur, à stries dorsales verdâtres.

Culture de l'*O. umbellatum*.

O. pyrenaicum *Lin. Houblon de montagne. Indigène.* — Bulbe piriforme, blanc; feuilles épaisses, linéaires,

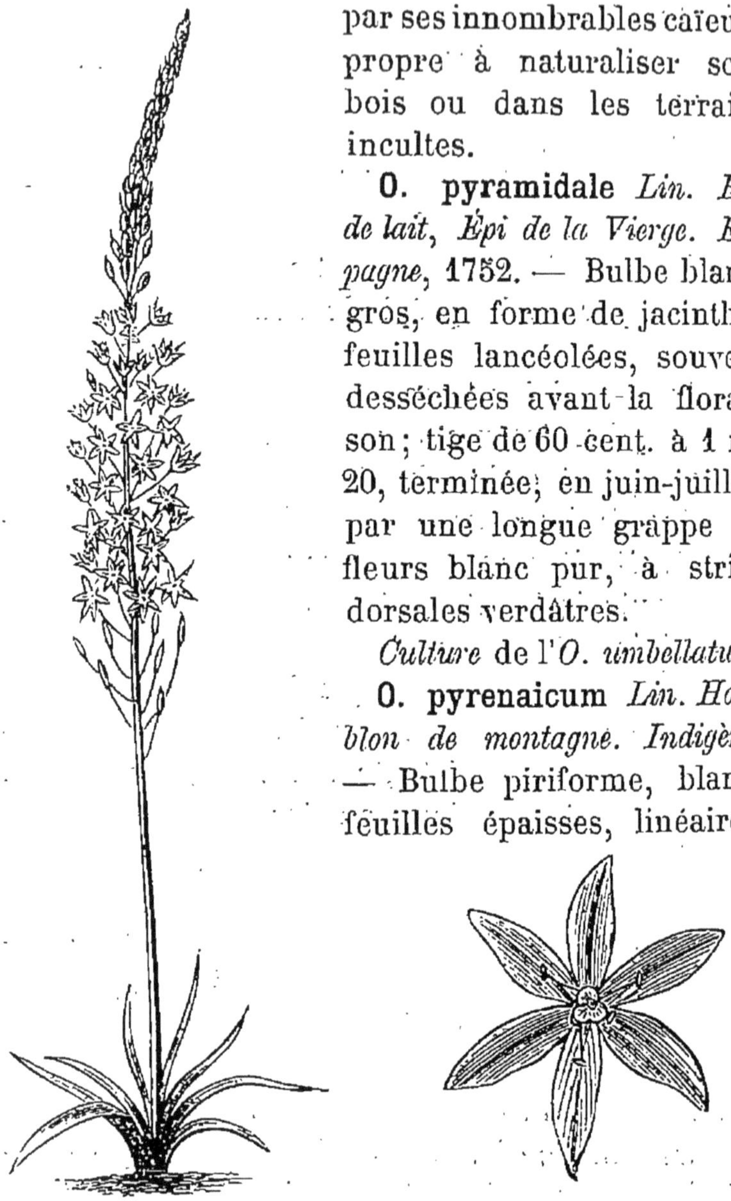

Fig. 171. — Ornithogalum pyramidale.

longues de 30-40 cent. ; tige de 60-70 cent., terminée en juin-juillet par une grappe de fleurs, larges de 1 cent., d'un blanc verdâtre ou jaune verdâtre, verdâtres à l'extérieur.

Culture. — Tous terrains, toutes expositions, même à l'ombre.

O. squilla. — V. *Scilla maritima.*

O. thyrsioides *Jacq. Cap*, 1757. — Hampe de 40-50 cent; en mai, épi de fleurs jaunes.

Culture. — Châssis l'hiver.

O. umbellatum *Lin. Belle d'onze heures, Dame d'onze heures, Étoile blanche, Étoile de mer, Fleur de douze heures, Indigène.* — Bulbe blanc, piriforme, de la grosseur d'une noix; feuilles étroites, linéaires, canaliculées, dressées d'abord, puis étalées, ondulées sur le sol, se desséchant aussitôt après la floraison; hampe de 10-30 cent., terminée par une ombelle de fleurs pédonculées, larges de 2 cent. blanc satiné vif à l'intérieur, strié de vert à l'extérieur.

La floraison a lieu en avril-mai; les fleurs s'épanouissent le matin vers onze heures, et se referment vers trois ou quatre heures.

Culture. — Bonne terre légère, saine, même sèche à bonne exposition; fait de charmantes bordures; à l'état sauvage, elle n'atteint toute sa beauté que dans les terres fortes, argileuses et humides; je ne l'ai jamais rencontrée ailleurs.

Multiplication. — Facile par division des bulbes et par ses nombreux caïeux plantés en pépinière.

On arrache les bulbes en juin-juillet pour les replanter en août-octobre.

Culture générale. — Les ornithogales sont d'une culture très facile; on les plante en bordure, en massif, en plate-bande, sous bois, et sur les rocailles; la plantation doit avoir lieu pendant le repos; on les laisse en place pendant plusieurs années, si on ne craint pas une multiplication trop rapide.

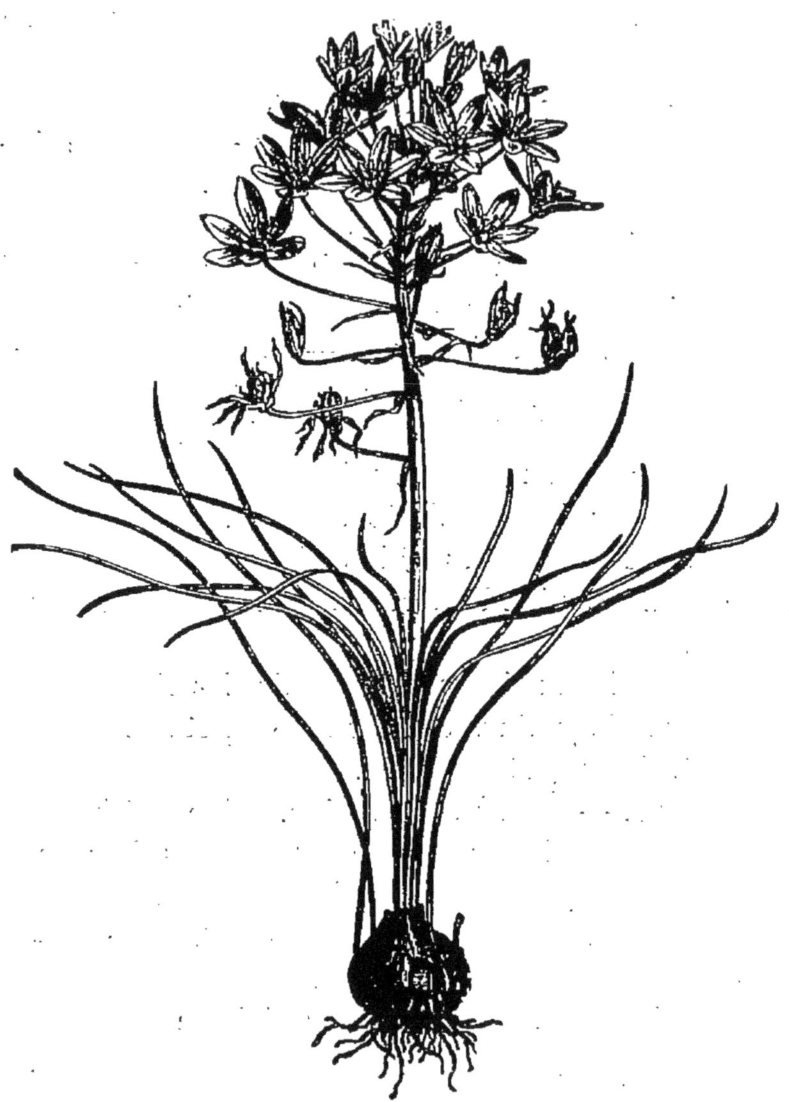

Fig. 172. — Ornithogalum umbellatum.

Multiplication. — De caïeux, qui sont produits en abondance autour des bulbes; par division des bulbes, et par graines semées en pleine terre ou sous châssis aussitôt récoltées; les plantes fleurissent 3-4 ans après le semis.

OROBUS. *Tourn.* **Orobe.** *Papilionacées.*

O. tuberosus *Lin. Indigène.* — Petite plante à tubercules noirs, comestibles, commune dans les bois; tiges de 20-30 cent.; en juin, fleurs violettes passant au bleu.

Culture. — Peu cultivée; propre à orner les rocailles et talus; se multiplie de graines et par tubercules.

OSTROWSKIA *Reg. Campanulacées.*

O. magnifica *Reg. Bokhara*, 1886. — Racine grosse,

Fig. 173. — Ostrowskia magnifica.

tuberculeuse, en forme de carotte, longue de 40-60 cent. munie de bourgeons au sommet; feuilles verticillées; tige de 1 mètre à 1 m. 50, terminée en juillet par 4-6 fleurs campanulées, larges de 10-15 cent., 8 lobes arrondis, d'un beau violet mauve veiné de violet pourpre; le coloris des fleurs varie du violet pourpre au bleu porcelaine et au blanc presque pur, ce qui indique que les semis produiront des variétés; plante très recommandable. Cette belle plante a fleuri la première fois chez MM. Veitch et Sons, en juillet 1888.

Culture. — Planter en terre riche, profonde, à bonne exposition, à 5-8 cent. de profondeur; tout à fait rustique, et réussit très bien à condition de ne pas endommager les racines qui sont très fragiles et qui périssent par la moindre plaie.

Multiplication. — De graines, qui fleurissent 3 ou 4 ans après le semis.

OVIEDA corymbosa. — V. *Lapeyrousia corymbosa.*

OXALIS. *Lin.* **Oxalide, Surelle.** *Oxalidées.*

O. alba. — V. *O. variabilis.*

O. arborea. — V. *O. floribunda.*

O. arenaria *Bert. Chili*, 1830. — Feuilles à 3-4 folioles; pédoncule long de 15-20 cent.; fleurs larges de 2-3 cent., violet pourpre, en ombelle; floraison en mars; pleine terre.

O. articulata *Savig. B. M. O. odorata. Amérique du Sud.* — Rhizome bulbeux; en juin-juillet, ombelle de 5-6 fleurs, lilas pâle, odorantes; feuilles grisâtres, à 3 folioles.

O. Bowiei. *Lodd? O. Bowieana. Cap*, 1823. — Feuilles larges de 5-6 cent.; à 3 folioles, en cœur; pétioles de 20 cent.; pédoncules acaules, longs de 20-25 cent., portant en mai-juillet une ombelle de 10-12 fleurs, larges de 3-4 cent., rose vif, à œil jaunâtre.

Les fleurs et les feuilles de cette espèce sont les plus grandes des Oxalis acaules et trifoliés.

Culture. — Châssis froid.

O. brasiliensis. *Lodd. Brésil*, 1829. — Feuilles trifoliées, vert foncé; pédoncules de 15-18 cent. de long, portant, en mai-juin, une ombelle de 6-8 fleurs, larges de 3-4 cent., cramoisi pourpre brillant. Belle plante formant des touffes compactes très régulières.

Culture. — Serre tempérée ou au moins serre froide.

O. caprina. — V. *O. cernua.*

O. cernua *Lin. O. caprina, O. Libyca Viv. O. lutea. Cap*, 1757. — Bulbeux; acaule; en mai-juin, ombelle de 4-6 fleurs jaunes, grandes, belles, larges de 3-4 cent.; feuilles trilobées; la plante forme des touffes de 8-10 cent. de haut.

O. cernua flore pleno. — A fleurs doubles. Petite plante d'une culture très facile et se multipliant parfois trop vite.

O. canescens. — V. *O. hirta.*

O. Deppei *Sweet. Mexique*, 1827. — Tubercules petits, écailleux; pétioles de 20-25 cent., terminés par 4 folioles en cœur, tachés de pourpre à la base; pédoncules de 20-30 cent., portant, en mai-août, une ombelle de 10-20 fleurs rouge cuivré, jaunâtres à la base.

Culture. — Terre franche, légère, sableuse et fraîche; en mars-avril, planter en pots ou en pleine terre, bordure ou rocaille, à 20 cent. de distance; en septembre-octobre, arracher les tubercules et les conserver au sec à l'abri de la gelée jusqu'à la plantation, ou mieux les laisser en pleine terre, avec une légère couverture de sable ou feuilles sèches pendant l'hiver, ce qui n'est pas indispensable.

Multiplication. — Par les tubercules.

Comme la plupart des *Oxalis* les fleurs ne s'ouvrent qu'au soleil et les feuilles se ferment la nuit.

O. elegans. *H. B. R. Chili*, 1849. — Pétiole de 15-

18 cent. ; feuilles trifoliées, vertes en dessus, pourpres en dessous ; pédoncules acaules, longs de 20 cent. ; en juin, ombelle de 6-8 fleurs pourpres, à centre plus foncé, larges de 3 cent.

Fig. 174. — Oxalis monophylla (Dammann).

Culture. — De l'*O. Deppei.*

O. enneaphylla. *Cav. Ile de Falkland.* — Racine tuberculeuse ; feuilles de 8-10 folioles, vert glauque ; pédoncule sessiles portant des feuilles solitaires, grandes, blanc pur, odorantes ; espèces pas assez répandues.

O. floribunda *Link et Otto. Trèfle rose. Chili*, 1823. — Tige souterraine terminée en tubercule, d'où sortent les pétioles portant des feuilles trifoliées et des pédoncules terminés par une ombelle de nombreuses fleurs roses, inodores, s'épanouissant en succession ; la plante forme des touffes compactes de 25-30 cent. de haut, couvertes de fleurs de mai en novembre.

O. **floribunda alba**; à fleurs blanches.

O. **floribunda carnea**; à fleurs couleur chair.

O. **floribunda variegata**. — A fleurs blanches marginées de rose.

Culture. — De l'*O. Deppei*; rustique et de culture

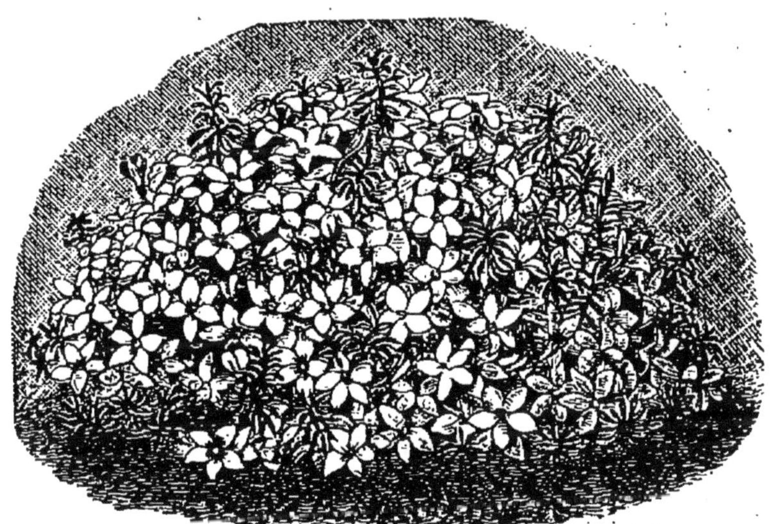

Fig. 175. — Oxalis hirta (Dammann).

facile, planter au printemps. L'*O. floribunda* et ses variétés se prêtent très bien à la culture en pots, en paniers ou en suspensions et aussi en bordures; les fleurs ne s'ouvrent qu'au soleil et les feuilles se contractent pendant la nuit.

O. **fulgida** — V. *O. hirta*.

O. **grandiflora**. — V. *O. variabilis*.

O. **hirta** *Lin. O. canescens. O. fulgida. O. longisepala. O. macrostylis. O. rubella. Cap*, 1787. — Plante très variable; tiges herbacées, grêles, longues de 50 cent., garnies à la base de feuilles trifoliées, presque sessiles; fleurs pourpres ou lilas, portées sur des pédoncules, courts, axillaires, dans toute la longueur des tiges.

O. **incarnata** *Lin. Cap*, 1739. — En juin-août

fleurs blanchâtres ou carnées ; jolie plante rustique.

Culture. — Sol léger mais frais.

O. lilacina. — V. *O. floribunda.*

O. libyca. — V. *O. cernua.*

O. lobata. *Sims. Chili*, 1823. — Racine tuberculeuse; feuilles acaules, longues de 5-6 cent.; fleurs odorantes, jaune brillant, de la largeur d'un sou (comme disent les Anglais); la plante forme des touffes, des bordures ou gazons d'un très bel effet. La floraison a lieu de septembre en décembre, quelquefois dès juin; en même temps que les crocus d'automne.

Culture. — Tout à fait rustique; la végétation commence à l'automne et s'arrête au printemps; la plantation devra avoir lieu en juillet-août-septembre; par la culture en pots ou en terrine, on peut l'obtenir en fleur pendant tout l'hiver.

O. longipetala. — V. *O. hirta.*

O. lutea. — V. *O. cernua.*

O. luteola *Jacq. Cap*, 1823. — Feuilles trifoliées ; en août, fleurs crème en bouton, blanc pur épanouies, formant une belle petite touffe de 5-6 cent. de haut; Pleine terre.

O. macrostyla. — V. *O. hirta.*

O. monophylla *Lin.* — Racine tuberculeuse; feuilles entières, lancéolées; hampe nue; en octobre fleurs blanche; serre froide.

O. odorata. — V. *O. articulata.*

O. Plumieri *Jacq. Amérique du Sud*, 1823. — Toujours vert; tout l'été fleurs jaune d'or ; serre chaude.

O. purpurea. — V. *O. variabilis.*

O. rubella. — V. *O. hirta.*

O. rosea. — V. *O. floribunda.*

O. speciosa. — V. *O. variabilis.*

O. tetraphylla. *Cav. Oxalide à quatre feuilles.*

Mexique, 1827. — Tubercules napiformes, fastigiés, terminés par un grand nombre de bourgeons; pétioles courts, feuilles composées de 4 folioles; en juin, ombelles de feuilles larges, pourpre violet.

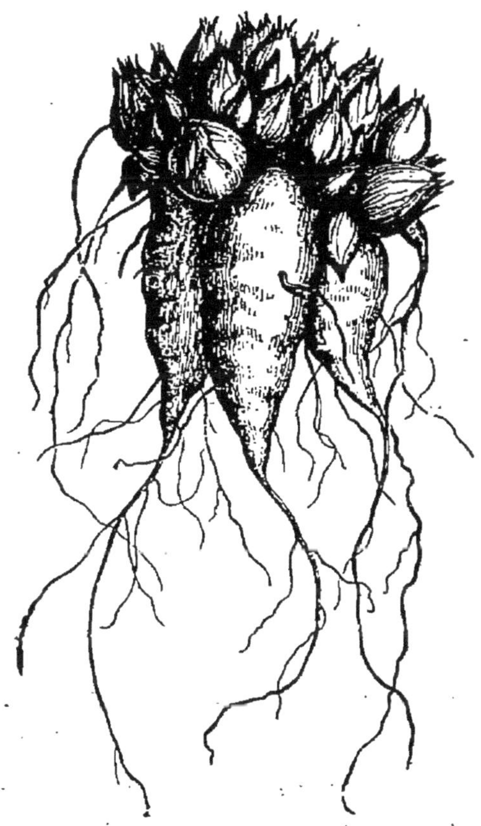

Fig. 176. — Oxalis tetraphylla (tubercules).

Culture. — Pleine terre, résiste dans toutes les situations.

O. variabilis. *Jacq. O. alba. O. grandiflora. O. purpurea, O. speciosa. Cap*, 1795. — Plante très variable, racine tuberculeuse très grosse; feuilles trifoliées sessiles, vert foncé, velues; pédoncules de 10 cent., portant une fleur large de 4-5 cent., pourpre, rose ou blanche et jaune; très répandu à l'état sauvage au Cap.

Culture de l'*O. Deppei.*

Les *Oxalis* sont de belles et bonnes plantes; les espèces rustiques se plaisent dans un sol léger, riche et frais à mi-ombre; celles du Cap demandent à être rempotées en août-septembre, hivernées sous châssis froid; au printemps on peut les planter en pleine terre.

La multiplication s'opère par la séparation des bulbilles.

PACHYPODIUM succulentum. — V. *Echites succulenta.*

P. tuberosum. — V. *Echites tuberosa.*

PACHYRHIZUS *Richard.* — *Phaséolées.*

P. angulatus *Rich.* — *Dolichos bulbosus. Jamaïque,* 1781. — Racine charnue, tuberculeuse, rampante, très longue; feuilles trifoliées; tiges grimpantes de 1 mètre à 1 m. 60 de haut; en juillet-août, épis de fleurs violettes, produisant des gousses qui sont employées comme légume à l'état vert, ainsi que les racines qui sont alimentaires dans leur pays.

Culture. — Serre tempérée ou mettre en pleine terre l'été, peu d'arrosages pendant l'hiver. Multiplication de boutures, par division des tubercules, et par graines au printemps.

PÆONIA. *Tourn.* **Pivoine.** *Renonculacées.*

Noblesplantes, très populaires, répandues dans tous les jardins; leur culture date de la plus haute antiquité. Dès le premier printemps leur beau feuillage forme des touffes admirables, et, en avril-juin, leurs grosses fleurs aux coloris les plus brillants sont le plus bel ornement que l'on puisse imaginer. Les pivoines se divisent en 2 sections : 1° celles à tiges uniflores et à fleurs inodores, dont le type est la pivoine officinale, *Pæonia officinalis Retz;* 2° celles à tiges pluriflores et à fleurs odorantes, qui sont a pivoine de Chine *Pæonia albiflora, Pallas*, qui fleurissent un peu plus tard. Depuis quelques années les espèces et variétés à fleurs simples sont en faveur et tendent à devenir à la mode. Les deux races ci-dessus ont produit des variétés innombrables, il y en a des centaines de décrites, qu'il serait superflu d'énumérer ici ; consulter les catalogues spéciaux pour cela.

A la maturité, les capsules s'ouvrent et montrent les graines rouge corail.

P. albiflora *Pallas P. chinensis Hort. P. edulis Salisb. P. fragrans Anders. P. sinensis Poit. Pivoine à fleurs blanches, P. à odeur de rose, P. comestible, P. de Chine, P. hybride. Chine*, 1548. — Souche composée de racines charnues en tubercules allongés, fasciculés ; feuilles biternées, élégamment divisées, vert foncé brillant en dessus et en dessous ; tiges de 70 à 90 cent., glabres, rameuses, à peine cannelées, produisant, en mai-juin, 3-6 fleurs simples, à odeur douce, larges de 10-12 cent., composées de 6 divisions, rosées d'abord, puis blanc de lait à l'épanouissement ; anthères jaunes. Racines alimentaires en Sibérie.

Cette espèce a produit de nombreuses variétés à fleurs doubles et très pleines ; on y trouve tous les coloris : blanc, rose, violet, jaune, carné, rouge vif, cramoisi et rouge pourpre ; les fleurs sont unicolores, bicolores ou panachées, globuleuses ou semi-globuleuses ; les divisions sont larges, ou étroites, ou linéaires, tantôt arrondies, laciniées ou dentées.

P. albiflora Whitteyi. — Belle variété introduite de la Chine en 1808 ; feuilles rugueuses, tige de

90 cent.; en juin, fleurs grandes, très doubles; pétales rougeâtres à l'extérieur, jaune pâle à l'intérieur, passant au blanc; odeur de fleur de sureau.

P. anomala *Lin. P. laciniata. Sibérie*, 1788. — Fleurs simples, cramoisi brillant, à divisions lancéolées, laciniées ; feuilles glabres; tige uniflore.

P. Browni *Dougl. Californie*, 1826. — La seule espèce originaire d'Amérique; feuilles glabres à divisions nombreuses, étroites, oblongues; tige uniflore de 30-40 cent., arquée ; fleurs simples, inodores ; pédoncule court; corolle globuleuse, large de 3 cent., rougeâtre. Espèce encore peu répandue.

P. chinensis. — V. *P. albiflora.*

P. corallina. *Retz. P. mascula Lin. Pivoine corail. P. mâle. Indigène. Ile de Steep Holmes en Angleterre.* — Feuilles glabres à divisions entières; tige, de 60-70 cent.; en mai, fleurs simples, rouge corail, passant au rouge pourpre ; quand les graines sont mûres, les capsules s'ouvrent et montrent leur intérieur rouge corail.

P. edulis. — V. *P. albiflora.*

P. fœmina. — V. *P. officinalis.*

P. fragrans. — V. *P. albiflora.*

P. fulgens. — V. *P. officinalis purpurea plena.*

P. laciniata. — V. *P. anomalia.*

P. lobata *Desf. Espagne*, 1821. — Fleurs simples, rouge cramoisi.

P. lutea *Franchet. Chine méridionale*, 1884. — Feuilles élégamment lobées; fleurs jaunes; étamines rouges.

P. mascula. — V. *P. corallina.*

P. Millais. — Hybride; plante vigoureuse, à fleurs simples, très belles, de couleur marron foncé. C'est la variété la plus foncée.

P. officinalis *Retz. P. fœmina Lin. Pivoine officinale,*

Fleur de mollet. Herbe Sainte-Rose. Péone. Pivoine de jardins. Pivoine femelle. Rose de Notre-Dame. Rose Péone. — Tubercules charnus, fasciculés, à odeur forte; feuilles divisées en 15-20 segments lancéolés, vert foncé en dessus, vert pâle en dessous; tige herbacée à 5-6 cannelures, haute de 70-90 cent. uniflore; en avril-mai, fleur simple, inodore, large de 10-12 cent. en coupe, à 6-8 pétales concaves, imbriqués, orbiculaires, rouge cramoisi.

Cette espèce a produit de nombreuses variétés; toutes à tige uniflore et à fleurs inodores, semi-doubles, doubles ou très pleines, à divisions de formes variables, des coloris les plus brillants, les plus variés et panachés ; la plus répandue est :

P. officinalis purpurea plena. *P. fulgens. P. splendens.* — C'est cette pivoine si répandue dans les jardins; à grosses fleurs très doubles d'un beau rouges pourpre brillant.

P. officinalis alba plana. — Magnifique variété à fleurs blanches très doubles.

P. paradoxa *Anders. P. peregrina Mill, Rose de Sérane. Europe méridionale,* 1629. — Feuilles à divisions trifides, glauques en dessus, velues en dessous; tige de 40-60 cent. uniflore; en avril-mai, fleur inodore, simple, rouge foncé; anthères jaunes. Comme la précédente, cette espèce a produit plusieurs variétés à fleurs semi-doubles, doubles ou très pleines et de coloris variés; ces plantes se distinguent par leurs dimensions plus petites et par leur feuillage glauque.

P. peregrina. — V. *P. paradoxa.*

P. splendens. — V. *P. officinalis purpurea plena.*

P. sinensis. — V. *P. albiflora.*

P. tenuifolia *Lin. Pivoine Adonis. P. à fleurs menues. P. à feuilles de Fenouil. Sibérie,* 1765. — Feuilles glabres, à divisions filiformes, ayant l'aspect de celles de fenouil; tige de 40-60 cent., uniflore; en avril-mai fleurs inodores, larges de 10 cent., rouge cramoisi vif en forme de coupe; cette espèce a produit quelques variétés à fleurs doubles, dont la plus jolie est :

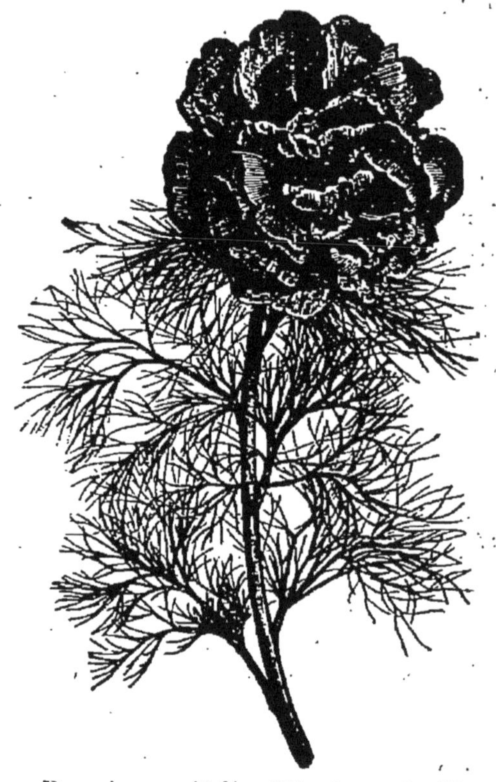

Fig. 177. — Pæonia tenuifolia (Pivoine à feuilles menues).

P. tenuifolia rubra plena. — A fleurs très doubles, rouge ponceau. Les Pivoines tenuifolia sont excessivement jolies par leur feuillage finement découpé, d'un beau vert, sur lequel tranchent admirablement les belles fleurs rouge vif.

P. triternata *Pall. P. dahurica. Sibérie*, 1790. — Feuilles glabres, vert pâle en dessus, glauque en dessous; tige uniflore de 50-60 cent.; en mai, fleur simple inodore, rouge violacé, large de 5 cent.

P. **Whitleyi**. — V. *P. albiflora Whitleyi.*

P. **Wittmanniana** *Stev. Crimée, Caucase*, 1842. — Feuilles à divisions bi-triternées; tige uniflore, haute de 50-70 cent.; en mai-juin, fleur simple, inodore, jaune pâle, à divisions orbiculaires, inégales; pédoncule long. C'est une des plus belles espèces; encore rare.

Culture. — Toutes les Pivoines décrites ci-dessus se cultivent de la même façon; toutes sont de pleine terre et résistent aux froids les plus rigoureux.

Il leur faut un sol riche, profond, frais, non humide; toute exposition, même à l'ombre, où les variétés à fleurs simples conservent leur floraison bien plus longtemps; on les emploie en bordure dans les grands jardins; en massif ou isolément; cependant plusieurs touffes réunies, de coloris variés, produisent un bien meilleur effet; planter en septembre-octobre, à 10 centimètres de profondeur, et 1 mètre de distance, en mai-juin; si le sol est sec, des arrosages additionnés d'engrais liquides seront des plus favorables.

Deux ou trois semaines après la floraison, on peut couper les tiges et les feuilles, sans nuire à la plante, et garnir l'emplacement avec d'autres plantes molles ou annuelles; l'arrachage des Pivoines ne doit avoir lieu que tous les 5-6 ans, et même plus longtemps; la floraison n'acquiert toute sa beauté que 2-3 ans après la plantation; les racines doivent être plantées le plus tôt possible après l'arrachage.

Multiplication. — S'opère à l'époque de la plantation en septembre-octobre, par la division des racines, en ayant bien soin de laisser une partie du collet munie de bourgeons à chaque division; cette opération faite au printemps ne donne pas des résultats aussi bons, et souvent la floraison n'a pas lieu.

Le semis est peu usité, on sème les graines aussitôt mûres, en pleine terre, à l'ombre, et la floraison n'a lieu que 6-8 ans après.

PAIN de cochon. — V. *Cyclamen Europæum.*

P. de crapaud. { — V. *Alisma plantago.* — V. *Arum maculatum.* }

P. de grenouille. — V. *Alisma plantago.*

P. de lièvre. — V. *Arum maculatun.*

P. de pourceau. { — V. *Arum maculatum.* — V. *Cyclamen europæum.* }

PANACHE de Vénus. — V. *Muscari monstrosum.*

PANCRATIUM *Lin. Amaryllidées.*

D'après les botanistes, le genre *Pancratium* est réduit au nombre de 3 ou 4 espèces, toutes les autres appartenant au genre *Hymenocallis;* les caractères génériques sont basés sur les graines qui sont petites, sèches, ressemblant à la graine d'ognon chez les *Pancratium*, et grosses, charnues, comme une baie ou une bulbille dans les *Hymenocalli.* Ces plantes étant connues et répandues sous le nom de *Pancratium*, je leur ai conservé cette dénomination. Ce sont de magnifiques plantes qui ont été trop longtemps négligées; leurs belles fleurs blanches sont des plus odorantes, et ont une grande valeur comme fleur coupée; elles se conservent fraîches pendant une huitaine de jours dans l'eau en ayant soin d'enlever les anthères jaunes, dont le pollen tache les fleurs.

Les espèces les plus méritantes sont :

P. amœnum *Salisb. Hymenocallis amœna. Guyane*, 1790. — Feuilles longues, ovales, lancéolées, retombantes; en été et en automne, hampe comprimée, terminée par 4-8 fleurs érigées, blanc pur, très odorantes, longues de 15 à 18 cent. Le tube est très long, et les divisions longues, étroites et réfléchies. Serre chaude.

P. amancæes *Gawl. Ismene amancæs Herb. Brésil*,

Fig. 178. — Pancratium caribæum (Dammann),

— Hampe plus haute que les feuilles; en été, 3-6 fleurs à tube verdâtre; limbe jaune, ainsi que la couronne; odeur suave. Serre chaude.

P. amboinense. — V. *Eurycles amboinensis*.

P. calathinum *Ker. Ismene calathinum. Pancratier à grand godet, Narcisse maritime blanc. Amérique méridionale.* — Feuilles linéaires, lisses; hampe de 50 cent., terminée par quelques fleurs sessiles, blanches; couronne de la fleur très grande; résiste en pleine terre légère, à exposition chaude, avec couverture pendant les grands froids.

P. caribæum *Lin. Hymenocallis caribæa Herb. Pancratier des Antilles. Indes occidentales*, 1730. — Feuilles de 30 cent. distiques; hampe de 30 cent. fleurs nombreuses, blanc pur, très odorantes, à divisions étroites, étamines longues; fleurit en hiver et plusieurs fois pendant l'année. Serre chaude.

P. des Antilles. — V. *P. caribæum.*

P. expansum. *P. fragrans Hymenocallis expansa. Indes occidentales*, 1820. — En août-septembre, ombelle de 10-12 fleurs blanc pur, très odorantes; belle plante, fleurit facilement. Serre chaude.

P. fragrans. — V. *P. expansum.*

P. guyanense. *Guyane*, 1815. — Feuilles longues de 25 cent.; hampe de 30 cent., portant 9-10 fleurs, blanc pur, odorantes, à tube long de 20-25 cent., et les divisions de la fleur frisées, longues de 10-12 cent.; floraison en octobre-novembre.

Culture. — Du *P. speciosum.*

P. Harrisiana. *Hymenocallis Harrisianum. Mexico*, 1846. — Feuilles lancéolées de 30 cent.; ombelle de 4-5 fleurs blanches, odorantes; les feuilles se dessèchent et disparaissent à l'automne; jolie petite plante.

Culture. — Châssis froid, pleine terre l'été, supporte nos hivers en pleine terre avec une légère couverture.

P. illyricum *Lin. Europe méridionale.* — Bulbe très gros, piriforme, brun noir; col très long; feuilles longues de 30 cent., larges de 3-4, obtuses en lanières glauques; hampe de 30-40 cent. érigées, comprimées, portant une ombelle de 8-12 fleurs très odorantes, grandes, blanc pur, à tube jaunâtre; plante magnifique. La floraison a lieu régulièrement en mai-juin.

Culture. — Planter en automne en terre légère, riche, à exposition chaude, à 20-25 cent. de profondeur; arracher tous les 5-6 ans; supporte nos hivers sans abri.

Fig. 179. — Pancratium illyricum.

Multiplication. — Par division des bulbes et par graines, le semis ne fleurit qu'après 6-10 ans; on peut arracher les bulbes à l'automne et les conserver jusqu'au printemps, mais la floraison est compromise.

P. incarnatum. — V. *Stenomesson incarnatum.*

P. littorale. *Jacq. Hymenocallis littoralis. Hy. adnata Herb.. Amérique du Sud,* 1758. Feuilles longues, étroites; hampe de 30-50 cent.; ombelle de fleurs blanc pur.

Culture. — Serre chaude, beaucoup d'humidité; à essayer en pleine terre.

P. luteum *Poiret.* — V. *Chlidanthus fragrans.*

P. macrostephana. — Hybride ou espèce (?). Bulbes ovales de 4-5 cent. de diamètre; feuilles longues de 1 mètre, larges de 10 cent.; hampe de 50-60 cent., portant une ombelle de 6-10 fleurs à tube verdâtre, long de 10 cent.; les divisions longues de 10 cent., larges de 3.; anthères jaunes; couronne large de 5 cent.; toute la fleur est d'un beau blanc pur. La floraison a lieu à des époques diverses selon la culture; c'est une excellente plante pour la fleur coupée; serre chaude, serre tempérée; essayer en pleine terre.

P. maritimum. *Lin.* — *Narcissus marinus, Lis de Matthiole, Lis Narcisse. Sables maritimes de l'Europe méridionale.* — Bulbe très gros piriforme brun; feuilles glauques, en lanières, pointues; tige de 30 cent., terminée de juin en septembre par 6-8 fleurs grandes, dressées, blanches, très odorantes, verdâtres au dehors, ressemblant à une fleur de *Narcissus Pseudo-Narcissus*; tube très long.

Culture. — Planter en automne en terre légère, sableuse, à 15-20 cent. de profondeur, à exposition chaude; arracher tous les 5-6 ans; la floraison est irrégulière et souvent se fait attendre pendant plusieurs années; pour éviter ce retard, on conseille de couvrir la plante, de août en novembre, avec une cloche ou châssis, afin d'éloigner toute humidité des racines, et de les forcer à un repos absolu pendant 2-3 mois; traitées de la sorte, la floraison a lieu tous les ans; il est prudent d'abriter les bulbes pendant l'hiver qui suit la plantation.

P. mexicanum. — V. *P. rotatum.*

P. nervosum. — V. *Eurycles amboinensis.*

P. parviflorum. *Don. Syrie*, 1830. — Bulle moyen

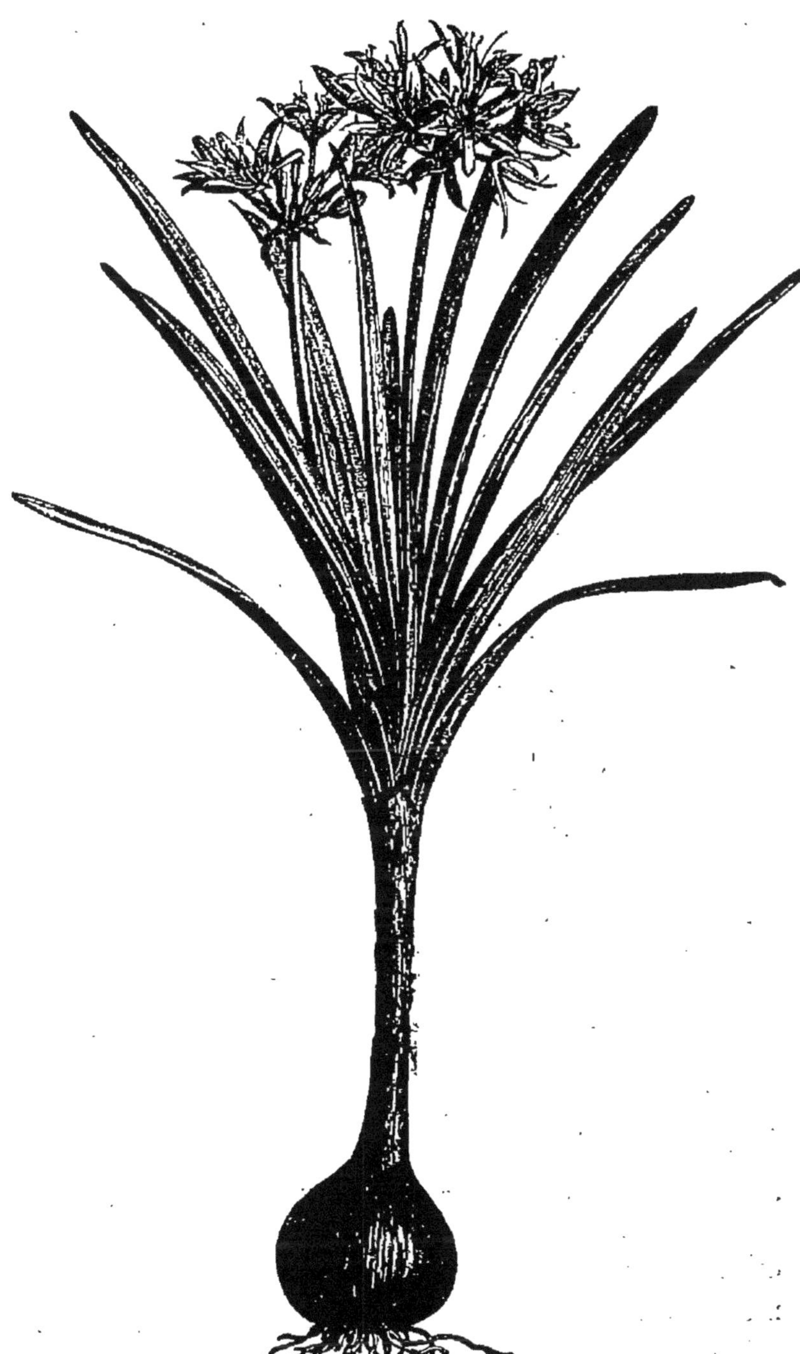

Fig. 180. — Pancratium maritimum.

feuilles étalées; hampe de 60-80 cent. portant en août-octobre une ombelle de fleurs blanc verdâtre, rappelant celle des *Ornithogalum*.

Culture du *P. illyricum*.

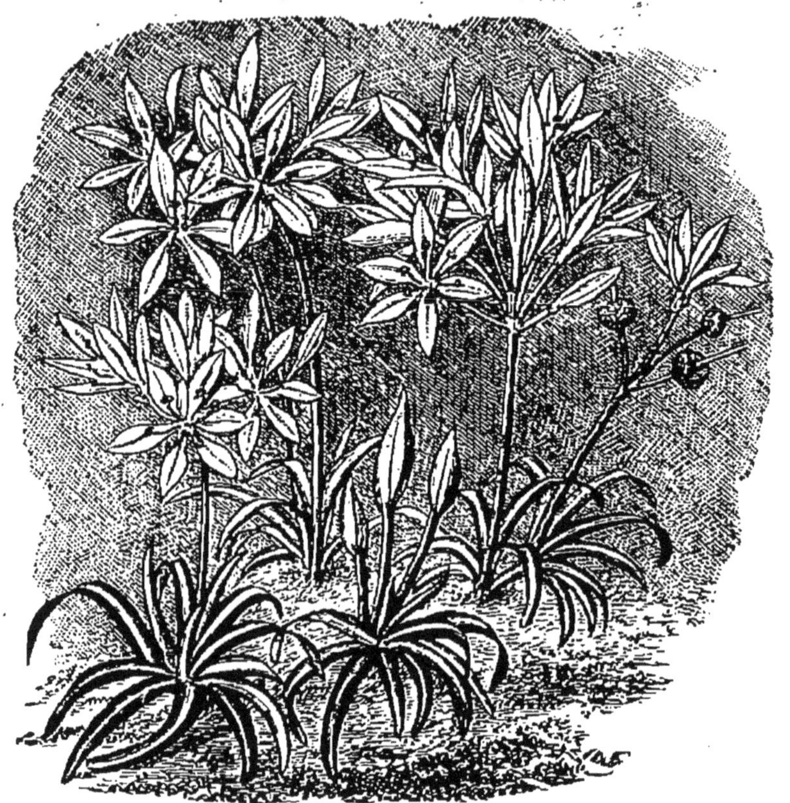

Fig. 181. — Pancratium parviflorum (Dammann).

P. rotatum *Ker.* — *P. mexicanum*, *Hymenocallis lacera*, *Hy. rotata*. *Virginie*, 1803. — Belle plante; fleurs très grandes, larges de 12-15 cent.; divisions étroites; couronne frangée; ces fleurs sont blanc pur et très odorantes; anthères jaunes; se trouvent dans les marais de Virginie et du Kentucky. Là les fleurs ne s'épanouissent que la nuit; pleine terre.

Culture du *P. calathinum*. — La floraison ayant lieu

en octobre, il est prudent de le cultiver en pots pour les rentrer en serre froide ou tempérée.

P. speciosum *Salisb.* — *Hymenocallis speciosa Herb. Indes Occidentales*, 1759. — Feuilles grandes, recourbées, vert foncé, longues de 60-80 cent., larges de 10-12 ; hampe de 50 cent., portant une ombelle de 40 cent. de diamètre, composée de 40-60 fleurs blanc pur, très odorantes ; tube long de 10-12 cent. Magnifique plante de serre chaude, qui fleurit en septembre-octobre.

Culture. — Planter au printemps, 4-5 bulbes ensemble en pots spacieux, en terre riche, bien drainée ; tenir humide pendant la végétation, cesser presque les arrosages après la floraison pour la saison de repos, mais ne jamais laisser sécher complètement les bulbes.

Multiplication. — Par division des bulbes.

P. undulatum *H. B. et K.* — *Hymenocallis undulata Bak.* — *Hy. Borksiana, de Vriese. Vénézuéla*, 1845. — Feuilles à limbe oblong, long de 30 cent., large de 15, atténué en pétiole ; hampe comprimée de 60 cent. ; en avril, ombelle composée de 8-12 fleurs blanches ; tube long 15 cent. ; divisions du périanthe étroites, linéaires pendantes, longues de 8 cent. ; couronne teintée de rouge. Serre chaude.

P. verecundum *Soland. Indes Orientales*, 1876. — En été fleurs blanc pur à tube verdâtre, ainsi que les styles ; serre chaude, fleurit facilement.

P. viridiflorum *Ruiz et Pav.* — *Callithauma viridiflora. Stenomesson viridiflorum.*

Plante curieuse, ayant 4-5 fleurs très grandes d'un beau vert émeraude ; serre tempérée, essayer en pleine terre.

Culture. — Les espèces de pleine terre se cultivent

comme le *P. Illyricum*, dans un sol chaud léger à bonne exposition, les bulbes ont plusieurs mois de repos, pendant lesquels on peut les arracher et les conserver à l'état sec.

Celles de serre chaude ont le feuillage persistant; elles sont donc toujours en végétation; il leur faut beaucoup d'eau pendant la floraison, et les tenir un peu sèches pendant la période de repos; celles de serre tempérée ont un repos plus marqué pendant lequel on cesse tout arrosage, en tenant la terre des pots à peu près sèche.

Le rempotage a lieu généralement au printemps, tous les 2 ou 3 ans, en pots spacieux bien drainés; dans un mélange de terre franche de terreau et de sable, on enterre les bulbes jusqu'à moitié de leur hauteur.

Multiplication. — A l'époque de l'arrachage par division des bulbes, par les caïeux qui se développent autour des bulbes, et par graines semées aussitôt mûres, en terrines, en serre chaude; la floraison a lieu 6-8 ans après le semis.

PAQUETTE. — V. *Anemone nemorosa.*

PARADISIA Liliastrum. — V. *Phalangium Liliastrum.*

PARC. — V. *Bryonia dioica.*

PARDANTHUS sinensis. — V. *Moræa sinensis.*

PELARGONIUM *L'Herit. Géraniacées* — Ce genre comprend plus de cent espèces ou variétés tuberculeuses ou à rhizomes tuberculeux; à l'exception de trois ou quatre toutes sont originaires du Cap. Ce sont des plantes peu décoratives, qui sont reléguées seulement dans les collections botaniques.

Ce *P. triste* est très odorant pendant la nuit et ses tubercules sont alimentaires au Cap.

PENTECOTE. — V. *Orchis foliosa.*

PENTLANDIA *Herb. Amaryllidées.*

P. miniata *Herb. Urceolina miniata. Narcisse rouge. Pérou*, 1836. — Magnifique plante bulbeuse; feuille solitaire, lancéolée, paraissant avant les fleurs; hampe solide haute de 30-40 cent., terminée par une ombelle de 5-6 fleurs pendantes, d'une belle couleur vermillon; le périanthe est tubulaire, contracté à la base, renflé au-dessus, terminé par six segments étalés; la floraison a lieu en août-septembre.

Culture de l'*Urceolina.*

PERCE-NEIGE. — V. *Galanthus.*

P. N. à fleurs doubles. — V. *Gal. nivalis flore pleno.*

P. N. à fleurs jaunes. — V. *Galanthus flavescens.*

P. N. à fleurs vertes. — V. *Galanthus virescens.*

P. N. d'automne. — V. *Galanthus octobrensis.*

P. N. de Crimée. — V. *Galanthus plicatus.*

P. N. jaune. — V. *Erythronium Americanum.*

PÉONE. — V. *Pæonia officinalis.*

PERSICAIRE. — V. *Polygonum.*

PETAMENES. — V. *Antholiza.*

PETILIUM imperiale. — V. *Fritillaria imperialis.*

PETITE FLAMBE — V. *Gladiolus communis.* — V. *Iris pumila.*

PETIT BALISIER. — V. *Canna indica.*

Petit Iris gigot.
Petit Glaïeul sauvage. — V. *Iris fœtidissima.*

Petit Nénuphar. — V. *Nymphæa lutea.*

PEYROUSIA. — V. *Lapeyrousia.*

PHÆDRANESSA *Herb. Amaryllidées.*

Plantes peu répandues, originaires de l'Amérique centrale. Bulbes moyens; feuilles ovales; tige de 30 cent. environ, supportant une ombelle de fleurs pendantes, s'épanouissant d'avril en juin.

Ph. chloracea *Herb. Phycella chloracea. Pérou*, 1844. — En mai-juin, ombelle de 5-6 fleurs tubuleuses, à divisions jaunes, tachées de vert aux extrémités; les tiges s'élèvent de 30 à 50 cent., et les fleurs sont très odorantes.

Ph. gloriosa. — En mai-juin, fleurs jaunes très odorantes.

Ph. rubro-viridis *Baker.* — V. *Eustephia coccinea.*

Ph. obtusa *Herb. Phycella obtusa. Pérou*, 1844. — Hampe de 30 cent.; en avril-juin, fleurs rouge cramoisi.

Ph. schizantha *Baker.* 1880. — En mai-juin, fleurs orange vif, taché de jaune et de vert à l'extrémité de chaque division.

Ph. ventricosa. — Tige de 40-50 cent.; en mai-juin, fleurs d'un bel écarlate, anthères jaunes très proéminentes.

Ph. viridis *Regel. Andes*, 1853. — Fleurs tubulaires, cramoisi vif, longues de 4-5 cent.; chaque division tachée de vert à la pointe.

Ph. vittelina. — Fleurs orange écarlate.

Culture. — Ces plantes réussissent bien en pleine terre au pied d'un mur; le traitement de l'*Amaryllis formosissima*, leur convient parfaitement, ainsi que leur mode de multiplication.

PHAJUS *Loureiro. Orchidées.*

Ph. grandiflorus *Rchb. Bletia Tankervilliæ. Chine*, 1778. — Bulbes moyens; feuilles longues, étroites, lancéolées; en mars-avril, plusieurs hampes de 1 mètre environ, composées de 20-30 fleurs, blanches à l'extérieur, brunes à l'intérieur; labelle jaune d'or rayé de rouge à la base.

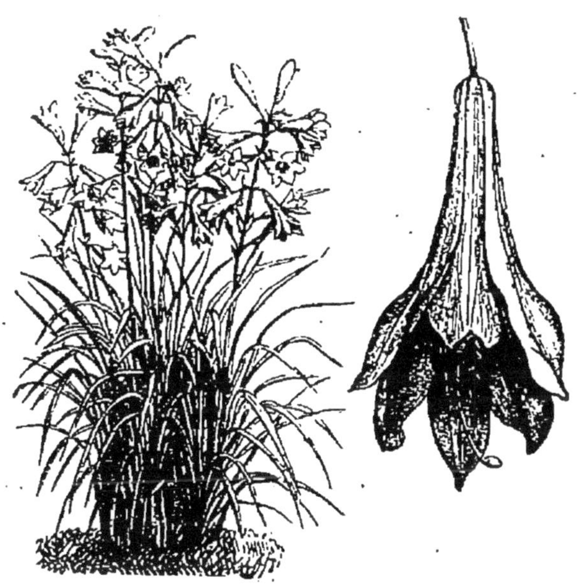

Fig. 182. — Phalangium Liliastrum.

Culture des Orchidées terrestres, pots bien drainés, tenir en serre témpérée à cause de l'époque de sa floraison, mais supporte la pleine terre avec un léger abri.

PHALANGIUM *Tourn.* **Phalangère.** *Liliacées.*

Ph. esculentum. } — V. *Camassia esculenta.*
Ph. quamash. }

P. liliastrum *Lamk. Anthericum liliastrum Lin. Czackia liliastrum And. Paradisia liliastrum Bertol. Lis de Saint-Bruno, Lis des Allobroges. Indigène.* — Racines charnues fasciculées; feuilles linéaires, canaliculées; tige raide de 30-50 cent., terminée, en mai-juin, par un bouquet de fleurs campanulées, horizontales, blanc pur, très odorantes, avec une tache verte à l'extrémité de chaque division.

P. pomeridianum. — V. *Chlorogalum pomeridianum.*

Culture. — Planter à l'automne ou au printemps, en terre riche à exposition chaude; laisser en place pendant plusieurs années.

Multiplication. — A l'automne ou au printemps par divisions.

PHALLOCALIS plumbea. — V. *Cypella plumbea.* — V. *Ferraria cœlestis.*

PHARIUM fistulosum. — V. *Bessera elegans.*

PHILODENDRUM laciniatum. — V. *Caladium pedatum.*

PHILOGYNE odora. — V. *Narcissus odorus.*

PHLOMIS *Lin.* **Phlomide.** *Labiées.*

Ph. laciniata. — V. *Eremostachys laciniata.*

Ph. tuberosa *Lin. Europe Orientale, Sibérie*, 1759. — Racine tuberculeuse; feuilles velues; tige élevée de 60 cent. environ; en juillet-août, fleurs violet rougeâtre, disposées en verticilles.

Culture. — Tous terrains; rocailles.

Multiplication. — A l'automne ou au printemps, par éclats ou division des tubercules.

PHRYNIUM elegans. — V. *Maranta vittata.*

P. Jageranum. — V. *Maranta Jagerana.*

P. metallicum. — V. *Maranta metallica.*

P. ornatum. — V. *Maranta ornata.*

P. picturatum. — V. *Maranta picturata.*

P. variegatum. — V. *Maranti arundinacea variegata*

P. warscewicsii. — V. *Maranta warceviczii.*

PHYCELLA *Lindl. Amaryllidées.*

Genre voisin des *Phædranessa;* ayant le même port.

P. chloracea. — *Phædranassa chloracea.*

P. corusca *Lindl. Colombo,* 1825. — Hampe de 30 cent. ; en juillet-août, fleurs rouge orange.

P. Herbertiana *Lindl. Andes,* 1825. — Hampe de 30-40 cent; en juin fleurs rouge orangé.

P. ignea *Lindl. Amaryllis ignea. Chili,* 1824. — Hampe de 30-40 cent; au printemps fleurs écarlates.

P. obtusa. — V. *Phædranassa obtusa.*

Culture. — De l'*Amaryllis formosissima*

PHYTOLACCA *Tourn. Phytolacées.*

P. decandra *Lin. Grande morelle des Indes, Herbe à la laque, Laque Méchoacan du Canada, Morelle en grappe, Raisin d'Amérique, Raisin du Canada, Raisin des teinturiers. Amérique du Nord.* — Racine charnue, très grosse, napiforme ; tiges herbacées buissonnantes; s'élevant à 2-3 mètres, feuilles ovales aiguës lavées de rouge ainsi que les tiges; de juillet en octobre fleurs en grappes, petites, blanchâtres, passant au rose foncé ; auxquelles succèdent des baies rouge noirâtre à jus abondant, de couleur rouge carminé ; employé pour la fabrication de l'encre et pour la coloration artificielle des vins.

Culture. — Très rustique, croît partout.

Multiplication. — De graines semées en automne, mises en place au printemps; ou par division des souches.

PIAPAUD. — V. *Ranunculus bulbosus flore pleno.*

PICOTIN. — V. *Arum maculatum.*

PIED-d'alouette. — V. *Delphinium.*

P. de bœuf. — *Arum maculatum.*
P. de coq. | P. de corbun. } — V. *Ranunculus bulbosus flore pleno.*
P. d'éléphant. — V. *Tamus elephantipes.*
P. de veau. — V. *Arum maculatum.*

PIGAMON. — V. *Thalictrum.*

PILESTE. | PILON. } — V. *Arum maculatum.*

PILOGYNE minor. — V. *Narcissus juncifolius.*
P. odora. — V. *Narcissus odorus.*

PINTADE. | PIQUE. } — V. *Fritillaria meleagris.*

PIRETTE. — V. *Arum maculatum.*

PIROTTE. — V. *Asphodelus ramosus.*

PISTOLOCHIA solida. — V. *Corydalis bulbosa.*

PIVOINE. — V. *Pæonia.*
P. adonis. | P. à feuilles menues. | P. à feuilles de fenouil. } — V. *Pæonia tenuifolia.*
P. à fleurs blanches. | P. à odeur de rose. | P. comestible. | P. de Chine. } — V. *Pæonia albiflora.*
P. de jardin. | P. femelle. } — V. *Pæonia officinalis.*
P. hybride. — V. *Pæonia albiflora.*
P. mâle. — V. *Pæonia corallina.*
P. odorante. — V. *Pæonia albiflora.*

PLACEA. *Miers.* *Amaryllidées.*
Plante du Chili à bulbe tuniqué.

P. Arzœ *Philippi. Santiago*, 1872. — Bulbe gros de 4-5 cent. de diamètre; feuilles 2, linéaires, glauques; longues de 30 cent., très étroites; pédoncule de 30-40 cent. terminé par 2-5 fleurs à spathe pourpre; pétales jaune pâle, teintés et panachés de rouge vineux.

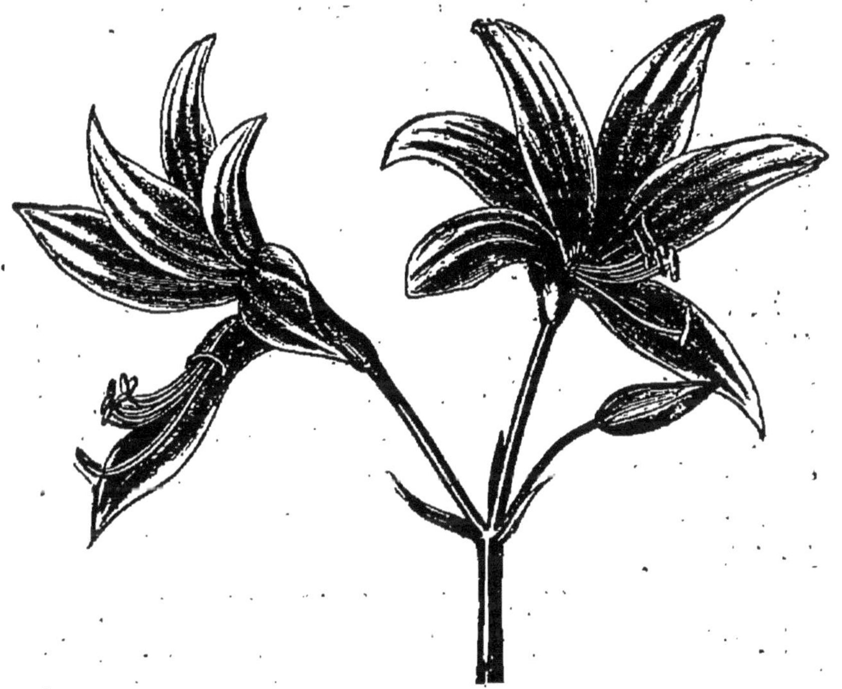

Fig. 183. — Placea Arzæ.

Culture. — Serre tempérée ou froide; à essayer en pleine terre, comme les *Amaryllis*.

PLANTAIN aquatique.
P. d'eau. — V. *Alisma plantago*.

PLANTE au musc. — V. *Euryangium Sumbul*.

PLATANTHERA *Reich*. — *Orchidées*.

Genre voisin des *Gymnadenia* et des *Orchis*, comprenant environ 70 espèces, dont les plus importantes sont :

P. bifolia *Rchb.* — *Orchis bifolia Lin. Indigène.* — Bulbes entiers ; feuilles au nombre de deux, oblongues, larges, obtuses ; tige de 40-50 cent. ; épi grêle allongé; bractées, courtes ; en juin-juillet, fleurs blanches, très odorantes ; labelle linéaire pendant ; éperon filiforme très long.

Culture des *Orchis.* — Terre légère à l'ombre.

P. chlorantha *Curt.* — *Orchis papillon. Montagnes de l'Europe.* — Bulbes entiers ; feuilles ovales, larges, étalées ; tige feuillée, anguleuse, de 40 cent. ; épi allongé, grêle ; en juin-juillet, fleurs inodores verdâtres, plus larges que celles du précédent ; éperon long.

Culture des *Orchis.* — A l'ombre.

P. ciliaris *Lindl.* — *Orchis cilié. Amérique du Nord,* 1796. — Bulbes palmés ; feuilles lancéolées, les supérieures devenant des bractées ; tige de 20-30 cent. ; en juillet-septembre, épi court de fleurs jaune orange vif, à divisions ciliées ; labelle oblong frangé.

Très belle plante, extrêmement recherchée des Américains.

Culture des *Orchis.* — Lieux froids et humides.

P. cristata *Lindl. Amérique du Nord*, 1806. — Bulbes palmés ; en juillet, fleurs petites jaunes, à labelle frangé.

Culture des *Orchis.* — Terrain frais et humide.

P. fimbriata *Lindl. Amérique du Nord*, 1789. — Bulbes palmés ; en juin-juillet, fleurs lilas clair, à beau labelle pendant, grand et lacinié.

P. orbiculata *Lindl. Amérique du Nord.* — Bulbes palmés ; feuilles grandes, orbiculaires, étalées ; fleurs petites, blanc verdâtre ; en épi long ; labelle étroit linéaire, spatulé, retombant ; très curieuse.

P. psychoides *Lindl. États-Unis*, 1826. — Bulbes palmés ; fleurs d'un beau lilas ; odorantes ; labelle large, brillant, finement découpé sur les bords; épi cylindrique

P. radiata *Lindl. Bois et Montagnes. Japon.* — Bulbes palmés; tige de 20-30 cent.; feuilles ovales larges; en mai-juillet, fleurs grandes blanches en casque; labelle blanc pur, trilobé, frangé; éperon long.

Culture des *Orchis.* — Terre légère.

PLATEAU à fleurs blanches. — V. *Nymphæa alba.*

P. à fleurs jaunes. — V. *Nymphæa lutea.*

PLECTOPOMA *Hort. Gesnériacées.*

Démembrement du genre *Gloxinia.*

Plantes à tiges feuillées; fleurs axillaires en clochette oblique, à lobes denticulés, rhizomes écailleux; les fleurs sont produites sur des tiges compactes, beaucoup plus robustes que celles des *Achimenes.*

Culture des *Achimenes.*

PLUMBAGO *Tourn.* **Dentaire.** *Plombaginées.*

P. Larpentæ. *Lindl. Valoradia plumbaginoides. Boiss. Chine*, 1847. —Souche rhizomateuse; feuilles alternes ovales, sinuées, dentées; tiges de 30-40 cent., touffues, striées de violet; en septembre-octobre, ombelles de fleurs d'un beau bleu passant au violet.

Culture. — Tous terrains même rocailleux et à l'ombre.

Multiplication par division des touffes et fragments de rhizomes, au printemps de préférence; à l'automne on n'obtient une belle floraison que sur les grosses touffes.

POIRE de terre. — V. *Helianthus tuberosus.*

POLIANTHUS *Lin.* **Tubéreuse.** *Liliacées.*

P. tuberosa *Lin. Tubéreuse à fleurs doubles, T. des Jar-*

dins, *T. odorante*, *Jacinthe des Indes*. *Indes orientales*, 1629. — Rhizome charnu, solide, brun, garni de racines fibreuses, sur lequel naissent de nombreux caïeux, entourant un bulbe piriforme, à tuniques blanches ou brunes; feuilles glabres, longues, étalées, linéaires, d'un beau vert; tige de 1 mètre à 1 m. 30, teintée de brun, terminée par un épi de 15-20 cent. de fleurs blanches, pleines, blanc pur à l'intérieur, blanc rosé à l'extérieur, exhalant un parfum fort et pénétrant ; ces fleurs se conservent assez longtemps dans l'eau, elles sont excellentes pour la confection des gerbes et des bouquets; aussi s'en fait-il un grand commerce pour l'exportation. La plante à fleurs simples se cultive beaucoup en Provence et en Italie pour la parfumerie.

P. tuberosa La Perle. — Variété originaire d'Amérique ; à fleurs très doubles, plus grandes que celles de la tubéreuse ordinaire, à tube court, blanc pur et très odorantes ; la plante n'atteint que 60-80 cent. de haut et est un peu plus tardive. Belle variété, beaucoup cultivée.

Les *Tubéreuses d'Afrique* ou *du Cap* sont la même plante que la T. ordinaire.

La variété à feuilles rubanées de blanc jaunâtre ne se cultive que pour la beauté de son feuillage.

Culture. — C'est en Provence que se fait en grand la culture des Tubéreuses : celles à fleurs simples pour la parfumerie, celles à fleurs doubles pour la fleur coupée et l'exportation des bulbes ; nulle part ailleurs en France ces plantes ne résistent en pleine terre.

La Tubéreuse double est une charmante plante pas assez répandue, sa culture est facile ; elle réclame une bonne terre légère, sableuse, additionnée de moitié terreau ; en février-mars, ne choisir que les gros bulbes, les nettoyer de leurs caïeux et les planter en pots de 10-15 cent.; placer ces pots sur couche tiède sous châssis ou en serre tempérée et donner beaucoup d'air; arroser modérément, fin mai enlever les châssis et planter en pleine terre les plantes qui y sont destinées, celles qui doivent rester en pots

Fig. 184. — Tubéreuse double La Perle. (Polyanthus tuberosus.)

seront conservées en terre, ou enterrées avec les pots à exposition chaude, celles qui seront en pots trop petits seront rempotées dans de plus grands; une fois par semaine, leur donner de l'engrais liquide. La floraison qui est assez capricieuse a lieu de juillet en novembre; au mois d'octobre les plantes qui n'auront pas encore fleuri seront rentrées en serre tempérée ou chaude, où elles achèveront leur floraison; chaque bulbe produit 1, 2 et même 3 tiges qui ont besoin d'être soutenues par un tuteur.

Pour obtenir une floraison hivernale de novembre

à janvier, il faut choisir les bulbes au printemps et les conserver dans un lieu bien sec, aéré et tempéré, jusqu'en juin, époque à laquelle on les plante en pots comme ci-dessus; en octobre on les rentre en serre tempérée, puis en novembre en serre chaude sur couche chaude si possible, pour favoriser la floraison, qui a besoin de beaucoup de chaleur et de lumière.

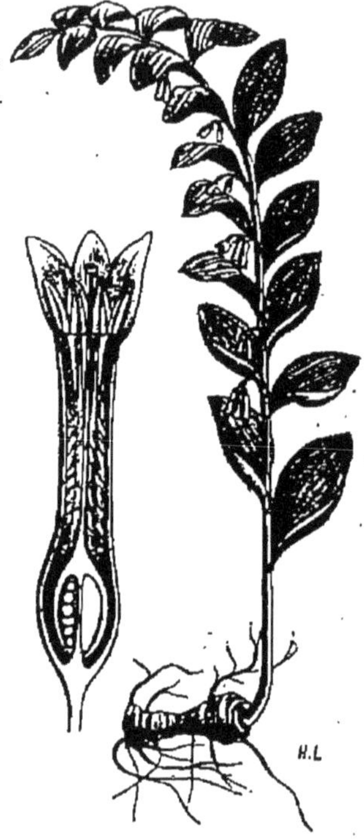

Fig. 185. — Polygonatum vulgare.

Pour obtenir du feuillage et des touffes plus garnies, il faut en plantant laisser tous les caïeux autour du bulbe, ce qui ne cause aucun préjudice à la floraison ; les bulbes ne fleurissant qu'une fois, il faut les renouveler tous les ans.

Multiplication. — Se fait par les caïeux replantés aussitôt après leur division, ils fleurissent deux ou trois ans après ; cette multiplication ne peut pas se faire sous le climat de Paris.

POLYGONATUM *Desf. Liliacées.*

P. multiflorum *All. Convallaria multiflora Lin. Indigène.* — Souche rhizomateuse, noueuse, épaisse ; tige de 30 cent. arquée, feuillée dans sa moitié supérieure ; feuilles sessiles sur 2 rangs, ovales, d'un beau vert ; pédoncules axillaires unilatéraux, portant 3-5 fleurs pendantes à long tube blanc, vert à la gorge ; fleurit en mai-juin.

P. verticillatum *All. Convallaria verticillata. Indigène.* — Port du précédent; feuilles étroites, linéaires verticillées par 3 ou 4; en mai-juin, fleurs blanches, pendantes auxquelles succèdent des baies violettes.

Culture. — Terre de bruyère fraîche et à l'ombre.

Fig. 186. — Polygonatum multiflorum.

P. vulgare *Desf. Convallaria Polygonatum Lin. Muguet sceau de Salomon, Sceau de Salomon. Indigène.* — Rhizome épais, charnu, noueux, marqué d'empreintes circulaires, laissées par les tiges précédentes (d'où son nom vulgaire), port du *P. multiflorum*; fleurs semblables; une ou deux par pédoncule.

Culture. — Terre légère, sablonneuse, à l'ombre; très convenable pour garnir les parties boisées; les tiges coupées se conservent longtemps et font de jolis bouquets.

Multiplication. — Facile à l'automne par la division des rhizomes munis de bourgeons.

POLYGONUM *Lin.* **Persicaire.** *Polygonées.*

P. amplexicaulis *Don. Népaul*, 1837.—Souche rhizomateuse, charnue; feuilles nombreuses, ovales-oblongues; tiges de 60-80 cent., dressées, terminées en juin-juillet par un épi cylindrique de fleurs rouge sang.

Fig. 187. — Pontederia crassipes.

P. Bistorta *Lin. Indigène.* — Racine tubéreuse, noire, charnue ; feuilles d'un beau vert blanchâtre en dessous ; en mai-août tiges de 30-40 cent. terminées par un épi dense de fleurs roses. — *Culture.* Ces 2 plantes sont très rustiques et croissent dans tous les sols. — *Multiplication.* Au printemps par division des touffes et racines.

POMME épineuse. — V. *Datura.*

PONTEDERIA *Lin. Pontedériacées.*

P. cordata *Lin. Amérique septentrionale*, 1759. — Rhizome rampant; feuilles à longs pétioles, ovales cordées, limbe érigé, longues de 50-80 cent.; en juin-août, hampe de 1 mètre environ terminée par un épi dense de jolies fleurs bleues.

Culture. — Une de nos plus jolies plantes aquatiques, planter dans les bassins, étangs, aquariums, en eau peu profonde.

Multiplication. — Au printemps par division des rhizomes et par graines.

P. crassipes. *Mart. Eichornia speciosa Kunth. Brésil.* — Plante flottante, rhizome court charnu ; feuilles radicales nageantes, à pétiole renflé ; fleurs bleues à fond jaune ; serre chaude, fleurit rarement, à moins de supprimer les stolons et de planter en pots émergés. — *Multiplication* très facile.

POPULAGE. — V. *Caltha palustris.*

PORILLON. }
PORION. } — V. *Narcissus pseudo-narcissus.*

POUDRE zeodary. — V. *Curcuma.*

POULE de Guinée. }
P. de Turquie. } — V. *Fritillaria meleagris.*

PRIMEVÈRE du Cap. — V. *Lachenalia.*

PRIVA *Adanson. Verbénacées.*

P. lævis. *Juss. Verbena orchioides. Chili.* — Racine tuberculeuse ; plante ayant le port d'une Verveine ; en été fleurs rose pâle très odorantes.

Culture. — Très facile, exposition chaude.

Multiplication. — Par division des tubercules.

PROIPHYS amboinense. — V. *Eurycles amboinensis.*

PROTEINOPHALLUS Rivierii. — V. *Amorphophallus Rivierii.*

PUCCOON. — V. *Sanguinaria canadense.*

PUCELLE. — V. *Galanthus nivalis.*

PULMONARIA *Lin.* **Pulmonaire.** *Borraginées.*

P. Virginica *Lin. Mertensia virginica Dc. M. pul-*

monarioides. Steenhammera virginica Resch. *Pulmonaire de Virginie. Canada, Virginie,* 1827. — Racines tubéreuses, noires; feuilles elliptiques, ovales, lancéolées, bleuâtres, glauques; tige de 40-60 cent.; en avril-mai, fleurs en cymes penchées, vert teinté de rouge, corolle bleu mauve violacé; étamines blanches.

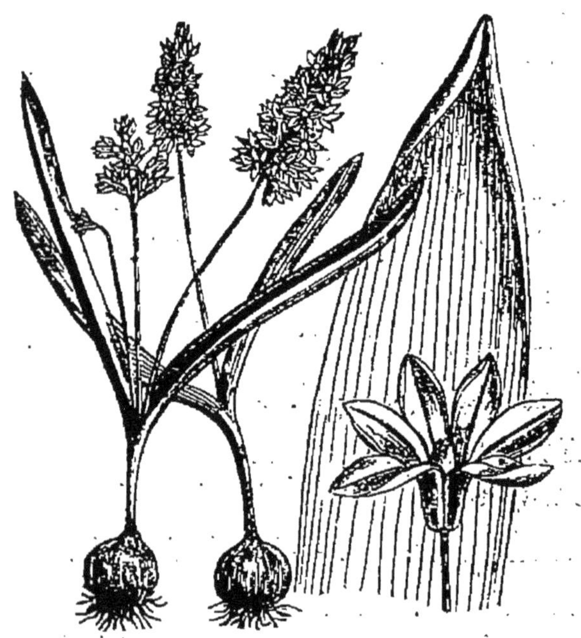

Fig. 188. — Puschkinia scillioides.

Culture. — Planter à l'automne en terre de bruyère sableuse ou en terre légère, sableuse, fraîche et à l'ombre à 40 cent. de distance; en juillet-août, lorsque les tiges et les feuilles sont disparues, on peut arracher les tubercules, mais il est préférable de les laisser en place pendant plusieurs années.

Multiplication. — Par division des racines à l'automne et par graines semées aussitôt récoltées.

On pourrait cultiver plusieurs autres espèces tuberculeuses, mais elles sont peu ornementales, et leur culture est assez ingrate.

PULSATILE. — V. *Anemone pulsatilla.*

PUSCHKINIA *Adams. Liliacées.*

Petites plantes bulbeuses, ayant le port des *Scilla.*

P. libanotica. *P. sicula. Asie Mineure.* — Petite plante, haute de 10-15 cent.; en février, grappe lâche de fleurs blanc ligné de bleu violet.

P. libanotica compacta. — Variété à épi plus dense.

P. sicula. — V. *P. libanotica.*

P. scilloides. *Adamsia scilloides. Chionodoxa nana Baker. Sibérie,* 1819. — Petite plante de 8-10 cent.; en février, fleurs blanches lignées de bleu.

Culture. — *P. scilloides* est d'une rusticité à toute épreuve. *P. libanotica* est aussi de pleine terre, et préfère une terre légère et une exposition chaude et abritée du plein soleil. — *Culture* des *Scilla.*

PYROLIRION aureum. } — V. *Amaryllis aurea.*
P. tubiflorum. }

QUAMASH. — V. *Camassia esculenta.*

QUELTIA. — V. *Narcissus.*
Q. apodantha. — V. *N. rupicola.*
Q. incomparabilis. — V. *Narcissus incomparabilis.*

QUEUE d'arondelle. — *Sagittaria sagittifolia.*

QUINQUINA indigène. — V. *Gentiana lutea.*

RACINE amère. — V. *Lewisia.*
R. amidonnière. — V. *Arum maculatum.*
R. aux serpents. — V. *Liatris.*
R. d'alun. — V. *Heucheria americana.*
R. mastic. — V. *Aplectrum hiemale.*
R. sanguine. — V. *Sanguinaria canadense.*
R. vierge. — V. *Bryonica divica* et *Tamus communis.*
R. de Colomba. — V. *Jateorhiza palmata.*

RAISIN d'Amérique.
R. des teinturiers. } — V. *Phytolaca decandra.*
R. du Canada.

Fig. 189. — Renoncule pivoine.

RANUNCULUS *Lin.* Renoncule. *Renonculacées.*

R. africanus *Hort. Renoncule d'Afrique, R. d'Alger, R. pivoine, R. turque, R. de Turquie, R. Turban, Rouma, Turban. Origine inconnue.* — Griffe composée de petites racines charnues, fasciculées, brunes; bourgeons duveteux réunis au collet; la variété à fleur simple est inconnue; diffère de la *R. Asie* par ses fleurs globuleuses, toujours très doubles et les pétales dressés, infléchis, donnant à la fleur la forme d'une pivoine ou d'un turban lorsque les plantes sont vigoureuses. Les fleurs sont parfois prolifères, en produisant au centre une fleur plus petite qui souvent en reproduit une troisième; ces fleurs sont presque toujours stériles. Les variétés sont peu nombreuses; voici les principales:

Dans les catalogues elles sont désignées sous les noms de *Renoncules turban*, *R. pivoine*, *R. turques*.

R. **Hercule** (*Turban blanc*). Fleur grosse, globuleuse, blanche.

R. **jaune**. — V. *Séraphique d'Alger*.

R. **merveilleuse**. — V. *Pivoine merveilleuse*.

R. **pivoine jaune**. — V. *Séraphique d'Alger*.

R. **pivoine merveilleuse**. — Rouge orangé.

R. **pivoine rouge**. — V. *Romana*.

R. **Prince Eugène**. — V. *Prince Galitzin*.

R. **Prince Galitzin** (*Prince Eugène*). — Fleur grosse globuleuse, jaune soufre bordé de rouge brun.

R. **romana** (*Pivoine rouge, turban écarlate*). — Rouge vermillon.

R. **souci doré**. — Fleur grosse, brune, flammée de rouge.

R. **séraphique d'Alger** (jaune). — Fleur grosse, jaune citron.

R. **turban blanc**. — V. *Hercule*.

R. **turban carmin**. — Rose carminé clair.

R. **turban doré**. — Fleur rouge flammée de jaune.

R. **turban grandiflora**. — Carmin taché ou lavé de jaune.

R. **turban noir**. — Ecarlate foncé.

R. turban viridiflora. — Fleur grosse, verte; pétales externes rouges au sommet.

Ces Renoncules sont très vigoureuses, les fleurs très éclatantes produisent beaucoup d'effet.

R. asiaticus *Lin. R. hortensis*, *R. Orientalis*, *R. d'Asie*, *R. Asiatique*, *R. des fleuristes*, *R. des Jardins*, *R. de Perse. Orient.* — Cultivées depuis les temps les plus reculés; leur origine est inconnue. Pourquoi ne seraient-elles pas le résultat de croisements entre nos espèces indigènes à racines tuberculeuse et fibreuse, cultivées dans un climat plus chaud?

Racines semblables à celles du *R. Africanus* ; feuilles vert uni ou marbré; élégamment découpées, pubescentes; tiges de 20-30 cent. terminées par des grandes fleurs à 5 pétales larges, en coupe, et de couleurs diverses.

Par la culture, la R. à fleurs simples a transformé tous ses organes reproducteurs en pétales imbriqués, plus ou moins dentées, ondulées, formant une belle fleur double, inodore, large de 3-4 cent., semi-globuleuse, déprimée en dessus; de couleur très variable, on y voit tous les tons, blanc, rouge, jaune, brun, panaché, lavé, strié, ponctué.

Ces fleurs, étant complètement pleines, sont stériles et, par conséquent, ne produisent pas de graines; la *Multiplication* se fait donc par les griffes. Ces Renoncules sont souvent offertes par collections et par noms, mais la nomenclature est si peu constante qu'il est inutile de les indiquer ici; pour cela consulter les catalogues spéciaux.

R. asiaticus superbissimus *Hort. Renoncules de France*, *R. semi-doubles.* — Belle race, issue de la *R. d'Asie* plus grande et plus vigoureuse; griffes grosses ; tiges de 40-50 cent. ; fleurs très nombreuses, larges de 4–6 cent., *semi-pleines* ou *semi-doubles*, possédant les mêmes coloris que la *R. de fleuristes;* une partie seulement des étamines étant transformées en pétales, ces fleurs produisent des graines en assez grande quantité; quoique offertes

Fig. 190. — Renoncule d'Asie ou double des fleuristes (Krelage).

par noms par certains spécialistes, elles sont généralement cultivées en mélange.

Culture. — Les *R. Africanus*, *Asiaticus* et *superbissimus* se cultivent de la même manière.

Bonne terre franche, plutôt sableuse que compacte, bien fumée au moins 6 mois avant, sinon ajouter beaucoup de terreau; planter en février-mars, à 3-4 cent. de profondeur et 15 cent. de distance (20 cent. les *Superbissimus*); couvrir la plantation d'une couche de 1 cent. de terreau, ou, ce qui est préférable, de sable fin, ce qui éloigne les limaces et escargots qui sont très friands des jeunes feuilles ; avant que les plantes couvrent le sol, appliquer un bon paillis pour entretenir la fraîcheur; inutile d'y mettre des tuteurs qui produisent un vilain effet; arroser si néceesaire.

Fig. 191. — Ranunculus asiaticus superbissimus.

Lorsque les feuilles et les tiges sont sèches, les couper à 2 cent. du sol; arracher les griffes, les laver et les faire sécher complètement à l'ombre; puis les nettoyer tout à fait; enlever le bas des tiges; séparer les griffes et enlever les anciennes; puis les mettre sur des tablettes ou dans des caisses, dans un lieu sain et sec, à l'abri de la gelée.

Ces griffes se conservent pendant 2 et 3 ans, sans être plantés et sans aucun inconvénient pour la floraison ; au contraire, elles sont préférées par certains amateurs.

Sous le climat de Paris, il est préférable de planter en février-mars à bonne exposition ; la floraison a lieu en mai-juin ; on peut faire des plantations successives jusqu'à fin juin, à l'ombre ou au nord, pour prolonger la floraison pendant l'été. Dans l'ouest et le sud de la France, la plantation a lieu en octobre-janvier, et la floraison se produit de mars en mai ; cependant il est prudent de garnir les plantes pendant les grands froids, avec des feuilles sèches ou des paillassons ; les plantations d'automne donnent une floraison plus belle que celles du printemps.

Enfin, on plante les Renoncules en juillet-août, que l'on couvre de châssis en octobre, pour les faire fleurir en novembre-décembre, au moyen de réchauds de fumier ; ce procédé n'est avantageux que dans le Midi, car il faut du soleil.

Multiplication. — Par la séparation des griffes après l'arrachage ; chaque plante en produit 3 à 6, que l'on traite comme des plantes adultes, les trop petites sont plantées en pépinière pendant un an ; ce mode a lieu pour les *R. des fleuristes* et pour les *T. turban* et *Pivoines* qui produisent peu ou pas de graines. Le *R. superbissimus* se multiplie aussi par les griffes, mais le semis est préférable, en opérant comme suit :

Les graines ayant été choisies sur des plantes d'élite, semer, aussitôt la récolte, en terre bien préparée et à bonne exposition ; couvrir le semis d'une couche mince de sable ou terreau ; tenir humide et ombré ; à l'automne, couvrir le semis de paillassons, et, pendant les fortes gelées, ajouter une bonne couche de feuilles sèches ou de mousse.

Après les froids, enlever les abris, arroser au printemps si nécessaire, et lorsque les feuilles sont jaunes arracher les griffes, et les traiter comme des adultes. Si la terre est fine, laver les griffes dans un crible,

Fig. 192. — Renoncule semi-double (Krelage).

dans une cuve, l'eau enlève la terre et laisse les griffes très propres. Le semis peut se faire au printemps, mais il donne plus de peine et un résultat moins bon; en semant en terrines pour de petites quantités, l'hivernage est très facile en les rentrant sous châssis ou en serre.

R. bulbosus flore pleno. *Renoncule bulbeuse. Bacinet. Bassinet. Clair Bassin. Grenouillette. Mord-Cheval. Crapaud. Pied de coq. Pied de corbin. Renoncule. Rave de Saint-Antoine. Indigène.* — Bulbeuse; tige de 30 cent.;

en mai-juin, fleurs doubles jaune pâle ou verdâtre, parfois prolifères : bonne vieille plante.

Terre légère, multiplication par division des bulbes ou touffes.

R. **chærophyllus**. *Portugal*. — Bulbeuse ; haut. 30 cent. ; en mai-juin, fleurs jaunes.

R. **fumariæfolius**. *R. à feuilles de Fumaria*. — Bulbeuse ; haut. 30 cent. ; en mai-juin, fleurs jaunes.

R. **glacialis** *Laponie*, *Alpes*, 1775. — Charmante petite plante alpine, produisant un bel effet au printemps par ses fleurs blanches dispersées sur son feuillage élégant.

Culture. — Planter dans un lieu sec et aride à l'abri de l'humidité pendant l'hiver.

Multiplication. — De graines, ou mieux à l'automne par division de ses tubercules qui sont allongés et charnus.

R. **gramineus** *Lin*. *R. à feuilles de graminées*. *Indigène*. — Racines fasciculées ; feuilles étroites, linéaires, glauques ; tige de 20 cent. ; en mai-juin, fleurs peu nombreuses, jaune vif.

R. **gramineus flore pleno**. — Variété à fleurs doubles ; rare.

R. **hortensis**. }
R. **orientale**. } — V. *Ranunculus asiaticus*.

R. **Thora**. *Montagnes de France et d'Autriche*. — Racines noires semblables à celles du *R. asiaticus* ; feuillage singulier, glauque, entier, arrondi ; au printemps, fleurs petites, jaune vif.

Culture. — Des plantes alpines.

Il existe un nombre indéfini d'espèces bulbeuses qui ne sont pas cultivées pour l'ornement.

Culture. — Les espèces ci-dessus sont des plantes rustiques de pleine terre, aimant un sol riche et frais, même calcaire; après la floraison les racines se mettent au repos et ne craignent pas la sécheresse; les fleurs sont produites en quantité et sont très jolies pour couper et mettre en bouquets.

Multiplication. — A l'automne par la séparation des racines, et par graines pour les espèces à fleurs simples.

RAQUETTE. — *Opuntia.*

RAVE de terre. — V. *Cyclamen Europæum.*
R. de Saint-Antoine. — V. *Ranunculus bulbosus fl. pl.*

RECHSTEINERA. — V. *Gesnera.*

REHMANNIA *Libosch. Gesnéracées.*
R. chinensis. *Chine*, 1835. — Plante plus curieuse qu'ornementale, résiste en pleine terre, mais il est préférable de la tenir en serre tempérée, fleurit en été.

REINECKIA carnea. — Liliacée cultivée depuis 1762; rhizome rampant, fleurs petites, mauves, très odorantes; serre froide ou pleine terre, fleurit en mars-avril, introduites de Chine en 1873.

REINE des prés à fleurs doubles. — V. *Spirea Filipendulina flore pleno.*

RELIGIEUSE. — V. *Arum maculatum.*

RENONCULE asiatique. — V. *Ranunculus asiaticus.*
R. d'Alger. — V. *Ranunculus Africanus.*
R. de France. — V. *R. Asiaticus superbissimus.*
R. de Perse. — V. *R. Asiaticus.*
R. de Turquie. — V. *R. Africanus.*
R. des fleuristes. }
R. des jardins. } — V. *R. Asiaticus.*
R. pivoine. — V. *R. Africanus.*

R. semi-doubles. — V. *R. Asiaticus superbissimus.*
R. turban. } — V. *R. africanus.*
R. turque. }

RHINOPETALUM Karelini. — V. *Fritillaria Karelini.*

RHYNCOCARPA glomerata. — V. *Wilbrandia drastica.*

RIBARD. } — V. *Nymphæa lutea.*
RIBARDE. }

RICHARDIA *Kunth.* **Calla** *Lin. Aroïdées.*

R. africana *Kunth. R. æthiopica Schott. Calla æthiopica Lin. Arum d'Ethiopie, Calla d'Ethiopie. Cap*, 1687. — Souche à tubercules ovales, spongieux, bruns; feuilles radicales, à pétiole long engainant, brun à la base; limbe vert luisant en forme de flèche; lobes de la base un peu arrondis; hampe sortant du centre des feuilles, haute de 50 cent. à 1 mètre, terminée par une belle fleur solitaire à spathe en forme de cornet enroulé à la base et à limbe évasé, terminé en pointe au sommet, d'un blanc pur et très odorante; le spadice au centre de la fleur est jaune pâle. La floraison a lieu suivant la culture : en serre, de janvier à juin; en plein air, de juin en septembre; plante précieuse par son beau feuillage persistant et ses fleurs odorantes; beaucoup cultivée pour forcer, elle réussit très bien dans les appartements.

Le journal anglais *The Garden*, dans ses numéros des 15 juillet et 28 octobre 1876, représente deux fleurs de *Richardia africana*, ayant deux spathes opposées au sommet de la hampe. Cette monstruosité se produit assez souvent; en ce moment, j'en ai une devant moi, qui est intermédiaire entre les deux formes représentées.

Culture. — En septembre octobre planter 1 à 3 bulbes en pots spacieux et en terre très substantielle mais poreuse; hiverner sous châssis, en serre ou en appartement; au printemps, conserver sous verre ou plonger les pots dans la terre des plates-bandes; arroser copieusement pendant l'été; après la floraison, quand les feuilles jaunissent, cesser les arrosages et tenir au sec pendant 20-30 jours, puis enlever les caïeux ou drageons et replanter en pots.

Pendant l'été on peut immerger les pots au niveau de l'eau des bassins ou pièces d'eau et l'hiver les descendre à 20-30 cent. dans l'eau pour les préserver de la gelée; on peut aussi planter en pleine terre et pendant l'hiver couvrir la souche avec du sable.

Plantée au bord des étangs et des ruisseaux à courant faible et en eau peu profonde, cette plante s'y plaît beaucoup et se naturalise facilement.

La culture forcée n'est pas difficile: au printemps, après la floraison, mettre les plantes en pleine terre dans un carré, bien préparé; arroser abondamment; en juillet-août ou plus tôt quand les feuilles jaunissent, cesser les arrosages et couvrir de châssis en cas de pluie. En septembre mettre en pots, placer sous châssis, arroser copieusement, et, dès que le feuillage est bien développé, porter en serre tempérée ou chaude, selon l'époque à laquelle on veut obtenir les fleurs. Des horticulteurs font sécher les plantes forcées un mois après la floraison, les tiennent au repos pendant un mois, puis les rempotent et les mettent de suite en végétation. Pour obtenir de belles et fortes plantes, on met en pleine terre fraîche et humide au printemps; pendant l'été on supprime les fleurs, on met en pot en septembre-octobre pour les faire fleurir dès Noël.

Il existe plusieurs espèces et variétés introduites ou obtenues récemment.

R. à fleur jaune. — V. *R. hastata.*

R. africana grandiflora (*Gigantea*). — A feuilles et à fleurs plus grandes ; même culture.

R. a. nana (*Little Gem*). — Jolie variété, très appréciée ; port du type, mais plus petite de moitié dans toutes ses parties ; même culture.

R. albo-maculata *Hook. Afrique australe*, 1858. — Feuilles en flèche, d'un vert foncé, ponctué et taché de blanc ; fleurs blanc crème, plus petites, très jolies.

R. de Waal. — *R. Rehmanni.*

R. Elliottiana *R. hybrida Elliottiana.* — Espèce ou hybride? Obtenue de graines en 1886 par le captain Elliott de Farnborough Park, fleurit pour la première fois en 1889. — Tubercule brun, déprimé en dessus ; feuilles aussi larges que celles du *R. æthiopica*, pointillées ainsi que les pétioles de petites taches transparentes blanc grisâtre ; fleurs grandes à spathe et spadice d'un beau jaune d'or, passant au jaune verdâtre en vieillissant.

Culture. — Serre tempérée ou mieux serre chaude ; tenir au repos, presque sec, d'octobre en février.

Multiplication très facile de graines et par tubercules.

Le 17 juin 1892 a eu lieu à Londres une vente publique de cette nouveauté, le stock se composait de 243 plantes ; peu étaient de force à fleurir ; la vente a produit dix mille francs ; les plantes ont été adjugées suivant leur force à des prix variant de 20 à à 446 francs chaque.

R. gigantea. — V. *R. africana grandiflora.*

R. hastata *Hook. Calla jaune. Richardia à fleur jaune.*

Natal, 1857. — Feuilles sagittées, plus grandes que celles du *R. albo-maculata*, vert foncé non ponctué de blanc; hampe un peu velue à la base. Spathe jaune pâle, taché de cramoisi à la base inférieure, cette plante n'est pas assez rustique pour supporter nos hivers en pleine terre. Cette espèce fut réintroduite en 1892 et distribuée sous le nom de « *Gloire du Congo* », et ensuite nommée *R. Lutwychei*, par M. *N. E. Brown* qui croyait à une espèce inédite.

R. hastata melanoleuca *Hook. R. melanoleuca. Natal*, 1868. — Port du précédent; pétioles teintés de brun, légèrement velus: feuilles quelquefois maculées de taches blanches, ayant la direction de nervures, spathe jaune pâle tachée de rouge brun à la base intérieure, ouverte, laissant le spadice à nu.

R. hybrida aurata. *Hybride*, 1893. — Plante vigoureuse; feuilles grandes, d'un beau vert parsemé de taches blanches transparentes; fleur de grandeur moyenne d'un beau jaune de chrome, maculé de pourpre à la base intérieure.

Cette plante, distribuée en 1892 par M. Deleuil, ne serait que le résultat d'une hybridation entre le *R. hastata* et le *R. albo-maculata*.

R. hybrida Elliottiana. — V. *R. Elliottiana.*

R. little Gem. — V. *R. africana nana.*

R. Lutwychei. *N. E. Brown. Gloire du Congo.* — Belle nouveauté; feuilles d'un beau vert uni; pétioles velus; fleurs jaune clair en dehors, verdâtre en dedans maculé de pourpre, noir à la base intérieure; tenir en serre chaude jusqu'à nouvel ordre. — Voir *R. hastata.*

R. melanoleuca. — V. *R. hastata melanoleuca.*

R. Rehmanni *Engler. R. de Waal. Krelage. Zantedescha Rehmanni Engler. Calla rose. Richardia rose.*

Natal, 1883. — Plante de vigueur moyenne; feuilles *lancéolées* non sagittées; fleurs de grandeur moyenne rose pâle à l'extérieur, rose plus foncé à l'intérieur; ce coloris est celui des fleurs à Natal. La première floraison en Europe a eu lieu en 1888 au Jardin botanique de Cambridge et plusieurs fois depuis, mais chaque fois les fleurs ont présenté une spathe blanche légèrement teintée ou bordée de rose pâle; peut-être faut-il un soleil plus vif pour obtenir la teinte rosée.

R. **Pentlandi**. *Origine inconnue*, sans doute de l'*Afrique australe*. Donnée à M. R. Whyte de Pentland House en 1890, la première fleur parut en 1892. — Forme et port du *R. Elliottiana;* en diffère par les feuilles qui ne sont pas maculées de blanc. — *Même culture*.

R. **rosé**. — V. *R. Rehmanni*.

Culture. — Toutes ces plantes aiment beaucoup l'humidité, on pourra les cultiver en plein air pendant l'été et les tenir en serre tempérée pendant l'hiver, en attendant que l'on soit plus édifié sur les soins qu'elles réclament.

Multiplication. — Se fait par les caïeux ou rejetons qui se développent autour du bulbe, et que l'on sépare à l'époque de la plantation; on le plante en pots en pleine terre pour les variétés ordinaires que l'on tient sous châssis ou en serre tempérée; jusqu'à ce jour, le semis n'a été employé que par les spécialistes.

RIGIDELLA *Lindl. Iridées*.

R. **flammea** *Lindl. Mexique*, 1839. — Plante alliée aux *Ferraria* dont elle a le port; tige de 50-60 cent; en juin-juillet, fleurs d'une belle couleur flammée.

R. **immaculata** *Herb. Guatemala, Mexique*, 1839. — Belle plante, port du précédent; en juin-juillet fleurs orange écarlate brillant.

R. orthantha *Ch. Lem. Mexique*, 1846. — Port du précédent; en juin-juillet, fleurs écarlates, chaque division maculée de noir à la base.

Culture des *Tigridia*; les bulbes se conservent très bien arrachés pendant l'hiver; plantes peu répandues.

ROBERTIA hiemalis. — V. *Eranthis hiemalis.*

ROCHELAISE. — V. *Cyclamen neapolitanum.*

ROMULEA. — V. *Trichonema.*
R. Bulbocodium. — V. *Ixia Bulbocode.*
R. Bulbocoides. — V. *Trichonema Bulbocoides.*
R. cruciata. — V. *Trichonema cruciata.*
R. filifera. — V. *Trichonema filifera.*
R. roseo-speciosa. — V. *Trichonema roseo-speciosa.*

ROSANOVIA. Démembrement du genre *Achimenes.* Il existe beaucoup de variétés horticoles dont la nomenclature est très incertaine. *Culture* des *Achimenes.*

ROSCOEA. *Smith. Zingibéracées.*

R. lutea *Royle. Népaul*, 1839. — Tige de 30 cent.; en août, fleurs jaunes.

R. purpurea *Sm. Népaul*, 1820. — Tige de 30 cent.; en août, fleurs pourpres et blanches.

R. sikkimensis. *Himalaya, Népaul.* — Tige de 30 cent.; en août, fleurs pourpres et roses.

Culture. — Charmantes petites plantes à racines tuberculeuses réunies en fascicules, ayant le port des *Canna* en miniature; les fleurs sont aussi jolies que singulières; terre riche et légère en pots spacieux, en serre tempérée; en automne, arracher les bulbes et les conserver dans du sable sec jusqu'au printemps, époque de la plantation : par leur origine ces plantes doivent supporter la pleine terre pendant l'été, sinon pendant l'hiver.

ROSE de la montagne. } — V. *Antigonon leptopus.*
R. de Mayito. }
R. de Sérane. — V. *Pæonia paradoxa.*
R. du Nil. — V. *Nelumbium speciosum.*
R. Notre-Dame. } — V. *Pæonia officinalis.*
R. Péone. }

ROSEAU aromatique. } — V. *Acorus odorant.*
R. odorant. }

ROUMA. — V. *Ranunculus africanus* et *R. asiaticus.*

SABOT de la Vierge. } — V. *Cypripedium Calceolus.*
S. de Notre-Dame. }
S. de Vénus. }

SAFRAN. — V. *Crocus.*
S. bâtard. } — V. *Colchicum autumnale.*
S. cultivé. }
S. d'automne. }
S. d'automne. — V. *Crocus sativus.*
S. de terre. — V. *Curcuma longa.*
S. des fleuristes. — V. *Crocus vernus.*
S. des Indes. — V. *Curcuma longa.*
S. des prés. — V. *Colchicum autumnale.*
S. des Pyrénées. — V. *Merendera.*
S. d'Ort. } — V. *Crocus sativus.*
S. du Gâtinais. }
S. du printemps. — V. *Crocus vernus.*
S. marron. — V. *Canna indica.*
S. officinal. — V. *Crocus sativus.*
S. rouge. V. *Bulbocodium vernum.*
S. vrai. — V. *Crocus sativus.*

SAGETTE.
SAGITTAIRE. — V. *Sagittaria sagittifolia.*

SAGITTARIA *Lin.* Sagittaire. *Alismacées.*

S. aquatica. — V. *S. sagittæfolia.*

Fig. 193. — Sagittaria montevidense.

S. **gigantea.** — V. *S. sinensis.*

S. **japonica.** — *S. sagittæfolia fl. pleno. S. Japonica superba plena.* — Variété à fleurs doubles.

S. **japonica superba plena.** — V. *S. Japonica.*

S. **lancifolia.** — V. *S. sinensis.*

S. **montevidensis.** *Buenos-Ayres*, 1883. — Tubercules gros, charnus, émettant à la base des stolons qui produisent d'autres tubercules, à la façon des pommes de terre ; pétiole de 1 à 2 mètres, très gros ; feuille sagittée, longue de 40-60 cent., les lobes inférieurs atteignant 20-30 cent. ; hampe de 1 m. à 1 m. 50, branchue, garnie de plusieurs verticilles de fleurs larges et d'un blanc pur ; la floraison a lieu en été.

Culture. — Cette belle plante aquatique n'atteint son beau développement que cultivée en serre chaude, dans un aquarium ; soit dans la vase ou dans

Fig. 194. — Sagittaria japonica flore pleno.

un grand pot. Cultivée dans un bassin en plein air elle donne un mauvais résultat.

Multiplication. — Au printemps par division des tubercules ou par graines semées en février, en terrines immergées, qui fleurissent pendant l'été.

S. sagittæfolia *Lin.* — *S. aquatica Lamk. Flèche d'eau, Fléchière, Queue d'arondelle, Sagette, Sagittaire aquatique. Aquatique. Indigène.* — Bulbe de la grosseur et de la forme d'une olive ; feuilles submergées, flottantes ou élevées au-dessus de l'eau, sagittées ; hampe cylindrique, haute de 50-80 cent. au-dessus de l'eau ; en juillet-août, fleurs blanc rosé.

S. sagittæfolia latifolia. — Variété plus grande dans toutes ses parties.

S. sagittæfolia flore pleno. — V. *S. Japonica.*

S. sinensis *B. M.* — *S. gigantea*, *S. lancifolia*, *Flèchière de la Chine. Chine*, 1812. — Pétioles très longs; feuilles à limbe ovale, lancéolé ; hampe de 1 à 2 mètres, portant des verticilles de fleurs à divisions externes verdâtres, rosées, les intérieures blanc pur; étamines jaunes. C'est une belle plante aquatique, très rustique.

Culture. — Planter au printemps dans les bassins ou étangs à 50 cent. de profondeur, pas davantage; les racines fibreuses et très nombreuses tiennent peu dans la vase.

Multiplication. — Par les bulbes et par graines semées en été ou au printemps en terrines immergées, repiquer et mettre en place quand le plant est assez fort.

SALVIA *Lin.* **Sauge.** *Labiées.*

S. macrantha. — V. *S. patens.*

S. patens *Cav.* — *S. Macrantha Schlecht. S. spectabilis, Kunth. Sauge à larges fleurs, Sauge bleue, Sauge azurée. Mexique*, 1838. — Racines fusiformes, noires; tiges carrées, à angles saillants, hautes de 80 cent. à 1 mètre ; feuilles pétiolées, sagittées, triangulaires, terminées, de juin jusqu'aux gelées, par un long épi de grandes fleurs verticillées du plus beau bleu intense.

Il existe une variété à fleurs blanches.

S. spectabilis. — V. *S. patens.*

Culture. — Ne supporte pas nos hivers; planter en mai en massifs ou isolément à 50 cent. de distance; en octobre arracher les racines et les conserver jusqu'au printemps, stratifiées dans du sable.

Planter les racines en pots en février-mars, les placer sous châssis et mettre en place en mai. Ce procédé avance la floraison d'au moins un mois, et permet de faire des boutures en temps convenable.

Fig. 195. — Sandersonia aurantiaca (Dammann).

Multiplication. — Facile de graines semées sur couche en février-mars, repiquer en avril, mettre en place en mai, floraison en été; de boutures faites en mars-avril, mettre en place fin mai.

SANDERSONIA *Hook. Liliacées.*

S. aurantiaca *Hook. Natal*, 1853. — Seule espèce

du genre ; racine tubéreuse ; tiges grimpantes herbacées, s'élevant de 1 m. 50 à 2 mètres, garnies de feuilles érigées, alternes, sessiles et lancéolées ; en juillet-août à l'extrémité des tiges, fleurs axillaires et pédonculées, penchées, d'une belle couleur orange.

Culture. — Planter en pots bien drainés, ou en pleine terre en serre, au printemps en terre riche et légère ; faire grimper les tiges sur des piliers ou treillages, beaucoup d'eau pendant la végétation ; à l'automne, arracher les bulbes et les conserver *très secs* jusqu'à la plantation. La culture des *Gloriosa* lui convient bien.

SANGUINAIRE. — V. *Sanguinaria.*

SANGUINARIA *Lin.* **Sanguinaire.** *Papavéracées.*

S. acaulis. — V. *S. canadensis.*

S. canadensis *Lin. S. acaulis Mœnch. S. grandiflora. Beauharnaise, Grande Céladine, Puccoon, Racine sanguine, Canada.* — Racine grosse, branchue ; feuilles radicales, rondes, dentées, réniformes, sortant en entourant la hampe ; tige de 25 cent., portant une fleur blanc pur, large de 2-3 cent. composée de plusieurs séries de pétales ; étamines jaunes ; floraison en avril-mai ; les racines contiennent un suc rouge, plante très intéressante.

S. grandiflora. — V. *S. canadense.*

Culture. — Peu ornementale, propre aux rocailles et aux lieux ombragés ; terre légère ou de bruyère, fraîche.

Multiplication. — A l'automne, par division des racines ; pleine terre ; les fleurs ne s'épanouissent qu'en plein soleil.

SARANA. — V. *Lilium camtchatcense.*

SATIRION femelle. — V. *Orchis Morio.*

S. **mâle**. — V. *Orchis mascula.*

SATYRIUM *Swartz. Orchidées.*

Orchidées terrestres, bulbeuses, originaires du Cap, des îles Mascareignes et du Nord de l'Inde ; elles sont voisines des *Orchis*, se cultivent de la même manière, mais ne supportent pas la pleine terre ; il leur faut la culture en pots et l'abri de châssis pendant l'hiver.

S. **nigrum**. — V. *Nigritella angustifolia.*

SAUGE. — V. *Salvia.*

S. **à larges fleurs**. — V. *Salvia patens.*
S. **azurée**. — V. *Salvia patens.*
S. **bleue**. — V. *Salvia patens.*

SAUROMATUM *Schott. Aroïdées.*

S. **dubius** *Hook. Anchomanes dubius. Schott.* — Aroïdée tropicale très remarquable ; bulbe gros ; tige vert glauque, maculée de blanc ; à la base de chaque macule se trouve une épine acérée, d'un aspect singulier ; cette tige se termine en une feuille divisée en trois sections qui se subdivisent ainsi indéfiniment ; la fleur est insignifiante. *Afrique occidentale.*

Culture. — Planter au printemps, tenir en serre chaude ; beaucoup de chaleur et d'humidité, traitement des *Amorphophallus* de serre chaude.

S. **guttatum**. *Schott. Arum guttatum. Wall. Bengale, Népaul*, 1830. — Tubercule globuleux, émettant au printemps, avant la feuille, une belle inflorescence haute de 1 mètre et plus, dont la spathe, longue de 30-40 cent., est maculée de cramoisi sur fond jaune ; bords ondulés carminés, roses en dessus ; spadice très long recourbé ; à cette inflorescence succède une belle feuille ayant le port d'un *Amorphophallus*.

Culture du précédent, réussit bien en serre tempérée.

S. pedatum *Schott. Arum pedatum. Willd. Caracas*, 1815. — Port et culture du précédent.

Culture. — Ces deux dernières espèces se cultivent en serre chaude ou tempérée; à essayer en pleine terre pendant l'été.

Multiplication de graines et par les caïeux qui se développent autour du tubercule.

SAXIFRAGA *Lin.* **Saxifrage.** *Saxifragées.*

S. granulata fl. pleno. *S. grenue. Indigène.* — Souche composée de petits bulbes blancs; feuilles réniformes, ondulées, dentées; en mai-juin, tiges de 30 cent., terminées par un corymbe de fleurs doubles blanc pur, pleine terre.

Culture. — Tous terrains, toute exposition.

Multiplication par les bulbes et par graines.

S. peltata. *B. M. Saxifrage à feuilles peltées. Californie*, 1873. — Rhizome gros, charnu, rampant; pétioles longs, forts, portant de belles feuilles de 50-60 cent. de diamètre, peltées, à lobes profonds, bidentés, prenant une teinte brun foncé en automne; hampe charnue; en avril-mai, corymbe s'élevant au-dessus des feuilles; fleurs roses, passant au rose foncé.

Culture. — Cette belle plante encore peu répandue est tout à fait de pleine terre; planter en bonne terre franche, humide, au bord de l'eau si possible.

Multiplication facile, par division des rhizomes traités comme des boutures et par semis.

SCEAU de la Vierge.
S. de Notre-Dame. } — V. *Tamnus communis.*

S. de Salomon. — V. *Polygonatum vulgare.*

SCEPTRANTHUS. — V. *Cooperia.*

S. Drummondii. — V. *Cooperia pedunculata.*

SCHEERIA *Seem. Gesnéracées.*

S. Mexicana *Seem. Mexique* — Démembrement du genre *Achimenes*; rhizomes écailleux en chatons; en été, fleurs violacées.

Fig. 196. — Schizostylis coccinea.

S. Mexicana cærulescens. — Variété à fleurs bleues.

S. M. Président Mallet. — Variété à fleurs pourpres.

Culture. — Ces plantes ont les caractères et le port des *Achimenes* et réclament la même culture; elles sont même plus rustiques et s'accommodent très bien de la pleine terre à bonne exposition, pendant l'été, où elles fleurissent jusqu'aux gelées.

SCHIZOSTYLIS *Backh* et *Harv. Iridées.*

S. coccinea *Backh* et *Harv. S. cocciné. Cafrerie*, 1864.

— Racines charnues, partant d'une souche bulbeuse; feuilles longues de 30-40 cent., larges 1-2; hampe de 40-50 cent., terminée en octobre-novembre, par un épi de fleurs distiques, rouge écarlate, inodores, d'une longue durée et simulant une étoile.

Culture. — Plante précieuse pour la fleur à couper; plus on coupe les tiges dès qu'elles commencent à fleurir, plus il en repousse qui fleurissent plus tard; je crois qu'il est possible d'obtenir cette plante en fleur pendant toute l'année. Cultivée en pots ou mise en pots en septembre et rentrée en serre tempérée, la floraison se prolonge jusqu'en décembre; pleine terre. La plantation se fait en mars-avril, en bordure, corbeille ou massif; planter plusieurs bulbes ensemble.

Multiplication. — Par division des caïeux au printemps, et par graines semées sous châssis, beaucoup de jeunes semis fleurissent à l'automne suivant.

SCILLA *Lin.* **Scille.** *Liliacées.*

S. amœna *Lin.. Hyacinthus stellaris. Jacq. Scille agréable. Europe méridionale,* 1596. — Bulbe globuleux, noir; feuilles de 25 cent., vert pâle; hampe de 25-30 cent., terminée en avril par une grappe lâche de quelques fleurs bleu foncé à pétales étalés ou réfléchis.

Culture du *S. italica.* Planter plusieurs bulbes ensemble pour former des touffes. ou en bordure.

S. amœna sibirica. — V. *S. Sibirica.*

S. autumnalis *Lin. Ornithogalum. autumnale. Link. Indigène.* — Espèce assez rare; en septembre-octobre fleurs bleu pourpre. Variété à fleurs roses, connue sous le nom de *S. japonica.* Feuilles jonciformes.

S. azurea. — V. *S. Sibirica.*

S. bifolia *Lin. Scille à deux feuilles. Indigène.* — Bulbe petit, rond; 2 feuilles lancéolées, linéaires, dressées, d'un beau vert; hampe de 10-20 cent., droites, filiformes, violacée, portant 4-8 fleurs bleues; divisions étalées; anthères brunes. La floraison a lieu en février-mars, il n'est pas rare de voir les fleurs au-dessus de la neige.

Fig. 197. — Scilla campanulata.

S. **bifolia alba.** — Variété à fleurs blanches.

S. **bifolia carnea.** — Variété à fleurs carnées.

S. **bifolia rosea.** — Variété à fleurs roses très jolies, on rencontre parfois des plantes à coloris intermédiaires entre ceux ci-dessus.

S. **bifolia nivalis.** — V. *S. nivalis.*

S. **bifolia polyphylla.** — V. *S. bifolia Taurica.*

S. **bifolia Taurica** *Regel. S. bifolia polyphylla Boiss. S. Taurica. S. Whitalli. Asie Mineure.* — Répandue depuis quelques années; cette plante est identique au *S. bifolia*, elle produit les mêmes variétés, mais elle est plus vigoureuse et la floraison plus belle, il est possible qu'étant cultivées pendant quelques années ces différences disparaissent.

Culture du *S. siberica ;* mais n'est pas aussi avantageuse pour forcer. Vu le bas prix des bulbes, ces plantes peuvent se planter en quantité.

Multiplication.— Très facile par les bulbes, et de graines semées aussitôt récoltées, le semis fleurit 2 ans après.

S. campanulata *Ait. Agraphis campanulata Reichb. Scille campanulée, Scille d'Espagne. Espagne*, 1683. — Bulbes gros, globuleux, blancs, parfois difformes; feuilles d'un beau vert, lancéolées, arquées; hampe de 30 cent., terminée en avril-mai par une grappe pyramidale de fleurs bleu pâle à divisions réfléchies.

S. campanulata alba. — Variété à fleurs blanches.

S. campanulata carnea. — Variété à fleurs carnées.

Culture. — Du *S. italica.*

S. cærulea. — V. *S. peruviana.*

S. Clusii. — V. *S. peruviana.*

S. esculenta. — V. *Camassia esculenta.*

S. esculenta flore albo. — V. *Camassia esculenta alba.*

S. Fraseri. — Hampe de 40-60 cent., terminée en juin-juillet par une grappe dressée de fleurs mauves; serait plutôt un *Camassia.*

S. Hughii *Ughii. Tinea. Sicile.* — Variété de *Scilla peruviana;* en diffère par le feuillage plus ample, retombant; par les ombelles moins serrées et moins étalées et par les fleurs qui sont d'un bleu pâle.

Même culture.

S. hyacinthoïdes *Lin. Indigène.* — Bulbe allongé, blanc; feuilles larges, lancéolées; hampe de 40 cent.;

en avril-mai, grappe de fleurs bleues campanulées.

Culture. — Du *S. italica.*

S. hemisphærica. — V. *S. peruviana.*

S. Italica *Lin. Scille d'Italie, Lis Jacinthe des Jardiniers, Jacinthe des Jardiniers. Europe méridionale*, 1605.

Fig. 198. — Scilla hispanica.

— Bulbe ovale, blanc; feuilles en rosette, d'un beau vert; en avril-mai, hampe de 20 cent., terminée par une grappe fleurs bleu pâle; étamines bleu foncé, très odorantes.

S. Italica purpurea *Hort.* — Plus vigoureuse que la précédente; fleurs bleu foncé.

Culture. — Très facile, tous terrains, toute exposition, même ombragée; planter en été aussitôt arrachée après la dessiccation des feuilles.

Multiplication. — Par division des bulbes à l'époque de la plantation.

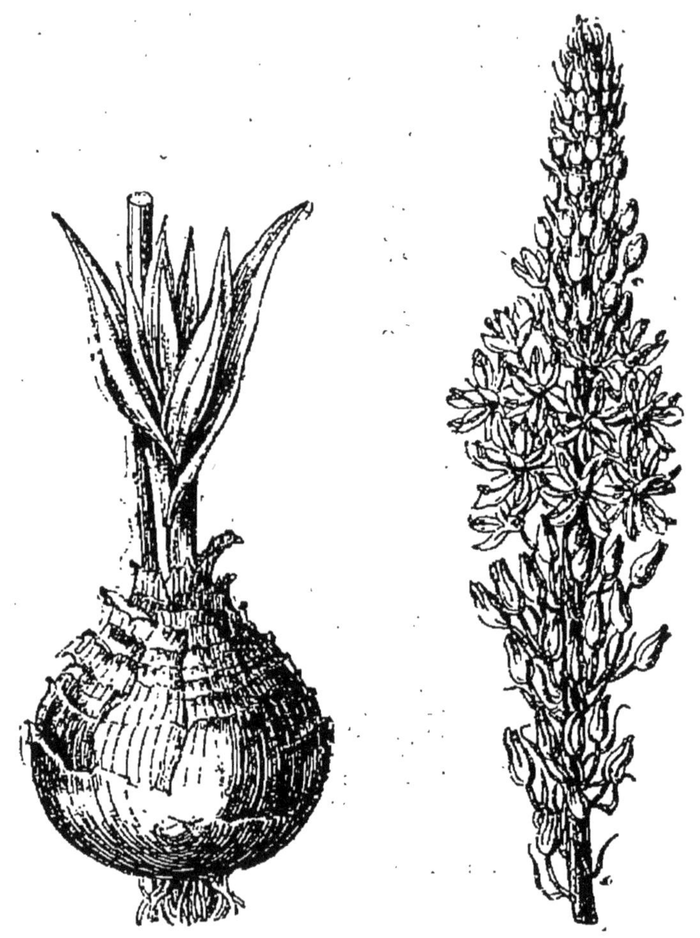

Fig. 199. — Scilla maritima.
(Bulbe.) (Epi floral.)

S. Japonica. — V. *S. autumnale.*

S. lingulata *Desf. Barbarie.* — Jolie espèce à fleurs bleues, fleurissant d'octobre en décembre. Feuilles 6, courtes, étalées, hampe de 10-15 cent. portant 6-8 fleurs, se force très bien comme la suivante.

S. lingulata alba. — Variété à fleurs blanches;

précieuse pour faire fleurir en serre, à cette époque que les fleurs blanches sont si rares; supporte difficilement la pleine terre.

S. **maritima** *Lin. Ornithogalum maritimum Lamk. O. Squilla Gawl. Stellaris scilla Mœnch. Urginea maritima. Scille maritime, Charpentaire, Ognon de scille, Ognon marin, Ornithogale maritime, Scipoule, Squille rouge. Côtes maritimes de l'Afrique septentrionale.* — Bulbe voluminieux, de 12-15 cent. de diamètre, pesant jusqu'à 3 kilos; au printemps feuilles amples lancéolées; à l'automne, quand les feuilles sont desséchées, hampe cylindrique de 1 mètre à 1 m. 50, terminée par un épi de 30-40 cent. de fleurs blanches petites, étoilées.

Culture. — Ne résiste pas en pleine terre; peu ornementale; intéressante par son mode de végétation; les gros bulbes que l'on voit chez les marchands grainiers sont importés chaque année, on les emploie particulièrement pour mettre sur des carafes ou des vases remplis d'eau; la hampe se développe et produit un effet singulier. La floraison a lieu quand même les bulbes sont tenus au sec et sans nourriture; on peut aussi les planter dans des grands pots que l'on tient en appartement ou en serre.

La *multiplication* ne peut pas avoir lieu sous le climat de Paris.

S. **nivalis** *Boiss. S. bifolia nivalis. Europe méridionale.* — Bulbe petit; fleurs blanc pur en janvier-février; cette petite plante est la plus hâtive des *Scilla*.

Culture. — Planter en juillet-septembre, terre légère plutôt sèche à bonne exposition, réussit bien sur les talus et les rocailles.

S. **nutans** *Smith. Agraphis nutans Link. Endymion nutans Dumont. Hyacinthus non scriptus Lin. Scille* *penchée*, *Jacinthe des bois*, *Jacinthe petite*. *Clochette bleue*. *Indigène*. — Bulbe blanc, piriforme ou difforme; feuilles étroites, vert foncé, lisses, retombantes; hampe de 20-30 cent.; en avril-mai, grappe cintrée, unilatérale, de fleurs bleues, odorantes, en cloches, à divisions étalées, puis réfléchies.

Plante très commune dans les bois, les coteaux et les terrains incultes.

S. nutans alba. — Variété à fleurs blanches.

S. nutans carnea. — Variété à fleurs carnées.

S. nutans lilacina. — Variété à fleurs lilas.

S. nutans rosea. — Variété à fleurs roses.

S. nutans rubra. — Variété à fleurs rose foncé.

Ces 5 variétés sont moins vigoureuses que le type.

S. nutans cernua. *Agraphis cernua*, identique avec le *S. nutans*, mais plus vigoureux; grappe plus grande et plus fournie, a produit les mêmes variétés.

S. parviflora. *Desf. Algérie.* — Petite espèce fleurissent en automne; culture au *S. lingulata.*

S. patula *D.C. Agraphis patula Reich. Endymion patula Gren.* et *God. Hyacinthus patulus Desf. Scille étalée. Europe méridionale.* — Bulbe piriforme, blanc; feuilles simples, lancéolées; hampe de 30 cent.; en mai, grappe érigée de fleurs bleues, campanulées, à divisions étalées, plus larges que celle du *S. nutans.*

Culture. — Très facile; tous terrains, toutes expositions; préfère l'ombre; planter à l'automne plusieurs bulbes ensemble, laisser en place pendant 5-6 ans.

S. patula rubra. — Variété à fleurs rougeâtres.

S. peruviana *Lin. Hyacinthus peruvianus Hort. S. cærulea. Scilla hemisphæris Boiss. Scilla Clusii Parl. Scille du Pérou*, *Jacinthe du Pérou. Lis de Cuba. Europe méridionale*, 1607. — Bulbe gros, piriforme, blanc; feuilles de 20-30 cent., larges de 2-3, d'un beau vert luisant; hampe de 20-25 cent., terminée par une superbe ombelle conique, plus large que haute, de nombreuses fleurs bleu vif; la floraison a lieu en mai-juin.

S. peruviana alba. — Variété à fleurs blanches.

S. peruviana lutea. — Variété à fleurs gris jaunâtre.

Fig. 200. — Scilla nutans.

Culture. — Ces magnifiques plantes sont d'une culture très facile; planter aussitôt arrachées en été ou à l'automne quand les feuilles sont sèches, en bonne terre légère, fraîche, à 10 cent. de profondeur, 30 cent. de distance; leur beau feuillage qui se montre à l'automne persiste pendant l'hiver et ne souffre pas du froid; la plante est tout à fait rustique; des bulbes arrachés et laissés sur le sol pendant un hiver et replantés au printemps ont parfaitement réussi; déplanter tous les 4-5 ans; les bulbes, placés sur carafes remplies d'eau et traités comme les jacinthes, donnent une belle floraison pendant l'hiver.

Multiplication. — Par division des bulbes à l'époque de l'arrachage.

S. præcox. — V. *S. siberica.*

S. serotina. — V. *Uropetalon serotinum.*

S. siberica *And. S. Amœna siberica B. M. S. azurea Gold. S. præcox Willd. Scille de Sibérie, Jacinthe étoilée. Sibérie, Russie méridionale,* 1796. — Bulbe moyen, sphérique, violet noir; feuilles peu nombreuses, d'un beau vert, lancéolées, dressées; chaque bulbe produit 2-3 hampes, hautes de 10-20 cent. violacées, obliques, portant 2-4 fleurs d'un beau bleu azuré, bien ouvertes à anthères noires; la floraison a lieu en février-mars. Plante tout à fait rustique, de grande valeur par sa floraison précoce et l'éclat de ses fleurs; mélangées aux *Galanthus*, *Crocus* et autres

Fig. 201. — Scilla siberica.

plantes à floraison précoce, elle produit un effet ravissant en bordure, corbeilles, etc.

Culture. — Planter en septembre-octobre en bonne terre, à 5-6 cent. de profondeur, et à 5-6 cent. de distance; de grandes quantités sont employées pour forcer; pour cela planter en septembre 6-10 bulbes par pot et les traiter comme les *jacinthes* (voir cet article), la floraison a lieu en décembre-janvier.

Multiplication. — Par division des bulbes, qui peuvent rester arrachés pendant plusieurs mois; et par graines qui sont produites en quantité; semées aussitôt récoltées, les bulbes fleurissent 2-3 ans après.

S. taurica.
S. Whitallii. } — V. *S. bifolia taurica.*

SCILLE agréable. — V. *Scilla amœna.*

S. d'Espagne. — V. *Scilla campanulata.*

S. étalée. — V. *Scilla patula.*

S. penchée. — V. *Scilla nutans.*

SCIPOULE. — V. *Scilla maritima.*

SEPTAS. *Crassulacées.*

S. capensis *Lin. Cap.* — Petite plante ayant le port des *Saxifraga*, et souvent confondue avec les *Crassula*.

Racine tuberculeuse; tige simple; feuilles opposées ou verticillées; en mai, fleurs blanches en ombelle.

Culture. — Planter à l'automne, châssis froid pendant l'hiver, pas d'humidité pendant le repos.

SERAPIAS *Lin. Orchidées.*

S. cordigera *Lin. Europe méridionale*, 1806. — Bulbes arrondis; feuilles linéaires, se transformant en bractées; tige de 15-30 cent.; en mai-juin, épi de fleurs rouge pourpre grenat; labelle poilu, rouge noir.

S. lingua *Lin. Europe méridionale*, 1786. — Bulbes ronds; tige de 10-20 cent.; en avril-mai, fleurs violet pâle; labelle grand, rouge pâle.

S. longipetala *Pall. Europe méridionale*, 1826. — Bulbes ovales; tige de 20-40 cent.; en avril-juin, épi de 2-6 fleurs pourpre clair; labelle trilobé, rouge foncé; bractées ovales, brun foncé, dépassant les fleurs.

Fig. 202. — Serapias lingua (Correvon).

S. parviflora *Parl. Europe méridionale.* — Bulbes ovales; feuilles lancéolées; tige de 15-30 cent.; en avril-juin, épi allongé de fleurs rouge pâle; labelle rouge foncé; plante rare.

Culture. — Des *Orchis*, couvrir légèrement pendant l'hiver.

SERPENTAIRE. — V. *Arum Dracunculus.* — V. *Arum maculatum.*

SERPENTINE. — V. *Arum maculatum.*

SHORTIA *Gray. Diapensiacées.*

S. glacifolia. *A. Gray. Japon, Amérique septentrionale.* — Rhizomes en chatons, au printemps fleurs blanches en ombelle; petite plante de peu de valeur, propre à orner les rocailles ; pleine terre.

SINNINGIA *Nees. Gesnéracées.*

Les plantes de ce genre sont très voisines des *Gloxinia* dont elles ont le port ; elles se cultivent de la même façon ; toutes sont originaires de l'Amérique tropicale. *G. velutina* en est le type.

SISYRINCHIUM *Lin.* **Bermudienne.** *Iridées.*

S. grandiflorum *Cav.* — V. *Tigridia lutea Link.*

S. grandiflorum *Dougl. Eriphlema grandiflorum Herb. Californie, Ile de Vancouver, à une altitude de 2000 mètres*, 1826. — Tige simple de 30 cent., feuilles 2-3 engainantes; en avril-mai, spathe biflore, fleurs pendantes, en cloche, d'une belle couleur pourpre brillant; styles rouges, anthères jaunes. Pleine terre.

SOLEIL vivace. — V. *Helianthus tuberosus.*

SONGE. — V. — *Caladium esculentum.*

SOUCHET des Indes. — V. *Curcuma longa.*

SOUCI d'eau. — V. *Caltha palustris.*

SPAETLUM. — V. *Lewisia rediviva.*

Fig. 203. — Sisyrinchium grandiflorum.

SPARAXIS *Ker. Iridées.*

Port des *Ixias*, *tige sortant d'une gaine déchiquetée.* Les principales espèces sont :

S. anemoneflora. *Ixia, anemoneflora. Cap*, 1825. — Tige de 25 cent., en juin fleurs blanches.

S. bulbifera *Ker. Cap*, 1758. — Tige de 25 cent. fleurs blanches, jaunes ou violettes.

S. grandiflora. *Ker. Ixia aristata L. grandiflora. Sparaxis à grandes fleurs. Cap*, 1758. —Bulbe de la grosseur d'une noisette, tige de 30 cent. fleurs pourpre violet à œil blanc.

S. g. liliago. *Cap*, 1758. — Fleur crème, œil violet.

S. pendula. — V. *Dierma pendula.*

S. pulcherrima. — *Dierma pulcherrima.*

S. tricolor *Ker. Ixia tricolor. Cap*, 1759. — Tige de 40 cent. terminée par 2-3 fleurs rouge orange à centre jaune séparé par une ligne circulaire brun noir ; extérieur de la fleur, orange.

Les espèces ci-dessus ont produit beaucoup d'espèces horticoles, très belles, aux couleurs les plus éclatantes.

Culture et emplois des *Ixias*, et floraison aux mêmes époques.

SPATALANTHUS *Sweet. Iridées.*

S. speciosus *Sw. Trichonema monadelpha. Cap*, 1825. — Petite iridée bulbeuse; tige de 15-20 cent.; en mai-juin, fleurs rouges maculées de brun et jaune au centre.

Culture des *Ixias.*

SPATLUM. — V. *Lewisia rediviva.*

SPATULE. — V. *Iris fœtidissima.*

SPIREA *Lin.* **Spirée.** *Rosacées.*

S. filipendula flore pleno *Hort. Reine des prés à fleurs doubles. Indigène.* — Une de nos plus jolies plantes vivaces, s'élevant à 50 cent. environ; feuillage vert, finement découpé, très élégant ; en mai-juillet, tiges rameuses de fleurs blanches en larges cymes, produisant un grand effet.

Culture. — Planter à 30 cent. de distance en bonne terre, plutôt sèche qu'humide.

Multiplication. — En automne ou au printemps par

a division des racines tubéreuses, ou par graines semées au printemps.

SPREKELIA cybister. — V. *Amaryllis cybister.*

S. formosissima. }
S. Heisteri. } V. *Amaryllis formosissima.*

SQUILLE rouge. — V. *Scilla maritima.*

STAR tulip. — V. *Calochortus.*

STEENHAMMERA virginica. — V. *Pulmonaria virginica.*

STELLARIS scilla. — V. *Scilla maritima.*

STENOGASTRA concina et **multiflora** sont des gênériacées de l'Amérique tropicale, elles ont le port des *Gloxinia* et se cultivent comme les *Achimenes.*

Le *Gloxinia hirsuta* est compris dans ce genre.

STENOMESSON *Herb. Amaryllidées.*

Les genres *Stenomesson* et *Coburgia* ont été réunis par les botanistes modernes ; ce sont de très belles plantes ayant beaucoup d'affinités avec les *Amaryllis.* C'est à tort qu'elles ont été beaucoup négligées depuis longtemps.

Les principales espèces sont :

S. aurantiacum *Herb. Chrysiphiala flava. Pérou,* 1843. — Bulbes moyens ; feuilles de 30 cent., vert foncé, étroites, en lanières ; hampe de 30 cent. ; en mai-juin, fleurs d'un beau rouge orange.

S. coccineum *Herb. Coburgia coccinea. Pérou,* 1850. — Bulbes de 4-5 cent. de diamètre ; feuilles étroites, longues de 30 cent. ; hampe de 30 cent. terminée par une ombelle de 6-8 fleurs rouge écarlate.

S. incarnatum. *Coburgia incarnata, Pancratium in-*

carnatum. *Quito*, 1826. — Port du *S. trichroma*, en diffère par la bordure verte moins large de la fleur.

S. lutea viridis. *Coburgia luteo-viridis*. — Port du *S. trichroma;* hampe de 30-40 cent.; 4-6 fleurs longues de 6-9 cent., pendantes, jaune pâle, chaque division verte à l'extrémité.

S. trichroma. *Coburgia trichroma*. *Andes*, 1838. — Bulbe de 6-8 cent. de diamètre; feuille en lanière, longue de 30 cent., large de 3; hampe de 40-60 cent. déprimée, portant une ombelle de 4-6 fleurs, sortant de 2 bractées d'un vert foncé; ces fleurs ont 8-10 cent. de long, rouge écarlate largement bordées de vert à l'extrémité des segments.

Les hampes se développent toujours un peu avant les feuilles.

Il y a encore plusieurs espèces, qui diffèrent peu, et dont les fleurs varient du jaune orange au rouge écarlate.

Culture. — Rempoter en février-mars en enlevant soigneusement les caïeux; arrosages répétés pendant la végétation, nuls après la dessiccation des feuilles; les bulbes se conservent à l'état sec; ils résistent très bien en pleine terre au pied d'un mur; à exposition et en terrain secs.

Multiplication. — Par les caïeux.

STERNBERGIA lutea. — V. *Amaryllis lutea*.

STROPHOLIRION californicum. — V. *Brodiæa volubilis*.

STRUMARIA *Jacquin*. *Amaryllidées*.

Démembrement du genre *Amaryllis;* jolies petites plantes bulbeuses du Cap, la plus intéressante est :

S. filifolia. *Cap*, 1774. — Feuilles petites, linéaires;

hampe courte, terminée, en septembre-octobre, par une ombelle de fleurs blanches.

S. stellaris. — V. *Hessea spirale.*

Culture. — Des *Nérines.*

SURELLE. — V. *Oxalis.*

SWERTIA lutea. — V. *Gentiana lutea.*

SYLVIE. — V. *Anemone nemorosa.*

S. jaune. — V. *Anemone ranunculoides.*

SYMPHYTUM *Lin. Borraginées.*

S. tuberosum *Lin. Indigène.* — Tubercule ressemblant un *Topinambour*; feuillage élégant; en été, fleurs jaunes en grappes.

Culture. — Tous terrains, toutes expositions.

Multiplication. — De graines et par les tubercules.

SYRINGODEA. *Iridées.*

S. pulchella *Hook. f. Afrique australe*, 1872. — Bulbe de la couleur et de la grosseur d'une noisette; feuilles cylindriques, filiformes, vert foncé; en avril, fleurs solitaires à divisions étalées puis réfléchies, couleur lilas ligné de pourpre à l'extérieur, portées sur un tube long de 8-10 cent. sortant du centre des feuilles. Jolie petite plante, rare; port des *Crocus.*

Culture. — Des *Ixias*, à essayer en pleine terre.

TACCA phalifera. — V. *Amorphophallus campanulatus.*

TALLO. — V. *Arum esculentum.*

TAMIER. — V. *Tamnus communis.*

TAMNUS ou *Tamus Lin.* **Tamne.** *Dioscoréacées.*

T. communis *Lin. Tamne commun, Bryone noire, Cou-*

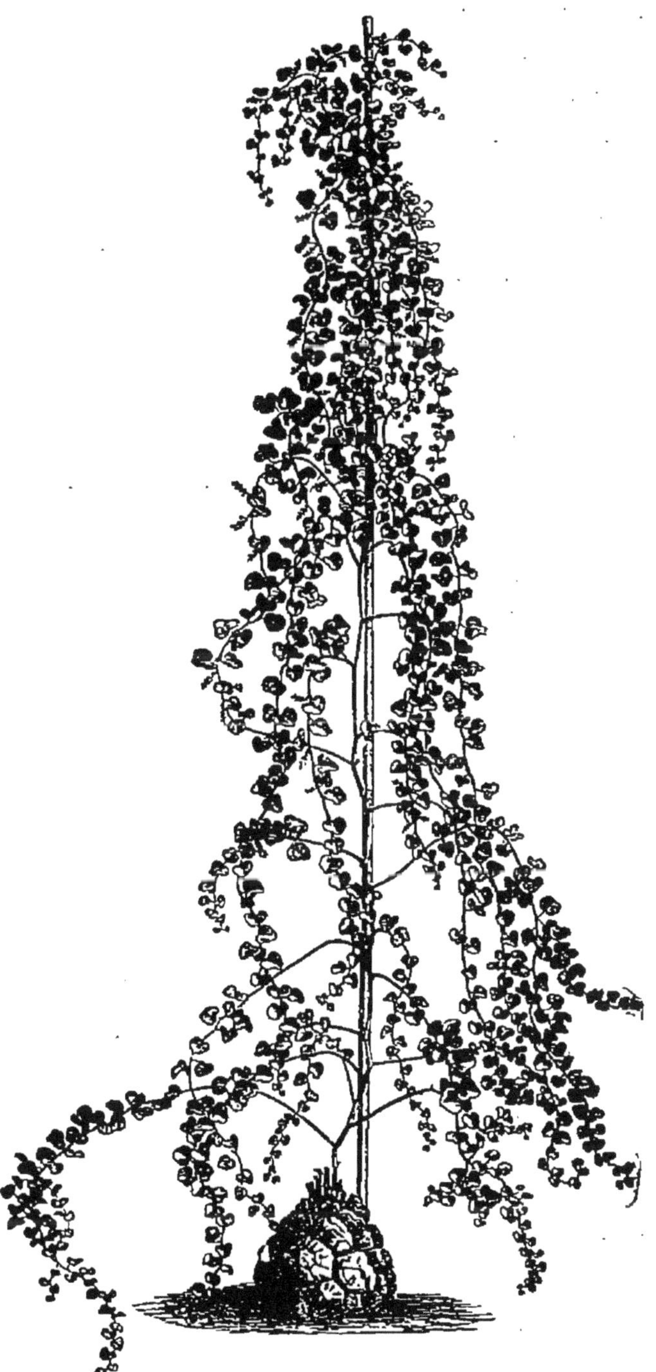

Fig. 204. — Tamnus elephantipes.

leuvre noire, *Fort-Jean*, *Herbe aux femmes battues*, *Racine vierge*, *Sceau de la Vierge*, *Sceau de Notre-Dame*, *Tamier*, *Tammier commun*, *Vigne noire*. *Indigène*. — Plante dioïque; souche cylindrique noire, longue de 50 cent. à 1 mètre, garnie de racines fibreuses, chair blanche; tiges de 4-5 mètres, garnies de belles feuilles pétiolées, larges, entières, cordiformes; atténuées en pointe d'un beau vert luisant; en juillet, fleurs verdâtres en immenses grappes, produisant, en septembre, de belles guirlandes longues de 1 à 2 mètres, de beaux fruits, verts d'abord, puis jaunes et enfin d'un beau rouge groseille, de la grosseur d'une petite cerise; c'est un bel ornement sur les haies et les arbres à l'automne, et la plante est précieuse pour couvrir les tonnelles et treillages.

Culture. — Très facile, toute terre riche et profonde; planter en automne ou au printemps.

Multiplication. — De boutures au printemps et par graines, qui ne germent que 16 ou 17 mois après le semis.

T. cretica *Lin*. *Grèce*. — Port du précédent; feuilles trilobées, cordiformes à la base, les deux lobes de côté larges, arrondis, le terminal lancéolé. Même culture.

T. elephantipes *Lherit*. *Testudinaria elephantipes B. Reg*. *Pied d'éléphant*. *Cap*, 1774. — Souche tuberculeuse énorme, atteignant 1 mètre de diamètre; les deux tiers au-dessus du sol; chair blanche; peau grise, rugueuse, écailleuse, ressemblant à une écaille de tortue; tiges grimpantes de 10-12 mètres; feuilles plus ou moins cordiformes; en été fleurs jaunes, verdâtres, petites, en racèmes courts. Serre tempérée.

TARA. — V. *Arum esculentum*.

TARO. { — V. *Arum esculentum.*
— V. *Colocasia antiquorum.* }

TAYO. — V. *Arum esculentum.*

TECOPHYLÆA. — *Liliacées.*

T. cyanocrocus. *Chili*, 1865. — Cette plante fut cultivée pendant plusieurs années, puis abandonnée, parce qu'on ne pouvait la faire fleurir. Ce n'est qu'en 1872 que MM. Haage et Schmidt parvinrent à obtenir sa floraison.

Bulbes et port d'un crocus, feuilles linéaires; en mars, fleurs ressemblant à celle d'un crocus, d'un beau bleu indigo, à odeur forte de violette.

T. cyanocrocus Leichtlini. — Variété à gorge blanche, même odeur.

Culture. — Pleine terre, à bonne exposition, chaude et sèche; en pleine terre sous châssis, les fleurs sont plus larges et plus belles. Planter à l'automne, en serre elle ne fleurit pas, il lui faut absolument beaucoup d'air, une température basse et sèche.

TERRA merita. { — V. *Curcuma longa.*
TERRE mérite. }

TERTÈFLE. — V. *Helianthus tuberosus.*

TESTICULE de chien. — V. *Orchis mascula.*

TESTUDINARIA elephantipes. — V. *Tamnus elephantipes.*

TÊTE de serpent. { — V. *Iris tuberosa.*
— V. *Fritillaria meleagris.* }

THALICTRUM *Tourn.* **Pigamon.** *Renonculacées.*

T. anemonoides *Mich. Amérique du Nord*, 1768.

Petite plante bulbeuse, à feuillage élégant, s'élevant à 6-10 cent., en mars-avril, fleurs blanches.

T. anemonoides flore pleno. — Variété à fleurs pleines.

T. tuberosum *L. Europe méridionale Espagne*, 1713. — Port des précédents, fleurs blanches, à la même époque, hauteur 40-50 cent.

Culture. — Pleine terre, fraîche et abritée. Planter à l'automne dans un mélange de sable, terre et terreau, à l'exposition du nord, surtout le *T. anemonoides*; les fleurs sont très éphémères.

Multiplication. — De graines semées aussitôt récoltées et par division des souches tuberculeuses.

THELYSIA alata. }
T. grandiflora. } — V. *Iris alata.*

THLADIANTHA *Bge. Cucurbitacées.*

T. dubia *Bge. Thladiante douteux. Chine sept.*, 1864. — Plante dioïque; tubercules renflés, jaunâtres, en forme de P. de terre; feuilles ovales, en cœur, alternes, d'un beau vert; tiges grimpantes, très rameuses, atteignant 4-6 mètres de haut ; de juillet jusqu'aux gelées, fleurs jaunes solitaires ou en grappes, de peu d'effet, produites en profusion.

Si l'on a la précaution de féconder les fleurs artificiellement, la plante produira à l'automne une quantité de fruits de la grosseur d'un œuf, poilus, verts d'abord et rouge vif à la maturité, garnis de lignes rouges plus foncées. Ces fruits sont pulpeux, jaunâtres à l'intérieur.

Culture. — Bonne plante pour garnir les treillages et murailles, se plaît dans tous les sols et à toutes les expositions.

Multiplication. — Facile par les tubercules au printemps ou à l'automne et par graines semées sur couche en février-avril ; mises en place en mai-juin pour fleurir à l'automne.

THORA. — V. *Aconitum Napelus.*

THOUREUX. — V. *Arum maculatum.*

TIGRIDIA *Juss.* **Tigridie.** *Iridées.*

T. cœlestis. — V. *Phalocallis plumbea.*

T. conchiflora *Sweet. Tigridie à fleurs jaunes. Mexique*, 1823. — Port du *T. pavonia* ; moins vigoureux, fleurs jaune vif, pointillées de pourpre ; il est à supposer que ce n'est qu'une variété du *T. pavonia*, car il arrive que des tubercules du *T. conchiflora* produisent des fleurs des deux espèces.

T. c. grandiflora. — Variété à fleurs plus belles et plus grandes.

T. Herbertii. — V. *Cypella Herbertii.*

T. lutea *Link. Beatonia grandiflora Klatt, Sisyrinchium grandiflorum Cav. Pérou et Chili*, 1874. — Bulbe petit à tuniques membraneuses ; feuilles 2, linéaires, plissées ; tige de 30 cent. ; fleurs très fugaces jaune pâle, 3-4 cent. de large, ayant l'aspect d'une petite fleur de *Tigridia.*

Culture des *Tigridia.*

T. pavonia *Red. Syn. Ferraria Pavonia, Cav. F. tigridia, B. M. Tigridia œil de Paon, T. à grandes fleurs. Mexique*, 1796. — Bulbe jaune, produisant plusieurs tiges feuillées ; hautes de 30-50 cent. ; feuilles engainantes, plissées, ensiformes, d'un beau vert ; fleurs très belles, se produisant successivement de juillet en septembre, s'épanouissant le matin et ne durant qu'une journée, de 12-15 cent. de diamètre, à divisions horizontales, représentant une coupe ; divisions externes violettes à la base, jaune pointillé de pourpre à l'extrémité; divisions internes plus petites, jaunes, tachées de poupre; il existe plusieurs belles variétés.

T. p. alba. — Variétés à fleurs blanc pur; base des pétales jaunâtre taché de rouge brun; excellente variété obtenue par M. Auguste Hennequin vers 1880.

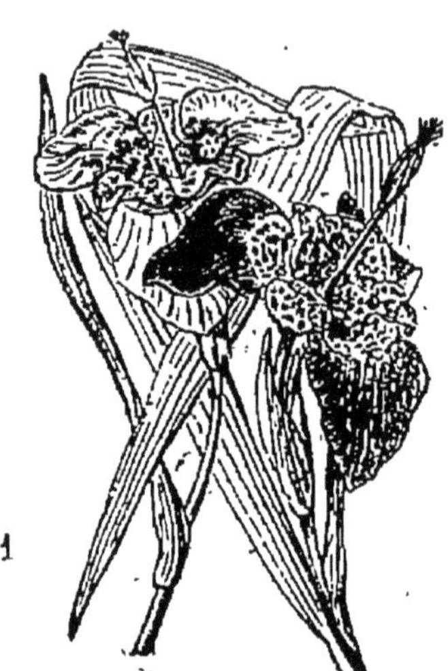

Fig. 205. — Tigridia : 1 conchiflora, 2 speciosa.

T. p. lilacea. — Hybride des *T. Pavonia* et *Pavonia alba;* pétales et sépales rose carmin, base ponctuée de blanc.

T. p. rosea. — Hybride des *T. Pavonia* et *Conchiflora;* pétales et sépales roses, à base ponctuée de jaune.

T. p. rubra. — Fleurs grandes, maculées et pointillées de rouge plus foncé que dans le type.

T. p. speciosa. *T. P. splendens.* — Belle variété à fleurs plus grandes et à coloris plus riches que dans le type.

T. p. splendens. — V. *T. p. speciosa.*

T. p. Wheelerii. — Variété obtenue en Angleterre, fleurs très grandes; coloris riches, foncés.

Culture. — Planter les bulbes en février-avril en bonne terre profonde, légère et fraîche; à 10-12 cent. de profondeur et 15-20 cent. de distance; pailler et arroser pendant la sécheresse; en octobre-novembre, couper les tiges, arracher les bulbes et les conserver au sec ou dans du sable, jusqu'à l'époque de la plantation; ils réussissent très bien aussi 3-4 plantes dans un pot, ou 8-10 en touffe dans les plates-bandes; on peut aussi les laisser en pleine terre pendant l'hiver, avec une légère couverture de feuilles ou de mousse; cependant il faut les arracher au moins tous les 3 ans.

Multiplication. — Par division des bulbes, et par les caïeux plantés en pépinière, pendant un ou deux ans, et par graines semées au printemps sur couche et repiquées sur couche. Ces semis fleurissent la deuxième année, quelques-uns dès l'automne du semis.

T. à fleurs blanches. — V. *T. p. alba.*

T. à fleurs jaunes. — V. *T. conchiflora.*

T. à fleurs rouges. — V. *T. p. rubra.*

T. à grandes fleurs.
T. œil de paon. } — V. *T. Pavonia.*

TIPULARIA *Nutt. Orchidées.*

T. discolor *Nutt. Orchidée tipule. États-Unis.* — Bulbes solides, moitié enterrés dans le sol, émettant à l'automne une seule feuille, longuement pétiolée, plissée, teintée de violet sur le bord; tige nue de 20-40 cent.; en juillet-août, fleurs petites blanc rosé en grappe lâche; la fleur ressemble à un insecte appelé *Tipule*, d'où son nom.

Culture des *Orchis.* — Terre sablonneuse à l'ombre; plante rare.

TOOMAN. — V. *Amaryllis Atamasco.*

TOPINAMBOUR.
TOPINAMBOUX. } — V. *Helianthus tuberosus.*

TORE. — V. *Aconitum Napellus.*

TOYA. — V. *Arum esculentum.*

TRÈFLE rose. — V. *Oxalis floribunda rosea.*

TREVIRANA. — V. *Achimenes*.

TRICHONEMA *Ker*. *Iridées*.

Petites plantes linéaires ; hampes courtes, portant des fleurs solitaires, ressemblant à celles des *Crocus*.

T. bulbocodium *Seb et Maur*. *Romulea Bulbocodium*.

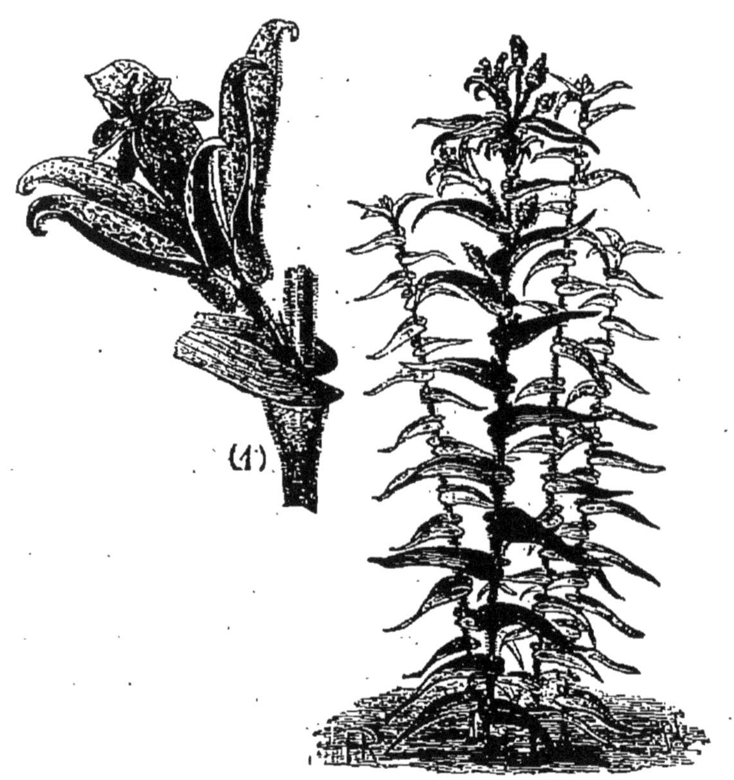

Fig. 206. — Tricyrtis hirta.

Europe méridionale, 1739. — Hauteur 10-15 cent. ; en mars, fleurs rouge orange.

T. caulescens *Ker*. *Romulea Bulbocoides*. *Bakere*. *Columnea Bulbocoides*. *Cap*, 1810. — Port du précédent ; en mai-juin, fleurs pourpres à centre jaune.

T. columnæ *Reichb*. *Italie*, 1825. — Hauteur 15 cent. en mars-avril fleurs bleues.

T. cruciatum. *Romulea cruciata. Cap*, 1758. — Port des précédents, en mai fleurs roses.

T. filifolium *Klatt. Romulea filifolii. Eckl. Cap*, 1822. — Port du précédent, en mai, fleurs jaunes.

T. monadelphus. — V. *Spatalanthus speciosus.*

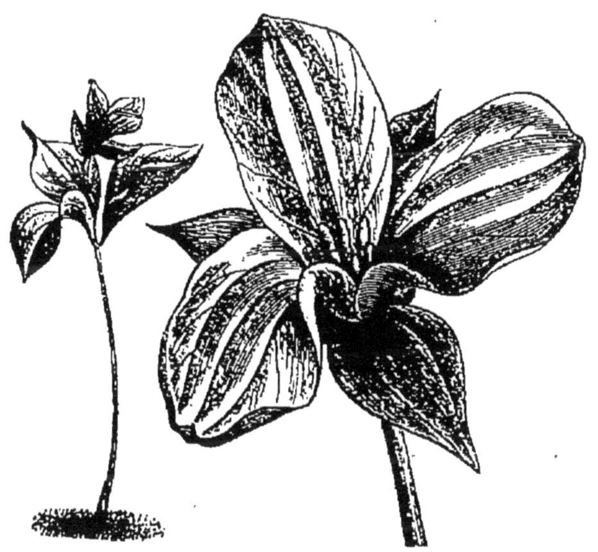

Fig. 207. — Trillium grandiflorum.

T. roseum speciosum. *Romulea rosea speciosa. Cap*, 1808. — Port des précédents; en mai, fleurs rose carminé.

Culture. — Des *Spatalanthus;* résistent en pleine terre à exposition chaude et sèche avec abri pendant l'hiver.

TRICYRTIS *Wallich. Liliacées.*

T. hirta. *Lis crapaud du Japon. Japon*, 1863. — Rhizomes courts, rampants; feuilles oblongues, cordées, longues de 10-15 cent.; tige de 50 cent. à 1 mètre, feuillée dans toute sa longueur; terminée en mai par 8-12 fleurs à divisions blanches, pointillées de violet.

Culture. — Pleine terre à exposition chaude, avec abri pendant l'hiver; ou cultiver en pots et hiverner sous châssis ou en serre.

Multiplication. — Par division de rhizomes.

Fig. 208. — Trillium atropurpureum.

TRILLIUM. *Lin. Liliacées.*

Allusion à toutes les divisions de la plante, qui sont par trois. Petites plantes bizarres, curieuses, mais peu ornementales.

T. atropurpureum. *T. erectum. Lin. T. rhomboideum. Mich. Amérique du Nord*, 1759.— Rhizomes noirs; tige de 20 cent.; en mars-avril fleurs à divisions internes brunes.

T. cernuum. *Lin. T. penché. Amérique du Nord*,

1759. — Tige de 40 cent.; feuilles acuminées, vert foncé; en avril-mai, fleurs à divisions égales, blanches; baies pourpres.

T. erectum. — V. *T. atropurpureum.*

T. erythrocarpum. — V. *T. grandiflorum.*

T. grandiflorum *Salisb. T. erythrocarpum. T. à grandes fleurs. Lis des bois. Amérique du Nord*, 1799. — Rhizomes assez volumineux; tige de 30-60 cent., verticille de 3 feuilles sessiles, ovales, aigues; en avril-mai, fleurs à 3 divisions internes, blanc pur, rosées en vieillissant, plus longues que les 3 externes, graine pourpre.

T. rhomboideum. — V. *T. atropurpureum.*

T. sessile *Lin. T. à fleurs sessiles. Amérique du Nord*, 1759. — Rhizomes noirs; tige de 15-25 cent., ayant un verticille de 3 feuilles aux 2 tiers de sa hauteur; ces feuilles sont d'un vert foncé et parfois tachées de blanc; tige terminée par une fleur à 3 divisions externes verdâtres, moitié plus courtes que les 3 internes, qui sont pourpre violet. Fruits pourpres; floraison en avril-mai.

Culture. — Terre de bruyère ou tourbeuse, spongieuse et fraîche à l'ombre; planter en septembre, en pleine terre; culture assez difficile.

Multiplication. — Par division de rhizomes à l'automne; cette opération doit se faire avec beaucoup de précaution sous peine de perdre la plante.

TRITELIA *Hook. Liliacées.*

T. aurea. — V. *Brodiæa aurea.*

T. laxa. *Benth. Milla laxa. Baker. Bodiæa laxa. Wats. Californie*, 1832. — Bulbe petit; feuilles linéaires, vert clair, pointues, longues de 30 cent.; en juin-juillet, hampe de 30-40 cent., terminée par une ombelle peu serrée de 30-50 fleurs tubulaires pourpre ou bleu pourpre, plus foncé à l'ombre; belle variété, se forçant bien.

T. laxa alba. — Variété à fleurs blanches.

Fig. 209. — Tritelia uniflora.

T. laxa Murragana. — Fleurs bleu lavande, veiné intérieur.

T. laxa maxima.— Fleurs larges bleu indigo.

T. longipes, *T. peduncularis. Californie.* — En mai-juin, ombelle de fleurs blanches, roses, ou bleu pâle suivant la variété.

T. uniflora *Lindl. Brodiæa uniflora Bthm. Milla uniflora Grah. Buenos-Ayres*, 1820. — Bulbe petit, solide, ovale, blanchâtre, à odeur forte; feuilles linéaires, glauques, étalées, retombantes, formant des touffes serrées; hampe de 10-20 cent., terminée par une (rarement deux) fleur odorante, à 6 divisions étalées et réfléchies, blanc de lait à reflets bleuâtres. Ces divisions sont striées de violet sur leur partie médiane extérieure. La floraison a lieu en mars-mai, chaque bulbe produit plusieurs tiges.

Culture. — Terre légère, riche, saine; craint l'humidité, planter en octobre-novembre, à 7-8 cent. de profondeur, 12-15 bulbes à la fois pour former une touffe, ou à 5-6 cent. de distance, pour former bordure; laisser les touffes en place pendant 5-6 ans. Par la culture en pots drainés, dans lesquels on plante 6-12 bulbes, on peut avoir cette plante en fleur en serre depuis novembre jusqu'en février, suivant la culture.

Le *T. uniflora* réussit très bien, cultivé dans la mousse fraîche, dans des coupes ou vases, que l'on tient en appartement : cette culture se fait absolument comme celle des Crocus et des Jacinthes.

Multiplication. — Très facile et rapide par les caïeux qui se détachent naturellement même petits. C'est une excellente plante qui n'est pas assez répandue, elle est précieuse pour garnir des lieux même incultes et pour naturaliser sous bois et dans les gazons.

TRITICEA JUNCEA. — Petite liliacée bulbeuse du Cap, produisant en avril des fleurs violettes et se cultivant comme les *Ixias*.

TRITONIA *Ker.* **Tritonie.** *Iridées.* — Jolies plantes bulbeuses du Cap ayant beaucoup d'analogie avec les *Ixias* et *Sparaxis* et fleurissant aux mêmes époques ; *étamines insérées sur le tube de la fleur.*

T. aurea *Poppe.* — V. *Crocosmia aurea Planch.*

T. crocata. *Ker. Syn. Gladiolus crocatus. Pers. Ixia crocata Lin. Cap,* 1758. — Tige de 30 cent. ; bel épi de fleurs rouge orangé.

T. longiflora. *Cap,* 1774. — Tiges 30 cent. ; fleurs blanches, tube rosé.

T. odorata. — V. *Freesia refracta odorata.*

T. Pottsii. — V. *Montbretia Pottsii.*

T. refracta. — V. *Freesia refracta.*

T. rosea. — V. *Montbretia rosea.*

Culture et *emploi* des *Ixias* et *Sparaxis.*

TROMPETTE de MÉDUSE. — V. *Narcissus bulbocodium.*

TROPÆOLUM *Lin.* **Capucine.** *Tropæolées.*

Plantes tuberculeuses, grimpantes ; tiges filiforme

s'élevant de 1 m. 50 à 4 mètres, se couvrant littéralement de fleurs de juillet en octobre; les feuilles d'un beau vert, à cinq divisions, sont des plus élégantes.

T. albiflorum. — V. *T. polyphyllum albiflorum.*

Fig. 210. — Tropæolum tricolorum.

T. azureum *Paxt. T. bleu. Chili*, 1842. — Tubercule rond; tiges filiformes, diffuses, s'élevant à 1 m. 50 environ; feuilles petites, irrégulières à cinq lobes étroits; fleurs solitaires, bleues, larges de 2-3 cent., à cinq pétales bilobés, portés sur des pédoncules filiformes, dépassant les feuilles.

Culture. — Terreau, terre de bruyère, terre légère et sable par parties égales. Planter en *septembre*, en pots bien drainés, arroser, plonger les pots dans le sable en châssis froid, couvrir la terre du pot avec de la mousse, bassiner légèrement, transporter en serre froide quand les tiges ont 30 cent. de haut; il faut absolument planter les tubercules avant qu'ils soient en végétation.

T. brachyceras *Bot. Reg. Capucine à éperon court. Fleur de perdrix. Chili*, 1830. — Tubercules moyens; port et feuillage du *T. tricolorum*, fleurs jaunes, lignées de rouge; éperon très court.

Culture. — Du *T. tricolorum.*

T. edule. — V. *T. polyphyllum.*

T. Jarrati. — V. *T. tricolor grandiflorum.*

T. Funcki. — V. *T. Moritzianum.*

T. Moritziannm. *B. M. T. Funcki. Nouvelle-Grenade*, 1839. — Tubercules gros; tiges grimpantes et glabres; feuilles peltées larges de 10-15 cent., à longs pétioles; fleurs moyennes, rouge vif et orange; pétales frangés. — Belle plante de serre tempérée.

T. pentaphyllum *Lamk. Chimocarpus pentaphyllus Don. Capucine à cinq feuilles. Buenos-Ayres*, 1824. — Tubercules moyens, ronds, bruns; tiges grêles, hautes de 1 m.50 à 2 mètres; feuilles très nombreuses alternes, palmées à cinq lobes; fleurs étroites, longues de 3-4 cent. rouge vermillon, vertes à l'intérieure, calice vert, deux pétales rouges, éperon crochu, fruits en baies, violet foncé.

Culture et *emplois* du *T. tricolorum.* Se cultive et résiste bien en pleine terre.

T. polyphyllum *Cav. T. edule. Chili*, 1827. — Tige de 1 m. 50 à 2 mètres; feuilles divisées en 6-10 lobes profonds; fleurs jaunes. Culture du *T. tricolorum.*

T. polyphyllum albiflorum. — Variété de la précédente, moins vigoureuse; fleurs blanches à l'intérieur et violet rose à l'extérieur. Culture du *T. tricolorum.*

T. speciosum *Endlich. Chili*, 1842. — Tubercules moyens; tiges grimpantes vigoureuses, longues de

4-5 mètres; feuilles à longs pétioles; limbe à 6 lobes ovales oblongs, pédoncules plus longs que les feuilles; fleurs rouge cramoisi brillant; limbe des pétales bilobé et presque carré; toute la plante est velue; une des plus belles capucines tuberculeuses.

Culture. — Du *T. tricolorum.*

T. tricolorum. *T. tricolorum Sweet. Chili*, 1828. — Tubercule petit, rond, brun, cette espèce a le port du *T. pentaphyllum*, mais plus petit; calice rouge écarlate, brun pourpre aux extrémités du limbe, pétales petits jaunes.

T. tricolor grandiflorum. *T. Jarrati.* — Semblable à la précédente, plus vigoureuse et fleurs plus grandes. — *Même culture.*

Culture. — Planter en février-mars en pots moyens bien drainés, en terre composée de terre franche, terreau de feuille, terre de bruyère et sable fin par quarts, donner très peu d'eau, quand les tiges s'allongent, augmenter les arrosages; tenir à une température moyenne, plus froide que chaude, la chaleur étant souvent cause d'un mauvais résultat; aérer le plus possible, faire grimper les tiges sur des treillages le long des murs ou sur des ballons en fil de fer, de formes diverses, et qui sont d'un bel effet; ou planter en pleine terre en mai, à mi-ombre; il est préférable d'arracher les tubercules après la dessiccation des tiges et de les tenir au sec; cependant ils peuvent passer l'hiver dehors, couverts de sable où feuilles sèches. Les *T. pentaphyllum* et *tricolorum* sont les plus rustiques et résistent bien en pleine terre; on les fait grimper soit le long des murs ou sur des troncs d'arbres.

Multiplication. — 1° Par les tubercules qui sont assez abondants dans certaines variétés; en mai, les jeunes tiges couchées en terre, tenues par un petit crochet, produisent un tubercule à chaque insertion; 2° par graines semées sous châssis ou en pots, aussitôt la maturité; enfin par greffe sur les tubercules. Ces charmantes plantes sont précieuses pour garnir

Fig. 211. — Tropæolum tuberosum (tiges).

les treillages dans les serres, les jardins d'hiver et le pied des arbres dans les jardins et orangeries. Les fleurs rouges ou jaune vif, produites en immense quantité, de mai en août, font un contraste très joli sur le beau feuillage vert.

T. tuberosum. *B. M. Capucine tubéreuse. Pérou*, 1836. — Tubercule comestible très joli, oblong, pointu à la base, déprimé au sommet, bosselé, jaune citron taché de rouge carmin; tiges de 1 à 2 mètres grimpantes, succulentes; feuilles peltées, lobées, larges de 5-8 cent.; fleurs moyennes, calice rouge foncé, pétales jaune d'or veiné de noir; pleine terre, floraison plus ou moins abondante.

Culture. — Planter en bonne terre, au pied des murs, des arbres, ou faire grimper sur des rames; cultivée au Pérou pour ses tubercules alimentaires.

Multiplication. — Par division des racines.

T. umbellatum. *B. M. Pérou*, 1846. — Tubercules très gros, de 1 à 2 kilos dans son pays; tiges grimpantes en zigzag; feuilles palmées, à 5 lobes, larges de 6-8 cent.; fleurs en ombelle de 5-6, rouge et orange à extrémités vertes.

Culture. — En serre tempérée.

TUBÉREUSE BLEUE. — V. *Agapanthus umbellatus*.

T. des jardins. }
T. double. } — V. *Polianthes tuberosa*.
T. odorante. }

TUE-CHIEN. — V. *Colchicum autumnale*.

TUE-LOUP. — V. *Aconitum napellus et Eranthis hyemalis.*

TULBAGHIA violacea. — *Liliacée bulbeuse du Cap.* — Ayant beaucoup d'analogie avec les *Agapanthus*; en avril-mai, ombelle de fleurs violettes.

Culture. — Pleine terre saine, à exposition chaude et sèche.

TULIPA *Lin.* **Tulipe.** *Liliacées.*

T. acuminata. — V. *T. cornuta*.

T. Alberti *Reg. Turkestan*, 1883. — Tige de 20 cent., fleurs rouge orange foncé, jaune bordé rouge au centre.

T. australis. — V. *T. Celsiana.*

T. Bieberstiana. — *Sibérie, Asie Mineure,* 1820. — Feuilles peu nombreuses, petites; fleurs jaune vif, vert strié de rouge à l'extérieur.

Fig. 212. — Tulipa (Dammann).

Culture. — Assez délicate, craint l'humidité. Planter à 8-10 cent. de profondeur.

T. biflora. — V. *T. turkestanica.*

T. Billietiana. *Jord. T. de Billiet. T. Golden eagle. Alpes.* — Espèce ou variété; hampe de 30 cent.; feuilles ovales, très ondulées; fleurs d'un beau jaune vif, pétales longs de 6-10 cent., aigus, passant au rouge orange.

Culture de la *T. de Gesner.*

T. Bregniana. — V. *Melanthium uniflorum?*

T. Celsiana. *H. d. l'A., T. Australis, T. transtagana Brot. Tulipe de Cels. Indigène.* — Tige de 30 cent., fleurs jaune safrané; pétales pointus, les trois externes rouges en dehors; assez hâtive. Bulbes munis de rhizomes courts sur lesquels naissent les caïeux.

Culture de la *T. de Gesner*.

T. Clusiana *Dc.* — *Tulipe de l'Ecluse, T. de Clusius. Indigène.* — Bulbe petit, se reproduisant sur des stolons courts. Tige de 15-20 cent., fleurs blanc pur, pétales légèrement bordés de rose violacé au sommet extérieur, tachés de pourpre à la base, anthères noires.

Culture de la *T. de Gesner*. — Planter à 10-15 cent. de profondeur.

T. cornuta *Red. T. acuminata Vahl. T. stenopetala Delaun.* — *Tulipe à pétales étroits. Perse*, 1816. — Tige de 35 cent.; feuilles larges évasées; fleur singulière à pétales longs, divergents, longs de 15-20 cent. blancs ou blanc rosé, striés de carmin, centre jaune verdâtre.

T. cuspidata. — V. *T. Elwesi.*

T. Didieri *Jord. Indigène. Savoie.* — Port de la *T. de Gesner;* fleurs rouge vif, divisions pointues ayant une tache pourpre violet entouré de jaune à la base. Cette plante n'est pas considérée comme espèce.

T. Eichleri. *Géorgie*, 1874. — Bulbes petits; tige velue; fleurs larges, cramoisies; pétales incurvés, ayant à la base une tache noire entourée d'une bande jaune.

T. elegans. — Belle plante produisant beaucoup d'effet en corbeille; tige velue; fleurs rouge vif, campanulées; divisions étroites, tachées de jaune à la base. Considéré comme un hybride entre les *T. acuminata* et *T. suaveolens*.

T. Elwesii. *T. cuspidata. Algérie? Téhéran?* — Plante naine, fleur petite, blanc pur.

T. florentina odorata. — V. *T. sylvestris.*

T. fulgens. — Excellente pour massifs et corbeilles, fleurs rouge brillant.

T. Gesneriana *Lin. T. hortensis. T. Gesneriana Hort. Tulipe des fleuristes. T. de Gesner*, 1577. — Bulbe piri-

Fig. 213. — Tulipe flamande. Tulipa Gesneriana. Vars.

forme, pointu, à tuniques minces, brunes; feuilles sessiles, glabres, glauques, aiguës, ondulées, érigées ou étalées; hampe cylindrique feuillée de 25 à 35 cent.; en avril, fleurs grandes, érigées, à 6 divisions, de couleurs très variables.

C'est de cette espèce que sont sorties d'innombrables variétés dites *Tulipe des fleuristes*, répandues dans le monde entier; tous les coloris : *blanc*, *jaune*, *violet*, *pourpre*, *rose*, *brun*, *panaché*, *strié*, *flammé*, etc., s'y rencontrent, excepté *le bleu* et *le noir*. Aucune plante n'a produit autant de variétés dont le nombre est bien réduit aujourd'hui. Autrefois, la Tulipe était presque vénérée, il fallait être riche ou noble pour aborder sa culture; à présent elle est répandue dans tous les jardins, parmi les belles plantes bulbeuses.

T. Gesneriana viridis. — Fleur simple grande, verdâtre, striée de jaune.

Les **Tulipes de Gesner** *ou* **des fleuristes** se divisent en 2 groupes :

TULIPES A FLEURS SIMPLES;
TULIPES A FLEURS DOUBLES;

qui se subdivisent en **hâtives** et **tardives**.

Tulipes simples hâtives.

Liste des variétés les plus belles et les plus méritantes.

Les nombres placés à la suite des noms indiquent la hauteur en centimètres.

T. Duc de Thol. — V. *T. suaveolens*.

Archiduc d'Autriche (30); grande fleur, rouge bordé jaune.

Belle alliance. *Waterloo* (25); écarlate, très belle.

Bride of Haarlem (20); carmin vif, strié blanc pur.

Canarienvogel (30); jaune pur.

Chrysolora (30); jaune pur, belle fleur.

Cottage Maid. *La Précieuse* (30); blanc pur, légèrement bordé rose, très jolie.

Couleur Cardinal (30); cramoisi, rouge brun en dehors.

Couleur ponceau (35) ; rose foncé, panaché saumon.

Duchesse de Parme (33); rouge vif, bordé mordoré, centre jaune.

Globe de Rigault (25); violet pourpre, panaché blanc.

Golden Prince (25); jaune passant orange.

Grand Duc de Russie. — V. *Jacht van Rotterdam*.

Jacht van Rotterdam (30); violet strié blanc.
Jaune pur (30); belle espèce, jaune uni.
Joost van Vondel (30); cramoisi flammé blanc.
Keizerskroon. — V. *Archiduc d'Autriche.*
Lac van Rhyn (25); lilas bordé blanc.
La Candeur (30); blanc pur.
La Précieuse. — V. *Cottage Maid.*
La Reine (30); blanc teinté de rose.
L'Immaculée (30); blanc pur, très belle.
Molière (35); lilas pourpre.
Netscher satiné. — V. *Van der Nerr.*
Pax alba (15); blanc pur.
Pottebaker (35); jaune pur.
Pottebaker (35); blanc pur.
Pottebaker (35); jaune strié rouge.
Proserpine (35); rose violet.
Rosamondi (30); rose, panaché blanc.
Rouge luisant (25); rose foncé.
Standaard d'or (30); rouge panaché jaune d'or.
Standaard d'argent (80); rouge panaché blanc.
Thomas Moore (40); jaune nankin.
Vermillon brillant (30); vermillon brillant.
Wouwerman (30); pourpre.

Les tulipes simples hâtives, par leur vigueur, la beauté de leur coloris, le plus souvent uniforme, et leurs belles fleurs allongées, parfois en calice à pétales plus ou moins réfléchis, sont les plus décoratives; en plantant, il faut avoir soin de bien varier les coloris et de placer les plus hautes au centre.

Tulipes simples tardives.

Sous ce titre on comprend les:

Tulipes flamandes à fond blanc, dites **Tulipes d'amateurs**, et les **Tulipes bizarres à fond jaune**.

Cette race de Tulipe était seule appréciée autrefois; on trouvait des collections de plusieurs centaines de variétés, qui avaient un état civil; toutes étaient obtenues de semis, unicolores d'abord; il fallait attendre 6 à 8 ans pour les voir prendre les panachures qui devaient les faire admettre ou rejeter de la collection; on était très sévère à leur égard; toute plante qui ne réunissait pas les qualités requises était impitoyablement détruite. C'est pourquoi certaines plantes ont atteint des prix fabuleux : 8 à 10000 francs pour un bulbe, dit-on. Dans ce genre de Tulipe le feuillage est ample; la tige droite, ferme, de hauteur variable; la fleur érigée, plus haute que large ; les pétales ovales, dressés, concaves, évasés, non réfléchis ; les étamines pas plus longues que les pétales. La couleur doit être fond blanc, nuancé, flammé, strié de deux ou trois teintes choisies parmi les nombreux coloris bleu, rouge ou brun et intermédiaires.

Dans les Tulipes bizarres la couleur de fond doit être jaune flammé, strié, panaché de deux ou trois teintes, parmi tous les coloris existants.

Ces tulipes sont fort jolies; une belle collection en pleine fleur est un coup d'œil ravissant, mais elles ne peuvent rivaliser avec les belles variétés hâtives unicolores; les couleurs éclatantes de ces dernières en font un des plus beaux ornements des jardins. Il serait inutile d'en donner ici la liste des variétés si nombreuses; consulter pour cela les catalogues spéciaux.

Tulipe noire. — Cette teinte n'existe pas : c'est parmi les T. simples tardives que l'on trouve les plus foncées, qui sont *William Lea*, *Mrs Jackson* et *Sir Joseph Paxton*.

Tulipes doubles hâtives.

Liste des variétés les plus belles et les plus méritantes.

Agnes (15), cramoisi vif, très naine.
Albano. — V. *Murillo*.
Couleur de vin (Cousine) (30), violet pourpre.
Couronne de roses (30), rose flammé cerise.
Duc de Bordeaux (30), rouge orange.
Duc de Thol (20), semi-double, rouge bordé jaune.
Duc de Thol (20), rouge violet.
Duc de Thol (20) (*Scarlet King*), rouge.
Duke of York (30), rouge bordé blanc.
Gloria solis (30), rouge foncé, bordé jaune.
Helianthus (30), brune, bordée jaune, très belle.
Imperator rubrum (30), écarlate vif.
La Candeur (20), blanc pur, une des meilleures variétés.
Lady Grandisson (15), écarlate vif.
Blason (30), rose ombré blanc.
Murillo (*Albano*) (30), rose clair.
Purperkroon (35), pourpre foncé.
Queen Victoria (30), écarlate.
Regina rubrorum (25), cramoisi, flammé jaune pâle.
Rex rubrorum (20), rouge vif, une des meilleures.
Rose blanche (15), blanc pur.
Rosine (35), rose très belle.
Salvator Rosa (30), rose foncé.
Titian (30), rouge et jaune.
Tournesol (25), semi-double rouge et jaune.
Tournesol (25), jaune nuancé orange.
Vuurbaak (30), rouge feu, très belle.

Tulipes doubles tardives.

Amiral Kinsbergen (40), jaune et orange

Blanc bordé pourpre (30).

Bleu céleste (*Blauwe Flag*, *Blue Flag*, *Lord Wellington*) (50), bleu pourpre.

Café brûlé (40), rouge brun.

Couronne impériale (35); panaché rouge.

François Joseph (30), rouge et jaune, grande fleur.

Grand Alexandre (30), rouge vif, flammé jaune pâle.

Hercules (35), blanc panaché, belle variété tardive.

Incomparable (30), blanc, flammé rouge.

La Belle Alliance (*Overwinnaar*) (50), blanche, flammée violet.

Lord Wellington. — V. *Bleu céleste.*

Madame Buonaparte (30), brun violet.

Mariage de ma fille (50), blanc, flammé, strié cerise ; très belle.

Ovewrinnaar. — V. *La Belle Alliance.*

Pivoine jaune (20), rouge panaché jaune.

Pivoine rouge (20), rouge.

Prince de Galitzin (40), jaune pâle, panaché, rouge foncé.

Rhinocéros (55), violette, grande fleur.

Rose de la Reine (20), rose foncé, petite fleur.

Rose Hébé (35), blanc rosé.

Rose jaune (*Rose de Provence*) (10), jaune pur, odorante.

Tulipes simples à feuilles panachées.

Duc de Thol (20), rouge bordé jaune, feuille bordée jaune d'or.

Feu de l'Empire (30), fleur écarlate, feuilles bordées jaune.

La Belle Alliance (*Waterloo*) (25), rouge; feuilles bordées blanc argenté.

Lac Van Rhijn (25), violet pâle, feuilles bordées blanc argenté.

Minister Thorbecke (30), blanc pur, feuilles bordées blanc crème.

Pottebacker (35), jaune, feuilles larges bordées jaune d'or.

Prince d'Orange (25), jaune d'or; feuilles grandes, large bordure jaune d'or.

Puperkroon (30), pourpre foncé; feuilles bordées jaune d'or.

Rouge luisant (25), rose et blanc; feuilles bordées blanc.

Standaart blanc (30), rouge panaché blanc; feuilles bordées blanc.

Standaart d'or (30), rouge panaché or; feuilles bordées blanc.

Tulipes doubles à feuilles panachées.

La Candeur (20), blanc pur; feuilles bordées blanc.

Rex Rubrorum (20), rouge vif; feuilles bordées blanc, striées rouge.

Tournesol (25), rouge et jaune; feuilles bordées jaune pâle.

Rose Jaune (30), jaune; feuilles larges bordées jaune.

Les variétés ci-dessus ne se perpétuent que par la séparation des bulbes.

Culture. — Les Tulipes sont très rustiques et ne craignent nullement nos hivers, elles s'accommodent de tout terrain de bonne qualité, craignent l'ombre et l'humidité stagnante; cependant plus elles sont soignées, plus la floraison est belle; pour la culture en pleine terre, voir l'article *Jacinthe de Hollande*, et tous les détails; la plantation se fait de septembre en novembre. La tulipe étant une excellente fleur à couper, il sera prudent d'en planter une ou plusieurs planches, dans le jardin potager, dont on usera des fleurs à discrétion.

La culture en pots et forcée se fait et réclame absolument les mêmes soins que la Jacinthe; les variétés employées principalement à cet effet sont les *T. Duc de Thol*, simples et doubles; les *Pottebaker*; les *Dragonnes*, *Tournesol*, *la Candeur*, *Rex rubrorum;* on plante 3 à 6 bulbes par pots.

La floraison des tulipes est de courte durée; aussi les corbeilles et massifs restent-ils dénudés pendant plusieurs semaines entre la floraison et l'époque d'arrache; on y remédie en plantant entre les tulipes (dès que les feuilles sont sorties) des plants de *Myosotis* ou de *Silène;* une fois la floraison des tulipes terminées, on coupe les tiges, et les autres plantes continuent à fleurir jusqu'au 15 juin, époque à laquelle on doit tout arracher pour faire les plantations d'été. Dans les plates-bandes, on peut laisser les bulbes 2-3 ans sans les lever.

Multiplication. — Par division des bulbes à l'arrachage, les caïeux sont plantés en pépinière; ou par semis en terrines ou pleine terre, aussitôt la graine récoltée. Les jeunes plantes fleurissent de la quatrième à la sixième année.

T. golden eagle. — V. *T. Billietiana.*

T. Greigi *Regel. Turkestan*, 1872. — Découverte par Korolkow. Bulbe piriforme brun, à rhizomes traçants, à l'extrémité desquels se forment les nouveaux bulbes; feuilles larges, longues de 15-20 cent., arquées; tige forte, pulvérulente, haute de

30-40 cent. ; fleur grande, atteignant 15 cent. de diamètre, rouge vermillon, ayant une grande tache noire à la base centrale. La couleur rouge des fleurs

Fig. 214. — Tulipa Gregii.

varie d'intensité, dans certaines plantes ; la floraison a lieu de fin avril en mai.

Culture. — De la *T. de Gesner*. Très rustique et hâtive, se multiplie facilement de graines qu'elle produit en quantité.

T. Haageri. *B. M.* 6242. *Grèce*, 1862. — Jolie petite plante. Bulbes petits, fleurs cramoisies, jaunes à l'extérieur, jaune rayé vert au centre. Très rustique.

T. Hortensis. — V. *T. Gesneriana.*

T. iliensis. *Asie centrale*, 1879. — Bulbe moyen ou petit; feuilles 3-4, longues, étroites; hampe faible, glauque, pubescente; fleurs étoilées, jaune pâle en dedans, jaune verdâtre en dehors, à odeur de primevère; elles sont très sensibles et se ferment à l'humidité et au contact de l'eau.

Culture. — Sous châssis. Supportera sans doute la pleine terre.

T. Kauffmaniana. *B. M. Asie centrale*, 1877. — Fleur jaune crème, jaune au centre, pétales teintés de carmin en dehors.

T. Kesselringii. *B. M. Asie centrale*, 1878. — Feuilles étroites, longues de 15 cent.; fleurs jaune vif strié de rouge à l'extérieur, segments longs de 5-7 cent.

T. Kolpakowskiana *Regel. Turkestan*, 1877. — Bulbe petit, plat; feuilles larges, ondulées, glabres. Tige de 30-40 cent. glabre; divisions de la fleur égales, variant du rouge flammé au rouge brillant, toujours avec un œil noir à la base.

Cette tulipe est très variable dans ses fleurs, une corbeille de ses variations produit un effet charmant; très rustique.

T. Korolkowi *Rey.* — Plante nuancée; fleurs pourpres; pétales étroits, maculés de noir à la base; feuilles étroites.

T. lanata. — Fleur d'un beau rouge vermillon, à centre noir entouré de jaune.

T. Leichtlini. *Vallée de Sind, Cashmire.* — Bulbe ovale, à tuniques glabres; feuilles de la base linéaires; tige glabre de 30 à 40 cent.; fleur érigée, les trois divisions externes non poilues à la base, étroites, acuminées, pourpre brillant avec une large bordure blanche; les 3 internes, plus larges, obtuses, blanc jaunâtre, plus courtes que les externes.

T. **linifolia.** *R. G.* 1233. *T. à feuilles de lin. Bokhara*, 1886. — Feuilles longues et étroites; fleurs écarlate brillant; pétales tachés de noir à la base; tige courte d'abord s'allongeant pendant la floraison; la plus hâtive des tulipes.

T. **maculata.** — Tige velue; fleurs rouge vif, pétales maculés de noir à la base. Hybride.

T. **maleolens.** *Italie*, 1827. — N'est qu'une variété de la *T. oculus solis*.

T. **montana.** *B. R.* 1106. *Perse*, 1826. — Bulbe gros ovale; feuilles 3-4, crispées, ondulées; pédoncule glabre; en juillet? fleur érigée, d'un beau rouge vif, divisions obtuses ou ovales, maculées de noir à la base interne.

T. **oculus solis** *Sam. Tulipe œil du soleil. France méridionale*, 1816. — Bulbes à rhizomes stolonifères; tige de 35 cent., feuilles larges, ondulées, plus longues que la tige; fleurs grandes très ouvertes, rouge très vif en dedans, plus pâle en dehors à centre taché de noir entouré de jaune; pétales pointus, les internes plus grands que les externes; rustique.

T. **ostrowskyana** *B. M.* 6895. *Turkestan*, 1884. — Tige de 20 cent.; fleur écarlate vif; chaque pétale bordé de jaune, ayant une tache triangulaire à la base; feuilles glauques, celles de la base larges, les supérieures étroites lancéolées.

T. **patens.** *Agardh. Sibérie*, 1826. — Fleur petite, large de 4-5 cent., blanc gris, maculé de jaune au centre; très hâtive, fleurit fin janvier; peut-être synonyme de *T. tricolor*.

T. **Persica.** — *Tulipe de Perse. Perse*, 1826. — Bulbe petit, brun. Très belle espèce naine; fleurs jaune vif, petites, ayant une forte odeur de giroflée jaune ; tige de 20 cent., souvent oblique, très rustique, fleurit en mai.

T. præcox. *Ten.* — *Tulipe précoce. France méridionale*, 1825. — Bulbe stolonifère ; feuilles amples, très ondulées ; tige de 30-40 cent. ; fleur grande, d'un beau rouge vif ; pétales externes pointus, jaunes à la base, plus grands que les internes ; très hâtive, fleurit en mars.

T. primulina. *B. M. Algérie*, 1882. — Fleurs en coupe, jaune pâle ou jaune primevère, striées de rouge à l'extérieur ; très odorantes ; craint l'humidité.

T. retroflexa. — Hampe de 50-60 cent. ; fleurs jaune pâle, à divisions réfléchies ; belle plante, produit beaucoup d'effet. Hybride.

T. saxatilis. *Bieb. Crète*, 1827. — Espèce peu répandue ; fleurs rose pâle ou mauve, à centre jaune.

T. Schrenki. *Turkestan, Asie centrale.* — Port du *T. Gesneriana* ; fleur plus ouverte ; pétales plus réfléchis ; fleurs jaune pâle ou cramoisi ; base des pétales jaune à l'intérieur, pétales ombrés de cramoisi à l'extérieur.

T. Sprengeri *Baker. Amasia*, 1892. — Bulbe petit, ovoïde, à écailles brun foncé, presque noires ; feuilles étroites, linéaires, vert clair, légèrement pruineux ; fleurs grandes, à divisions oblongues, aiguës, disposées en étoile ; d'un beau rouge écarlate vif non maculé à la base, les trois externes jaune citron ou verdâtre à l'extérieur ; anthères jaunes, boutons minces allongés ; la floraison a lieu en mai-juin, c'est peut-être la plus tardive des tulipes ; par son origine elle doit être d'une très grande rusticité.

T. stellata. *B. M.* 2672. *Himalaya*, 1827. — Ressemble au *T. clusiana*, en diffère par l'absence des taches noires à la base et par les anthères qui sont jaunes.

T. stenopetala. — V. *T. cornuta.*

T. suaveolens *Roth. Tulipe Duc de Thol, T. odorante. Europe méridionale*, 1603. — Bulbe moyen, pointu, brun, plat d'un côté; feuilles larges, pointues, très

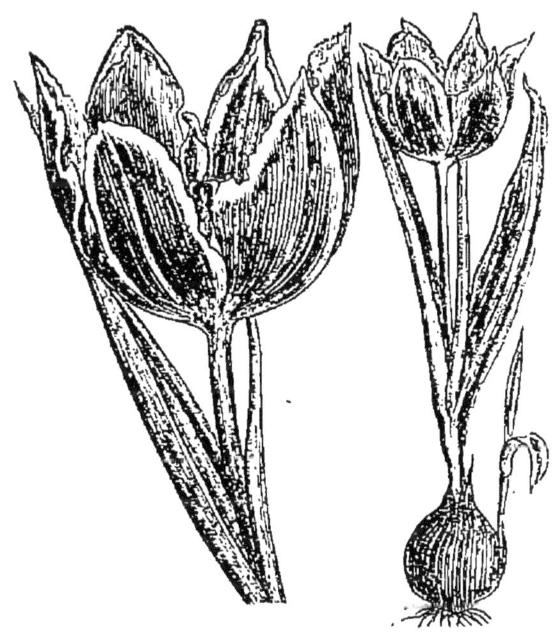

Fig. 215. — Tulipa suaveolens ou Duc de Thol.

ondulées, glauques; fleurs odorantes, en forme d'œuf; pétales ovales, pointus; la hauteur de la tige varie de 15 à 20 cent. suivant les variétés; la floraison a lieu en février-mars. Il en existe plusieurs variétés qui sont :

T. Duc de Thol ordinaire, fleurs *rouge foncé*, pétales jaunes à la base, marginés de jaune à la partie supérieure.

Duc de Thol blanc pur, blanc satiné.

Duc de Thol cramoisi.

Duc de Thol écarlate, écarlate éblouissant; très hâtive.

Duc de Thol jaune.

Duc de Thol orange.

Duc de Thol rose.

Duc de Thol rose, panachée de blanc.

Duc de Thol vermillon.

Duc de Thol violette, légèrement bordée blanc.

Voir les *T. Pottebaker*, et les *Duc de Thol à fleurs doubles* qui s'emploient collectivement avec celles ci-dessus.

Les Tulipes *Duc de Thol*, par leur précocité, leur petite taille et leurs couleurs vives, sont précieuses pour former des bordures et des corbeilles.

Mais c'est pour la culture forcée en pots qu'on les emploie en immense quantité; planter de 3 à 6 bulbes par pot, seuls ou mélangés avec des *Crocus* ou des *Scilles de Sibérie;* on les obtient en fleurs depuis novembre jusqu'en mars. Cette culture forcée se fait absolument comme la culture des *Jacinthes* en pots. (Voir cet article.) Pour la culture en pleine terre, voir la *T. Gesneriana;* seulement la plantation se fait à 10-12 cent. de distance.

T. sylvestris *Lin. T. Florentina odorata, Hort. T. fragrans, Tulipe sauvage, Avant-Pâques. Indigène.* — Bulbe petit, stolonifère; feuilles linéaires, lancéolées, canaliculées; tige grêle, de 30-40 cent., portant 1-2 fleurs penchées ou érigées, ne s'ouvrant bien qu'en plein soleil et mesurant alors 8-9 cent. de diamètre; divisions externes jaunes en dedans, verdâtres en dehors, plus petites que les 3 divisions internes qui sont ovales, lancéolées et d'un beau jaune; la fleur répand une douce odeur de violette; fleurit en avril.

Culture. — Planter très profond ; laisser en place pendant 5-6 ans au moins.

T. sylvestris tricolor. — V. *T. tricolor.*

T. tetraphylla. *Reg.* — Fleurs jaune pâle ; divisions étroites ; les 3 externes panachées de violet ; feuilles étroites.

T. tricolor *Led. T. sylvestris tricolor, Reg. Asie centrale.* — Port du *T. sylvestris ;* pétales blancs, jaunes au milieu, verdâtres à la base ; très rustique.

T. triphylla *Regel. Asie centrale.* — Port de notre *T. sylvestris ;* fleurs jaune citron, teintes de vert à l'extérieur ; fleurit en mars.

T. turcica *Roth. Dragonne, Tulipe dragonne, T. flamboyante, T. monstrueuse, T. perroquet, T. turban, T. turque, T. Mont-Etna. Turquie.* — Bulbe moyen, court ; feuilles larges érigées, glauques et ondulées ; tige de 20-25 cent., flexibles ; fleurs très grandes, remarquables par la forme et le coloris ; les pétales sont très amples, frangés, plumeux, divergents, et des coloris les plus bizarres ; la floraison a lieu en avril-mai. Les principales variétés sont :

Dragonne Amiral de Constantinople, rouge.

Dragonne Cramoisi, ou feu brillant.

Dragonne Lutea major, jaune, parfois strié écarlate.

Dragonne Markgraaf, jaune orange, souvent strié écarlate.

Dragonne Monstre rubra major, cramoisi écarlate.

Dragonne Orange panaché.

Dragonne Perfecta (Gloriosa), jaune, irrégulièrement panaché de rouge vif à l'extérieur, base des pétales écarlate.

Culture et *Multiplication.* — Voir *T. Gesneriana.* En raison de leurs fleurs bizarres et éclatantes, elles sont souvent cultivées en pots ou en jardinières, elles supportent bien le forçage. La plantation en pleine terre doit se faire isolément, par leur port elles font un mauvais effet avec les autres tulipes ; avant l'épanouissement il est nécessaire de tuteurer les tiges qui sont trop faibles pour porter la fleur.

T. Turkestanica *Reg. T. biflora. Chiva.* — Ressemble au *T. tetraphylla*, chaque tige porte 2 à 6 fleurs.

Fig. 216. — Tulipa undulatifolia (Dammann).

T. undulatifolia. *B. M.* 6308. *T. Dammaniana. Smyrne,* 1877. — Feuilles 3, glauques, ondulées, lancéolées ; tige de 20-25 cent. ; en mai, fleurs campanulées, longues de 4-5 cent., à divisions terminées en pointe ; rouge cramoisi brillant, à l'intérieur, rouge verdâtre à l'extérieur, macules noires à la base, surmontées d'une bordure jaune.

T. viridiflora. — Hybride horticole ; à fleurs et coloris variables, fleur verdâtre, striée de rouge à l'extérieur ; segments divergents ou contournés. Origine inconnue.

T. Vittelina. — Plante naine ; fleurs larges d'une

belle forme, blanche, jaune soufre en dehors; hâtive, fleurit en mars-avril; excellente pour les massifs, supporte bien le vent et la pluie par sa tige courte et ferme.

La nomenclature des Tulipes, espèces et variétés, est très confuse, il faudrait des cultures comparatives très sérieuses pour établir une dénomination positive.

Tulipe bizarre. — V. *Tulipa Gesneriana.*
T. de Gesner. — V. *Tulipa Gesneriana.*
T. de l'écluse. — V. *Tulipa clusiana.*
T. des fleuristes. — V. *Tulipa Gesneriana.*
T. de Mormons. — V. *Calochortus.*
T. des prés. — V. *Fritillaria Meleagris.*
T. Dragonne. — V. *Tulipa Turcica.*
T. du Cap. — V. *Hæmanthus coccinus.*
T. Duc de Thol. — V. *Tulipa suaveolens.*
T. double hâtive. }
T. double tardive. } — V. *Tulipa Gesneriana.*
T. étoilée. — V. *Calochortus.*
T. flamande. — V. *Tulipa Gesneriana.*
T. flamboyante. — V. *Tulipa Turcica.*
T. monstrueuse. — V. *Tulipa Turcica.*
T. Mont-Etna. — V. *Tulipa Turcica.*
T. odorante. — V. *Tulipa suaveolens.*
T. œil du soleil. — V. *Tulipa oculus solis.*
T. papillon. — V. *Calochortus.*
T. perroquet. — V. *Tulipa turcica.*
T. sauvage. — V. *Tulipa sylvestris.*
T. simple hâtive. }
T. simple tardive. } — V. *Tulipa Gesneriana*
T. turban. }
T. turque. } — V. *Tulipa turcica.*
T. turque. — V. *Tulipa cornuta.*

TURBAN. — V. *Lilium Pomponium.*
— V. *Ranunculus pivoine.*

TURMRIQUE. — V. *Curcuma longa.*

TYPHONIUM divaricatum. — V. *Aum divaricatum.*

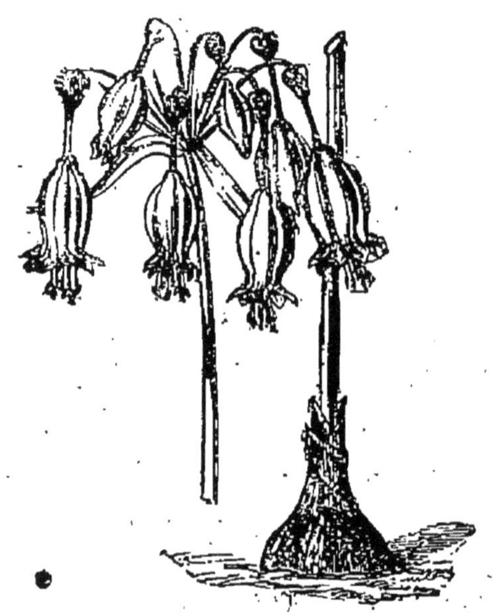

Fig. 217. — Urceolina aurea.

TYDŒA *Desn. Gesnériacées.* — Démembrement du genre *Achimenes* ; plantes originaires de l'Amérique centrale, à tubercules déprimés ; les tiges sont robustes, les feuilles amples, parfois richement colorées, et les fleurs très belles, de coloris très variés, blanc, rose, jaune, rouge, pourpre, cramoisi, etc. *Culture* des *Achimenes.*

URCEOLINA *Reich. Amaryllidées.*

U. pendula. *B. M.* 5464. *U. aurea Collania urceolata. Urne pendante. Pérou,* 1837. — Jolie petite plante, peu répandue, d'une culture facile ; bulbe de la grosseur d'une noix ; feuilles ovales pétiolées, sortant en même temps que les fleurs; tige de 20 à 30 cent., terminée par une ombelle de 5 à 10 fleurs pendantes longues de 5 à 6 centimètres jaunes avec une teinte verdâtre vers l'extrémité, floraison en juin-juillet.

Culture. — En février-mars, planter en pots bien drainés, en bonne terre riche et sableuse, tenir sous châssis, serre froide ou tempérée; lorsque la tige est desséchée cesser complètement les arrosages jusqu'au rempotage. La culture des *Eucharis* convient aussi à cette plante. — *Multiplication* de drageons.

U. miniata. — V. *Pentlandia miniata.*

U. pendula. — V. *Urceolina aurea.*

URGINEA filifolia. — V. *Albuca filifolia.*

U. maritima. — V. *Scilla maritima.*

URNE pendante. — T. *Urceolina pendula.*

UROPETALUM *Ker. Liliacées.*

U. Becazeanum. *Lachenalia Beccazeana. Abyssinie* — Bulbe blanc de la grosseur d'une noix; feuilles vert clair; en été, plusieurs hampes hautes de 15-20 cent. garnies de fleurs pendantes à pétales étroits réfléchis d'un beau vert. Planter au printemps, arracher en automne; conserver les bulbes au sec.

U. fulvum. — Fleurs vertes et rouges.

U. longifolium. — Fleurs bleu pourpre.

U. serotinum. *Scilla serotina. Espagne,* 1629. — Bulbe moyen; hampe courte, de 15-20 cent., portant, en juin-juillet, une petite ombelle de fleurs campanulées, jaune verdâtre.

U. viride. *Cap,* 1774. — Port du précédent, en août fleurs verdâtre.

Culture. Pleine terre avec légère couverture pendant l'hiver, exposition chaude et sèche; planter en septembre-octobre ou au printemps; les bulbes se conservent à l'état sec. Ces plantes, qui sont peu répandues sont généralement cultivées en pots et sous châssis.

UVULAIRE *à feuilles lancéolées.* — V. *U. grandiflora.*

UVULARIA *Lin.* **Uvulaire.** *Liliacées.*

U. chinensis. — V. *Disporum fulvum.*

Fig. 218. — Uvularia grandiflora.

U. grandiflora *Smith. Uvulaire à grandes fleurs, U. lancéolata Ait. Uvulaire à feuilles lancéolées. Amérique du Nord,* 1710. — Racines tubéreuses, blanchâtres, fasciculées; feuilles alternes, sessiles, perfoliées; tige de 30 cent. feuillée, dressée, terminée par une fleur penchée, jaune pâle; floraison en avril-mai; cette plante a le port du *Convallaria polygonatum.*

Culture. — Terre légère, riche, ou de bruyère, fraîche et à l'ombre.

Multiplication. — A l'automne par divisions des racines. Les *U. puberula* et *sessiliflora,* de l'Amérique du nord, sont rarement cultivés.

U. lanceolata. — V. *U. grandiflora.*

VALERIANA *Lin.* **Valériane.** *Valérianées.*

V. **Pyrenaica.** *Lin. V. des Pyrénées, Pyrénées.* — Rhizomes odorants; feuilles ternées et entières, cordiformes, dentées, velues; tige simple cannelée fistuleuse, de 1 mètre; en juin-juillet, large corymbe de fleurs rose violacé.

V. tuberosa *Lin. Europe méridionale. Indigène.* — Tubercule gros; tiges de 20 cent. en été; corymbe de fleurs roses.

Culture. — Terre franche saine, et fraîche, même à l'ombre; plantes peu difficiles.

Multiplication facile par division des racines à l'automne ou au printemps et par graines, semées en pleine terre aussitôt récoltées; qui fleurissent l'année suivante.

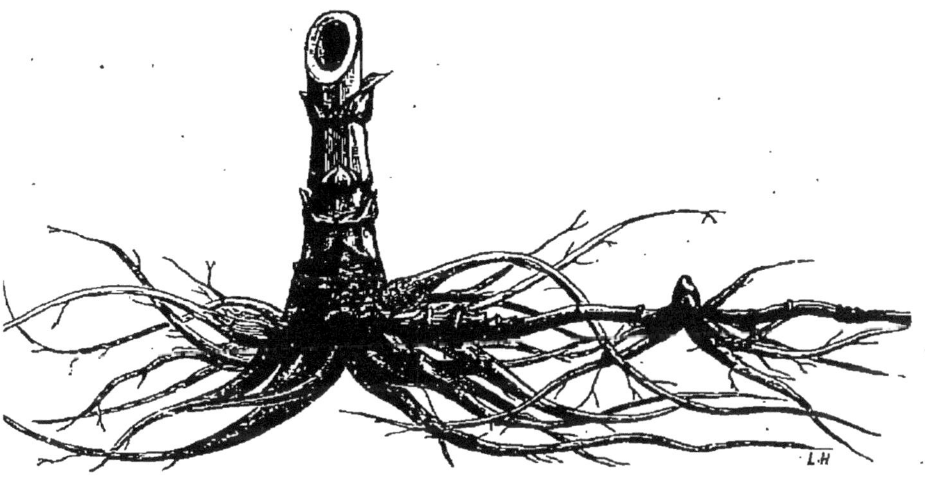

Fig. 219. — Valeriana tuberosa (Racine).

VALORADIA. *Plumbaginoides.* — V *Plumbago Larventæ*.

VALOTTA purpurea. — V. *Amaryllis purpurea.*

VAQUETTE. — V. *Arum maculatum.*

VEGETABLE fire craker. — V. *Brodæa coccinea.*

VEILLEUSE.
VEILLOTE. } — V. *Colchicum autumnale.*

VELHTEIMIA *Gleditsch. Liliacées.*

V. Capensis. *Red. V. Viridiflora Jacq. Aletris capensis Lin. Cap*, 1768. — Bulbeux, feuilles radicales, oblongues, ondulées; hampe cylindrique, nue, verte, panachée de brun; haute de 40-50 cent., terminée en juin-octobre par un épi de petites fleurs blanches, tubulées, pendantes, à divisions lignées de rouge et tachées de vert à l'extrémité.

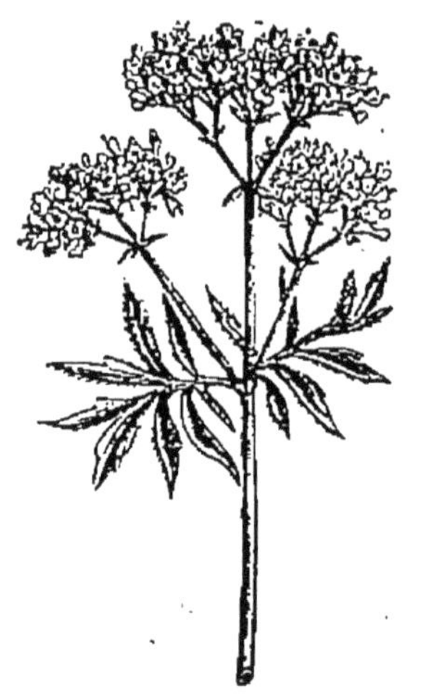

Fig. 220. — Valeriana tuberosa (Fleur.)

V. C. glauca. *Cap*, 1781. — Variété naine, fleurs rouge carmin, feuilles glauques.

V. viridiflora. — V. *V. Capensis.*

Culture. — Châssis ou serre froide pendant l'hiver; les bulbes cultivés sur carafes comme les jacinthes réussissent bien; terre légère sableuse.

Multiplication. — Par caïeux, ou par feuilles détachées du bulbe avec leur base et plantées en pots qui émettent facilement des jeunes bulbes ou caïeux.

VARAIRE. — V. *Veratrum.*

VENDANGEUSE. — V. *Colchicum.*

VÉRATRE blanc. — V. *Veratrum album.*

VERATRUM *Lin.* — **Varaire.** *Liliacées.*

V. album. *Lin.* — *Hellébore blanc, Vératre blanc, Vrairo. Indigène.* — Souche à rhizomes épais; feuilles alternes, plissées, gaufrées, grandes, longues de 30 cent., larges de 15; tige de 1 mètre et plus terminée en grappe rameuse de fleurs blanc jaunâtre. Plantes majestueuses, produisant beaucoup d'effet sur les pelouses; la floraison a lieu de mai en juillet.

V. nigrum *Lin.* — *Varaire noir. Sibérie, Autriche*, 1596. — Port du précédent; feuilles moins grandes; tiges plus grêles; fleurs pourpre foncé.

V. viride *Ait.* — *Varaire vert. Amérique du Nord.* — Port des précédents; en juillet-août, fleurs verdâtres.

Fig. 221. — Veratrum nigrum.

Culture. — Planter en terre riche, fraîche, à exposition ombragée, ou en groupes isolés de 2-3 plantes.

Multiplication. — A l'automne par division des rhizomes ou par graines semées aussitôt récoltées, qui ne germent parfois que 15 ou 18 mois après le semis; les plantes ne fleurissent qu'à l'âge de 3-4 ans.

VERBENA orchioides. — V. *Priva lævis.*

VERGE de Jacob. — V. *Asphodelus luteus.*

VICTORIA Fitzroya. — V. *Nymphæa gigantea*

VIEUSSEUXIA aristata. — V. *Moræa tricuspis.*
V. glaucopis. — V. *Moræa pavonia.*

VIGNE blanche. — V. *Bryonia dioica.*
V. de terre. — V. *Ipomæa pandurata.*
V. du diable. — V. *Byonia dioica.*
V. noire. — V. *Tamnus communis.*
V. tubéreuse. — V. *Ampelopsis serjanæfolia.*

VIOLA *Lin.* Violette. — V. *Violariées.*

V. pedata *Lin. V. flabellifolia. V. flabellata. Amérique du Nord.* — Rhizome épais, rampant; feuilles acaules, laciniées ou palmatiséquées; en avril, fleurs larges, bleu lilacé uniforme.

V. pedata alba. — Variété à fleurs blanches.

V. pedata bicolor. — Variété à fleurs blanches et bleues.

Culture. — Tous terrains, toutes expositions, fait très bien sur les rocailles.

Multiplication. — A l'automne par division des touffes et rhizomes.

VIOLETTE de la Chandeleur. *Galanthus nivalis.*
V. dent-de-chien. — V. *Erythonum dens canis.*

VIOLIER bulbeux. }
V. d'hiver. } — V. *Galanthus nivalis.*

VIT-de-chien. }
V.-de-prêtre. } — V. *Arum maculatum.*

VOLANT d'eau. }
VOLET blanc. } — V. *Nymphæa alba.*

V. jaune. — V. *Nymphæa lutea.*

VRAIRO. — V. *Veratrum album.*

WACHENDORFIA *Lin. Liliacées, Hæmodoracées.*

W. thyrsiflora *Lin.* *Cap,* 1759. — Rhizomes tuberculeux; feuilles étroites, elliptiques, radicales, engainantes à la base; hampe feuillée de 30-40 cent., terminée en mai, en panicule de fleurs jaune jonquille, légèrement odorantes, accompagnées de bractées; toutes les autres espèces sont originaires du Cap et ont les fleurs jaunes.

Fig. 222. — Wachendorfia thyrsiflora.

Culture. — Des *Ixia.* Châssis froid, à essayer en pleine terre à bonne exposition, avec abris.

Multiplication. — Par division des rhizomes.

WATSONIA *Mill.* **Watsonie. Beilia.** *Iridées.*

Charmantes plantes, d'une culture facile et pas assez répandue; bulbe petit globuleux ou déprimé, tuniqué; les fleurs sont très décoratives, soit pour l'ornement des plates-bandes ou massifs, soit comme fleurs coupées; elles se conservent longtemps dans l'eau; les bulbes et les plantes ont le port des Glaïeuls. Il existe une certaine confusion dans la nomenclature, certaines espèces devant être que de simples variétés. Je décrirai les principales seulement, toutes sont originaires de l'Afrique australe.

W. alba. — Sans doute un hybride du *W. Meriana*, plante de dimension moyenne; en juillet-août, fleurs blanches en épi lâche.

W. aletroides *Ker. Cap*, 1774. — Feuilles ensiformes, de 50-60 cent.; hampe de 80 cent. à 1 mètre; en juillet-août, épi de fleurs distiques, écarlate brillant.

W. augusta. — V. *W. iridiflora fulgens.*

W. densiflora *Baker. Natal*, 1889. — Feuilles de 30 cent., érigées; hampe de 60 cent., terminée par un épi de fleurs blanc pur longues de 3 cent.

W. fulgida. — V. *W. iridiflora fulgens.*

W. humilis *Miller. Cap*, 1754. — Feuilles de 30-40 cent., hampe de 60-70 cent. ; en juillet-août, fleurs laque cramoisi.

W. iridiflora fulgens *Ker. W. augusta. Cap.* — Semblable au *W. iridiflora O. Brieni*, mais à fleurs grandes, rouge orange vif, comme tous les *Watsonia*; cette variété produit des bulbes à l'aisselle des fleurs de la base de l'épi.

W. iridiflora *O. Brieni. Port-Elisabeth*, 1889. — Feuilles ensiformes, érigées, longues de 80 cent.; tige de 1 m. 30; épi de fleurs grandes blanc de neige, longues de 5 cent.

W. marginata major. — Feuilles de 60-80 cent.; hampe de 1 mètre à 1 m. 30; en juillet-septembre, épi dense de fleurs roses très odorantes.

W. marginata rosea. — Cette belle variété a le port de la précédente; elle lui ressemble beaucoup, si elle n'est pas identique; les fleurs sont roses très odorantes.

W. Meriana *Ker. Gladiolus Merianus, Jac. Cap*,

1750. — En juillet-septembre, fleurs d'un beau rouge cinabre, à tube arqué long de 4-5 cent. C'est une espèce type qui a produit de nombreuses variétés.

W. rosea *Ker. Cap*, 1803. — Bulbe gros; feuilles ensiformes, coriaces, longues de 70-90 cent.; hampe de 1 mètre à 1 m. 30, terminée en épi de 50 cent., composé de pédoncules distiques, longs 10-12 cent., portant chacun 5-6 fleurs grandes infundibuliformes, roses, longues de 4-5 cent.; fleurit de juillet en octobre. Si la floraison est tardive, mettre la plante en pot, et la rentrer en serre; la floraison se prolongera encore longtemps.

Jolie plante, pas assez répandue.

Fig. 223. — Watsonia rosea.

Culture. — Terre riche, saine, profonde, bien drainée; planter en octobre-novembre, à 10 cent. de profondeur, à exposition chaude et abritée; garantir des grands froids avec du sable, des feuilles sèches ou de la mousse; craint les gelées printanières, qui fatiguent le feuillage; en été arroser pendant la sécheresse; il est prudent de tuteurer les tiges, pour empêcher le vent de les briser; on peut aussi, en octobre, arracher les bulbes et les stratifier pendant l'hiver sous les tablettes d'une serre froide ou orangerie, à la manière des glaïeuls.

Multiplication. — A l'automne, par la division des bulbes et par les bulbilles produites sur la tige, que l'on traite comme des graines; semées de suite, ou au printemps, en terrines ou sous châssis, elles fleurissent de la deuxième à la quatrième année.

WILBRANDIA *Naud. Cucurbitacées.*

W. drastica *Naud. Rhynchocarpa glomerata, H. Sch. Brésil*, 1880. — Racine tubéreuse; feuilles digitées, à cinq lobes profonds; tiges grimpantes de 3-4 mètres; en été, fleurs petites, blanchâtres; fruits de la grosseur d'une noisette, réunis en panicules.

Culture. — Semer en février-mars sur couche; planter à exposition chaude; se cultive comme plante annuelle, mais est vivace par ses gros tubercules, qui ont besoin de protection l'hiver.

WURMBEA *Thunberg. Mélanthacées.* — Petites plantes bulbeuses du Cap, produisant en mai-juin des fleurs blanches; les tiges atteignent 10-20 cent. de hauteur.

Culture des *Ixias.*

XANTHOSOMA *Schott. Aroïdées.*

X. sagittifolia *Schott. Arum sagittifolium Lin. Caladium sagittifolium Vent. Xanthosoma à feuilles sagittées, Chou caraïbe. Brésil, Indes occidentales*, 1710. — Souche grosse, tuberculeuse; feuilles vertes, grandes, très belles, dressées d'abord, étalées ensuite en fer de flèche; fleurs insignifiantes. Magnifique plante de grande valeur par son beau feuillage pour la décoration des serres l'hiver et des jardins l'été.

Aux Antilles les feuilles sont usitées comme légume sous le nom de chou caraïbe.

X. Jacquini. *Arum Xanthorhizum. Caladium Xanthorhizum. Amérique du Sud*, 1816. — Tiges plus élevées que le précédent, mais moins ornemental, même culture.

Culture et *Multiplication*. — Du *Caladium esculentum*.

XIPHION caucasicum. — V. *Iris caucasica*.

Fig. 224. — Zephyranthes carinata (Dammann).

X. Dandfordiæ. — V. *Iris Dandfordiæ*.
X. Kolpakowskianum. — V. *Iris Kolpakowskiana*.
X. persicum. — V. *Iris persica*.
X. plenifolium. — V. *Iris alata*.
X. tingitanum. — V. *Iris filifolia*.
X. Histrio. — V. *Iris Histrio*.

XYRIS altissima. — V. *Bobartia spathacea*.

ZAMIOCULEAS Loddigesii. — V. *Caladium Zamiæfolia.*

ZANTEDESCHE Rehmanni. — V. *Richardia Rehmanni.*

Fig. 225. — Zephyranthes Andersoni (Dammann).

ZEPHYRANTHES *Herb. Amaryllidées.*

Excellentes plantes d'une culture facile. Bulbes tuniqués.

Z. Andersoni. *Baker. Montevideo*, 1885. — Bulbe ovale, 2-3 cent. de diamètre ; feuilles étroites, linéaires, longues de 15-20 cent., produites avec les fleurs ; hampe de 10-15 cent. terminée en juin-juillet par une fleur longue de 3-4 cent. érigée ou oblique, d'un beau jaune à l'intérieur, et rouge cuivré à l'extérieur.

Z. Atamasco. — V. *Amaryllis Atamasco.*

Z. candida. — V. *Amaryllis candida Lindl.*

Z. carinata *Herb. Z. grandiflora Lindl. Amaryllis uniflora. Mayo. Amérique du sud*, 1824. — Feuilles étroites; longues de 20-30 cent., 4-6 par bulbe, paraissant avec les tiges; hampe de 25 cent. portant une fleur large de 6-8 cent., d'un beau rose foncé, se conser-

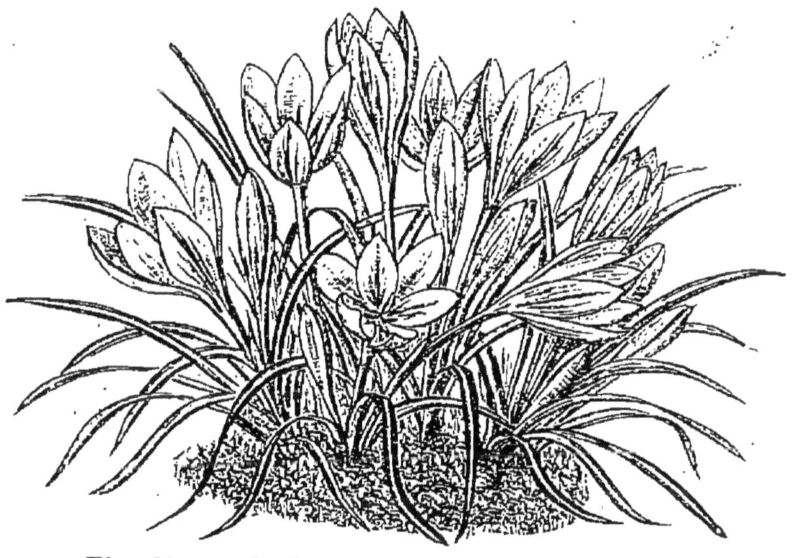

Fig. 226. — Zephyranthes mesochloa (Dammann).

vant longtemps dans l'eau; floraison en avril-juin.

Z. concolor. — V. *Habranthus concolor.*

Z. Drummondi. — V. *Cooperia pedunculata.*

Z. grandiflora. — V. *Z. carinata.*

Z. mesochloa. *Herb. Z. Mesochloa flavescens. Kunth. Buenos-Ayres. Paraguay*, 1825. — Feuilles linéaires; tige de 10-15 cent.; en été, fleurs blanches ou légèment teintées de rouge ou jaune à l'extérieur.

Z. sulphurea. — En septembre, fleurs jaune citron.

Z. Treatiæ *S. Watts, Amaryllis Treatiæ. Floride.* — Très belle espèce, feuilles très étroites, longues, vert brillant; en avril-mai, en même temps que les feuilles fleurs érigées, longues de 7-8 cent., blanc pur taché de rouge à la base extérieure, tube long, divisions réfléchies ; bonne plante.

Z. Tubispatha. — V. *Amaryllis tubispatha.*

Culture. — Planter en octobre, en terre légère, sèche, à exposition chaude à 6-8 cent. de profondeur, 10 cent. de distance ; pendant l'hiver, garantir par des feuilles sèches, de la mousse, du sable ou des paillassons, sinon tenir en pot sous châssis froid ; mais c'est en pleine terre que ces plantes atteignent toute leur beauté, avec leur feuillage persistant. Si on les cultive en serre en pots, les tenir presque sèches pendant l'hiver qui est leur époque de repos.

Fig. 227. — Zingiber officinalis.

Multiplication. — Division des bulbes, lors de l'arrachage qui doit avoir lieu tous les 3-4 ou 5 ans, et par graines produites assez facilement.

ZIGADENUS. *Michaux. Mélanthacées.*

Z. glaucus. — V. *Z. elegans. Anticlea elegans. Helonias glaberrima. Amérique du Nord*, 1828. — Souche rhizomateuse ; tige de 30 cent. ; en juin-juillet, fleurs verdâtres.

Culture. — Pleine terre, fraîche et à l'ombre.

Multiplication. — A l'automne par division des rhizomes. Ce genre est très voisin des *Hélonias.*

ZINGIBER *Gærtner. Zingibéracées.*

Z. officinale *Juss. Gingembre, Herbe au gingembre. Indes*, 1605. — Rhizomes rampants ; tige garnie de feuilles lancéolées, très odorantes quand on les bruise ; hampe terminée par un épi de bractées d'où sortent les fleurs rougeâtres. La racine fournit le *gingembre* du commerce ; la floraison ne se produit pas dans nos serres.

Culture. — En serre chaude, beaucoup d'humidité, tenir les rhizomes au sec pendant l'hiver et les rempoter au printemps.

LISTES

DES PRINCIPALES PLANTES BULBEUSES CONTENUES DANS CE VOLUME

Celles marquées d'un *, sont de serre

PLANTES A FORCER

Allium album.
— neapolitanum.
Anémone chapeau de cardinal.
— chrysanthemiflora.
— fulgens.
— rose de Nice.
— coronaria.
Calochortus, variétés.
Convallaria majalis.
Chionodoxa Luciliæ.
Crocus, variétés.
Cyclamen persicum.
Eranthis hiemalis.
Eucharis, espèces.
Freesia, espèces et variétés.
Fritillaria imperialis et variétés.
Galanthus, espèces et variétés.
Gladiolus cuspidatus.
— Colvillei.
— — albus.
— gracilis.
— recurvus.
— tristis.
Hyacinthus azureus.
Jacinthe blanc de montagne (*albulus*).
Jacinthe de Hollande, variétés.
Jacinthe romaine.
— romaine à oignon violet.
Iris alata.
— Bakeriana.
— cretica.
— Histrio.
— orchioides.
— persica.
— — purpurea.
— pumila.
— reticulata.
— stylosa et variétés.
— Vartani.
Ixia, espèces et variétés.
Lachenalia, espèces et variétés.
Lilium candidum.
— longiflorum.
— — Harrisii.
Muscari, variétés.
Narcissus de Constantinople.
— divers.
— odorus.
— papyrus.
— — grandiflorus.
Ornithogalum arabicum.
— umbellatum.
Pancratium macrostephana.

Polyanthes tuberosa (Tubéreuse).
Polygonatum, espèces.
Renoncules, variétés.
Richardia africana.
Scilla, diverses.
Sparaxis, espèces et variétés.
Tubéreuse double.
Tubéreuse la Perle.
Tulipe duc de Thol.
— la Candeur, double.
— Pottebaker.
— Rex rubrorum.
— simple hâtive.

PLANTES GRIMPANTES

Abobra viridiflora.
Ampelopsis serjaniæfolia.
— napiformis.
* Antigonon leptopus.
* — amabile.
Apios tuberosa.
Bignonia unguis-cati.
* Bomarea, variétés.
Bomarea, variétés.
Boussingaultia baselloides.
* — Lachaumei.
* Bowiea volubilis.
Brodiæa volubilis.
Bryonia dioica.
Clematis coccinea.
Cucurbita perennis.
Cyphia volubilis.
Dioscorea Batatas et var.
Exogonium purga.
* Gloriosa grandiflora.
* Gloriosa superba.
* — virescens.
Hablitzia tamnoïdes.
Ipomæa pandurata.
Jateorhiza palmata.
Kedrostis africana.
* Litonia modesta.
Megarrhiza californica.
Metaplexis stauntonia.
* Pachyrrhizus angulatus.
Sandersonia aurantiaca.
Tamnus communis.
— cretica.
* — elephantipes.
Thladiantha dubia.
Tropæolum tuberosum.
— pentaphyllum.
* — tricolorum.
— variétés.

PLANTES AQUATIQUES

Acorus calamus.
— gramineus.
— — variegatus.
Alisma plantago.
— lanceolata.
Aponogeton distachyon.
* — monostachyon.
* — junceus.
Butomus umbellatus.
Caltha palustris.
Hedychium, variétés.
Houyttunia cordata.
Iris pseudacorus.
— — variegata.
Nelumbium, variétés.
* — variétés.
Nymphæa alba.
— lutea et variétés.
* — variétés.
Pontederia cordata.
* — crassifolia.
Richardia, variétés.

* Richardia, variétés.
* Sagittaria Montevidensis.
— sagittæfolia.
Sagittaria sagittæfolia latifolia.
— sinensis.

CALENDRIER DES ÉPOQUES DE FLORAISON

Celles marquées d'un *, sont de serre

Octobre.

* Achimenes grandiflora.
Amaryllis Belladona.
— lutea.
— sarniensis.
* Begonia octopetala.
* — socotrana.
* — weltoniensis.
Bulbocodium autumnale.
— foliis variegatis.
Callirrhoe involucrata.
* Calostemma luteum.
* — purpureum.
Colchicum alpinum.
— autumnale.
— byzantinum.
— procurrens.
— Sibthorpi.
— speciosum.
— Troody.
— umbrosum.
— variegatum.
* Crinum Balfouri.
— Forbesianum.
Crocosmia aurea.
— variétés.
Crocus asturicus.
— Bory.
— iridiflora.
— autumnalis, variétés.
Cyclamen africanum.
— cilicicum.
— europæum.
— neapolitaunm.
* — persicum.
Cyrtanthus angustifolius.
* Dahlia coccinea.

Octobre (*suite*).

* Dahlia imperialis.
* — variétés.
* Dierma pulcherrima.
* Echites longiflora.
Galanthus Elsæ.
— octobrensis.
— Rachcliæ.
* Galtonia candicans.
Gladiolus gandavensis.
* Lycoris aurea.
Merendera caucasica.
* Montbretia crocosmiæflora.
* — variétés.
Narcissus elegans.
— serotinus.
— viridiflorus.
* Nerina corusca major.
* — atrosanguinea.
* — flexuosa.
* — Plantii.
* — pudica.
* — pulchella.
* — roseo-crispa.
* — venusta.
Oxalis floribunda rosea.
— — alba.
— lobata.
* Pancratium guyanense.
* — speciosum.
Plumbago Larpentæ.
* Polianthes tuberosa.
* — la Perle.
* Salvia patens.
* Schizostylis coccinea.
Scilla lingulata.
* — bifolia.

Octobre (*suite*).

* Scilla sibirica.
— tulipa duc de Thol.

Novembre.

* Aponogeton distachyon.
* Begonia Frœbeli.
* — Socotrana.
* — Weltoniensis.
* Calostemma luteum.
* — purpureum.
* Chionodoxa Luciliæ.
* Convallaria majalis.
* Crinum Mc. Ovani.
Crocus asturicus.
— Bory.
— iridiflora.
— espèces d'automne.
* Cyclamen persicum.
* Dahlia imperialis.
* Dichopogon strictus.
* Eucharis, espèces.
Galanthus Racheliæ.
* — variétés.
* Galtonia candicans.
Hyacinthus azureus.
* Jacinthe blanc de montagne.
* — de Hollande.
* — romaine.
* — — à ognon violet.
Iris alata.
— Bakeriana.
* — cretica.
— Histrio.
* — stylosa et variétés.
* — tuberosa.
* — Vartani.
Narcissus elegans.
— serotinus.
— viridiflorus.
* Nerine corusca major.
* — atro-sanguinea.
* — flexuosa.
* — Manselli.

Novembre (*suite*).

* Nerine pudica.
* — pulchella.
* Oxalis floribunda rosea.
* — — alba.
* — lobata.
* Pancratium guyanense.
* Polianthes tuberosa.
* — la Perle.
* Ranunculus.
* Salvia patens.
* Schizostylis coccinea.
Scilla lingulata.
* — bifolia.
* — sibirica.
* Tulipa duc de Thol.
* — de Hollande.
* — la Candeur, double.
* — Rex rubrorum.

Décembre.

* Begonia Beddomei.
* — cordifolia.
* — Frœbeli.
* — natalense.
* — socotrana.
* — weltoniensis.
* Calliphruria subedentata.
* — Hartwegiana.
* Chionodoxa Luciliæ.
* Convallaria majalis.
Crocus autumnale, divers.
* Cyclamen persicum.
— divers.
Eranthis hiemalis.
* Eucharis divers.
* Freesia divers.
Galanthus Fosteri.
— præcox.
* — divers.
* Hæmanthus albo-maculatus.
* Hessea spiralis.
Hyacinthus azureus.
— albulus.

Décembre (*suite*).

* Jacinthes romaine et diverses.
Iris alata.
* — cretica.
— Histrio.
* — stylosa divers.
* — Vartani.
* Leucojum vernum.
* Marica gracilis.
* Narcissus Broussoneti.
* Nérine flexuosa.
* — Manselli.
* Oxalis lobata.
* Pancratium caribæum
* Polianthes tuberosa.
* — tubéreuse la Perle.
* Schyzanthus coccineus.
* Scilla bifolia.
* — Sibirica.
* Tulipa diverses.
* Tulipes, variétés.

Janvier.

* Anémone fulgens.
* — rose de Nice.
* Antholyza æthiopica.
* Begonia cordifolia.
* — Frœbeli.
* — natalensis.
* — Socotrana.
* — weltoniensis.
* Calliphruria subedentata.
* — Hartwegiana.
* Canarina campanulata.
* Chionodoxa Luciliæ.
* Convallaria majalis.
* Crocus Billoti.
— autumnalis divers.
Cyclamen Coum.
* — persicum.
Eranthis hiemalis.
* Eucharis divers.
* Freesia divers.
Galanthus Elwesi.

Janvier (*suite*).

Galanthus Fosteri.
Hyacinthus azureus.
— albulus.
Jacinthe romaine.
— diverses.
Iris alata.
* — Histrio.
* — stylosa et variétés.
* — tuberosa.
* — Vartani.
* Leucojum vernum.
* Lilium longiflorum.
* — — Harrisii.
* Marica gracilis.
Narcissus pallidus præcox.
— divers.
* Pancratium caribæum.
* Polianthes tubéreuse.
* — — la Perle.
* Richardia africana.
* — divers.
Scilla lingulata.
— nivalis.
— Sibirica.
Tulipa diverses.
Tulipes, variétés.

Février.

Anémone blanda.
* — chapeau de cardinal.
— fulgens.
* — rose de Nice.
* Antholiza æthiopica.
Arum proboscideum.
* Begonia cordifolia.
* — Frœbeli.
* — natalensis.
* — Socotrana.
* — weltoniensis.
* Calliphrura subedentata.
* — Hartwegiana.
Bulbocodium vernum.
* Canarina campanulata.

Février (*suite*).

Chionodoxa Luciliæ.
— sardensis.
Colchicum montanum.
* Convallaria majalis.
Corydalis bracteata.
— bulbosa.
— fabacea.
— Semenovi.
Crocus divers.
— Billoti.
Cyclamen Coum.
* — persicum.
* Cyrtanthus coccineus.
Eranthis hiemalis.
— sibirica.
* Eucharis divers.
* Freesia divers.
* Fritillaria imperialis.
Galanthus caucasicus.
— Elwesii.
— imperati.
— latifolius.
— nivalis.
— — poculiformis.
— — virescens.
* Gesnera exonensis.
* Gladiolus Colvillei.
* — — alba.
* — tristis.
* Himantophyllum divers.
Hyacinthus azureus.
— albulus.
Jacinthe blanche hâtive.
* — diverses.
Iris alata.
— Bakeriana.
— caucasica.
* — cretica.
— Dandfordiæ.
— Histrio.
— Kopalkowskiana.
— orchioides.
* — persica.
— — purpurea.

Février (*suite*).

Iris reticulata, variétés.
— ruthenica.
— sindjarensis.
— stylosa, variétés.
— tuberosa.
Leontice versicaria.
Leucojum vernum.
— — flore pleno.
* Lilium longiflorum.
* — — Harrisii.
* Marica gracilis.
Narcissus Bulbocodium tenuifolium.
— pallidus præcox.
— divers.
* Ornithogalum arabicum.
* Polianthes tuberosa.
* — — la Perle.
Puschkinia libanotica.
— — compacta.
— scillioides.
* Richardia africana.
* — divers.
Scilla bifolia.
— — taurica.
— nivalis.
— sibirica.
* Tulipa diverses.
* Tulipe, variétés.

Mars.

Adonis pyrenaica.
— vernalis.
* Alstrœmeria Ligtu.
Anémone apennina.
— — flore pleno.
— blanda.
— chapeau de cardinal.
— chrysanthemiflora.
— coronaria.
— de Caen, simple.
— — double.
— fulgens.

Mars (*suite*).

Anémone fulgens double.
— nemorosa.
— — double.
— pavonina.
— quinquefolia.
— rose de Nice.
— stellata.
Anoiganthus breviflorus.
* Antholiza æthiopica.
* Begonia cordifolia.
* — Frœbeli.
* — natalense.
* — socotrana.
* — Weltoniensis.
Bobartia aurantiaca.
* Calliphruria subedentata.
* — Hartwegiana.
Bulbocodium vernum.
* Canarina campanulata.
Chionodoxa Luciliæ.
— sardensis.
Claytonia sibirica.
— virginica.
* Convallaria majalis.
Corydalis bulbosa.
— fabacea.
— Semenovi.
— tuberosa.
Crocus divers.
Cyclamen Coum.
* — persicum.
— repandum.
Eranthis hiemalis.
— sibirica.
* Eucharis, divers.
Ficaria, divers.
* Freesia, divers.
Fritillaria armena.
— fusco-lutea.
— græca.
— imperialis, variétés.
— meleagris, variétés
— tulipifolia.
Gagea arvensis.

Mars (*suite*).

Galanthus caucasicus.
— Elwesii.
— latifolius.
— nivalis.
— — poculiformis.
— — virescens.
— plicatus.
* Gladiolus Colvillei.
* — — alba.
* — cuspidatus.
* — tristis.
Hesperocallis undulata.
Himantophyllum, divers.
Hyacinthus azureus.
— albulus.
Jacinthe romaine.
— variétés.
Iris arenaria.
— Bakeriana.
— caucasica.
— cretica.
— Dandfordiæ.
— Kopalkowskiana.
— orchioides.
— persica.
— — purpurea.
— pumila et variétés.
— reticulata et variétés.
— ruthenica.
— sindjarensis.
— tuberosa.
— verna.
* Ixia, divers.
* Lachenalia, divers.
Leontice vesicaria.
Leucojum vernum.
— — flore pleno.
* Lilium candidum.
* — longiflorum.
* — — Harrisii.
* Marica cærulea.
Muscari botryoides.
— concinnum.
— moschatum.

Mars (*suite*).

Muscari neglectum.
— racemosum.
— Szowitzianum.
* Narcissus, espèces et variétés.
* Ornithogalum arabicum.
— exscapum.
Oxalis arenaria.
* Phajus grandiflorus.
Ranunculus, divers.
Renoncules, variétés.
Reineckia carnea.
* Richardia africana et divers.
Scilla bifolia et variétés.
— — taurica.
— siberica.
* Sparaxis divers.
Tecophylla cynocrocus.
— Leichtlinii.
Thalictrum anemonoides.
— — flore pleno.
— tuberosum.
Trichonema, divers.
Tritelia uniflora et divers.
Tulipa, divers.
Tulipes, variétés.

Avril.

Adonis vernalis.
— pyrenaica.
Allium album.
— neapolitanum.
— triquetrum.
— ursinum.
* Alstrœmeria Ligtu.
* Amaryllis aurea.
Androcybium eucomoides.
Androstephium violaceum.
Anemone apennina.
— — flore pleno.
— blanda.
— coronaria.

Avril (*suite*).

Anémone de Caen.
— — double.
— chrysanthemiflora.
— chapeau de cardinal.
— Fischerina.
— fulgens.
— — double.
— lancifolia.
— nemorosa.
— — double.
— pavonina.
— quinquefolia.
— reflexa.
— stellata.
— rose de Nice.
— trifolia.
Anoiganthus breviflorus.
* Antholiza æthiopica.
Arum arisarum.
— maculatum.
Babiana stricta sulphurea.
Begonia weltoniensis.
Bobartia aurantiaca.
Bulbine aloides.
Calliphrura subedentata.
— Hartwegii.
* Ceropegia bulbosa.
Convallaria majalis.
Corydalis bulbosa.
— longiflora.
— Semenovi.
— tuberosa.
Crocus, variétés.
Cyclamen ibericum.
— repandum.
* — persicum.
Dietes Huttoni.
Doronicum plantagineum.
Epimedium alpinum.
— diphyllum.
— variétés.
Eranthis sibirica.
Erythronum albidum.
— americanum.

Avril (*suite*).

Erythronum dens-canis.
— grandiflora.
— Hendersoni.
* Eucharis, divers.
* Eucrosia bicolor.
* Eurycles australasica.
Eustephia coccinea.
Ferraria undulata.
Ficaria, variétés.
* Freesias divers.
Fritillaria anopetala.
— armena.
— fusco-lutea.
* — dasiphylla.
— Mogredgii.
— imperialis, variétés.
— meleagris, variétés.
— persica.
Gagea arvensis.
* Geissorhiza excisa.
* Gesneria Douglasi.
* Gladiolus Colvillei.
* — — albus.
— recurvus.
* — tristis.
* — cuspidatus.
* — gracilis.
* Griffinia Blumenavia.
* — hyacinthina.
Habranthus concolor.
* Hæmanthus cinnabarinus.
* — hirsutus.
* — Kalbreyeri.
* — tigrinus.
Hemerocallis Middendorfia.
Hesperocallis undulata.
* Himantophyllum miniatum.
* — variétés.
Iris arenaria.
— Dandfordiæ.
— pumila, vars.
— reticulata, vars.
— tuberosa.
— verna.

Avril (*suite*).

* Ixia, espèces et variétés.
Ixiolirion montanum.
Jacinthes de Hollande.
— parisiennes.
— variétés.
* Lachenalia, divers.
Leontice vesicaria.
Leucojum tricophyllum.
Libertia ixioides.
* Lilium longiflorum.
* — — Harrisii.
Micranthus plantagineus.
Milla bifolia.
Muscari botryoides.
— concinnum.
— moschatum.
— neglectum.
— paradoxum.
— racemosum.
— Szowitzianum.
Narcissus, espèces et variétés.
— bulbocodium.
— jonquilla.
Ornithogalum arabicum.
— exscapum.
— umbellatum.
Pæonia officinalis.
— paradoxa.
— tenuifolia.
* Pancratium undulatum.
* Phædranessa obtusa.
* Phajus grandiflorus.
Pulmonaria virginica.
Ranunculus, diverses.
Reineckia carnea.
Renoncules, diverses.
* Richardia africana et variétés.
Sanguinaria canadense.
Saxifraga peltata.
Scilla amœna.
— campanulata, variétés.
— hyacinthoides.
— italica.

Avril (*suite*).

Scilla italica purpurea.
— nutans, variétés.
Sparaxis, divers.
* Syringodea pulchella.
Thalictrium anemonoides.
— — flore pleno.
— tuberosum.
Trichonema, divers.
Tritelia uniflora.
— divers.

Avril (*suite*).

Triticea juncea.
Tulbaghia violacea.
Tulipa diverses.
Tulipes, variétés.
Uvularia grandiflora.
* Velthemia capense.
Viola pedata, variétés.
Zephyranthes carinata.
— Tretiæ.

ADDENDA

Bryone d'Afrique.
Bryonia africana.
Coniandra dissecta.
Rhynocarpa dissecta.
— V. *Kedrostis africana.*

KÉDROSTIS *Médic. Cucurbiacées.*

K. africana *Cogniaux*; *Bryonia africana Lin*; *Coniandra dissecta Schrad; Rhynocarpa dissecta Naudin; Bryone d'Afrique. Afrique centrale.* — Plante monoïque, souche tuberculeuse, déprimée, charnue, entière ou divisée; de 10-15 cent. de diamètre, chair blanche; tiges grimpantes de 4-6 mètres, s'attachant solidement au moyen de vrilles, feuilles vert foncé, molles, 4-5 segments; en été grappes de 6-10 fleurs petites verdâtres; en automne fruits charnus, verts panachés d'abord, rouge orange à la maturité, ovales, longs de 15 millim., larges de 10.

Culture. — Serre froide en pot pendant l'hiver; planter en pleine terre à exposition chaude pendant l'été.

Multiplication. — De graines semées aussitôt mûres ou au printemps.

Les *K. glauca, hirtella, mollis,* sont aussi à souche tuberculeuse, elles diffèrent peu du *K. Africana* et réclament les mêmes soins.

SEDUM bulbosum *Cosson et A. Letourneux. Algérie. Tunisie,* 1873. — Tubercule charnu, ovale ou subglobuleux de 6-8 cent. sur 4-6; feuilles radicales nombreuses, étalées, lancéolées; tiges 2-3, hautes de 10-15 cent., le tiers inférieur nu; les 2 tiers supérieurs garnis de feuilles sessiles, nombreuses, spatulées, retombantes, allant en diminuant jusqu'au sommet, qui est terminé par un épi distique de fleurs jaunes, larges de 2-4 cent.; fleurit en été.

Culture. — Cette plante se rencontre dans les sols arides et des situations relativement froides, ce qui fait qu'elle pourrait peut-être supporter nos hivers en pleine terre; en attendant, il sera prudent de la cultiver sur rocailles à exposition chaude, en l'abritant l'hiver, ou en rentrant les tubercules sous châssis.

Multiplication ? de graines.

ERRATA

Page 284, Figure 87, *Glodiolus*, lire : *Gladiolus*.

Page 321, Figure 101, *Himantophyllum miniatum*, lire : *Pancratium illyricum.*

INDEX

Paris. — Imprimerie F. Levé, rue Cassette, 17.

www.ingramcontent.com/pod-product-compliance
Ingram Content Group UK Ltd.
Pitfield, Milton Keynes, MK11 3LW, UK
UKHW020254230726
13925UKWH00001B/34

9 782013 612937